浙江省高职院校“十四五”重点立项建设教材
职业教育东西协作新形态教材
浙江省课程思政示范课程配套教材

U0619311

高等数学

Advanced Mathematics

（微课版）

主　编　陈伟军　陈许红
副主编　徐春芬　刘德成
　　　　马林界　黄　婵

ZHEJIANG UNIVERSITY PRESS
浙江大学出版社
·杭州·

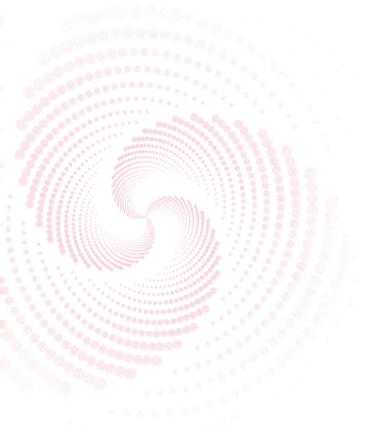

图书在版编目(CIP)数据

高等数学/陈伟军，陈许红主编. —杭州：浙江大学出版社，2023.7(2025.1重印)
ISBN 978-7-308-23948-6

Ⅰ.①高… Ⅱ.①陈… ②陈… Ⅲ.①高等数学—高等学校—教材 Ⅳ.①O13

中国国家版本馆CIP数据核字(2023)第111501号

高等数学
GAODENG SHUXUE
主编 陈伟军 陈许红

策划编辑 阮海潮(1020497465@qq.com)
责任编辑 阮海潮
责任校对 王元新
封面设计 林智广告
出版发行 浙江大学出版社
(杭州市天目山路148号 邮政编码310007)
(网址：http://www.zjupress.com)
排　　版 杭州星云光电图文制作有限公司
印　　刷 杭州宏雅印刷有限公司
开　　本 889mm×1194mm 1/16
印　　张 16
字　　数 543千
版 印 次 2023年7月第1版 2025年1月第3次印刷
书　　号 ISBN 978-7-308-23948-6
定　　价 55.20元

《高等数学》编委会

主　编　陈伟军　陈许红

副主编　徐春芬　刘德成　马林界　黄　婵

编　委　陈伟军　陈许红　徐春芬　黄　婵
纪　钢　张其林　刘德成　马林界
伍　悦　杨澳琛

前 言

数学通过逻辑推理、符号演算和科学计算认识世界。数学是自然界的语言，是自然科学与社会科学的基础，为其他学科提供思想和研究方法。

广义地说，我们把中小学所学的数学称为初等数学，它处理的对象主要是常量、有限的、静止的或均匀变化的量及一些规则的简单几何图形。进入大学之后所学的是高等数学，它所处理的对象具有运动、变化、无穷及不规则等基本特征。高等数学是高等职业院校各专业必修的一门重要基础课程，特别是对于工科类专业，对培养、提高学生的思维素质、创新能力、科学精神、治学态度以及用数学工具解决实际问题的能力都有着不可替代的作用。高等数学的核心内容是微积分。300多年前，英国科学家牛顿（Newton）和德国数学家莱布尼茨（Leibniz）创立了微积分的诸多概念。自从那时起，微积分在自然科学和社会科学中都发挥了重要的作用，并显示出了其强大的威力和无穷的魅力。掌握微积分内容成了大学生必备的科学与文化素养。通过学习，掌握微积分的基本理论、方法与技能，掌握科学的世界观和方法论，运用数学知识和数学方法解决实际问题。

党的二十大报告指出，教育、科技、人才是全面建设社会主义现代化国家的基础性、战略性支撑。教育是国之大计，党之大计。

为了适应高职高专教育不断发展和人才培养工作改革发展的需要，本教材根据《教育部关于职业院校专业人才培养方案制订与实施工作的指导意见》和《高等职业教育专科数学课程标准》，在认真吸收全国高职高专数学教改成果和同类教材精华的基础上编写而成。本教材具有以下特点。

1. 融入思政元素，培养时代新人。本教材以服务全面建设社会主义现代化国家对人才培养的需要为宗旨，以落实立德树人为根本任务，深入贯彻党的二十大精神，全面贯彻价值塑造、知识传授和能力培养三位一体的育人理念，在编写中融入课程思政元素，坚持学生中心，提高学生科学素养和提升学生综合素质。把马克思主义立场观点方法的教育与科学精神的培养结合起来，提高学生正确分析问题和解决问题的能力。教材增加了与教材内容相匹配的名人名言和数学家的故事，兼顾教材的文化性。

2. 精选典型例题与课后习题。教材精选了高职高专院校工科类专业学生所必需的数学知识，在传统数学教材体系的基础上，进行了必要的整合和创新；教材适度降低了难度、分散了难点，删去了一些烦琐的推理和证明，增加了一些实际应用;在内容表述上,教材增强直观性,力求简明实用、通俗易懂,突出数学思想方法训练和思维习惯培养。

3. 利用 MATLAB 软件开展数学实验。教材融入 MATLAB 软件,培养学生利用计算机求解数学问题的意识,引导学生利用 MATLAB 软件与计算思维解决数学问题。

4. 融入数学建模思想与方法。数学建模是联系数学与现实世界的桥梁,通过建立数学模型来理解、分析和解决自然科学、工程技术、社会科学中的数学问题。教材贯彻将实际问题转化为数学问题的思想,加强对学生应用意识、创新能力的培养,增强学生的可持续发展能力。

本教材可作为高等职业院校各专业高等数学课程的教材或参考书,也可作为学生专升本考试的自学用书。本教材的基准教学时数是 64 学时,标有 * 号的内容可根据实际需要选学。

本教材是"职业教育东西协作行动计划"阶段性研究成果,是浙江省课程思政示范课程配套教材,由嘉兴职业技术学院数学教学团队倾力完成,嘉兴职业技术学院的对口支援学校塔里木职业技术学院的数学老师参与了部分内容的编写。由嘉兴职业技术学院陈伟军、陈许红担任主编,陈伟军负责统稿和定稿,徐春芬(嘉兴职业技术学院)、刘德成(塔里木职业技术学院)、马林界(塔里木职业技术学院)、黄婵(嘉兴职业技术学院)担任副主编(排名不分先后)。具体编写工作如下:徐春芬编写第 1 章并完成本章微课视频拍摄,张其林(嘉兴职业技术学院)和刘德成编写第 2 章并完成本章微课视频拍摄,纪钢(嘉兴职业技术学院)和马林界编写第 3 章并完成本章微课视频拍摄,陈许红编写第 4 章并完成本章微课视频拍摄,陈伟军和伍悦(塔里木职业技术学院)编写第 5 章并完成本章微课视频拍摄,黄婵和杨澳琛(塔里木职业技术学院)编写第 6 章并完成本章微课视频拍摄。

编写团队不断完善配套的数字化教学资源,以服务于广大高等数学授课教师。精心设计和制作了如下教学资源:①高等数学课程教学标准;②高等数学课程教学日历(学时授课计划);③高等数学电子课件(PPT);④高等数学电子教案(以学时为单位,包括教学内容及其对应的教学过程、教学重点、教学难点、教学手段、思政元素、思考题及作业安排、教学参考资料等);⑤高等数学课程考核方式与标准;⑥每节后习题和每章后复习题详细解答。使用本书进行授课的学校,可由课程负责人发送邮件至邮箱 cwj0617@163.com 免费获取上述教学资源。

主　编

教学建议

科技创新的根基在于基础研究，基础研究的根基在于数学。从量子信息技术到材料的加工制备，从 5G 技术到供应链，新兴技术和新兴产业每一关键问题的解决都离不开对数学问题的研究。

高等数学是高等职业院校学生必修的公共基础理论课程，该课程兼具文化属性和工具属性，是提高学生综合素质的核心课程。高等数学在自然科学、工程技术、社会科学等领域都有广泛的应用，是现代科学和技术发展的重要基础。通过学习，既让我们获得近代数学基础知识，拓展科学视野，提高科学素养，又为后续相关专业课程的学习提供必要的数学工具。在学习这门课程之前，我们有必要先就这门课程的研究对象和主要内容，以及为什么要学这门课程、它的研究或学习方法，做一简要介绍。

一、研究对象与主要内容

(一)高等数学的研究对象

以常量为研究对象的数学，通常称为初等数学。17 世纪以前的数学大体上属于初等数学的范畴，目前中小学阶段所学到的数学大部分是初等数学，它处理的对象主要是常量、有限的、静止的或均匀变化的量及一些规则的简单几何图形。可是，客观世界是不断变化发展的。变化是绝对的，静止是相对的。在研究各种自然现象或技术问题的过程中，我们所遇到的量大多数是变量而不是常量。为了更精确地研究各种科学技术问题，必须研究以变量为对象的数学。由于生产发展的需要，这项工作早在 17 世纪就开始了。17 世纪法国哲学家笛卡儿(Descartes 1596—1650)首先在数学中引入变量的概念，这在数学发展史上是一个转折点。以变量为主要研究对象的数学通常称为高等数学。笛卡儿首创的坐标几何学(即解析几何学)，英国科学家牛顿和德国数学家莱布尼茨所创立的微积分(也称数学分析)都属于高等数学的范畴，它所处理的对象具有运动、变化、无穷及不规则等基本特征。

高等数学的基本内容是微积分，由微分学和积分学两部分组成。微积分的创立与处理如下四类科学问题直接相关：①已知物体运动的路程作为时间的函数，求物体在任意时刻的速度与加速度，反之，已知物体的加速度作为时间的函数，求速度与路程；②求曲线的切线；③求函数的最大值与最小值；④求长度、面积、体积和重心等实际问题。历史上科学家们对这些问题的兴趣和研究经久不衰，终于在17世纪中叶，牛顿和莱布尼茨在前人探索与研究的基础上，凭着他们敏锐的直觉和丰富的想象力，各自独立地创立了微积分。

(二)本教材的主要内容

本教材的主要内容是：第一章是微积分的理论基础——极限理论；第二章和第三章是微分学部分；第四章和第五章是积分学部分；第六章是线性代数初步。一学期的高等数学课程可以学习前五章内容，两学期的高等数学课程可以深入学习本书的全部内容。

二、学习的目的与研究方法

高等数学是现代科学技术发展的重要基础，其学习目的是培养学生的抽象思维能力和解决实际问题的能力。通过学习高等数学，能够深入理解高等数学中的基础概念和理论，进一步认识数学与现实世界的联系。此外，学习高等数学还能培养学生的逻辑思维能力、分析问题的能力和创新意识等方面的综合能力。

(一)高等数学的学习目的

高等数学是大学所有后续课程的基础。后续课程中涉及定量问题的知识，几乎离不开高等数学。学好高等数学是学好其他专业课程的基础。相反，如果不能学好高等数学，会给后续专业课程的深入学习带来很大的困难。高等数学的学习目的主要包括以下几个方面。

1. 培养数学思维能力。通过学习高等数学，可以培养学生的数学思维能力。掌握了高等数学的思想和方法可以大大提高认识和思考问题的严密性，提高逻辑思维方面的素质和能力。高等数学在培养大学生的素质和能力方面发挥着越来越重要的作用。现代数学已经成为科学技术发展的强大动力，越来越广泛地渗透到社会生活的各个领域。

2. 提高综合能力。高等数学作为数学学科的一个分支，其内容涉及多个学科领域，学生在学习高等数学的过程中，需要掌握多种学科知识，因此，学习高等数学可以提高学生的综合能力。高等数学可以提供解决问题的思想方法。这种思想方法区别于初等数学的一个显著特点是初等数学的问题处理大多是“一事一议”，而高等数学的问题处理特点是“一种思想是一贯的，一种方法被广泛应用”。有了高等数学，一系列初等数学无法解决的难题往往迎刃而解。正因为有了高等数学，数学在人类文明继承和进步中的基础地位自不必说，更使数学在现代社会中的重要作用变得不可替代。

3. 学生通过学习高等数学，可以为未来从事科学研究和各类职业打下坚实的数学基础。

（二）高等数学的研究方法

高等数学的研究方法主要包括以下几个方面。

1. 抽象思维。高等数学是一门较为抽象的学科，学生需要通过对数学概念的抽象思考，形成对数学理论的深刻理解。

2. 逻辑思维。高等数学中的大部分内容是基于严格的逻辑推理而得出的，因此，学生需要具备较强的逻辑思维能力，才能够深入理解数学理论。

3. 实践应用。高等数学的知识点具有较强的实用性，学生需要通过分析和求解实际问题，将学到的理论知识应用到实际生产和科研工作中。其中，数学建模是将实际问题抽象为数学模型的过程，通过建立适当的数学模型，可以更加深入地理解问题的本质，提出解决问题的方案。

总之，高等数学的学习目的和研究方法相辅相成，学生在学习高等数学的过程中，应当注重理论学习和实践应用相结合，培养自己的抽象思维和逻辑思维能力，提高自己的数学素养。

三、高等数学的学习方法

由于高等数学是其他自然科学、工程技术和社会科学的基础，因此高等数学是各专业重要的基础课程之一。怎样才能学好高等数学呢？关键是要牢牢抓住以下几个方面。

第一，掌握高等数学的基本概念和基本定理，掌握高等数学的研究方法。首先要理解高等数学的基础知识，包括概念、定理、公式等，这是学习高等数学的基础。还要熟悉解题方法，掌握解题的步骤，以及如何利用定理、公式等来解决问题。要达到这一目标，须做好预习、听课、复习三个环节，认真阅读教材和有关的参考书，并通过反复思考，深刻理解、真正弄懂基本概念和基本定理的含义。

1. 课前预习。跟高中学习一样，做好课前预习很重要。大学里的老师们讲课的速度可能比较快，此时预习就显得格外重要。了解老师下一次课将讲什么内容，相应地课前预习与之相关的章节。

2. 认真听课，做好笔记。上课一定要认真听课，注意老师的讲解方法和思路，其分析问题和解决问题的过程，做好课堂笔记，听课是一个全身心投入——“听、记、思”相结合的过程。

3. 课后复习。任课老师可能讲得比较快，下课后就要自觉去复习了。遇到不懂的，可以跟同学讨论。假如实在有些难理解的，可以上网查资料和扫描相应章节的二维码，听教师的微课。当天必须回忆一下老师讲的内容，看看自己记得多少，然后打开笔记、教材，完善笔记，最后完成作业。需要看例题、做习题。做习题必须在复习并掌握基本概念和基本方法之后进行。那种抄公式、凑答案、不求甚解的坏习惯，是极其有害的。

第二，培养应用数学和数学建模能力。数学是研究现实世界数量关系和空间形式的科学，在它产生和发展的历史长河中，一直是和各种各样的应用问题紧密相关的。数学的特点不仅在于概念的抽象性、逻辑的严密性、结论的明确性和体系的完整性，还在于它应用的广泛性。学习数学的目的之一在于应用，探索未知。探索未知的能力包括发现新现象、提出新问题、建立新概念、开拓新领域、获得新知识等诸方面。

数学建模，就是根据实际问题来建立数学模型，对数学模型进行求解，然后根据结果去解决实际问题。数学模型（Mathematical Model）是一种模拟，是用数学符号、数学公式、程序、图形等对实际问题本质属性的抽象而又简洁的刻画，它或能解释某些客观现象，或能预测未来的发展规律，或能为控制某一现象的发展提供某种意义上的最优策略。同学们应该多参加数学建模比赛，增强学习热情，扩大知识面，培养创新意识和实践能力，同时体会数学应用的魅力。

在学习高等数学时，要坚持不懈，不断积累，不断提高自己的解题能力，以便更好地掌握高等数学的基本原理。

本书部分数学符号

$a,b,c,\cdots$	一般表示常量
$x,y,z,\cdots$	一般表示变量
$\equiv$	恒等于
$\sum_{i=1}^{n} a_i = a_1 + a_2 + \cdots + a_n$	连续求和
$\prod_{i=1}^{n} a_i = a_1 a_2 \cdots a_n$	连续乘积
$y=f(x)$	y 关于自变量 x 的函数
$x \to x_0$	x 趋向于 x_0
$\lim_{x \to x_0} f(x)$	函数 $f(x)$ 当 x 趋向于 x_0 时的极限
Δ	改变量或增量
$f'(x_0)$	函数 $f(x)$ 的导(函)数在 x_0 的值
$\frac{\mathrm{d}y}{\mathrm{d}x} = \frac{\mathrm{d}}{\mathrm{d}x} f(x)$	函数 y 的导(函)数
$f^{(n)}(x) = \frac{\mathrm{d}^n y}{\mathrm{d}x^n}$	高阶(n 阶)导数
d	微分号
$\mathrm{d}y = f'(x)\mathrm{d}x$	函数 y 的微分
$\int$	积分号
$\int f(x)\mathrm{d}x$	函数 $f(x)$ 的不定积分
$\int_a^b f(x)\mathrm{d}x$	函数 $f(x)$ 在区间 $[a,b]$ 上的定积分

希腊字母表

序号	大写	小写	英文注音	国际音标注音	中文读音	意义
1	A	α	alpha	a:lf	阿尔法	角度、系数
2	B	β	beta	bet	贝塔	磁通系数、角度、系数
3	Γ	γ	gamma	ga:m	伽马	电导系数(小写)
4	Δ	δ	delta	delt	德尔塔	变动、密度、屈光度
5	E	ε	epsilon	ep'silon	伊普西龙	对数之基数
6	Z	ζ	zeta	zat	截塔	系数、方位角、阻抗、相对黏度、原子序数
7	H	η	eta	eit	艾塔	磁滞系数、效率(小写)
8	Θ	θ	thet	θit	西塔	温度、相位角
9	I	ι	iot	aiot	约塔	微小、一点儿
10	K	κ	kappa	kap	卡帕	介质常数
11	Λ	λ	lambda	lambd	兰布达	波长(小写)、体积
12	M	μ	mu	mju	缪	磁导系数、微(千分之一)、放大因数(大写)
13	N	ν	nu	nju	纽	磁阻系数
14	Ξ	ξ	xi	ksi	克西	
15	O	ο	omicron	omik'ron	奥密克戎	
16	Π	π	pi	pai	派	圆周率=圆周÷直径=3.14159 26535 89793
17	P	ρ	rho	rou	肉	电阻系数(小写)
18	Σ	σ	sigma	'sigma	西格马	总和(大写)、表面密度、跨导(小写)
19	T	τ	tau	tau	套	时间常数
20	Υ	υ	upsilon	jup'silon	宇普西龙	位移
21	Φ	φ	phi	fai	佛爱	磁能、角
22	X	χ	chi	phai	西	
23	Ψ	ψ	psi	psai	普西	介质电通量(静电力线)、角
24	Ω	ω	omega	o'miga	欧米伽	欧姆(大写)、角速(小写)、角

目　录

第 1 章

函数、极限和连续

【学习目标】

1. 理解函数的概念，会求函数的定义域、表达式及函数值，掌握函数的单调性、奇偶性、有界性和周期性.

2. 理解函数 $y=f(x)$ 与其反函数 $y=f^{-1}(x)$ 之间的关系，会求单调函数的反函数.

3. 掌握函数的四则运算与复合运算；掌握复合函数的复合过程.

4. 掌握基本初等函数的性质及其图像，理解初等函数的概念.

5. 会建立一些简单实际问题的函数关系式.

6. 理解极限的概念，能根据极限概念描述函数的变化趋势. 理解函数在一点处极限存在的充分必要条件，会求函数在一点处的左极限与右极限. 掌握极限的四则运算法则.

7. 理解无穷小量、无穷大量的概念，掌握无穷小量的性质，无穷小量与无穷大量的关系. 会比较无穷小量的阶(高阶、低阶、同阶和等价). 会运用等价无穷小量替换求极限.

8. 掌握两个重要极限：$\lim\limits_{x\to0}\dfrac{\sin x}{x}=1$，$\lim\limits_{x\to\infty}\left(1+\dfrac{1}{x}\right)^{x}=\mathrm{e}$，并能用这两个重要极限求函数的极限.

9. 理解函数在一点处连续的概念，函数在一点处连续与函数在该点处极限存在的关系. 会判断分段函数在分段点的连续性.

10. 理解函数在一点处间断的概念，会求函数的间断点，并会判断间断点的类型.

11. 理解"一切初等函数在其定义区间上都是连续的"，并会利用初等函数的连续性求函数的极限. 掌握闭区间上连续函数的性质：最值定理(有界性定理)、介值定理(零点存在定理). 会运用介值定理推证一些简单命题.

重点：函数、复合函数、极限、无穷大量、无穷小量、连续的概念，极限的四则运算，两个重要极限及函数的连续性.

难点：极限的概念，不定式极限的计算，函数的点连续，函数模型.

一种科学只有在成功地运用数学时，才算达到了真正完善的地步.

——马克思

在一切理论成就中，未必有什么像 17 世纪下半叶微积分的创立那样看作人类精神的最高胜利了. 如果在某个地方我们看到人类精神的纯粹的和唯一的功绩，那就正在这里.

——恩格斯

微积分(calculus)是高等数学的核心内容，而函数是微积分的研究对象，极限是微积分的研究工具，“运动、变化与无穷”是高等数学的基本特征. 本章在复习、加深和拓宽函数有关知识的基础上，介绍函数的极限概念，讨论函数的极限运算和连续性，为后续学习奠定必要的基础. 下面是无穷世界中的一个有趣问题.

一条无限长度围出有限面积的曲线——科赫曲线(Koch curve)是一个简单的分形(fractal)图形. 由瑞典数学家 Helge von Koch 于 1904 年提出科赫曲线的构造方法：一个边长为 1 的等边三角形，取每边中间的三分之一，接上一个形状完全相似但边长为其三分之一的三角形，结果是一个六角形. 取六角形的每个边做同样的变换，即在中间三分之一接上更小的三角形，以此重复，直至无穷，其形状越来越接近理想化的雪花，如图 1-1 所示.

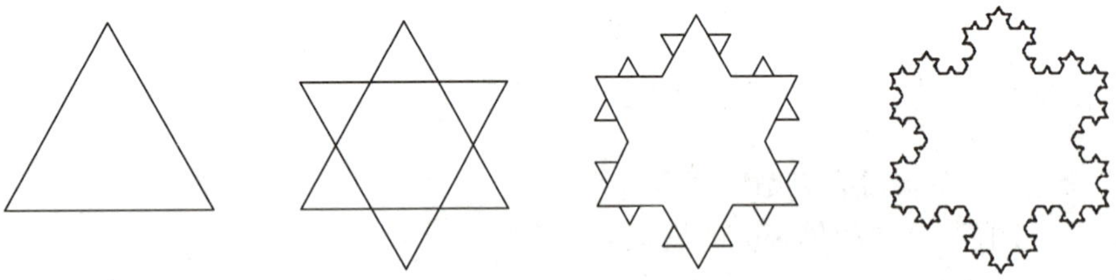

图 1-1

科赫曲线有着极不寻常的特性，不但它的周长为无限大，而且曲线上任两点之间的距离也是无限大. 该曲线长度无限，却包围着有限的面积. 这是很神奇的一条曲线，“无限长度包围着有限面积”. 那么这个有限面积为多少呢？学了本章的极限理论，我们就能更深入地理解这类看似反常的科赫曲线.

§1.1　函数

在现实世界中存在的各种量，一般可分为两类：常量和变量. 常量是指在变化过程中数值保持不变的量，一般用 $a,b,c,\cdots$ 表示，如球体积公式 $V=\frac{4}{3}\pi R^3$ 中的 $\frac{4}{3}$ 和 π 都是常量；变量是指在变化过程中不断变化的量，一般用 $x,y,z,\cdots$ 表示，如球体积公式中的 V 和 R 都是变量，可以取不同的值. 函数是表达两个变量之间的一种依存关系. 在研究函数时，常常用到区间的概念，它是数学中常用的术语和符号.

1.1.1　区间与邻域

1. 区间

设 $a,b\in\mathbf{R}$，且 $a<b$. 我们规定：

(1)满足不等式 $a\leqslant x\leqslant b$ 的实数 x 的集合叫作**闭区间**，表示为 $[a,b]$；

(2)满足不等式 $a<x<b$ 的实数 x 的集合叫作**开区间**，表示为 (a,b)；

(3)满足不等式 $a\leqslant x<b$ 或 $a<x\leqslant b$ 的实数 x 的集合叫作**半开半闭区间**，分别表示为 $[a,b)$，$(a,b]$. 这里的实数 a 和 b 叫作相应区间的**端点**.

在数轴上，这些区间都可以用一条以 a 和 b 为端点的线段来表示，在数轴上，用实心点表示包括在区间内的端点，用空心点表示不包括在区间内的端点.

集合、区间对应表示如下：

闭区间 $[a,b]=\{x\mid a\leqslant x\leqslant b\}$；开区间 $(a,b)=\{x\mid a<x<b\}$；

左闭右开区间$[a,b)=\{x\mid a\leqslant x<b\}$；

左开右闭区间 $(a,b]=\{x\mid a<x\leqslant b\}$.

2. 邻域

设 δ 是实数，且 $\delta>0$，开区间$(x_0-\delta,x_0+\delta)$称为点 x_0 的 δ **邻域(neighborhood)**，记作 $U(x_0,\delta)$，即 $U(x_0,\delta)=\{x\mid |x-x_0|<\delta\}=(x_0-\delta,x_0+\delta)$.

点 x_0 称为该邻域的**中心**，δ 称为该邻域的**半径**.

在点 x_0 的 δ 邻域中去掉点 x_0 后，称为点 x_0 的**去心邻域**，记作 $\mathring{U}(x_0,\delta)$，即 $\mathring{U}(x_0,\delta)=\{x\mid 0<|x-x_0|<\delta\}=(x_0-\delta,x_0)\cup(x_0,x_0+\delta)$.

1.1.2 函数的概念

函数是微积分研究的基本对象，是高等数学中最重要的概念之一. 它是描述变量之间相互依赖关系的一种数学模型.

引例 1 在自由落体运动中，设物体下落的时间为 t，落下的距离为 s，假定开始下落的时刻为 $t=0$，则变量 s 与 t 之间的相依关系由数学模型 $s=\frac{1}{2}gt^2$ 给定，其中 g 是重力加速度. 求：(1)第一秒物体下落的距离；(2)第二秒物体下落的距离；(3)第三秒物体下落的平均速度.

解 (1)由 $s=\frac{1}{2}gt^2$ 得，当 $t=1\text{s}$ 时，$s_1=\frac{1}{2}\times 9.8\times 1^2=4.9(\text{m})$；

(2) 当 $t=2\text{s}$ 时，$s_2=\frac{1}{2}gt^2=\frac{1}{2}\times 9.8\times 2^2=19.6(\text{m})$，则第二秒物体下落的距离 $s=s_2-s_1=19.6-4.9=14.7(\text{m})$；

(3) 当 $t=3\text{s}$ 时，$s_3=\frac{1}{2}gt^2=\frac{1}{2}\times 9.8\times 3^2=44.1(\text{m})$，则第三秒物体下落的平均速度为 $v=\frac{s}{t}=\frac{s_3-s_2}{t}=\frac{44.1-19.6}{1}=24.5(\text{m/s})$.

1. 函数的定义

定义 1 设有两个变量 x 和 y，D 是一个非空数集，当变量 x 在 D 内取某一数值时，按照某一确定的对应法则 f，变量 y 有唯一确定的数值与之对应，则称变量 y 是变量 x 的**函数(function)**，记作 $y=f(x)$，$x\in D$. 其中 x 称为**自变量**，y 称为**函数**或**因变量**，数集 D 称为函数 $f(x)$的**定义域**. $y=f(x)$在 x_0 处的函数值，记为 $y_0=f(x_0)$或 $y|_{x=x_0}=y_0$. 函数值的全体组成的数集 $M=\{y\mid y=f(x),x\in D\}$ 称为函数的**值域**.

1-1 函数的概念

由函数的定义可知，两个函数相同的充分必要条件是其定义域与对应法则完全相同.

如函数 $f(x)=x+1$ 与 $g(x)=\frac{x^2-1}{x-1}$定义域不同，不是相同函数；函数 $y=\ln x^3$ 与 $f(x)=3\ln x$ 是相同函数.

2. 函数的表示法

一般说来，函数的表达方式有三种：公式法(以数学式子表示函数的方法)、表格法(以表格形式表示函数的方法)和图像法(以图像表示函数的方法).

3. 函数的定义域

在研究函数时,一定要考虑它的定义域. 函数的定义域原则上是使函数表达式有意义的自变量的取值范围. 一般要求考虑以下情况:

(1)分式中分母必须不等于零;
(2)偶次根式,被开方式必须大于或等于 0;
(3)对数的真数必须大于零,底数大于零且不等于 1;
(4)正切符号下的式子必须不等于 $k\pi+\frac{\pi}{2}(k\in\mathbf{Z})$;
(5)余切符号下的式子必须不等于 $k\pi(k\in\mathbf{Z})$;
(6)反正弦、反余弦符号下的式子的绝对值必须小于等于 1.

如果表达式中同时有以上几种情况,需同时考虑,并求它们的交集.

例 1 已知 $f(x)=\frac{1}{1+x}$. 求 $f(1)$, $f\left(\frac{1}{x}\right)$.

解 $f(1)=\frac{1}{1+1}=\frac{1}{2}$, $f\left(\frac{1}{x}\right)=\frac{1}{1+\frac{1}{x}}=\frac{x}{x+1}$.

例 2 求下列函数的定义域:

(1)$y=\frac{1}{\sqrt{x^2-4x-5}}$;(2)$y=\frac{\sqrt{3-x}}{\ln(x-1)}$.

解 (1)这是一个分式兼偶次根式函数,要使函数有意义,则
$x^2-4x-5>0$,得 $x>5$ 或 $x<-1$,表示成区间形式为 $D=(-\infty,-1)\cup(5,+\infty)$.

(2)二次根式被开方式大于等于 0,对数的真数大于零,分母不等于 0,故
$\begin{cases}3-x\geqslant 0,\\ x-1>0,\\ x-1\neq 1,\end{cases}$ 解得 $\begin{cases}x\leqslant 3,\\ x>1,\\ x\neq 2,\end{cases}$ 即定义域为 $(1,2)\cup(2,3]$.

4. 分段函数

有时,我们会遇到一个函数在自变量不同的取值范围内对应法则不一样,这时需要用两个或两个以上的式子表示,这样的函数称为**分段函数**. 分段函数的定义域为各段自变量取值集合的并集.

例 3 设符号函数 $y=\operatorname{sgn}(x)=\begin{cases}1, & x>0,\\ 0, & x=0,\\ -1, & x<0,\end{cases}$ 求:

(1)函数的定义域、值域;
(2)$f(-2)$、$f(0)$和 $f(2)$;
(3)作出函数的图像.

解 (1)定义域 $D=(-\infty,0)\cup\{0\}\cup(0,+\infty)=(-\infty,+\infty)$;值域 $M=\{1,0,-1\}$;

(2)因为 $-2\in(-\infty,0)$, $0\in\{0\}$, $2\in(0.+\infty)$,所以 $f(-2)=-1$, $f(0)=0$, $f(2)=1$.

(3)图像如图 1-2 所示.

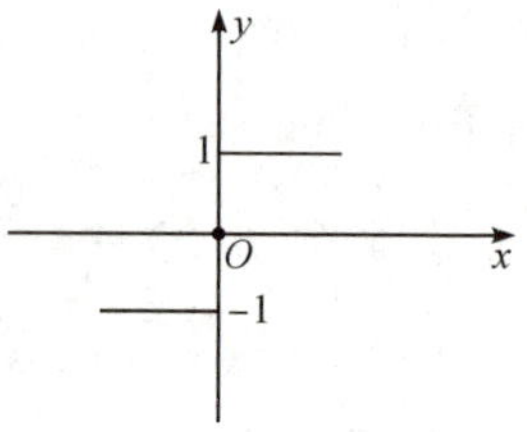

图 1-2

1.1.3 函数的性质

1-2 函数的性质

1. 奇偶性

定义 2 设函数 $y=f(x)$ 的定义域关于原点对称，如果对于定义域中的任何 x，都有 $f(-x)=f(x)$，则称 $y=f(x)$ 为**偶函数**；如果对于定义域中的任何 x，都有 $f(-x)=-f(x)$，则称 $y=f(x)$ 为**奇函数**. 不是偶函数也不是奇函数的函数，称为**非奇非偶函数**.

几何特征：奇函数的图像关于原点对称[图 1-3(a)]，偶函数的图像关于 y 轴对称[图 1-3(b)].

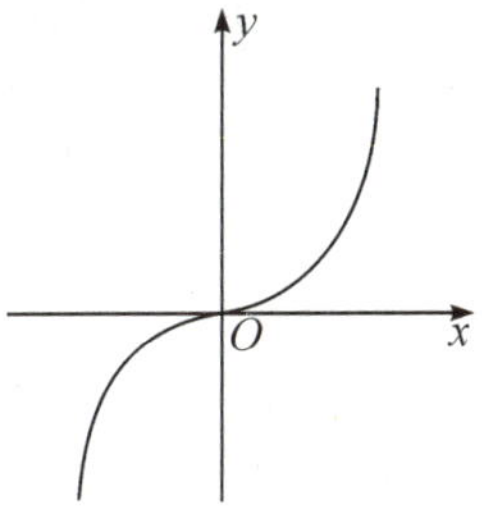

(a)

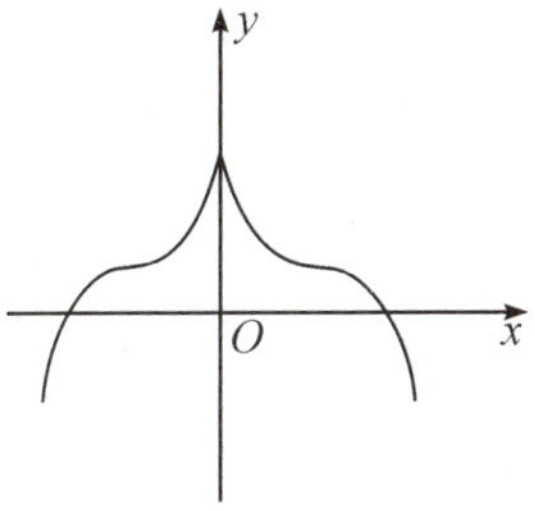

(b)

图 1-3

例 4 判断下列函数的奇偶性：

(1) $f(x)=x^2\cos x$；　　(2) $f(x)=\ln(x+\sqrt{x^2+1})$.

解 (1) 因为该函数的定义域为 $(-\infty,+\infty)$，

且有 $f(-x)=(-x)^2\cos(-x)=x^2\cos x=f(x)$，

所以 $f(x)=x^2\cos x$ 是偶函数.

(2) 因为该函数的定义域为 $(-\infty,+\infty)$，且有

$$f(-x)=\ln(-x+\sqrt{x^2+1})$$

$$=\ln\frac{(\sqrt{x^2+1}+x)(\sqrt{x^2+1}-x)}{\sqrt{x^2+1}+x}$$

$$=\ln\frac{1}{x+\sqrt{x^2+1}}=-\ln(x+\sqrt{x^2+1})=-f(x),$$

所以 $f(x)=\ln(x+\sqrt{x^2+1})$ 是奇函数.

2. 单调性

定义 3 设函数 $y=f(x)$，x_1 和 x_2 为区间 (a,b) 内的任意两个数.

若当 $x_1<x_2$ 时，有 $f(x_1)<f(x_2)$，则称该函数在区间 (a,b) 内**单调增加**，或称递增；

若当 $x_1<x_2$ 时，有 $f(x_1)>f(x_2)$，则称该函数在区间 (a,b) 内**单调减少**，或称递减.

几何特征：单调增加函数的图像沿横轴正向上升，单调减少函数的图像沿横轴正向下降. 例如，函数 $y=x^2$ 在区间 $(-\infty,0)$ 内是单调减少，在区间 $(0,+\infty)$ 内是单调增加. 而函数 $y=x$，$y=x^3$ 在区间 $(-\infty,+\infty)$ 内都是单调增加.

3. 有界性

定义 4 设函数 $y=f(x)$ 的定义域为 D，若 $X\subset D$，如果存在正数 M，使得对任意的 $x\in X$，恒有 $|f(x)|\leqslant M$ 成立，则称函数 $f(x)$ 在 X 上为**有界函数**，否则称为**无界函数**.

几何特征：有界函数的图像 $y=f(x)$ 必介于两条平行于 x 轴的直线 $y=-M$ 和 $y=M$ 之间(图 1-4). $y=\sin x$ 和 $y=\cos x$ 在定义域 $\mathbf{R}$ 上都为有界函数.

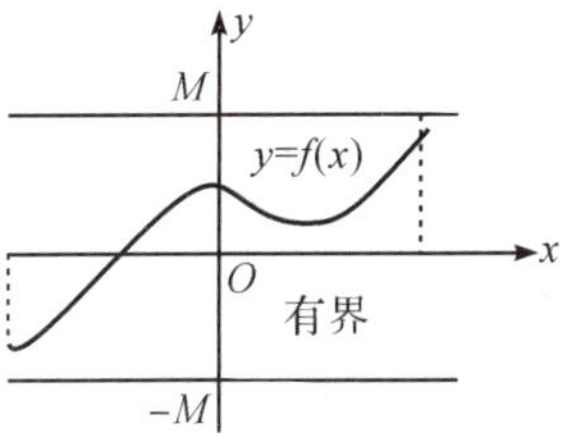

图 1-4

应当指出：有的函数可能在其定义域的某一部分有界，而在另一部分无界. 因此，我们说一个函数是有界的或是无界的，应同时指出其自变量的相应范围.

例如，$y=\tan x$ 在 $\left[-\frac{\pi}{6},\frac{\pi}{6}\right]$ 上是有界，但在 $\left(-\frac{\pi}{2},\frac{\pi}{2}\right)$ 内是无界.

4. 周期性

定义 5 设函数 $y=f(x)$ 的定义域为 D，如果存在一个不为零的常数 T，对任意的 $x\in D$，有 $x+T\in D$，且使 $f(x+T)=f(x)$ 恒成立，则称函数 $y=f(x)$ 为**周期函数**，T 称为函数 $y=f(x)$ 的**周期**.

对于每个周期函数来说，周期有无穷多个. 如果其中存在一个最小正数 a，则规定 a 为该周期函数的**最小正周期**，简称**周期**. 我们常说的某个函数的周期通常指的就是它的最小正周期. 例如，$y=\sin x$，$y=\tan x$ 的周期分别为 2π，π.

1.1.4 反函数

1-3 反函数

定义 6 设 $y=f(x)$ 的定义域为 D，值域为 M，若对于数集 M 中的每一个 y，都可由方程 $y=f(x)$ 唯一确定一个数集 D 中的 x 与之对应，则得到 x 就是定义在 M 上 y 的函数，称此函数为 $f(x)$ 的**反函数(inverse function)**，记作 $x=f^{-1}(y)$.

习惯上自变量用 x 表示，因变量用 y 表示，互换 x 与 y 得到 $f(x)$ 的反函数表示为 $y=f^{-1}(x)$. 互为反函数的两个函数的图像关于直线 $y=x$ 对称(图 1-5).

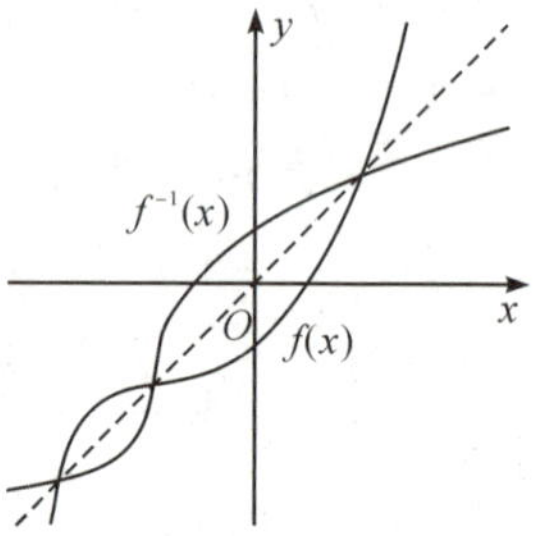

图 1-5

例 5 求 $y=3x+1$ 的反函数.

解 由 $y=3x+1$ 得，$x=\dfrac{y-1}{3}$，

因此，$y=3x+1$ 的反函数为 $y=\dfrac{x-1}{3}$.

习题 1.1

1. 函数 $y=1+\cos\dfrac{1}{2}x$ 的最小正周期为(　　)

A. $\dfrac{1}{2}\pi$　　B. 4π　　C. π　　D. 2π

2. 设函数 $f(x)$ 的定义域为 $[0,1]$，则函数 $f(x+1)$ 的定义域为________，$f(x^2)$ 的定义域为_________.

3. 求下列函数的定义域：

(1) $y=\dfrac{\sqrt{x^2-4}}{x-2}$；　　(2) $y=\tan x+\cot 2x$；

(3) $y=\begin{cases}-x, & -1\leqslant x\leqslant 0,\\ \sqrt{3-x}, & 0<x<2;\end{cases}$　　(4) $y=\dfrac{\ln(2x-3)}{\sqrt{4-x}}$；

(5) $y=\dfrac{\sqrt{2x+1}}{\ln(x-1)}$；　　(6) $y=\sqrt{3x-2}+\lg(4-x^2)$.

4. 讨论下列函数的奇偶性：

(1) $y=x^3+2x^2+1$；　　(2) $y=x^3\sin x$；

(3) $y=\lg\dfrac{1-x}{1+x}$；　　(4) $y=\dfrac{1}{3}(e^x+e^{-x})$.

5. 设 $f(x)=\begin{cases}x^2+1, & x<0,\\ 5, & x=0,\\ \ln(x-2), & x>0.\end{cases}$ 求 $f(-1)$，$f(0)$，$f(3)$.

6. 求下列函数的反函数：

(1) $y=\dfrac{3x}{x+1}$；　　　　(2) $y=\sqrt{1-x^2}$，$x\in[-1,0]$.

7. 设 $f\left(x+\dfrac{1}{x}\right)=\dfrac{x^2}{x^4+1}(x\neq 0)$，求 $f(x)$.

8. 某停车场收费规定：第一个小时内收费 6 元，一个小时后每小时收费 3 元，每天最多 30 元. 试表示停车场收费与停车时间的函数关系.

§1.2　初等函数

1.2.1　基本初等函数

常数函数、幂函数、指数函数、对数函数、三角函数和反三角函数等六大类函数统称为基本初等函数.

其定义域、图像和性质等见表 1-1.

【注意】幂函数 $y=x^{\alpha}$ 与指数函数 $y=a^x$ 的区别，$y=x^2$，$y=\sqrt{x}$ 等是幂函数，$y=2^x$，$y=\left(\dfrac{1}{2}\right)^x$ 等是指数函数，关键区别在于自变量 x 所处的位置不同.

在中学，我们学习了正弦函数 $y=\sin x$，余弦函数 $y=\cos x$，正切函数 $y=\tan x$ 等三角函数，其中 $\tan x=\dfrac{\sin x}{\cos x}$. 在此，补充另外三个三角函数：余切函数 $y=\cot x=\dfrac{\cos x}{\sin x}$，它与正切函数互为倒数关系. 正割函数 $y=\sec x=\dfrac{1}{\cos x}$，它与余弦函数互为倒数关系. 余割函数 $y=\csc x=\dfrac{1}{\sin x}$，它与正弦函数互为倒数关系. 三角函数的反函数称为反三角函数，如 $y=\arcsin x$，$y=\arccos x$，$y=\arctan x$ 等.

表 1-1　基本初等函数的定义域、图像和性质

函数	定义域	图像	性质
常数函数 $y=c$	$(-\infty,+\infty)$	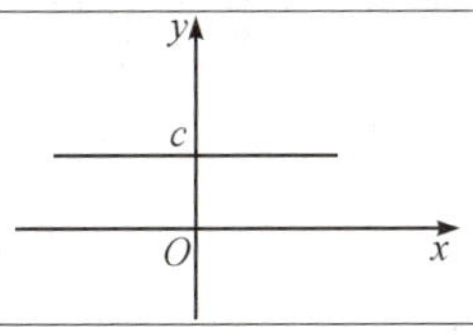	过 $(0,c)$，关于 y 轴对称，偶函数，有界函数
幂函数 $y=x^{\alpha}$	与 α 取值有关：当 $\alpha>0$ 时，$(-\infty,+\infty)$ 或者 $[0,+\infty)$；当 $\alpha<0$ 时，$(-\infty,0)\cup(0,+\infty)$ 或者 $(0,+\infty)$	当 $\alpha>0$ 时 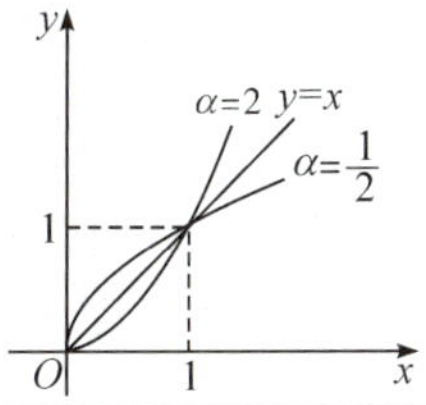	1. 图像过 $(0,0)$，$(1,1)$ 点 2. 在 $[0,+\infty)$ 内单调增加
		当 $\alpha<0$ 时 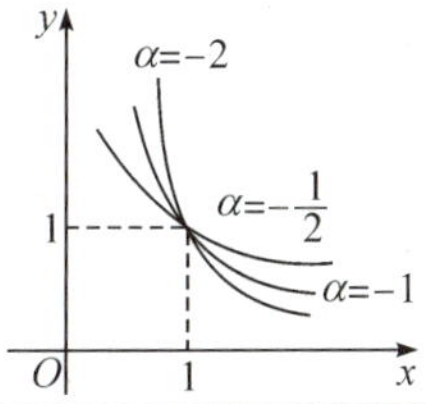	1. 图像过 $(0,0)$，$(1,1)$ 点 2. 在 $(0,+\infty)$ 内单调减少

续表

函数	定义域	图像	性质
指数函数 $y=a^x$	$(-\infty,+\infty)$	当 $a>1$ 时 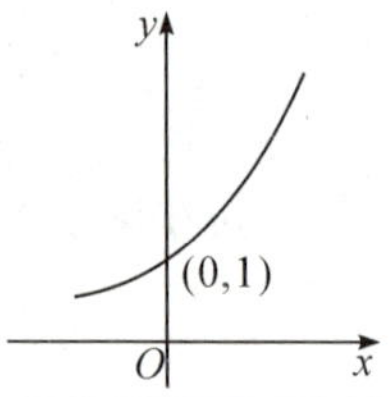	1. 图像都在 x 轴上方，过 $(0,1)$ 点 2. 在 $(-\infty,+\infty)$ 内单调增加 3. 当 $x<0$ 时，$0<y<1$；当 $x\geqslant 0$ 时，$y\geqslant 1$
		当 $0<a<1$ 时 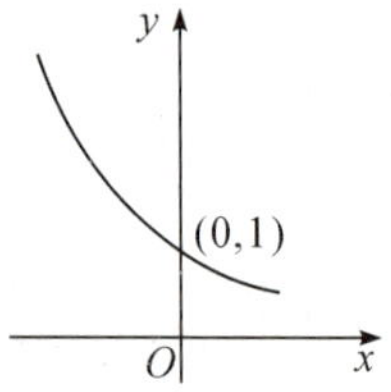	1. 图像都在 x 轴上方，过 $(0,1)$ 点 2. 在 $(-\infty,+\infty)$ 内单调减小 3. 当 $x<0$ 时，$y>1$；当 $x\geqslant 0$ 时，$0<y\leqslant 1$
对数函数 $y=\log_a x$	$(0,+\infty)$	当 $a>1$ 时 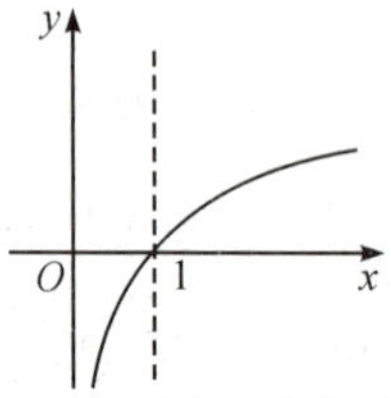	1. 图像都在 y 轴右边，过 $(1,0)$ 点 2. 在 $(0,+\infty)$ 内单调增加 3. 当 $0<x<1$ 时，$y<0$；当 $x\geqslant 1$ 时，$y\geqslant 0$
		当 $0<a<1$ 时 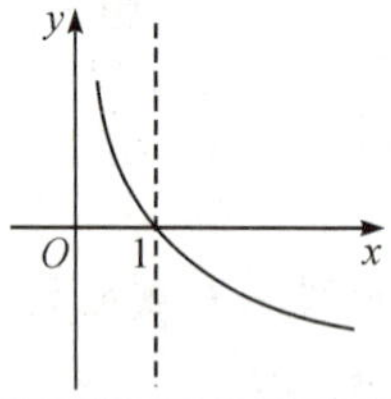	1. 图像都在 y 轴右边，过 $(1,0)$ 点 2. 在 $(0,+\infty)$ 内单调减少 3. 当 $0<x<1$ 时，$y>0$；当 $x\geqslant 1$ 时，$y\leqslant 0$
$y=\sin x$	$(-\infty,+\infty)$	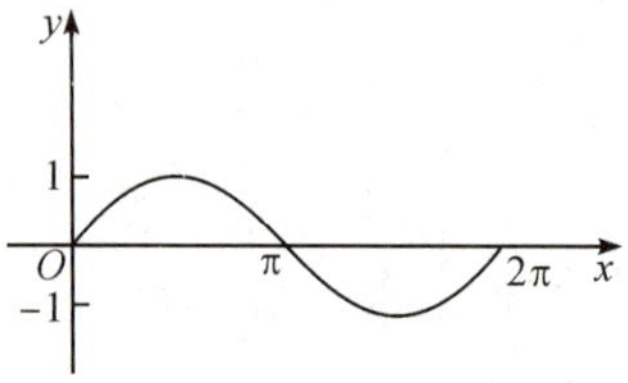	1. 奇函数、周期 2π，值域 $[-1,1]$，有界函数 2. 在 $\left(2k\pi-\frac{\pi}{2},2k\pi+\frac{\pi}{2}\right)$ 内单调增加，在 $\left(2k\pi+\frac{\pi}{2},2k\pi+\frac{3\pi}{2}\right)$ 内单调减少 $(k\in\mathbf{Z})$
$y=\cos x$	$(-\infty,+\infty)$	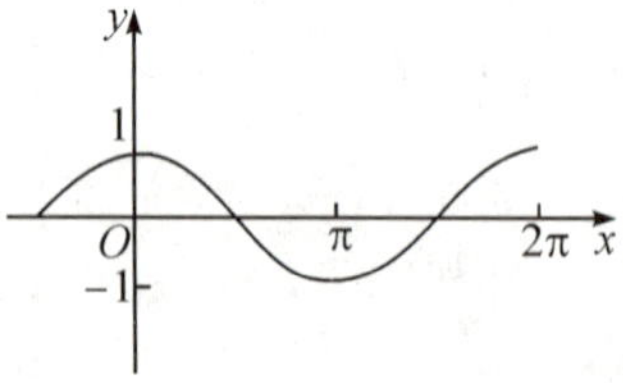	1. 偶函数、周期 2π，值域 $[-1,1]$，有界函数 2. 在 $(2k\pi,2k\pi+\pi)$ 内单调减少，在 $(2k\pi+\pi,2k\pi+2\pi)$ 内单调增加 $(k\in\mathbf{Z})$
$y=\tan x$	$x\neq k\pi+\frac{\pi}{2}$，$k\in\mathbf{Z}$	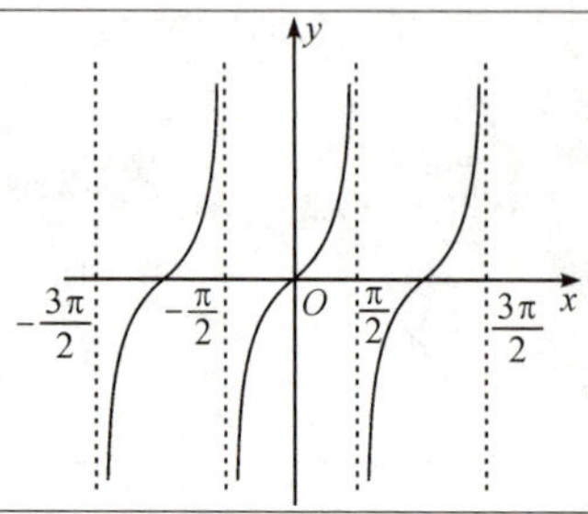	1. 奇函数、周期 π，值域 $(-\infty,+\infty)$，无界函数 2. 在 $\left(k\pi-\frac{\pi}{2},k\pi+\frac{\pi}{2}\right)$ 内单调增加 $(k\in\mathbf{Z})$

续表

函数	定义域	图像	性质
$y=\cot x$	$x\neq k\pi, k\in\mathbf{Z}$	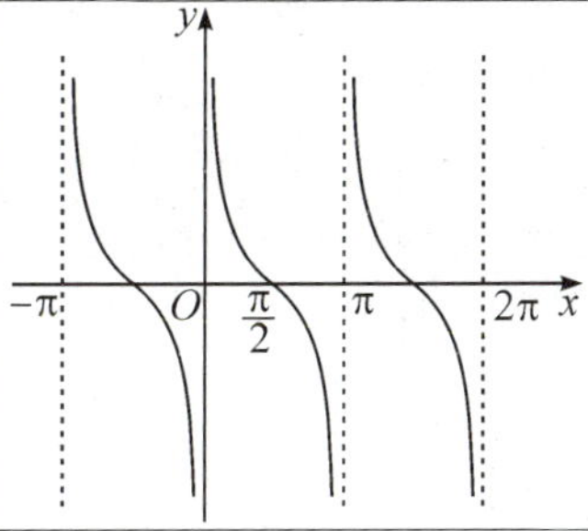	1. 奇函数、周期 π，值域 $(-\infty,+\infty)$，无界函数 2. 在 $(k\pi,k\pi+\pi)$ 内单调减少 $(k\in\mathbf{Z})$
$y=\arcsin x$	$[-1,1]$	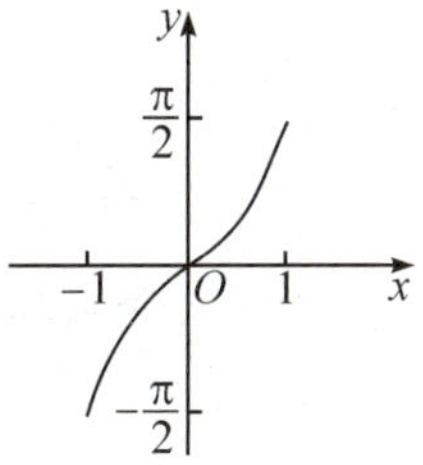	1. 奇函数，值域 $\left[-\frac{\pi}{2},\frac{\pi}{2}\right]$，有界函数 2. 在 $[-1,1]$ 内单调增加
$y=\arccos x$	$[-1,1]$	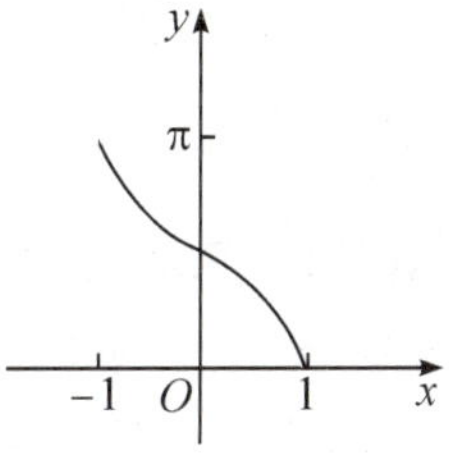	1. 值域 $[0,\pi]$，有界函数 2. 在 $[-1,1]$ 内单调减少
$y=\arctan x$	$(-\infty,+\infty)$	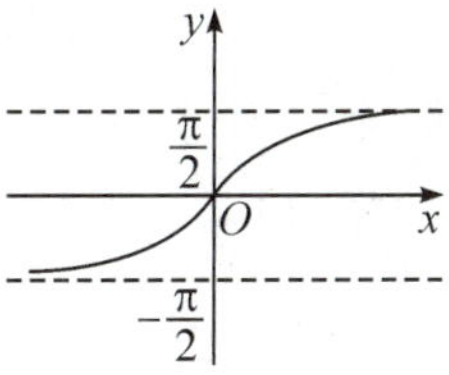	1. 奇函数，值域 $\left(-\frac{\pi}{2},\frac{\pi}{2}\right)$，有界函数 2. 在 $(-\infty,+\infty)$ 内单调增加
$y=\operatorname{arccot} x$	$(-\infty,+\infty)$	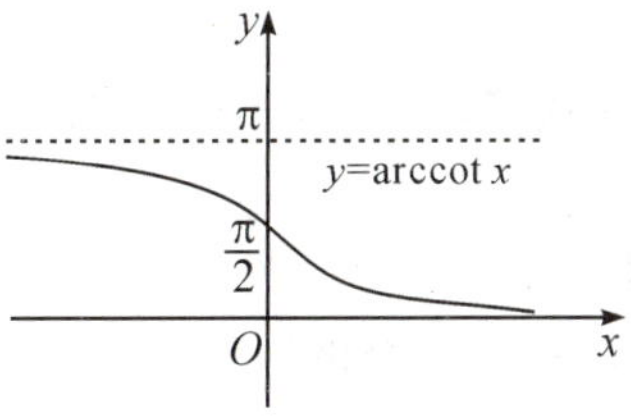	1. 值域 $(0,\pi)$，有界函数 2. 在 $(-\infty,+\infty)$ 内单调减少

1.2.2 复合函数

我们先看一个例子，设有两个函数 $y=e^u$ 和 $u=\sin x$，以 $\sin x$ 代替第一式中的 u，得 $y=e^{\sin x}$. 我们说，函数 $y=e^{\sin x}$ 是由 $y=e^u$ 和 $u=\sin x$ 复合而成的复合函数. 一般地，有如下定义.

1-4 复合函数

定义 1 设函数 $y=f(u)$ 的定义域为 $D(f)$，函数 $u=\varphi(x)$ 的值域为 $Z(\varphi)$，$Z(\varphi)\cap D(f)$ 非空，则称函数 $y=f[\varphi(x)]$ 为由 $y=f(u)$ 和 $u=\varphi(x)$ 复合而成的**复合函数**，其中，x 为自变量，y 为因变量，u 称为中间变量.

例 1 试将下列函数复合成一个函数：

(1) $y=\sqrt{u}$ 与 $u=1-x^2$；

(2) $y=\ln u, u=\sin v, v=x^2+1$.

解 (1)将 $u=1-x^2$ 代入 $y=\sqrt{u}$，即得所求的复合函数 $y=\sqrt{1-x^2}$，其定义域为$[-1,1]$.

(2)将中间变量依次代入得：$y=\ln u=\ln\sin v=\ln\sin(x^2+1)$，所得复合函数即为 $y=\ln\sin(x^2+1)$.

例 2 指出下列复合函数是由哪些简单函数复合而成的：

(1) $y=\cos^2 x$； (2) $y=e^{\sin(3x-1)}$；

(3) $y=\sqrt{\ln(\sin x+2^x)}$； (4) $y=\arctan\sqrt{x^2-1}$.

解 (1)函数 $y=\cos^2 x$ 是由 $y=u^2, u=\cos x$ 复合而成.

(2)函数 $y=e^{\sin(3x-1)}$ 是由 $y=e^u, u=\sin v, v=3x-1$ 复合而成.

(3)函数 $y=\sqrt{\ln(\sin x+2^x)}$ 是由 $y=\sqrt{u}, u=\ln v, v=\sin x+2^x$ 复合而成.

(4)函数 $y=\arctan\sqrt{x^2-1}$ 是由 $y=\arctan u, u=\sqrt{v}, v=x^2-1$ 复合而成.

【注意】不是任何两个函数都可以复合成一个复合函数的，如 $y=\arcsin u, u=2+x^2$ 是不能复合的. 思考：为什么？

1.2.3 初等函数

定义 2 由基本初等函数经过有限次四则运算和有限次复合构成的，并且可以用一个解析式表示的函数，称为**初等函数**.

如，$y=\arcsin e^x$，$y=(3x-1)^4$ 等都是初等函数. 但分段函数一般不是初等函数.

工程上常用的双曲正弦函数 $\mathrm{sh}x=\frac{e^x-e^{-x}}{2}$，双曲余弦函数 $\mathrm{ch}x=\frac{e^x+e^{-x}}{2}$，双曲正切函数 $\mathrm{th}x=\frac{\mathrm{sh}x}{\mathrm{ch}x}$等也都是初等函数.

1.2.4 函数模型举例

针对现实问题，建立函数模型，对提高解决实际问题的能力以及提高数学素养十分重要. 建立函数模型的步骤如下：

(1)分析问题中哪些是变量，哪些是常量，分别用字母表示；

(2)根据所给条件，运用数学、物理或其他知识，确定变量之间的关系；

(3)具体写出解析式 $y=f(x)$，并指明定义域.

例 3 设一防空洞的截面是矩形加半圆形(图 1-6)，周长为 15cm，试把截面积表示为矩形底边长的函数.

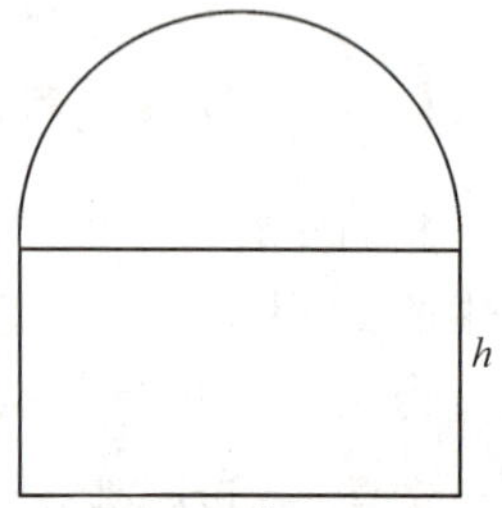

图 1-6

解 设矩形底边边长为 $x$cm，另一边为 $h$cm，则半圆的半径为 $\frac{x}{2}$cm，因周长为 15cm，故 $x+2h+\frac{1}{2}\pi x=15$，得 $h=\frac{15}{2}-\frac{1}{2}\left(1+\frac{\pi}{2}\right)x$，

面积 $S=xh+\frac{1}{2}\pi\cdot\left(\frac{x}{2}\right)^2$，将 h 代入得：$S=\frac{15}{2}x-\frac{1}{2}\left(1+\frac{\pi}{2}\right)x^2+\frac{1}{8}\pi x^2=\frac{15}{2}x-\left(\frac{1}{2}+\frac{\pi}{8}\right)x^2$，其中 $0<x<\frac{30}{2+\pi}$.

例 4 重量为 P 的物体置于地平面上，设有一与水平方向成 α 角的拉力 F，使物体由静止开始移动，求物体开始移动时拉力 F 与角 α 之间的函数模型

(图 1-7).

解 由物理学可知,当水平拉力与摩擦力平衡时,物体开始移动,而摩擦力是与正压力 $P-F\sin\alpha$ 成正比(设摩擦系数为 μ),故有:$F\cos\alpha=\mu(P-F\sin\alpha)$,即 $F=\dfrac{\mu P}{\cos\alpha+\mu\sin\alpha}(0°<\alpha<90°)$.

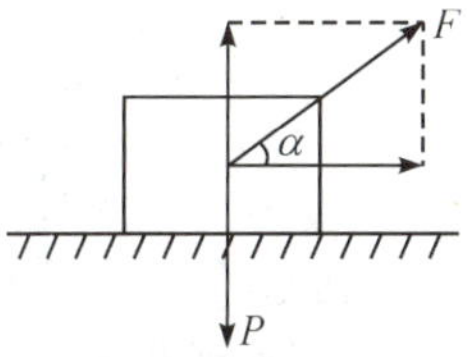

图 1-7

习题 1.2

1. 函数 $y=\sqrt{x^2-x-6}+\arccos\dfrac{2x-1}{7}$ 的定义域是( )

A. $[3,+\infty)$　　B. $(-\infty,-2]$

C. $[-3,4]$　　D. $[-3,-2]\cup[3,4]$

2. 下列函数在区间$(0,+\infty)$上单调增加的是( )

A. $y=x^{-2}$　B. $y=\tan x$　C. $y=2^x$　D. $y=\log_{0.5}x$

3. 下列函数有界的是( )

A. $y=x+\sin x$　B. $y=\arctan x-1$　C. $y=e^{-x}$　D. $y=x\cos x$

4. $\arcsin\dfrac{1}{2}=$__________;$\arctan(-1)=$__________.

5. 指出函数的复合过程:

(1)$y=\cos x^2$;　(2)$y=\sin^4 x$;　(3) $y=\arccos e^{2x}$;

(4)$y=(x+\lg x)^4$;　(5)$y=3^{\ln(x^2+1)}$;

(6)$y=\ln(\arctan\sqrt{1+x^2})$.

6. 用铁皮做一个容积为 V 的圆柱形罐头筒. 试将它的表面积表示为底半径的函数,并求其定义域.

7. 在半径为 R 的半圆形内内接一等腰梯形,梯形的一条边与半圆的直径重合,另一条边的两个端点在半圆上. 试将该梯形的面积 S 表示成其高 h 的函数.

8. 甲船以 20n mile/h 的速度向东行驶,同一时间乙船在甲船正北 80n mile 处以 15n mile/h 的速度向南行驶. 试将两船的距离表示成时间的函数.

§1.3 极限的概念

1.3.1 数列的极限

1. 数列的概念

自变量为正整数的函数 $u_n=f(n)(n=1,2,\cdots)$,其函数值按自变量 n 由小到大排列成一列数 $u_1,u_2,u_3,\cdots,u_n,\cdots$ 称为数列,将其简记为$\{u_n\}$,其中 u_n 为数列$\{u_n\}$的通项或一般项.

2. 数列的极限

庄子,战国中期思想家、哲学家,道家学派代表人物,与老子并称"老庄".

引例 1【截丈问题】 中国古代《庄子·天下篇》中著有:"一尺之棰,日取其半,万世不竭."

分析:设原木棒之长为一个单位,用 a_n 表示第 n 天截取之后所剩下的长度，可得数列$\{a_n\}$：

$$a_1=\frac{1}{2},a_2=\frac{1}{4},a_3=\frac{1}{8},\cdots,a_n=\frac{1}{2^n},\cdots$$

当n无限增大时，a_n无限接近于零，但它永远不会等于零，这一无限运动的变化过程可表示为：当$n\to\infty$时，$a_n\to 0$.

引例2【割圆术】 我国魏晋时期杰出的数学家刘徽在《九章算术注》中叙述了用“割圆术”确定圆的面积的方法.他说：“割之弥细，所失弥少，割之又割，以至于不可割，则与圆周合体而无所失矣.”若用S表示圆面积，S_n表示正n边形的面积，当边数n无限增加时，正多边形的面积S_n就无限接近于圆的面积S，如图1-8所示，即当$n\to\infty$时，$S_n\to S$.

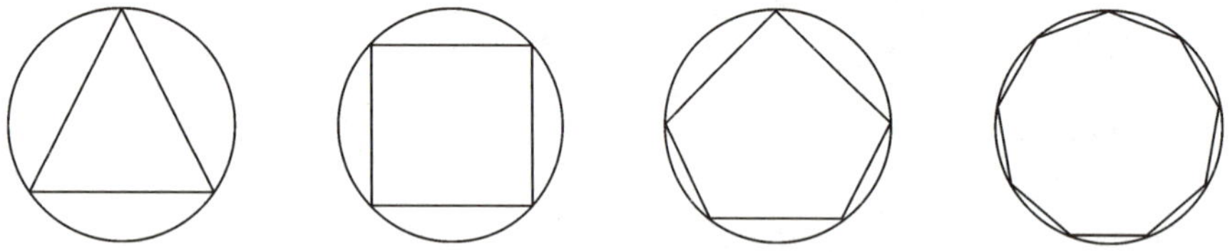

图1-8

上述两个引例蕴含了丰富的极限思想，我们把数列极限的定义描述如下.

定义1 对于数列$\{u_n\}$，如果当n无限增大时，通项u_n无限接近于某个确定的常数A，则称A为数列$\{u_n\}$的**极限(limit)**，或称数列$\{u_n\}$**收敛**于A，记为$\lim\limits_{n\to\infty}u_n=A$或$u_n\to A(n\to\infty)$；若数列$\{u_n\}$没有极限，则称该数列**发散**.

例1 观察下列数列的极限：

(1)$u_n=\frac{1}{n}$； (2)$u_n=2-\frac{1}{n^2}$； (3)$u_n=(-1)^n\frac{1}{3^n}$；

(4)$u_n=-3$； (5)$u_n=(-1)^n$.

解 观察数列在$n\to\infty$时的变化趋势，得

(1)$\lim\limits_{n\to\infty}\frac{1}{n}=0$；

(2)$\lim\limits_{n\to\infty}(2-\frac{1}{n^2})=2$；

(3)$\lim\limits_{n\to\infty}(-1)^n\frac{1}{3^n}=0$；

(4)$\lim\limits_{n\to\infty}(-3)=-3$；

(5)$\lim\limits_{n\to\infty}(-1)^n$不存在.

如果数列$\{u_n\}$对于每一个正整数n，都有$u_n<u_{n+1}$，则称数列$\{u_n\}$为**单调递增数列**；类似地，如果数列$\{u_n\}$对于每一个正整数n，都有$u_n>u_{n+1}$，则称数列$\{u_n\}$为**单调递减数列**.单调递增或单调递减数列简称为**单调数列**.如果对于数列$\{u_n\}$，存在一个正数M，使得对于每一项u_n，都有$|u_n|\leqslant M$，则称数列$\{u_n\}$为**有界数列**.数列$\{u_n\}=\left\{2-\frac{1}{n^2}\right\}$为单调递增数列，且有**上界**；数列$\{u_n\}=Z\left\{\frac{1}{n}\right\}$为单调递减数列，且有下界.一般地，我们有

定理1(单调有界原理) 单调有界数列必有极限.

证明从略.

1.3.2 函数的极限

函数极限概念研究的是在自变量的某一变化过程中函数值的变化趋势.我们将对函数在自变量的两种不同变化过程中的变化趋势问题分别加以讨论.

(1)当自变量的绝对值$|x|$无限增大(记为$x\to\infty$)时,函数$f(x)$的极限;

(2)当自变量无限接近于有限值x_0,即趋向于x_0(记为$x\to x_0$)时,函数$f(x)$的极限.

1-5 当$x\to\infty$时函数的极限

1. 当自变量趋向无穷大时函数的极限

(1)当$x\to\infty$时,函数的极限

引例 3 考察当$x\to\infty$时,函数$f(x)=\dfrac{1}{x}$的变化趋势.

从图1-9可看出,自变量x取正或负,当其绝对值无限增大时,函数$f(x)=\dfrac{1}{x}$的值无限趋近于常数0,此时0即为函数$f(x)=\dfrac{1}{x}$当$x\to\infty$时的极限.

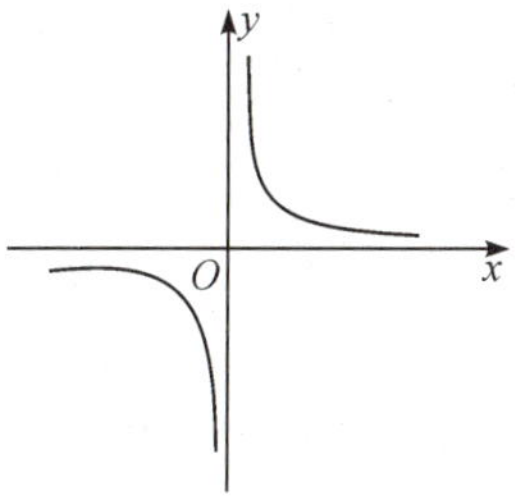

图 1-9

定义 2 设函数$f(x)$在$|x|>a$时有定义,如果当$|x|$无限增大(即$x\to\infty$)时,$f(x)$无限接近于某一确定常数A,则称 **A 为函数 $f(x)$ 当 $x\to\infty$ 时的极限**. 记作:

$$\lim_{x\to\infty}f(x)=A \quad 或 \quad f(x)\to A(x\to\infty).$$

例如,$\lim\limits_{x\to\infty}\dfrac{1}{x}=0$,$\lim\limits_{x\to\infty}e^{-x^2}=0$,$\lim\limits_{x\to\infty}\dfrac{3x+1}{x+1}=3$.

(2)当$x\to+\infty$时,函数的极限

定义 3 设函数$f(x)$在$x>a$时有定义,当$x\to+\infty$时,$f(x)$无限接近于某一确定常数A,则称 **A 为函数 $f(x)$ 当 $x\to+\infty$ 时的极限**. 记作:

$$\lim_{x\to+\infty}f(x)=A \quad 或 \quad f(x)\to A(x\to+\infty).$$

例如,$\lim\limits_{x\to+\infty}\left(\dfrac{1}{2}\right)^x=0$,$\lim\limits_{x\to+\infty}\dfrac{x-1}{x^2-1}=0$.

(3)当$x\to-\infty$时,函数的极限

定义 4 设函数$f(x)$在$x<a$时有定义,当$x\to-\infty$,即x取负值且绝对值无限增大时,$f(x)$无限接近于某一确定常数A,则称 **A 为函数 $f(x)$ 当 $x\to-\infty$ 时的极限**. 记作:

$$\lim_{x\to-\infty}f(x)=A \quad 或 \quad f(x)\to A(x\to-\infty).$$

例如,$\lim\limits_{x\to-\infty}e^x=0$,$\lim\limits_{x\to-\infty}\arctan x=-\dfrac{\pi}{2}$.

以上三者之间的关系为:

定理 2 当$x\to\infty$时,$f(x)$以A为极限的充要条件是$f(x)$当$x\to-\infty$和$x\to+\infty$时的极限都存在,且均为A,即$\lim\limits_{x\to\infty}f(x)=A\Leftrightarrow\lim\limits_{x\to-\infty}f(x)=\lim\limits_{x\to+\infty}f(x)=A$.

例 2 (1) 讨论当$x\to\infty$时$y=\arctan x$的极限情况.

(2) 当$x\to+\infty$时,$y=\sin x$是否有极限?

解 (1)因为$\lim\limits_{x\to+\infty}\arctan x=\dfrac{\pi}{2}$,$\lim\limits_{x\to-\infty}\arctan x=-\dfrac{\pi}{2}$,所以$\lim\limits_{x\to\infty}\arctan x$不

存在.

(2) 当 $x\to+\infty$ 时 $y=\sin x$ 的函数值在$[-1,1]$内振荡,所以没有极限.

2. 当 $x\to x_0$ 时函数 $f(x)$ 的极限

记号 $x\to x_0$ 表示 x 无限趋近于 x_0,包含 x 从大于 x_0 和 x 从小于 x_0 的方向趋近于 x_0 两种情况:

(1) $x\to x_0^+$ 表示 x 从大于 x_0 的方向趋近于 x_0;

(2) $x\to x_0^-$ 表示 x 从小于 x_0 的方向趋近于 x_0.

1-6 当 $x\to x_0$ 时函数的极限

观察图 1-10 和图 1-11,当 $x\to 1$ 时,函数 $y=x+1$ 和 $y=\dfrac{x^2-1}{x-1}$的变化情况,不难发现,函数都是无限接近于常数 2.

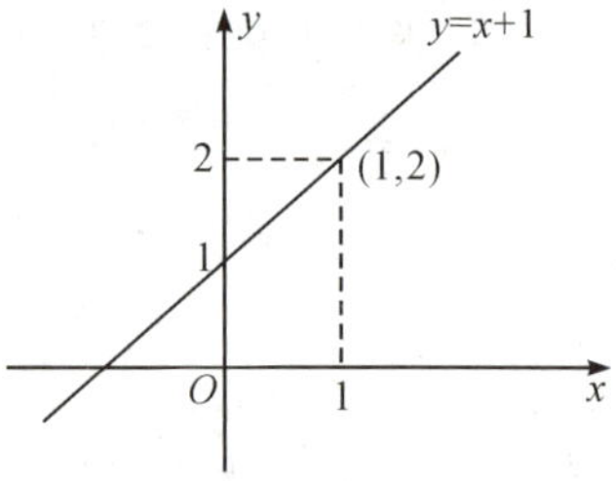

图 1-10

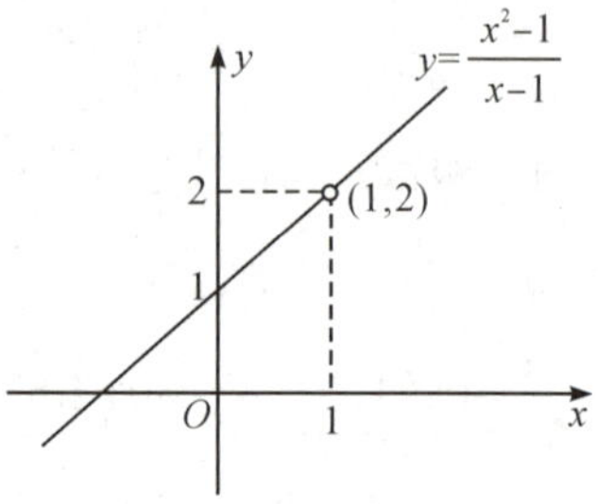

图 1-11

定义 5 设函数 $f(x)$ 在 x_0 的某一去心邻域 $\mathring{U}(x_0,\delta)$ 内有定义,当自变量 x 在 $\mathring{U}(x_0,\delta)$ 内无限接近于 x_0 时,相应的函数值无限接近于常数 A,则称 **A 为 $x\to x_0$ 时函数 $f(x)$ 的极限**,记作:

$$\lim_{x\to x_0} f(x)=A \quad 或 \quad f(x)\to A(x\to x_0).$$

由定义 5 可见,$\lim\limits_{x\to 1}\dfrac{x^2-1}{x-1}=2$, $\lim\limits_{x\to 1}(x+1)=2$.

可以看出,$\lim\limits_{x\to x_0} f(x)$是否存在与 $f(x)$在点 x_0 处是否有定义无关.

定义 6 如果当 $x\to x_0^+$ 时,函数 $f(x)$无限地趋近于一个确定的常数 A,那么就称 **A 为当 $x\to x_0^+$ 时函数 $f(x)$ 的右极限**,记作:

$$\lim_{x\to x_0^+} f(x)=A.$$

定义 7 如果当 $x\to x_0^-$ 时,函数 $f(x)$无限地趋近于一个确定的常数 A,那么就称 **A 为当 $x\to x_0^-$ 时函数 $f(x)$ 的左极限**,记作:

$$\lim_{x\to x_0^-} f(x)=A.$$

由定义易得:$\lim\limits_{x\to x_0} C=C$;$\lim\limits_{x\to x_0} x=x_0$.

例 3 已知 $f(x)=\begin{cases}1, x\leqslant 1,\\ x, x>1.\end{cases}$ 求$\lim\limits_{x\to 1} f(x)$.

解 因为 $\lim\limits_{x\to 1^-} f(x)=\lim\limits_{x\to 1^-} 1=1$, $\lim\limits_{x\to 1^+} f(x)=\lim\limits_{x\to 1^+} x=1$,即 $\lim\limits_{x\to 1^-} f(x)=\lim\limits_{x\to 1^+} f(x)=1$,所以$\lim\limits_{x\to 1} f(x)=1$.

此例表明,求分段函数在分段点处的极限通常要分别考察其左、右极限.

例 4 讨论函数 $f(x)=\dfrac{|x|}{x}$,当 $x\to 0$ 时的极限.

解 当 $x>0$ 时, $f(x)=\dfrac{|x|}{x}=\dfrac{x}{x}=1$;当 $x<0$ 时, $f(x)=\dfrac{|x|}{x}=\dfrac{-x}{x}=-1$. 所以函数可以分段表示为 $f(x)=\begin{cases}1, x>0,\\ -1, x<0.\end{cases}$ 于是 $\lim\limits_{x\to 0^+} f(x)=\lim\limits_{x\to 0^+} 1=1$, $\lim\limits_{x\to 0^-} f(x)=\lim\limits_{x\to 0^-} -1=-1$,即 $\lim\limits_{x\to 0^+} f(x)\neq\lim\limits_{x\to 0^-} f(x)$,所以$\lim\limits_{x\to 0} f(x)$不存在.

定理 3 函数 $f(x)$在点 x_0 处极限存在的充要条件为 $f(x)$在点 x_0 的左、右极限同时存在且相等,即

$$\lim_{x\to x_0} f(x)=A \Leftrightarrow \lim_{x\to x_0^-} f(x)=\lim_{x\to x_0^+} f(x)=A.$$

特别指出，本教材中凡不标明自变量变化过程的极限号 lim，均表示自变量变化过程适用于 $x\to x_0$，$x\to\infty$等所有情形.

习题 1.3

1. 当 $x\to\infty$时，下列极限存在的是(　　)

A. $\cos x$　　B. $\arctan x$　　C. e^{-x}　　D. $\dfrac{3x+1}{x}$

2. 下列变量极限不为 1 的是(　　)

A. $\cos x(x\to 0)$　　B. $3^x(x\to 0)$

C. $2x(x\to 0)$　　D. $\dfrac{n+1}{n}(n\to\infty)$

3. 当 $x\to$________时，变量 $x+3$ 的极限为 0.

4. 观察下列数列$\{a_n\}$，当 $n\to\infty$时的变化趋势，有极限的写出其极限值.

(1)$a_n=(-1)^n\dfrac{1}{n}$；　　(2) $a_n=(-1)^n n$；

(3)$a_n=\sin\dfrac{n\pi}{2}$；　　(4)$a_n=\dfrac{n-1}{n+1}$；

(5)$a_n=1-\dfrac{1}{\sqrt{n}}$；　　(6)$a_n=\dfrac{1+(-1)^n}{n}$.

5. 由函数的图形和极限的定义，判断以下函数极限是否存在，若存在，求出极限值.

(1) $\lim\limits_{x\to-\infty}e^x$；　　(2) $\lim\limits_{x\to+\infty}2^x$；

(3) $\lim\limits_{x\to+\infty}\left(\dfrac{1}{2}\right)^x$；　　(4)$\lim\limits_{x\to 1}\ln x$；

(5) $\lim\limits_{x\to-2}\dfrac{x^2-4}{x+2}$；　　(6) $\lim\limits_{x\to+\infty}2^{\frac{1}{x}}$.

6. 证明函数 $f(x)=\begin{cases}x^2-1, & x<1,\\ 0, & x=1,\\ 1, & x>1.\end{cases}$当 $x\to 1$ 时的极限不存在.

7. 设函数 $f(x)=\begin{cases}2x-1, & x<2,\\ 1, & x=2,\\ \log_2 x, & x>2.\end{cases}$

求：(1) $\lim\limits_{x\to 2^-}f(x)$；(2) $\lim\limits_{x\to 2^+}f(x)$；(3)$\lim\limits_{x\to 2}f(x)$.

8. 设函数 $f(x)=\begin{cases}1+x^2, & x\leqslant 0,\\ a+\sin x, & x>0.\end{cases}$问 a 为何值时，$\lim\limits_{x\to 0}f(x)$存在？

9. 请问 $0.9+0.09+0.009+\cdots+9\times 10^{-n}+\cdots=0.\dot{9}$ 是小于 1 还是等于 1？

§1.4 极限的运算

1.4.1 无穷小与无穷大

引例 1【洗涤效果】 在清洗衣物时,清洗次数越多,衣物上残留的污渍就越少,当洗涤次数无限增大时,衣物上的污渍趋于零.

1. 无穷小量的定义

1-7 无穷小量及其性质

定义 1 当 $x\to x_0$(或 $x\to\infty$)时,函数 $f(x)$的极限为零,则称在 $x\to x_0$(或 $x\to\infty$)时, $f(x)$是**无穷小量(infinitesimal)**,简称**无穷小**.

由定义可见:无穷小是极限为零的变量;数零是唯一可作为无穷小的常数. 简言之,无穷小量是绝对值无限变小且趋于零的量.

例如,$\lim\limits_{x\to 1}(x-1)=0$,故当 $x\to 1$ 时,$f(x)=x-1$ 是无穷小;

$\lim\limits_{x\to\infty}\dfrac{1}{x}=0$,故当 $x\to\infty$时,$f(x)=\dfrac{1}{x}$是无穷小.

例 1 自变量 x 在怎样的变化过程中,下列函数为无穷小:

(1)$y=\dfrac{1}{x-1}$; (2)$y=2x-1$; (3)$y=2^x$; (4)$y=\left(\dfrac{1}{4}\right)^x$.

解 (1)因为$\lim\limits_{x\to\infty}\dfrac{1}{x-1}=0$,所以当 $x\to\infty$时,$\dfrac{1}{x-1}$为无穷小;

(2)因为$\lim\limits_{x\to\frac{1}{2}}(2x-1)=0$,所以当 $x\to\dfrac{1}{2}$时,$2x-1$ 为无穷小;

(3)因为 $\lim\limits_{x\to-\infty}2^x=0$,所以当 $x\to-\infty$时,2^x 为无穷小;

(4)因为 $\lim\limits_{x\to+\infty}\left(\dfrac{1}{4}\right)^x=0$,所以当 $x\to+\infty$时,$\left(\dfrac{1}{4}\right)^x$ 为无穷小.

2. 极限与无穷小之间的关系

设$\lim\limits_{x\to x_0}f(x)=A$,即当 $x\to x_0$ 时,函数 $f(x)$无限接近于常数 A,也就是说 $f(x)-A$ 无限接近于常数零,即当 $x\to x_0$ 时, $f(x)-A$ 以零为极限,或者说,当 $x\to x_0$ 时,$f(x)-A$ 为无穷小. 若记$\alpha(x)=f(x)-A$,则有 $f(x)=A+\alpha(x)$,于是有

定理 1 $\lim\limits_{x\to x_0}f(x)=A$ 的充要条件是 $f(x)=A+\alpha(x)$,其中 $\alpha(x)$是 $x\to x_0$ 时的无穷小量.

【注意】自变量 x 的变化过程换成其他任何一种情形($x\to x_0^+$,$x\to x_0^-$,$x\to+\infty$,$x\to-\infty$,$x\to\infty$)后,定理 1 仍然成立.

例 2 当 $x\to\infty$时,将函数 $f(x)=\dfrac{x+1}{x}$写成其极限值与一个无穷小量之和的形式.

解 因为$\lim\limits_{x\to\infty}f(x)=\lim\limits_{x\to\infty}\dfrac{x+1}{x}=\lim\limits_{x\to\infty}\left(1+\dfrac{1}{x}\right)=1$,而 $f(x)=\dfrac{x+1}{x}=1+\dfrac{1}{x}$中的$\dfrac{1}{x}$为 $x\to\infty$时的无穷小量,所以 $f(x)=1+\dfrac{1}{x}$为所求极限值与一个无穷小量之和的形式.

3. 无穷小量的运算性质

定理 2 有限个无穷小量的和、差、积是无穷小量.

定理 3 无穷小量与有界函数的乘积是无穷小量.

推论 1 常数与无穷小量的乘积是无穷小量.

【注意】两个无穷小之商未必是无穷小，如 $x\to 0$ 时，x 与 $2x$ 皆为无穷小，但由 $\lim\limits_{x\to 0}\dfrac{2x}{x}=2$ 知，$\dfrac{2x}{x}$ 当 $x\to 0$ 时不是无穷小.

例 3 求下列函数的极限：

(1) $\lim\limits_{x\to 0}x\sin\dfrac{1}{x}$；　　(2) $\lim\limits_{x\to\infty}\dfrac{\arctan x}{x}$.

解 (1) 因为 $\lim\limits_{x\to 0}x=0$，所以 x 为 $x\to 0$ 时的无穷小量，又因为 $\left|\sin\dfrac{1}{x}\right|\leqslant 1$，所以 $x\sin\dfrac{1}{x}$ 仍为 $x\to 0$ 时的无穷小量，即 $\lim\limits_{x\to 0}x\sin\dfrac{1}{x}=0$.

(2) 因为 $\lim\limits_{x\to\infty}\dfrac{1}{x}=0$，所以 $\dfrac{1}{x}$ 为 $x\to\infty$ 时的无穷小量，而 $|\arctan x|\leqslant\dfrac{\pi}{2}$，所以 $\dfrac{\arctan x}{x}$ 仍为 $x\to\infty$ 时的无穷小量，即 $\lim\limits_{x\to\infty}\dfrac{\arctan x}{x}=0$.

4. 无穷大量的定义

引例 2【存款分析】 小明有本金 A 元存入银行，年利率为 r，按复利计算，小明第一年末的本利和为 $A(1+r)$，第二年末的本利和为 $A(1+r)^2$，……，第 n 年末的本利和为 $A(1+r)^n$，存款时间越长，本利和越多，当存款时间无限长时，本利和无限增大.

定义 2 在自变量 x 的某个变化过程中，若相应的函数的绝对值 $|f(x)|$ 无限增大，则称 $f(x)$ 为该自变量变化过程中的**无穷大量（infinity）**（简称为**无穷大**）；如果相应的函数值 $f(x)$（或 $-f(x)$）无限增大，则称 $f(x)$ 为该自变量变化过程中的**正（或负）无穷大**.

如果函数 $f(x)$ 是 $x\to x_0$ 时的无穷大，记作 $\lim\limits_{x\to x_0}f(x)=\infty$；如果 $f(x)$ 是 $x\to x_0$ 时的正无穷大，记作 $\lim\limits_{x\to x_0}f(x)=+\infty$；如果 $f(x)$ 是 $x\to x_0$ 时的负无穷大，记作 $\lim\limits_{x\to x_0}f(x)=-\infty$.

【注意】(1) 无穷大量是极限不存在的一种情形，这里借用极限的记号，并不表示极限存在.

(2) 无穷大量不是数，不能与很大的数混为一谈，如 10^{100000} 不是无穷大量.

5. 无穷大量与无穷小量的关系

定理 4 在自变量的变化过程中，无穷大量的倒数是无穷小量，非零无穷小量的倒数为无穷大量.

例 4 自变量在怎样的变化过程中，下列函数为无穷大量：

(1) $y=\dfrac{1}{x-1}$；　(2) $y=2x-1$；　(3) $y=\ln x$；　(4) $y=2^x$.

解 (1) 因为 $\lim\limits_{x\to 1}(x-1)=0$，所以 $\dfrac{1}{x-1}$ 为 $x\to 1$ 时的无穷大量；

(2)因为 $\lim\limits_{x\to\infty}\dfrac{1}{2x-1}=0$，所以 $2x-1$ 为 $x\to\infty$ 时的无穷大量；

(3)因为 $\lim\limits_{x\to 0^+}\ln x=-\infty$，$\lim\limits_{x\to+\infty}\ln x=+\infty$，所以当 $x\to 0^+$ 及 $x\to+\infty$ 时，$\ln x$ 都是无穷大量；

(4)因为 $\lim\limits_{x\to+\infty}2^{-x}=0$，所以 $\dfrac{1}{2^{-x}}=2^x$ 为 $x\to+\infty$ 时的无穷大量.

1.4.2 极限的四则运算法则

在两个函数极限都存在的前提下，它们的和、差、积与商(分母的极限不为零)也都存在，且有以下运算法则.

定理 5 如果 $\lim f(x)=A$，$\lim g(x)=B$，则

(1) $\lim[f(x)\pm g(x)]=\lim f(x)\pm\lim g(x)=A\pm B$；

(2) $\lim[f(x)\cdot g(x)]=\lim f(x)\cdot\lim g(x)=AB$；

(3) $\lim\dfrac{f(x)}{g(x)}=\dfrac{\lim f(x)}{\lim g(x)}=\dfrac{A}{B}\ (B\neq 0)$.

1-8 极限的四则运算

【注意】(1)对 $x\to x_0$，$x\to\infty$ 等情形，定理都成立.

(2)定理中的(1)和(2)均可以推广到有限多个函数的情形.

例 5 计算 $\lim\limits_{x\to 2}(x^2+2x-3)$.

解
$$\lim_{x\to 2}(x^2+2x-3)=\lim_{x\to 2}x^2+\lim_{x\to 2}2x-\lim_{x\to 2}3$$
$$=\left(\lim_{x\to 2}x\right)^2+2\cdot\lim_{x\to 2}x-3=2^2+2\times 2-3=5.$$

例 6 计算：(1) $\lim\limits_{x\to 1}\dfrac{x^2-2x+5}{x^2+6}$； (2) $\lim\limits_{x\to 2}\dfrac{x^2-3x+2}{x^2-x-2}$.

解 (1) 因为 $\lim\limits_{x\to 1}(x^2+6)=7\neq 0$，

所以 $\lim\limits_{x\to 1}\dfrac{x^2-2x+5}{x^2+6}=\dfrac{\lim\limits_{x\to 1}(x^2-2x+5)}{\lim\limits_{x\to 1}(x^2+6)}=\dfrac{4}{7}$.

(2) 因为 $x\to 2$ 时分子、分母的极限均为 0，但它们都有趋向于 0 的公因子 $(x-2)$，而当 $x\to 2$ 时，$x-2\neq 0$，所以可以约去这个零因子，故

$$\lim_{x\to 2}\frac{x^2-3x+2}{x^2-x-2}=\lim_{x\to 2}\frac{(x-1)(x-2)}{(x+1)(x-2)}$$
$$=\lim_{x\to 2}\frac{x-1}{x+1}=\frac{2-1}{2+1}=\frac{1}{3}.$$

例 7 求下列极限：

(1) $\lim\limits_{x\to\infty}\dfrac{2x^2+x-3}{3x^2-x+2}$； (2) $\lim\limits_{x\to\infty}\dfrac{x^2-2x+6}{5x^3-x^2+4}$； (3) $\lim\limits_{x\to\infty}\dfrac{3x^3+x^2-3}{4x^2-3x+5}$.

解 (1)呈现 $\dfrac{\infty}{\infty}$ 形式，可用分子、分母中 x 的最高次幂除之，然后再求极限.

$$\lim_{x\to\infty}\frac{2x^2+x-3}{3x^2-x+2}=\lim_{x\to\infty}\frac{2+\frac{1}{x}-\frac{3}{x^2}}{3-\frac{1}{x}+\frac{2}{x^2}}=\frac{2}{3}.$$

(2) $$\lim_{x\to\infty}\frac{x^2-2x+6}{5x^3-x^2+4}=\lim_{x\to\infty}\frac{\frac{1}{x}-\frac{2}{x^2}+\frac{6}{x^3}}{5-\frac{1}{x}+\frac{4}{x^3}}=0.$$

(3)因为$\lim\limits_{x\to\infty}\dfrac{4x^2-3x+5}{3x^3+x^2-3}=\lim\limits_{x\to\infty}\dfrac{\dfrac{4}{x}-\dfrac{3}{x^2}+\dfrac{5}{x^3}}{3+\dfrac{1}{x}-\dfrac{3}{x^3}}=0$,故原式$=\infty$.

对于上述$\dfrac{\infty}{\infty}$形式的极限,得出如下规律(可作为公式使用):

$$\lim_{x\to\infty}\frac{a_0x^n+a_1x^{n-1}+\cdots+a_n}{b_0x^m+b_1x^{m-1}+\cdots+b_m}=\begin{cases}\infty, & m<n,\\ \dfrac{a_0}{b_0}, & m=n,\\ 0, & m>n.\end{cases}$$

例 8 求下列极限:

(1)$\lim\limits_{x\to1}\left(\dfrac{3}{1-x^3}-\dfrac{1}{1-x}\right)$; (2)$\lim\limits_{x\to0}\dfrac{\sqrt{1+x}-1}{x}$; (3)$\lim\limits_{x\to+\infty}\dfrac{x\cos x}{\sqrt{1+x^3}}$.

解 (1)呈现$\infty-\infty$形式,可以先通分,再求极限.

$$\lim_{x\to1}\left(\frac{3}{1-x^3}-\frac{1}{1-x}\right)=\lim_{x\to1}\frac{3-(1+x+x^2)}{(1-x)(1+x+x^2)}$$
$$=\lim_{x\to1}\frac{(2+x)(1-x)}{(1-x)(1+x+x^2)}=\lim_{x\to1}\frac{2+x}{1+x+x^2}=1.$$

(2)呈现$\dfrac{0}{0}$形式,不能直接用商的极限法则,这时可先对分子有理化,然后再求极限.

$$\lim_{x\to0}\frac{\sqrt{1+x}-1}{x}=\lim_{x\to0}\frac{(\sqrt{1+x}-1)(\sqrt{1+x}+1)}{x(\sqrt{1+x}+1)}$$
$$=\lim_{x\to0}\frac{x}{x(\sqrt{1+x}+1)}=\lim_{x\to0}\frac{1}{\sqrt{1+x}+1}=\frac{1}{2}.$$

(3)当$x\to\infty$时,$x\cos x$极限不存在,不能直接用法则.

但$\cos x$有界(因为$|\cos x|\leqslant1$),又

$$\lim_{x\to+\infty}\frac{x}{\sqrt{1+x^3}}=\lim_{x\to+\infty}\frac{x}{x\sqrt{\dfrac{1}{x^2}+x}}=\lim_{x\to+\infty}\frac{1}{\sqrt{\dfrac{1}{x^2}+x}}=0.$$

根据有界乘无穷小仍是无穷小的性质,得

$$\lim_{x\to+\infty}\frac{x\cos x}{\sqrt{1+x^3}}=\lim_{x\to+\infty}\cos x\frac{x}{\sqrt{1+x^3}}=0.$$

小结:

(1)运用极限法则时,必须注意只有各极限存在(若是分式,还要分母极限不为零)才能适用;

(2)如果所求极限呈现$\dfrac{\infty}{\infty}$,$\infty-\infty$,$\dfrac{0}{0}$等形式,不能直接用极限法则,必须先对原式进行恒等变形(约分、通分、有理化、变量代换等),然后求极限;

(3)利用无穷小的运算性质求极限.

1.4.3 两边夹定理

两边夹定理,也称三明治定理,是求极限的重要方法之一.

定理 6 设函数 $f(x)$ 在点 a 的某一去心邻域 $\mathring{U}(a,\delta)$ 内(或 $|x|\geqslant X$ 时)满足条件:(1) $g(x)\leqslant f(x)\leqslant h(x)$;

(2) $\lim\limits_{x\to a}g(x)=A$, $\lim\limits_{x\to a}h(x)=A$ (或 $\lim\limits_{x\to\infty}g(x)=A$, $\lim\limits_{x\to\infty}h(x)=A$).

则 $\lim\limits_{x\to a}f(x)$ 存在,且 $\lim\limits_{x\to a}f(x)=A$ (或 $\lim\limits_{x\to\infty}f(x)$ 存在,且 $\lim\limits_{x\to\infty}f(x)=A$).

【注意】(1)两边夹定理不仅说明了极限存在,而且给出了求极限的方法.

(2)定理 6 中的条件(1)改为 $y_n\leqslant x_n\leqslant z_n$, $n=1,2,3,\cdots$,结论仍然成立.

例 9 求下列极限:

(1) $\lim\limits_{n\to\infty}\left[\dfrac{1}{n^2}+\dfrac{1}{(n+1)^2}+\cdots+\dfrac{1}{(2n)^2}\right]$;

(2) $\lim\limits_{n\to\infty}\left(\dfrac{1}{\sqrt{n^2+1}}+\dfrac{1}{\sqrt{n^2+2}}+\cdots+\dfrac{1}{\sqrt{n^2+n}}\right)$;

(3) $\lim\limits_{x\to\infty}\dfrac{[x]}{x}$.

解 (1)由 $0<\dfrac{1}{n^2}+\dfrac{1}{(n+1)^2}+\cdots+\dfrac{1}{(2n)^2}<\dfrac{1}{n^2}+\dfrac{1}{n^2}+\cdots+\dfrac{1}{n^2}=\dfrac{1}{n}$,

以及 $\lim\limits_{n\to\infty}0=\lim\limits_{n\to\infty}\dfrac{1}{n}=0$,由两边夹定理可得原式 $=0$.

(2)由 $\dfrac{1}{n}+\dfrac{1}{n}+\cdots+\dfrac{1}{n}=1<\dfrac{1}{\sqrt{n^2+1}}+\dfrac{1}{\sqrt{n^2+2}}+\cdots+\dfrac{1}{\sqrt{n^2+n}}<\dfrac{1}{\sqrt{n^2+n}}+\dfrac{1}{\sqrt{n^2+n}}+\cdots+\dfrac{1}{\sqrt{n^2+n}}=\dfrac{n}{\sqrt{n^2+n}}$,以及 $\lim\limits_{n\to\infty}1=\lim\limits_{n\to\infty}\dfrac{n}{\sqrt{n^2+n}}=\lim\limits_{n\to\infty}\dfrac{1}{\sqrt{1+\dfrac{1}{n}}}=1$,由两边夹定理可得原式 $=1$.

(3)由取整函数的性质可知 $x-1\leqslant[x]\leqslant x$.

当 $x>0$ 时,$\dfrac{x-1}{x}\leqslant\dfrac{[x]}{x}\leqslant\dfrac{x}{x}$,即 $1-\dfrac{1}{x}\leqslant\dfrac{[x]}{x}\leqslant 1$;

当 $x<0$ 时,$\dfrac{x-1}{x}\geqslant\dfrac{[x]}{x}\geqslant\dfrac{x}{x}$,即 $1-\dfrac{1}{x}\geqslant\dfrac{[x]}{x}\geqslant 1$.

因为 $\lim\limits_{x\to\infty}\left(1-\dfrac{1}{x}\right)=1$,由两边夹定理可得 $\lim\limits_{x\to\infty}\dfrac{[x]}{x}=1$.

由以上例题可以看出,用两边夹定理求极限的关键在于对函数进行恰当的放缩,要求放大和缩小后的极限容易求出.

例 10 【神奇的科赫曲线】我们作一个边长为 a 的正三角形,把每条边分成三等份,以各边的中间部分的长度为底边,分别向外作正三角形,然后在每条边上不断重复上述变换,便可以得到科赫雪花图案.若记 C_n、S_n 分别表示第 n 步变换后的科赫雪花的周长和面积,则周长依次为 $C_0=3a$, $C_1=\dfrac{4}{3}\cdot 3a$, $C_2=\left(\dfrac{4}{3}\right)^2\cdot 3a$, $\cdots$, $C_n=\left(\dfrac{4}{3}\right)^n\cdot 3a$, $\cdots$;面积依次为

$$S_0=\frac{1}{2}\times a\times\frac{\sqrt{3}}{2}a=\frac{\sqrt{3}}{4}a^2,$$

$$S_1=S_0+3\cdot\left(\frac{1}{2}\times\frac{a}{3}\times\frac{\sqrt{3}}{2}\cdot\frac{a}{3}\right)=S_0+3\cdot\left(\frac{1}{9}\times\frac{\sqrt{3}}{4}a^2\right)=S_0+\frac{3}{4}\times\frac{4}{9}S_0,$$

$$S_2=S_1+3\times4\cdot\left(\frac{1}{2}\times\frac{a}{9}\times\frac{\sqrt{3}}{2}\cdot\frac{a}{9}\right)=S_0+\frac{3}{4}\times\frac{4}{9}S_0+\frac{3}{4}\times\left(\frac{4}{9}\right)^2S_0,$$

……

$$S_n=S_0+\frac{3}{4}\times\frac{4}{9}S_0+\frac{3}{4}\times\left(\frac{4}{9}\right)^2S_0+\cdots+\frac{3}{4}\times\left(\frac{4}{9}\right)^nS_0,$$

……

于是,我们有

$$\lim_{n\to\infty}C_n=\lim_{n\to\infty}\left[\left(\frac{4}{3}\right)^n\cdot3a\right]=+\infty,$$

$$\begin{aligned}\lim_{n\to\infty}S_n&=\lim_{n\to\infty}\left[S_0+\frac{3}{4}\times\frac{4}{9}S_0+\frac{3}{4}\times\left(\frac{4}{9}\right)^2S_0+\cdots+\frac{3}{4}\times\left(\frac{4}{9}\right)^nS_0\right]\\&=S_0+\frac{3}{4}S_0\lim_{n\to\infty}\left[\frac{4}{9}+\left(\frac{4}{9}\right)^2+\cdots+\left(\frac{4}{9}\right)^n\right]\\&=S_0+\frac{3}{4}S_0\lim_{n\to\infty}\frac{\frac{4}{9}\left[1-\left(\frac{4}{9}\right)^n\right]}{1-\frac{4}{9}}=S_0+\frac{3}{4}S_0\times\frac{4}{5}=\frac{8}{5}S_0\\&=\frac{8}{5}\cdot\frac{\sqrt{3}}{4}a^2=\frac{2\sqrt{3}}{5}a^2.\end{aligned}$$

上述结果表明,科赫雪花图案的面积是有限的,但该图形的周长却趋于无穷大!此类问题是"分形几何"研究的内容之一,有兴趣的读者可以参阅有关书籍.

习题 1.4

1. 下列变量在相应自变量的变化过程中不是无穷小量的是(   )

A. $x-\sin x\ (x\to0)$　　B. $\ln x\ (x\to1)$

C. $2^{\frac{1}{x}}\ (x\to0^-)$　　D. $\frac{x+2}{x}\ (x\to\infty)$

2. 下列变量在相应自变量的变化过程中不是无穷大量的是(   )

A. $\frac{x^2+3}{x-1}\ (x\to1)$　　B. $\ln x\ (x\to0^+)$

C. $\arctan x\ (x\to+\infty)$　　D. $e^{\frac{1}{x}}\ (x\to0^+)$

3. $\lim\limits_{x\to1}\frac{x-1}{x+3}=$________.

A. 0　　B. 1　　C. ∞　　D. 不能确定

4. $\lim\limits_{x\to4}\frac{x+1}{x-4}=$__________;$\lim\limits_{x\to\infty}\frac{x\arctan x}{x^2+1}=$__________.

5. 求下列极限:

(1) $\lim\limits_{x\to1}\frac{x^2+2x+3}{x^2+4}$;　　(2) $\lim\limits_{x\to3}\frac{x^2-9}{x^4+x^2+1}$;

(3) $\lim\limits_{x\to1}\frac{x^2-2x+1}{x^3-x}$;　　(4) $\lim\limits_{x\to\infty}\frac{x-\cos x}{x}$;

(5) $\lim\limits_{x\to2}\left(\frac{1}{x-2}-\frac{4}{x^2-4}\right)$;　　(6) $\lim\limits_{x\to1}\frac{\sqrt{x+3}-2}{x-1}$;

(7) $\lim\limits_{x\to 0} x^2 \sin\dfrac{1}{x^2}$； (8) $\lim\limits_{x\to 2}\dfrac{2-x}{2-\sqrt{x+2}}$.

6. 求下列极限：

(1) $\lim\limits_{x\to\infty}\dfrac{3x^3+5x^2-2}{7x^3+4x^2+x}$； (2) $\lim\limits_{x\to\infty}\dfrac{x^5+2x^4+3x}{3x^4+5x^3-7}$；

(3) $\lim\limits_{x\to+\infty}\dfrac{3x+6}{2x^2-5x+3}$； (4) $\lim\limits_{x\to+\infty}\dfrac{(2x+1)^3(x-3)^5}{(x-6)^8}$.

7. 简答题：

(1)已知 $\lim\limits_{x\to 3}\dfrac{x^2+ax+b}{x-3}=4$，求常数 a 和 b 的值.

(2)已知 $\lim\limits_{x\to 1}\dfrac{x^2+ax+b}{x^2+x-2}=3$，求常数 a 和 b 的值.

§1.5 两个重要极限和无穷小量的比较

1.5.1 两个重要极限

下面直观介绍两个重要极限.

1. $\lim\limits_{x\to 0}\dfrac{\sin x}{x}=1$ ($\dfrac{0}{0}$型)

x 为实数(弧度数)，当 $x\neq 0$，$x\to 0$ 时，$\dfrac{\sin x}{x}$有意义，部分函数值见表 1-2，观察表中取值情况，当 $x\to 0$ 时，$\dfrac{\sin x}{x}$的值无限接近于 1，根据极限的定义，有 $\lim\limits_{x\to 0}\dfrac{\sin x}{x}=1$.

1-9 重要极限(一)

表 1-2 $\dfrac{\sin x}{x}$的部分函数值

x	±2	±1	±0.5	±0.1	±0.05	±0.01	±0.001	……
$\dfrac{\sin x}{x}$	0.4546	0.8415	0.9589	0.9983	0.9996	0.999983	0.999999833	……

上述重要极限的一般形式为：

$$\lim_{\square\to 0}\frac{\sin\square}{\square}=1\ (\square\text{代表同一变量}).$$

上述极限本身及其推广的结果，在极限计算及理论推导中有着广泛的应用.

例 1 求下列极限：

(1) $\lim\limits_{x\to 0}\dfrac{\tan x}{x}$； (2) $\lim\limits_{x\to 0}\dfrac{\sin 3x}{2x}$； (3) $\lim\limits_{x\to 0}\dfrac{1-\cos x}{x^2}$.

解 (1) $\lim\limits_{x\to 0}\dfrac{\tan x}{x}=\lim\limits_{x\to 0}\dfrac{\frac{\sin x}{\cos x}}{x}=\lim\limits_{x\to 0}\left(\dfrac{\sin x}{x}\cdot\dfrac{1}{\cos x}\right)$

$=\lim\limits_{x\to 0}\dfrac{\sin x}{x}\cdot\lim\limits_{x\to 0}\dfrac{1}{\cos x}=1\times 1=1.$

(2) $\lim\limits_{x\to 0}\dfrac{\sin 3x}{2x}=\lim\limits_{x\to 0}\dfrac{3\cdot\sin 3x}{2\cdot 3x}=\dfrac{3}{2}\lim\limits_{x\to 0}\dfrac{\sin 3x}{3x}=\dfrac{3}{2}$.

(3) $\lim\limits_{x\to 0}\dfrac{1-\cos x}{x^2}=\lim\limits_{x\to 0}\dfrac{(1-\cos x)(1+\cos x)}{x^2(1+\cos x)}$

$=\lim\limits_{x\to 0}\dfrac{1-\cos^2 x}{x^2(1+\cos x)}=\lim\limits_{x\to 0}\left(\dfrac{\sin x}{x}\right)^2\cdot\lim\limits_{x\to 0}\dfrac{1}{1+\cos x}=\dfrac{1}{2}$.

2. $\lim\limits_{x\to\infty}\left(1+\dfrac{1}{x}\right)^x=e$($1^\infty$型)

当 $x\to\infty$ 时,考察 $\left(1+\dfrac{1}{x}\right)^x$ 的变化趋势. 我们来观察 $\left(1+\dfrac{1}{x}\right)^x$ 的一系列对应值(表 1-3).

1-10　重要极限(二)

表 1-3　$\left(1+\dfrac{1}{x}\right)^x$ 的部分函数值

x	…	10	100	1000	10000	100000	…
$\left(1+\dfrac{1}{x}\right)^x$	…	2.59374	2.70481	2.71692	2.71815	2.71827	…
x	…	−10	−100	−1000	−10000	−100000	…
$\left(1+\dfrac{1}{x}\right)^x$	…	2.86787	2.73200	2.71964	2.71842	2.71830	…

从上表可以看出,当 x 的绝对值无限增大时,函数 $\left(1+\dfrac{1}{x}\right)^x$ 的值无限趋近于无理数 e. 于是得到第二个重要极限:

$$\lim_{x\to\infty}\left(1+\frac{1}{x}\right)^x=e.$$

第二个重要极限在形式上具有以下特点:在某一变化过程中,底数的极限为 1,且底数中 1 加上的量与指数互为倒数,指数的极限为无穷大量,通常称之为 1^∞ 不定型.

这个重要极限也可以变形和推广:

(1)令 $t=\dfrac{1}{x}$,则 $x\to\infty$ 时,$t\to 0$,则有 $\lim\limits_{x\to\infty}\left(1+\dfrac{1}{x}\right)^x=\lim\limits_{t\to 0}(1+t)^{\frac{1}{t}}=e$,得到这个重要极限的变形形式:

$$\lim_{x\to 0}(1+x)^{\frac{1}{x}}=e.$$

(2) 上述公式的一般形式为:

$$\lim_{\square\to\infty}\left(1+\frac{1}{\square}\right)^{\square}=e(\square\text{代表同一变量}).$$

第二个重要极限及其变形和推广,在 1^∞ 不定型极限运算及理论推导中都有重要应用.

例 2　求下列极限:

(1) $\lim\limits_{x\to\infty}\left(1+\dfrac{3}{x}\right)^{2x}$;　　(2) $\lim\limits_{x\to\infty}\left(1-\dfrac{2}{x}\right)^{4x}$;

(3) $\lim\limits_{x\to 0}(1-2x)^{\frac{1}{x}+5}$;　　(4) $\lim\limits_{x\to\infty}\left(\dfrac{x+2}{x+1}\right)^{x+3}$.

解　(1) $\lim\limits_{x\to\infty}\left(1+\dfrac{3}{x}\right)^{2x}=\lim\limits_{x\to\infty}\left(1+\dfrac{3}{x}\right)^{\frac{x}{3}\cdot 6}=\lim\limits_{x\to\infty}\left[\left(1+\dfrac{3}{x}\right)^{\frac{x}{3}}\right]^6=e^6$;

(2) $\lim\limits_{x\to\infty}\left(1-\frac{2}{x}\right)^{4x}=\lim\limits_{x\to\infty}\left(1-\frac{2}{x}\right)^{-\frac{x}{2}\cdot(-8)}=\lim\limits_{x\to\infty}\left[\left(1-\frac{2}{x}\right)^{-\frac{x}{2}}\right]^{-8}=e^{-8}$；

(3) $\lim\limits_{x\to 0}(1-2x)^{\frac{1}{x}+5}=\lim\limits_{x\to 0}(1-2x)^{\frac{1}{x}}\cdot\lim\limits_{x\to 0}(1-2x)^{5}$

$=\lim\limits_{x\to 0}[(1-2x)^{\frac{1}{-2x}}]^{-2}\cdot 1=e^{-2}$；

(4) $\lim\limits_{x\to\infty}\left(\frac{x+2}{x+1}\right)^{x+3}=\lim\limits_{x\to\infty}\left(1+\frac{1}{x+1}\right)^{x+1}\cdot\lim\limits_{x\to\infty}\left(1+\frac{1}{x+1}\right)^{2}=e\cdot 1=e.$

1.5.2 无穷小量的比较

我们知道，自变量在同一变化过程的两个无穷小量的和与差及乘积仍然是这个过程的无穷小量，但是两个无穷小量的商却会出现不同的结果，如 x，x^2，$\sin x$ 都是 $x\to 0$ 时的无穷小量，而 $\lim\limits_{x\to 0}\frac{x^2}{x}=0$，$\lim\limits_{x\to 0}\frac{x}{x^2}=\infty$，$\lim\limits_{x\to 0}\frac{\sin x}{x}=1$.

下面专门讨论这一课题——无穷小量的比较，它将为极限运算提供较为简捷的途径.

定义 设 α,β 是同一变化过程中的两个无穷小量.

(1)如果 $\lim\frac{\alpha}{\beta}=0$，则称 α 是 β 的**高阶无穷小**，记作 $\alpha=o(\beta)$；

(2)如果 $\lim\frac{\alpha}{\beta}=\infty$，则称 α 是 β 的**低阶无穷小**；

(3)如果 $\lim\frac{\alpha}{\beta}=C\neq 0$，则称 α 与 β 为**同阶无穷小**，

特别地，如果 $\lim\frac{\alpha}{\beta}=1$，则称 α 与 β 为**等价无穷小**，记作 $\alpha\sim\beta$.

例如，因为 $\lim\limits_{x\to 0}\frac{1-\cos x}{x}=0$，$\lim\limits_{x\to 0}\frac{\tan x}{x}=1$，$\lim\limits_{x\to 0}\frac{1-\cos x}{x^2}=\frac{1}{2}$，所以当 $x\to 0$ 时，$1-\cos x=o(x)$，$\tan x\sim x$，而 $1-\cos x$ 与 x^2 是同阶无穷小.

定理(等价无穷小替换) 如果当 $x\to x_0$ 时，α 与 α' 是等价无穷小，β 与 β' 是等价无穷小，即 $\alpha\sim\alpha'$，$\beta\sim\beta'$，则当极限 $\lim\limits_{x\to x_0}\frac{\alpha'}{\beta'}$ 存在时，极限 $\lim\limits_{x\to x_0}\frac{\alpha}{\beta}$ 也存在，且 $\lim\limits_{x\to x_0}\frac{\alpha}{\beta}=\lim\limits_{x\to x_0}\frac{\alpha'}{\beta'}$.

证明 $\lim\limits_{x\to x_0}\frac{\alpha}{\beta}=\lim\limits_{x\to x_0}\left(\frac{\alpha}{\alpha'}\cdot\frac{\alpha'}{\beta'}\cdot\frac{\beta'}{\beta}\right)$

$=\lim\limits_{x\to x_0}\frac{\alpha}{\alpha'}\cdot\lim\limits_{x\to x_0}\frac{\alpha'}{\beta'}\cdot\lim\limits_{x\to x_0}\frac{\beta'}{\beta}=\lim\limits_{x\to x_0}\frac{\alpha'}{\beta'}.$

定理表明，对于“$\frac{0}{0}$型”的极限问题可以利用等价无穷小替换来计算极限.

下面是一些常用的等价无穷小量，当 $x\to 0$ 时，有

$\sin x\sim x$， $\tan x\sim x$， $\arcsin x\sim x$， $\arctan x\sim x$， $e^x-1\sim x$，

$\ln(1+x)\sim x$， $1-\cos x\sim\frac{1}{2}x^2$， $(1+x)^{\alpha}-1\sim\alpha x$.

在极限运算中灵活地运用这些等价无穷小量，可以为计算提供极大的方便.

例 3 求下列极限：

(1) $\lim\limits_{x\to 0}\dfrac{\sin 2x}{\tan 3x}$； (2) $\lim\limits_{x\to 0}\dfrac{\ln(1+x)}{e^{2x}-1}$； (3) $\lim\limits_{x\to 0}\dfrac{x\sin 3x}{1-\cos x}$.

解 (1)因为 $x\to 0$ 时，$\sin 2x\sim 2x$，$\tan 3x\sim 3x$，

所以 $\lim\limits_{x\to 0}\dfrac{\sin 2x}{\tan 3x}=\lim\limits_{x\to 0}\dfrac{2x}{3x}=\dfrac{2}{3}$.

(2)因为 $x\to 0$ 时，$\ln(1+x)\sim x$，$e^{2x}-1\sim 2x$，

所以 $\lim\limits_{x\to 0}\dfrac{\ln(1+x)}{e^{2x}-1}=\lim\limits_{x\to 0}\dfrac{x}{2x}=\dfrac{1}{2}$.

(3) $\lim\limits_{x\to 0}\dfrac{x\sin 3x}{1-\cos x}=\lim\limits_{x\to 0}\dfrac{x\cdot 3x}{\dfrac{1}{2}x^2}=6$.

必须强调指出，在极限运算中，恰当地使用等价无穷小量的代换，能起到简化运算的作用，但对分子或分母中用加号或减号连接的各部分不能分别做替代.

例 4 用等价无穷小量的代换，求 $\lim\limits_{x\to 0}\dfrac{\tan x-\sin x}{x^3}$.

解 因为当 $x\to 0$ 时，$\tan x-\sin x=\tan x\cdot(1-\cos x)$，而 $\tan x\sim x$，$1-\cos x\sim\dfrac{1}{2}x^2$，所以

$$\lim_{x\to 0}\frac{\tan x-\sin x}{x^3}=\lim_{x\to 0}\frac{x\cdot\frac{1}{2}x^2}{x^3}=\frac{1}{2}.$$

若以 $\tan x\sim x$，$\sin x\sim x$ 代入分子，得到 $\lim\limits_{x\to 0}\dfrac{\tan x-\sin x}{x^3}=\lim\limits_{x\to 0}\dfrac{x-x}{x^3}=0$ 的错误结果，这样的代换，分子 $\tan x-\sin x$ 与 $x-x$ 不是等价无穷小量.

习题 1.5

1. 下列等式正确的是(　　)

A. $\lim\limits_{x\to\infty}\dfrac{\sin x}{x}=1$　　B. $\lim\limits_{x\to\infty}x\sin\dfrac{1}{x}=1$

C. $\lim\limits_{x\to 0}x\sin\dfrac{1}{x}=1$　　D. $\lim\limits_{x\to 0}\dfrac{\sin\frac{1}{x}}{x}=1$

2. 下列式子正确的是(　　)

A. $\lim\limits_{x\to 0}(1+x)^{\frac{1}{x}}=e$　　B. $\lim\limits_{x\to\infty}\left(1+\dfrac{1}{x}\right)^{-x}=-e$

C. $\lim\limits_{x\to 0}\left(1+\dfrac{1}{x}\right)^{x}=e$　　D. $\lim\limits_{x\to 0}(1+x)^{-x}=e^{-1}$

3. 当 $x\to 1$ 时，无穷小 $1-x$ 与无穷小 $2(1-\sqrt{x})$ 比较为(　　)

A. 等价无穷小　　B. 较低阶无穷小

C. 同阶无穷小　　D. 较高阶无穷小

4. $\lim\limits_{x\to 0}\dfrac{x-\sin x}{x}=$________；$\lim\limits_{x\to 0}\dfrac{\sin x}{x^2+2x}=$________.

5. $\lim\limits_{x\to\infty}\left(1-\frac{1}{x}\right)^{x}=$__________；$\lim\limits_{x\to 0}(1+3x)^{\frac{2}{\sin x}}=$__________.

6. 求下列极限：

(1) $\lim\limits_{x\to 0}\frac{\sin 4x}{7x}$；　　(2) $\lim\limits_{x\to 0}\frac{\sin 5x}{\tan 4x}$；

(3) $\lim\limits_{x\to 0}(1-3x)^{\frac{2}{x}}$；　　(4) $\lim\limits_{x\to\infty}\left(1-\frac{2}{x}\right)^{3x+1}$；

(5) $\lim\limits_{x\to\infty}\left(\frac{x}{x+1}\right)^{x+2}$；　　(6) $\lim\limits_{x\to\infty}\left(\frac{2x+3}{2x+1}\right)^{2x+3}$.

7. 求下列极限：

(1) $\lim\limits_{x\to 0}\frac{\tan(2x+x^3)}{\sin(x-x^2)}$；　　(2) $\lim\limits_{x\to 0}\frac{\ln(1-x)}{\tan 2x}$；

(3) $\lim\limits_{x\to 0}\frac{1-\cos x}{e^{3x}-1}$；　　(4) $\lim\limits_{x\to 0}\frac{\sin^3 x}{(e^x-1)\sin 3x^2}$.

§1.6　函数的连续性

1.6.1　函数连续的概念

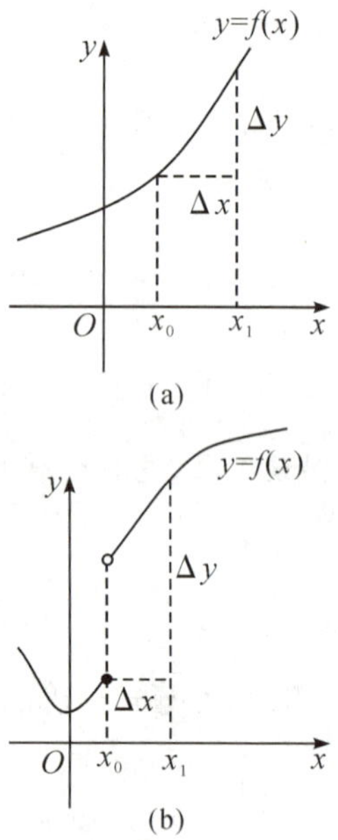

图 1-12

在现实生活中，许多变量的变化是连续不断的，如人身高的变化、气温的升降、河面水位的改变等都是随时间的改变而连续变化. 这种现象反映在数学上就是函数的连续性，本节介绍连续和间断.

1. 函数 $y=f(x)$ 在点 x_0 处的连续性

首先引进函数增量的概念.

设函数 $y=f(x)$ 在点 x_0 的某个邻域内有定义，当自变量 x 从 x_0 变到 x_1 时，$\Delta x=x_1-x_0$ 称为自变量的增量，这时函数 y 相应地从 $f(x_0)$ 变到 $f(x_1)$，$\Delta y=f(x_1)-f(x_0)$ 称为函数 y 的增量，函数 y 的增量也可以表示成 $\Delta y=f(x_0+\Delta x)-f(x_0)$. 几何解释如图 1-12(a)、(b)所示

定义 1　设函数 $y=f(x)$ 在点 x_0 的某邻域内有定义，如果当自变量在 x_0 处的增量 Δx 趋于零时，相应的函数增量 $\Delta y=f(x_0+\Delta x)-f(x_0)$ 也趋于零，即 $\lim\limits_{\Delta x\to 0}\Delta y=0$，则称函数 $y=f(x)$ 在点 x_0 **连续(continuity)**，称点 x_0 为函数 $y=f(x)$ 的**连续点**.

根据函数增量的概念，函数 $y=f(x)$ 在点 x_0 连续的定义也可叙述为：

定义 2　如果函数 $y=f(x)$ 在点 x_0 的某邻域内有定义，且 $\lim\limits_{x\to x_0}f(x)=f(x_0)$，就称函数 $y=f(x)$ 在点 x_0 **连续**，称点 x_0 为函数 $y=f(x)$ 的**连续点**.

从定义 2 可以看出，函数 $y=f(x)$ 在点 x_0 连续必须同时满足以下三个条件：

(1) 函数 $y=f(x)$ 在点 x_0 的某个邻域内有定义；

(2) 极限 $\lim\limits_{x\to x_0}f(x)$ 存在；

(3) 极限值等于函数值，即 $\lim\limits_{x\to x_0}f(x)=f(x_0)$.

1-11　点连续的概念

根据左、右极限的定义，若函数 $y=f(x)$ 在点 x_0 处有 $\lim\limits_{x\to x_0^-}f(x)=f(x_0)$，则称 $y=f(x)$ 在点 x_0 处左连续；若有 $\lim\limits_{x\to x_0^+}f(x)=f(x_0)$，则称 $y=f(x)$ 在点 x_0 处右连续.

由此可见，$y=f(x)$ 在点 x_0 连续 $\Leftrightarrow y=f(x)$ 在点 x_0 既左连续又右连续.

故分段函数通常需要考察分段点处的连续性.

例 1 讨论函数 $f(x)=x^2+2$ 在 $x=2$ 处的连续性.

解 $\lim\limits_{x\to 2}f(x)=\lim\limits_{x\to 2}(x^2+2)=6$，而 $f(2)=6$，即 $\lim\limits_{x\to 2}f(x)=f(2)$. 因此，函数 $f(x)=x^2+2$ 在 $x=2$ 处连续.

例 2 讨论函数 $f(x)=\begin{cases}1+\cos x, & x<\dfrac{\pi}{2}\\ \sin x, & x\geqslant\dfrac{\pi}{2}\end{cases}$ 在点 $x=\dfrac{\pi}{2}$ 的连续性.

解 这是一个分段函数在分段点处的连续性问题. 由于 $f(x)$ 在点 $x=\dfrac{\pi}{2}$ 的左、右两侧表达式不同，所以先讨论函数 $f(x)$ 在点 $x=\dfrac{\pi}{2}$ 的左、右连续性. 因为

$$\lim_{x\to \frac{\pi}{2}^-}f(x)=\lim_{x\to \frac{\pi}{2}^-}(1+\cos x)=1+\cos\frac{\pi}{2}=1=f\left(\frac{\pi}{2}\right),$$

$$\lim_{x\to \frac{\pi}{2}^+}f(x)=\lim_{x\to \frac{\pi}{2}^+}\sin x=\sin\frac{\pi}{2}=1=f\left(\frac{\pi}{2}\right),$$

所以 $f(x)$ 在点 $x=\dfrac{\pi}{2}$ 左、右连续，因此 $f(x)$ 在点 $x=\dfrac{\pi}{2}$ 连续.

2. 函数 $y=f(x)$ 在区间 $[a,b]$ 上的连续性

定义 3 如果函数 $y=f(x)$ 在开区间 (a,b) 内每一点都是连续的，则称函数 $y=f(x)$ 在开区间 (a,b) 内**连续**，或者说 $y=f(x)$ 是 (a,b) 内的**连续函数**. 如果函数 $y=f(x)$ 在闭区间 $[a,b]$ 上有定义，在开区间 (a,b) 内连续，且在区间的两个端点处分别是右连续和左连续，即 $\lim\limits_{x\to a^+}f(x)=f(a)$，$\lim\limits_{x\to b^-}f(x)=f(b)$，则称函数 $y=f(x)$ 在闭区间 $[a,b]$ 上**连续**，或者说 $y=f(x)$ 是闭区间 $[a,b]$ 上的**连续函数**.

函数 $y=f(x)$ 在它定义域内的每一点都连续，则称 $y=f(x)$ 为连续函数. 连续函数的图形是一条连续不间断的曲线.

由基本初等函数的图形可以断言：基本初等函数在其定义域内连续.

1.6.2 初等函数的连续性

根据函数在一点连续的定义及函数极限的运算法则，可以证明连续函数的和、差、积、商仍然是连续函数.

定理 1 若函数 $f(x)$ 和 $g(x)$ 都在点 x_0 处连续，则函数 $f(x)\pm g(x)$，$f(x)\cdot g(x)$，$\dfrac{f(x)}{g(x)}(g(x_0)\neq 0)$ 在点 x_0 处都连续.

【注意】和、差、积的情况可以推广到有限个函数的情形.

定理 2(复合函数的连续性)　设有复合函数 $y=f[\varphi(x)]$,若 $\lim\limits_{x\to x_0}\varphi(x)=a$,而函数 $f(u)$在 $u=a$ 点连续,则 $\lim\limits_{x\to x_0}f[\varphi(x)]=f[\lim\limits_{x\to x_0}\varphi(x)]=f(a)$.

复合函数的连续性在极限计算中有着重要的用途,在计算 $\lim\limits_{x\to x_0}f[\varphi(x)]$ 时,只要满足定理 2 的条件,可通过变换 $u=\varphi(x)$,转化为求 $\lim\limits_{u\to u_0}f(u)$,从而使计算简化.

由于 $y=C$ (C 为常数)是连续函数,根据定理 1 和定理 2,我们可以得到下面的重要定理.

定理 3　初等函数在其定义区间内是连续的.

这个定理不仅给我们提供了判断一个函数是不是连续函数的依据,而且为我们提供了计算初等函数极限的一种方法:如果函数 $y=f(x)$是初等函数,而且点 x_0 是其定义区间内的一点,那么一定有 $\lim\limits_{x\to x_0}f(x)=f(x_0)$.

例 3　计算 $\lim\limits_{x\to e}\arcsin(\ln x)$.

解　因为 $\arcsin(\ln x)$是初等函数,且 $x=e$ 是它的定义区间内的一点,由定理 3,有

$$\lim_{x\to e}\arcsin(\ln x)=\arcsin(\ln e)=\arcsin 1=\frac{\pi}{2}.$$

例 4　计算 $\lim\limits_{x\to 0}\ln(1+x)^{\frac{1}{x}}$.

解　$\lim\limits_{x\to 0}\ln(1+x)^{\frac{1}{x}}=\ln[\lim\limits_{x\to 0}(1+x)^{\frac{1}{x}}]=\ln e=1.$

1.6.3　函数的间断点

1. 间断点的概念

定义 4　设函数 $f(x)$在点 x_0 的某去心邻域有定义. 在此前提下,如果函数 $y=f(x)$在点 x_0 处不连续,则称 $y=f(x)$在点 x_0 处**间断**,并称点 x_0 为 $y=f(x)$的**间断点**.

1-12　间断点及分类

2. 间断点的分类

根据函数在间断点附近的变化特性,将间断点分为以下两种类型.

设 x_0 为 $y=f(x)$的间断点,若 $y=f(x)$在点 x_0 的左、右极限都存在,则称点 x_0 为 $y=f(x)$的**第一类间断点**;否则称点 x_0 为 $y=f(x)$的**第二类间断点**.

若 x_0 为 $y=f(x)$的第一类间断点,则

(1)当 $\lim\limits_{x\to x_0^-}f(x)=\lim\limits_{x\to x_0^+}f(x)$,即 $\lim\limits_{x\to x_0}f(x)$存在时,称 x_0 为 $y=f(x)$的**可去间断点**;

(2)当 $\lim\limits_{x\to x_0^-}f(x)\neq\lim\limits_{x\to x_0^+}f(x)$时,称 x_0 为 $y=f(x)$的**跳跃间断点**.

例如,函数 $f(x)=\dfrac{1}{x}$在点 $x=0$ 处无定义,且 $\lim\limits_{x\to 0^-}\dfrac{1}{x}=-\infty$, $\lim\limits_{x\to 0^+}\dfrac{1}{x}=+\infty$,所以 $x=0$ 是它的第二类间断点;函数 $f(x)=\begin{cases}x+1, & x<0,\\ x^2, & x\geqslant 0\end{cases}$ 在点 x

$=0$ 处有定义，$f(0)=0$，但 $\lim\limits_{x\to 0^-}f(x)=1$，$\lim\limits_{x\to 0^+}f(x)=0$，故 $\lim\limits_{x\to 0}f(x)$不存在，所以 $x=0$ 是 $f(x)$的第一类间断点，并且是跳跃间断点；函数 $f(x)=\begin{cases}\dfrac{x^2-1}{x-1}, & x\neq 1,\\ 1, & x=1\end{cases}$在点 $x=1$ 处有定义，$f(1)=1$，$\lim\limits_{x\to 1}f(x)=2$，极限存在但不等于 $f(1)$，所以 $x=1$ 是 $f(x)$的第一类间断点，并且是可去间断点.

讨论函数的连续性，要指出其连续区间，若有间断点，应进一步指出间断点的类型.

例 5 讨论函数 $f(x)=\dfrac{x^2-1}{x(x+1)}$的连续性.

解 $f(x)$是初等函数，在其定义区间内连续，因此我们只要找出 $f(x)$没有定义的那些点. 显然，$f(x)$在点 $x=0$，$x=-1$ 处没有定义，故 $f(x)$在区间$(-\infty,-1)\cup(-1,0)\cup(0,+\infty)$内连续，在点 $x=0$，$x=-1$ 处间断.

在点 $x=0$ 处，因为 $\lim\limits_{x\to 0}f(x)=\lim\limits_{x\to 0}\dfrac{x^2-1}{x(x+1)}=\infty$，所以 $x=0$ 是 $f(x)$的第二类间断点；

在点 $x=-1$ 处，因为 $\lim\limits_{x\to -1}f(x)=\lim\limits_{x\to -1}\dfrac{x^2-1}{x(x+1)}=\lim\limits_{x\to -1}\dfrac{x-1}{x}=2$，所以 $x=-1$ 是 $f(x)$的可去间断点.

例 6 讨论函数 $f(x)=\begin{cases}x+4, & -2\leqslant x<0,\\ 1-x, & 0\leqslant x\leqslant 2\end{cases}$在 $x=0$ 与 $x=1$ 处的连续性.

解 因为$\lim\limits_{x\to 1}f(x)=\lim\limits_{x\to 1}(1-x)=0=f(1)$，所以 $x=1$ 是 $f(x)$的连续点.

在点 $x=0$ 处，因为 $\lim\limits_{x\to 0^-}f(x)=\lim\limits_{x\to 0^-}(x+4)=4$，$\lim\limits_{x\to 0^+}f(x)=\lim\limits_{x\to 0^+}(1-x)=1$，所以$\lim\limits_{x\to 0}f(x)$不存在，因此 $x=0$ 是 $f(x)$的间断点，且是跳跃间断点.

由上可知，讨论函数 $f(x)$的连续性时，若 $f(x)$是初等函数，则由“初等函数在其定义区间内连续”的基本结论，只要找出 $f(x)$没有定义的点，这些点就是 $f(x)$的间断点. 若 $f(x)$是分段函数，则在分段点处往往要从左、右极限入手讨论极限、函数值等，根据函数的点连续定义去判断；在非分段点处，根据该点所在子区间上函数的表达式，按初等函数进行讨论.

1.6.4 闭区间上连续函数的性质

定义在闭区间上的连续函数，有几个重要性质十分有用，它们的证明超过了高职高专数学的教学要求，所以下面只给出结论而不予证明.

定理 4(最值定理) 若函数 $f(x)$在闭区间$[a,b]$上连续，则函数 $f(x)$在闭区间$[a,b]$上一定存在最大值和最小值.

定理 4 的结论从几何图上看是明显的，闭区间上的连续函数的图像是包括两端点的一条不间断的曲线(图 1-13)，该曲线上最高点 P 和最低点 Q 的纵坐标分别是函数的最大值和最小值.

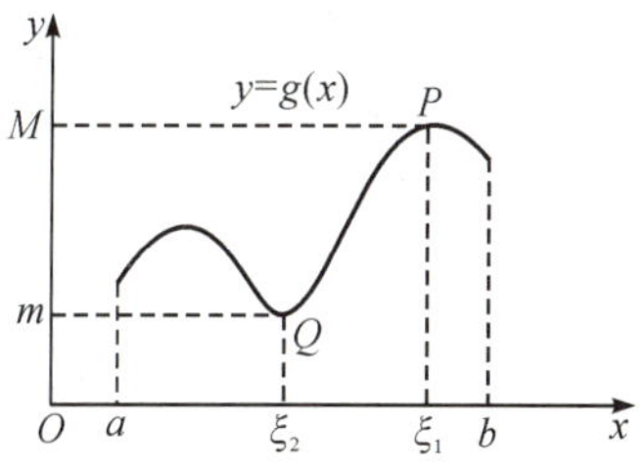

图 1-13

应该注意，定理中的“闭区间”和“连续”的条件不具备时，结论可能不成立. 如函数 $y=\tan x$ 在开区间$\left(-\dfrac{\pi}{2},\dfrac{\pi}{2}\right)$内连续，但它既无最大值也无最小值；又如函数

$$f(x)=\begin{cases}x+1, & -1\leqslant x<0,\\ 0, & x=0,\\ x-1, & 0<x\leqslant 1.\end{cases}$$

在$[-1,1]$上有定义，在$x=0$处间断，在$[-1,1]$上既无最大值也无最小值.

定理5（介值定理） 若函数$f(x)$在闭区间$[a,b]$上连续，且$f(a)\neq f(b)$，则对介于$f(a)$与$f(b)$之间的任意实数c，在(a,b)内至少存在一点ξ，使$f(\xi)=c$成立.

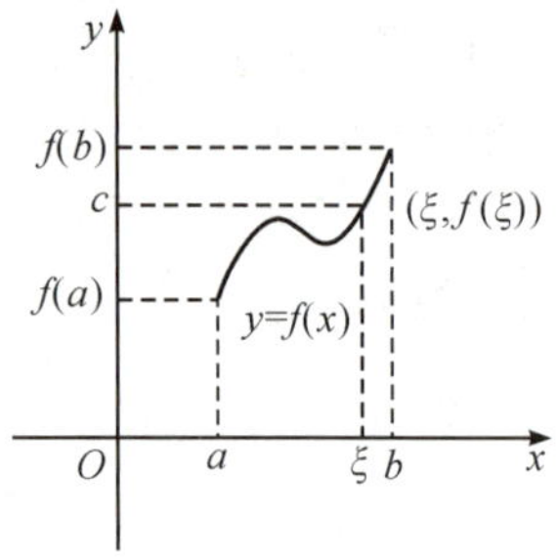

图 1-14

如图1-14所示，结论是显然的，因为$f(x)$从$f(a)$连续地变到$f(b)$时，它不可能不经过c值. 特别地，当$f(a)$与$f(b)$异号时，由介值定理可得下面的根的存在定理.

定理6（根的存在定理） 如果函数$f(x)$在闭区间$[a,b]$上连续，且$f(a)\cdot f(b)<0$，则方程$f(x)=0$在(a,b)内至少存在一个实根ξ，即在区间(a,b)内至少存在一ξ，使$f(\xi)=0$.

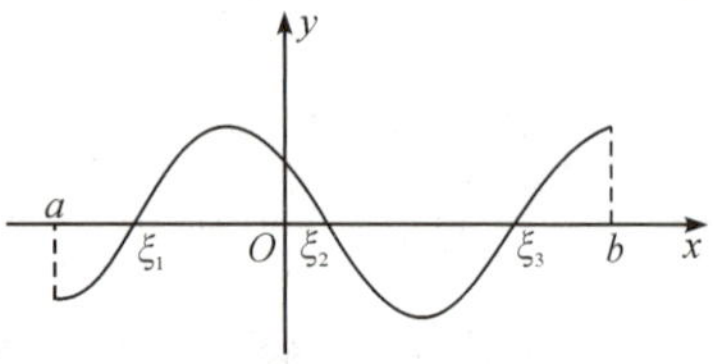

图 1-15

这个定理的几何意义更明显，$f(a)\cdot f(b)<0$说明闭区间$[a,b]$上连续曲线的两个端点$(a,f(a))$和$(b,f(b))$分布在x轴的两侧，连续曲线上点的纵坐标从正值变到负值，或从负值变到正值都必然经过x轴，即曲线必然与x轴相交. 设交点为ξ，则有$f(\xi)=0$（图1-15）.

例7 证明方程$x^4-4x+2=0$在区间$(1,2)$内至少有一个实根.

证 设$f(x)=x^4-4x+2$，因为它在$[1,2]$上连续且$f(1)=-1<0$，$f(2)=10>0$，由定理6可知，至少存在一点$\xi\in(1,2)$，使得$f(\xi)=0$. 这表明所给方程在$(1,2)$内至少有一个实根.

习题 1.6

1. 判断下列说法是否正确（正确的打"√"，错误的打"×"）

A. 若函数$f(x)$在x_0处有定义，且$\lim\limits_{x\to x_0}f(x)=A$，则$f(x)$在$x_0$处连续. （　　）

B. 若函数$f(x)$在x_0处连续，则$\lim\limits_{x\to x_0}f(x)$必存在. （　　）

C. 若函数$f(x)$在$(-\infty,+\infty)$内连续，则它在闭区间$[a,b]$上一定连续. （　　）

D. 初等函数在其定义域内一定连续. （　　）

2. 设$f(x)=x\cos\dfrac{1}{x}$，则$x=0$是$f(x)$的第______类______间断点.

3. 若$f(x)$为连续函数，且$f(0)=1$，$f(1)=0$，则$\lim\limits_{x\to\infty}f\left(x\sin\dfrac{1}{x}\right)=$（　　）

A. -1　　B. 0　　C. 1　　D. 不存在

4. 求函数$f(x)=\dfrac{x^3+3x^2}{x^2+x-6}$的连续区间，并求极限$\lim\limits_{x\to 0}f(x)$，$\lim\limits_{x\to -3}f(x)$.

5. 设函数$f(x)=\begin{cases}e^x, x<0,\\ a+x, x\geqslant 0\end{cases}$在$(-\infty,+\infty)$内连续，求$a$的值.

6. 求下列各题的极限

(1) $\lim\limits_{x\to\pi}3^{\sin^2 x}$；　　(2) $\lim\limits_{x\to+\infty}x[\ln(x+2)-\ln x]$.

*7. 讨论函数的连续性，如有间断点，请指出是哪一类间断点：

(1) $y=\dfrac{x^2-1}{x^2-2x+1}$；　(2) $y=\dfrac{\tan 3x}{x}$；　(3) $y=\begin{cases} e^{\frac{1}{x}}, x<0, \\ 1, x=0, \\ x, x>0. \end{cases}$

8. 证明方程 $x^3+x-1=0$ 在区间 $(0,1)$ 内至少存在一个实根.

§1.7　MATLAB 数学实验

1.7.1　MATLAB 简介

MATLAB 是 MATrix LABoratory 的缩写，意为矩阵实验室，是由美国 MathWorks 公司于 1982 年推出的一套高性能数值计算的可视化软件，不但可以解决数值计算问题，还可以解决符号演算问题，并且能够绘制函数图形，具有语言简单、易学易用、代码短小高效、计算功能强大、绘图方便的特点，对使用者的数学基础和计算机程序设计语言知识的要求较低，因此在很多高等院校，MATLAB 已经成为最基本的数学工具.

MATLAB 操作桌面包括命令窗口(Command Window)、工作空间窗口(Work Space)、当前目录窗口(Current Directory)和命令历史窗口(Command History)等四个窗口，其中工作空间窗口和当前目录窗口共用一个窗口.

1. 命令窗口(Command Window)

命令窗口是对 MATLAB 进行操作的主要载体，默认情况下，启动 MATLAB 时就会打开命令窗口，显示形式如图 1-16 所示.

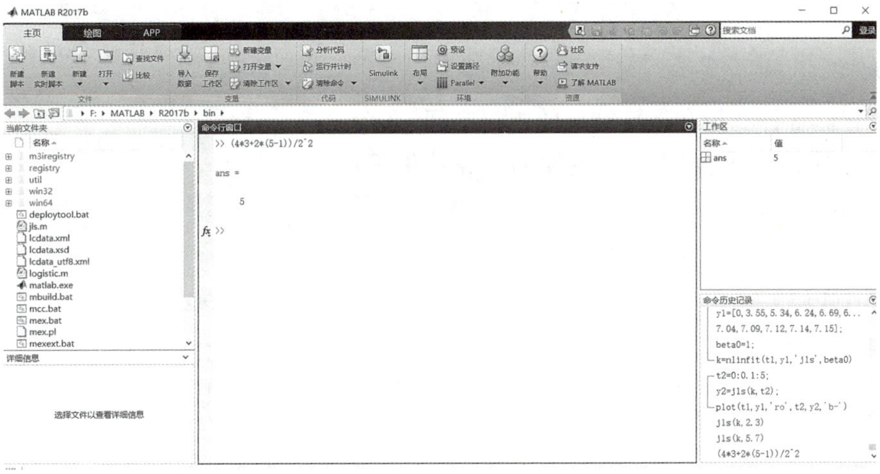

图 1-16

命令窗口用于输入 MATLAB 命令、函数、矩阵、表达式等信息，并显示除图形以外的所有计算结果，是 MATLAB 的主要交互窗口. 当命令窗口出现提示符>>时，表示 MATLAB 已准备好，可以输入命令、变量或函数，此时只需将运算式直接打在提示号 >> 后面，并按 Enter 键即可. MATLAB 将计算结果以 ans(Answer)显示. 用 clc 可清除命令窗口内容，用 clear 可清理工作空间窗口中的变量.

例 1 求$[4\times3+2\times(5-1)]\div2^2$的算术运算结果.

用键盘在 MATLAB 命令窗口中输入以下内容：

```
>>(4*3+2*(5-1))/2^2
```

在上述表达式输入完成后，按 Enter 键，该指令就被执行. 在指令执行后，MATLAB 命令窗口中将显示以下结果：

```
ans=
    5
```

在命令窗口利用功能键，可使操作简便快捷. 一些常用的功能键如表 1-4 所示.

表 1-4 命令窗口常用功能键

功能键	功能	功能键	功能
↑,Ctrl-P	重调前一行	Home,Ctrl-A	光标移到行首
↓,Ctrl-N	重调下一行	End,Ctrl-E	光标移到行尾
←,Ctrl-B	光标左移一个字符	Esc	清除一行命令
→,Ctrl-F	光标右移一个字符	Del,Ctrl-D	删除光标右边字符
Ctrl-←	光标左移一个字	Backspace	删除光标左边字符
Ctrl-→	光标右移一个字	Ctrl-K	删除到行尾

2. 命令历史窗口(Command History)

默认设置下命令历史窗口会保留自安装时起所有命令的历史记录，并标明使用时间，以方便使用者查询. 双击某一行命令或按 F9，即在命令窗口中执行该命令.

3. 工作空间窗口(Work Space)

工作空间是 MATLAB 用于存储各种变量和运算结果的内存空间. 在命令窗口中输入的变量、运行文件建立的变量、调用函数返回的计算结果等，都将被存储在工作空间中，直到使用 clear 命令清除工作空间或关闭了 MATLAB 系统为止.

4. 当前目录窗口(Current Directory)

显示当前目录下的文件信息.

1.7.2 基本运算与基本函数

1. 基本运算符

MATLAB 中提供的常用运算符有：加(+)、减(−)、乘(*)、除(/)，以及幂次运算 (^).

2. MATLAB 变量

MATLAB 语句由表达式或变量组成，变量赋值通常有以下两种形式：

变量=表达式；表达式

其中“=”为赋值符号，将右边表达式的值赋给左边变量；当不指定输出变量时，MATLAB 将表达式的值赋给临时变量 ans.

例 2 计算 $A=(196\div4-23\times2)^3$.

```
>>A=(196/4-23*2)^3
A=
    27      %屏幕显示的结果
```

MATLAB 语法规定，百分号“%”后面的语句为注释语句，MATLAB 会忽略所有在百分比符号(%)之后的文字.

变量 A 的值可以在下个语句中调用：

```
>>y= 2*A+1
y=
   55
```

而键入 clear 则是去除所有定义过的变量名称. 若不想让 MATLAB 每次都显示运算结果，只需在运算式最后加上分号(;)即可，如下例：

```
>>y=sin(10)*exp(-0.3*4^2);
```

回车后屏幕不显示计算结果，若要显示变数 y 的值，直接键入 y 即可：

```
>>y
y=
   -0.0045
```

MATLAB 中的变量命名规则如下：

(1)变量名的大小写是有区别的；

(2)变量的第一个字符必须为英文字母，而且不能超过 31 个字符；

(3)变量名可以包含下连字符、数字，但不能为空格符、标点.

表 1-5 列出了系统预定义的变量.

表 1-5　系统预定义的变量

常　量	表示数值
pi	圆周率
eps	浮点运算的相对精度
inf, Inf	正无穷大，定义为(1/0)
NaN, nan	表示不定值，它产生于 0/0、0×∞等的结果
exp(1)	自然对数的底 e

3. MATLAB 常用函数

在上例中，sin 是正弦函数，exp 是指数函数，这些都是 MATLAB 常用的数学函数. 表 1-6 中列出 MATLAB 常用的基本数学函数.

表 1-6　基本函数

函数名称	功能	函数名称	功能
sin(x)	正弦函数	asin(x)	反正弦函数
cos(x)	余弦函数	acos(x)	反余弦函数
tan(x)	正切函数	atan(x)	反正切函数
cot(x)	余切函数	acot(x)	反余切函数
sec(x)	正割函数(余弦倒数)	csc(x)	余割函数(正弦倒数)

续表

函数名称	功能	函数名称	功能
log2(x)	以 2 为底的对数	pow2(x)	2 的幂次
log(x)	自然对数(以 e 为底的对数)	sqrt(x)	开平方
log10(x)	常用对数(以 10 为底)	exp(x)	以 e 为底的指数
abs(x)	绝对值	sign(x)	符号函数
round(x)	四舍五入到最近的整数	fix(x)	取整数

函数的调用格式为:函数名(自变量).

例 3 计算$\frac{\sqrt{\cos(|x|+|y|)}}{x^2+y^2}$的值,其中 $x=1.23$,$y=-0.25$.

```
>>x=1.23;y=-0.25;
>>sqrt(cos(abs(x)+abs(y)))/(x^2+y^2)
ans=
      0.1911
```

4. 数组运算

利用 MATLAB 运算符与函数可以快速完成对数组元素的运算,数组元素的乘除与乘幂运算必须在运算符前加点,称为“点”运算. 如点乘(.*),点除(./),点乘幂(.^).

例 4 设 $f(x)=x^2-\frac{1}{x}$,求 $f(1),f(2),\cdots,f(5)$.

```
>>x=1:5;
>>f=x.^2-1./x
f=
       0     3.5000     8.6667    15.7500    24.8000
```

5. 数学表达式的化简

符号化简函数见表 1-7.

表 1-7 符号化简函数

collect(F,x)	将表达式 F 中指定的变量 x 进行合并同类项
expand(F)	将表达式 F 展开
factor(F)	将表达式 F 因式分解
simplify(F)	利用代数上的函数规则对表达式 F 进行化简
simple(F)	以尽可能的办法将表达式 F 再做化简,目的是使表达式以最少的字符表示出来

用以上函数,可以使求出的结果的表达式比较简洁.

例 5 将表达式 $f=(a-1)^2+(b+1)^2+a+b$ 展开.

```
>>syms a b      %创建多个符号变量 a,b;
>>f=(a-1)^2+(b+1)^2+a+b;
>>expand(f)
ans=
     a^2-a+2+b^2+3*b
```

例 6 化简表达式 $f(x)=\dfrac{1}{x(x^2-1)}-\dfrac{1}{x^4\left(1-\dfrac{1}{x^2}\right)}$.

```
>>syms x
>>f=1/(x*(x^2-1))-1/(x^4*(1-1/x^2));
>>simplify(f)
ans=
    1/(x^2*(x + 1))
```

例 7 将表达式 $f=a^3-b^3$ 进行因式分解.

```
>>syms a b
>>factor(a^3-b^3)
ans=
    (a-b)*(a^2+a*b+b^2)
```

1.7.3 MATLAB 绘制函数图形

用图形来表达实验数据,能清楚地显示出数据的变化规律和内在本质.而 MATLAB 有很强的图形图像处理功能. MATLAB 是通过描点、连线来作图的,因此,在作二维图形和三维图形之前,必须先取得该图形上一系列点的坐标,然后利用 MATLAB 函数作图.下面着重介绍二维图形的画法,对三维图形只作简单叙述.

以下介绍描绘二维曲线的基本命令.

1. plot

格式:(1)plot(y) 绘制曲线 y 的图形;

(2)plot(x,y) 以 x 为横坐标,y 为纵坐标绘制图形.

例 8 作函数 $y=\cos(x)$在区间$[-5,5]$上的折线图.

```
>>x=-5:1:5;
>>y=cos(x);
>>plot(x,y)
```

输出图像如图 1-17 所示.

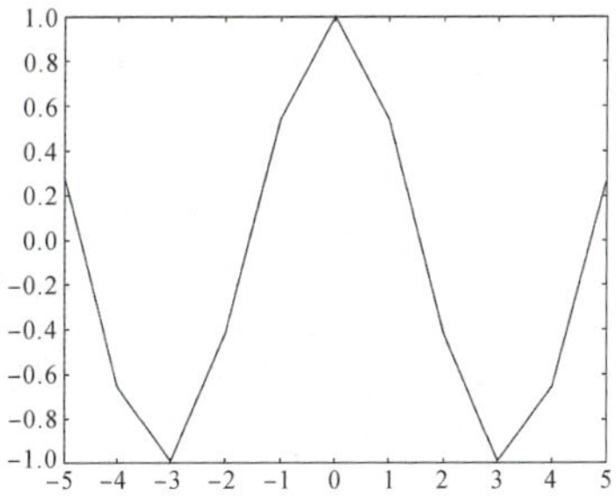

图 1-17

例 9 作函数 $y=\dfrac{\sin x}{x}$在$[-100,100]$上的图像(步长 0.1).

```
>>x=-100:0.1:100;
>>y=sin(x)./x;       %点除运算
>>plot(x,y)
```

输出图像如图 1-18 所示.

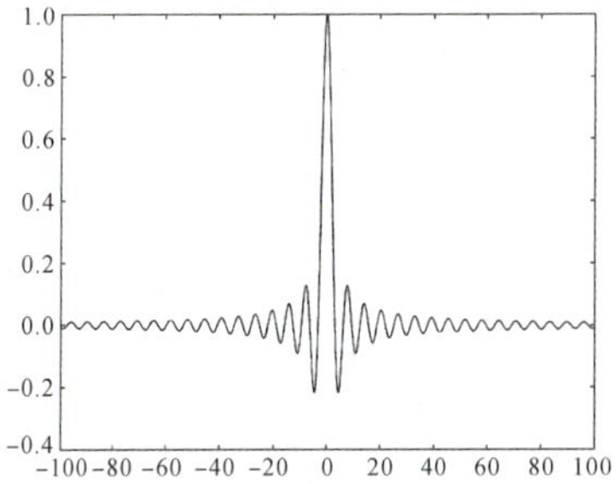

图 1-18

【注意】 plot 还可以在同一窗口绘制多条不同的曲线,也可确定曲线的线型,定点标记和设定颜色.格式为:plot(x,y,'参数'),参数用来设定曲线的线型,定点标记和设定颜色见表 1-8.

表 1-8　绘图参数

点或线的颜色	标记点的形式	线型
'y'(黄)	'.'(点)	'—'(实线)
'm'(紫红)	'o'(圆圈)	':'(点连线)
'c'(青)	'x'(叉)	'—.'(点划线)
'r'(红)	'+'	'——'(虚线)
'g'(绿)	'*'	
'b'(蓝)	's'(正方形)	
'w'(白)	'd'(菱形)	
'k'(黑)	'p'(五角星)	

如未给出绘图参数,MATLAB 自动对不同图像分配不同的颜色,数据点之间用线段连接.

例 10　在同一坐标系下作函数 $y=\sin x$ 和 $y=\ln x$ 的图像,其中曲线 $y=\sin x$ 用红色,曲线 $y=\ln x$ 用黑色.

```
>>x=0:0.2:12;    %将 x 的区间[0,12]以 0.2 为步长进行分割
>>plot(x,sin(x),'r',x,log(x),'k')
```

输出图像如图 1-19 所示.

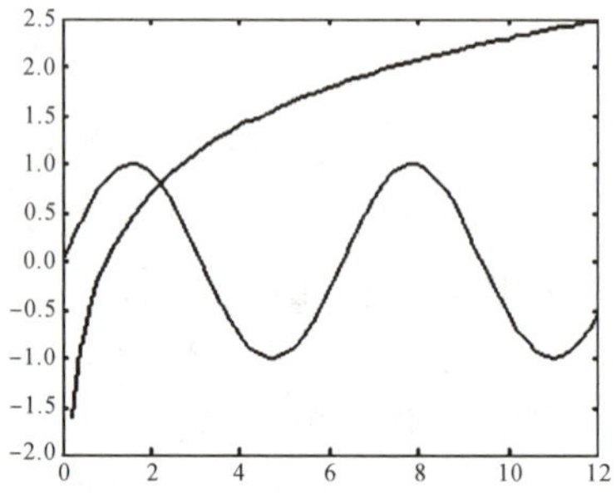

图 1-19

2. ezplot(f,[a,b])

在区间 $a \leqslant x \leqslant b$ 内绘制函数 $f(x)$ 的图形;若没写区间,则在系统默认区间[$-2\pi,2\pi$]内作图.

例 11　作函数 $y=x^2$ 的图像,并在(0,0)处标注"最小值点".

```
>>syms x y    % 定义变量 x 和 y
>>ezplot(x^2,[-3,3]);
>>text(0,0,'最小值点');
```

输出图像如图 1-20 所示.

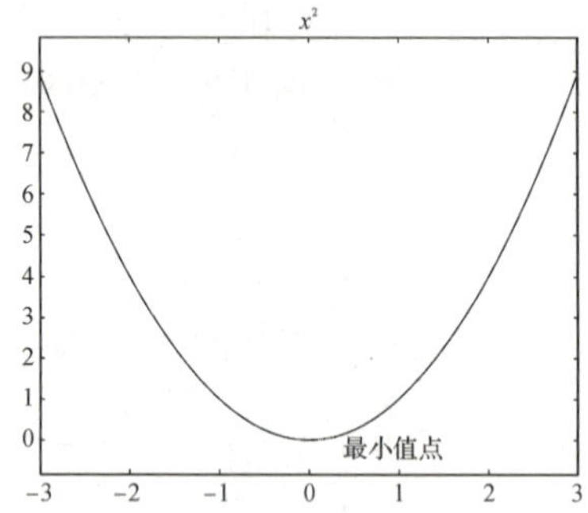

图 1-20

以下列出标注格式:

(1)title('字符串')　　给图形标题;

(2)text(a,b,'字符串')　　在坐标(a,b)处标注说明文字;

(3)xlabel('字符串')　　x 轴标注;

(4)ylabel('字符串')　　y 轴标注;

(5)fill(x,y,'color')　　图形填充颜色

例 12　作 $y=\sin x$ 的图像,并以红色填充,并标注"$y=\sin x$ 的曲线".

```
>>clear
>>x=0:0.05:7; y=sin(x);
>>fill(x,y,'r')
>>title ('y=sinx 的曲线')
```

输出图像如图 1-21 所示.

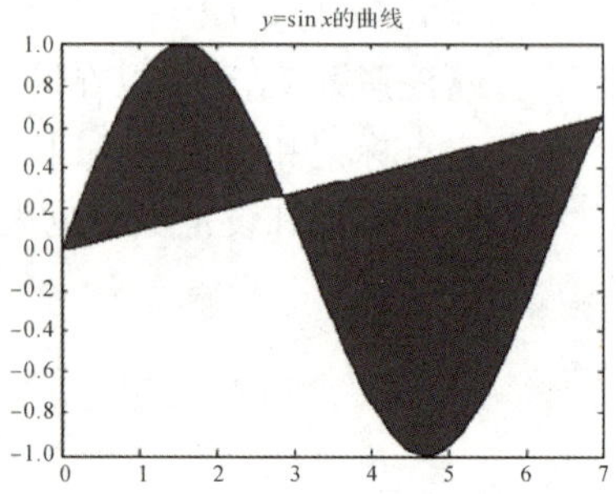

图 1-21

在同一个画面上可以画许多条曲线,只需多给出几个数组即可.

例如,>>x=0:pi/15:2*pi;

>>y1=sin(x); y2=cos(x);

```
>>plot(x,y1,'b:+',x,y2,'g-.*')
```

输出图像如图 1-22 所示.

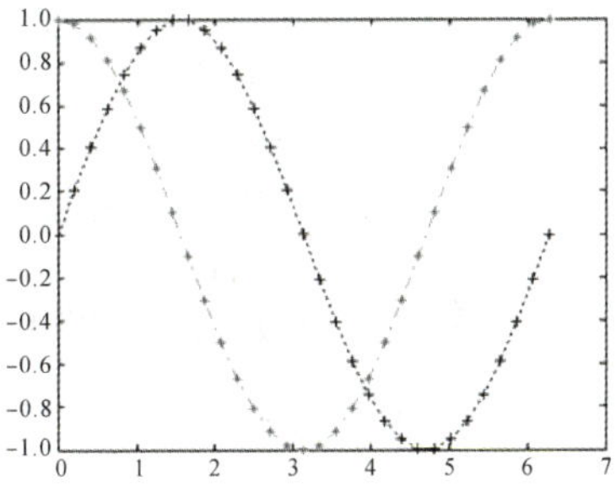

图 1-22

1.7.4 MATLAB 求极限

1. 命令

(1)limit(f)　　求函数 f 在自变量趋向于 0 时的极限;

(2)limit(f,x)　　求函数 f 在自变量 x 趋向于 0 时的极限;

(3)limit(f,a)　　求函数 f 在自变量趋向于 a 时的极限;

(4)limit(f,x,a)　　求函数 f 在自变量 x 趋向于 a 时的极限;

(5)limit(f,x,a,'left')　　求函数 f 在自变量 x 从左边趋向于 a 时的极限(即左极限);

(6)limit(f,x,a,'right')　　求函数 f 在自变量 x 从右边趋向于 a 时的极限(即右极限).

2. 例题

例 13　求(1)$\lim\limits_{x\to 1}\left(\frac{1}{x-1}-\frac{2}{x^2-1}\right)$;　(2)$\lim\limits_{x\to 0^+} x\ln x$;

(3)$\lim\limits_{x\to\infty}\frac{\sin x}{x}$;　(4)$\lim\limits_{x\to\infty}\left(\frac{2x-3}{2x+1}\right)^{x+2}$.

解　(1)输入命令:

```
>>syms x y1
>>y1=1/(x-1)-2/(x^2-1);
>>limit(y1,1)
ans=
      1/2
```

(2)输入命令:

```
>>syms x y2
>>y2=x*log(x);
>>limit(y2,x,0,'right')
ans=
      0
```

(3)输入命令:

```
>>syms x
>>limit(sin(x)/x,x,inf)
ans=
      0
```

(4)输入命令:

```
>>syms x y4
>>y4=((2*x-3)/(2*x+1))^(x+2);
>>limit(y4,x,inf)
ans=
      exp(-2)
```

习题 1.7

1. 计算下列各式的值：

(1) $3^4-\log_2\dfrac{1}{8}+\sqrt{56}$；　　(2) $\sin\dfrac{\pi}{2}+\cos\dfrac{\pi}{4}-\cot^2\dfrac{\pi}{5}$.

2. 求 $f(x)=\ln(\sqrt{x+1})+\arctan x$ 在 $x=2.38$ 处的值.

3. 求 $z=\dfrac{\tan\left(x+\dfrac{\pi}{4}\right)-\sqrt{3y}}{6\mathrm{e}^{-|x|}+\ln^2 y}$ 在 $x=\mathrm{e}, y=1.59$ 处的值.

4. 将下列各式进行因式分解：

(1) x^3-3x^2+4；　　(2) $x^2+xy-6y^2+x+13y-6$.

5. 化简下列各式：

(1) $(x^3-3x+2)(x-3)$；　　(2) $\dfrac{\cos t}{1+\sin t}+\dfrac{1+\sin t}{\cos t}$.

6. 绘制下列函数的图形：

(1) 用蓝色、点连线、叉号绘制函数 $y=3\sqrt{x}$ 在 $[0,2]$ 上步长为 0.1 的图像；

(2) 作函数 $y=\ln(x^2+1)$ 在 $[-2,2]$ 上的图像；

(3) 用红色、星号作函数 $y=\dfrac{\mathrm{e}^x}{1+x}$ 在 $[-5,5]$ 上的图像.

7. 求下例函数的极限：

(1) $\lim\limits_{x\to 0}\dfrac{x-\sin x}{x+\sin x}$；　　(2) $\lim\limits_{x\to+\infty}\dfrac{x\cos x}{\sqrt{1+x^3}}$；

(3) $\lim\limits_{x\to 0^-}\dfrac{\sqrt{1-\cos^2 x}}{x}$；　　(4) $\lim\limits_{x\to 1}\left(\dfrac{3}{1-x^3}-\dfrac{1}{1-x}\right)$.

【思政园地】

李善兰：近代科技翻译第一人

代数学(algebra)、系数(coefficient)、函数(function)、抛物线(parabola)、微分(differential)、积分(integral)、级数(series)……这些曾经让你“头秃”的科学名词，都是我们今天的主人公创译的.

李善兰(1811—1882)，字壬叔，号秋纫，浙江嘉兴海宁人，是中国近代科学的先驱. 作为著名的数学家，李善兰的《则古昔斋算学》十三种和《考数根法》等著作，在尖锥术、垛积术和素数论方面对中国传统数学有了重大突破，其中尖锥术理论的创立更是标志着他已独立迈进了解析几何和微积分的大门.

1840 年，鸦片战争爆发，清政府的惨败让李善兰认识到侵略者船坚炮利而中国科技落后的现实. 1842 年，31 岁的李善兰正在海盐炮台游览，他目睹英军和清军在乍浦激战，写下《乍浦行》：

壬寅四月夷船来，海塘不守城门开.

官兵畏死作鼠窜，百姓号哭声如雷.

那一刻，他旧有的价值观受到极大刺激，“何况沿塘足武备，大炮嵯峨如云排”，或许从那时他就开始思考为何“装备精良”的清军会兵败如山倒. 他最终从自己热爱的算学中，找到一条科学救国的路.

正如他在《重学》序中所述，“呜呼！今欧罗巴各国日益强盛，为中国边患. 推原其故，制器精也；推原制器之精，算学明也”，他希望有朝一日，“人人习算，制器日精，以威海外各国，令震慑，奉朝贡”. 在李善兰看来，要发展科学技术，首先要提高国人的数学水平. 怀着这样的想法，李善兰更坚定了从事数学研究的决心，开始了著书、译书、教书的一生.

更令人惊异的是，李善兰虽未出过国门，却通过译书，将西方代数学、解析几何、微积分、天文学、力学、植物学等近代科学首次介绍到中国，极大地促进了近代科学在中国的传播，李善兰也因此而成为中西科技文化交流第二个高潮的代表性人物之一，成为西学阵营在科学思想上最杰出的代表.

1852年，已出版了《对数探源》《弧矢启秘》《垛积比类》《方圆阐幽》等著作，跻身中国一流数学家的李善兰，怀着学习西方近代科学的理想，来到上海这个近代西方文明的传播中心，结识了热心传播近代科学知识的西方知识分子伟烈亚力、麦都思、艾约瑟等人，在西学重镇墨海书馆开始了他长达八年的译书生涯.

李善兰翻译的第一本书，是与著名汉学家伟烈亚力合作翻译的世界数学名著《几何原本》.《几何原本》原名《原本》，是古希腊著名数学家欧几里得的杰作，对西方思想有深刻的影响，曾被大哲学家罗素视为“古往今来最伟大的著作之一，是希腊理智最完美的纪念碑之一”，以致有人认为，在西方文明的所有典籍中，只有《圣经》才能够与《原本》相媲美.

伟烈亚力是李善兰最密切的合作者，1856年，他们又一起翻译了美国数学家爱里亚斯·罗密士的《代微积拾级》，这可说是李善兰影响最大的一部译著.

《代微积拾级》原名《解析几何与微积分初步》，是一本当时美国通用的大学教材，由于内容通俗易懂，在编写方式上重视学生的接受能力和接受心理，被认为是“简明、准确和适合学生实际需要的典范”，在美国学校广受欢迎. 这本书的中译本之所以名为《代微积拾级》，李善兰在序言中解释说：“是书先代数，次微分，次积分，由易而难，若阶级之渐升. 译既竣，即名之曰《代微积拾级》.”先易后难，像台阶一级级攀升，期望读者拾级而上，所以名为“拾级”. 应该说明的是，这里的“代数”，实际上指的是解析几何，《代微积拾级》之“代”，是“代数几何”的省略(图1-23).

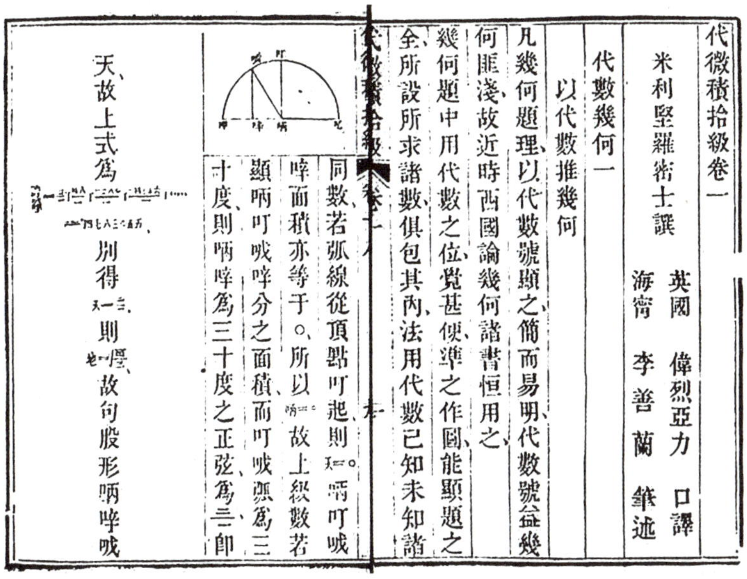
代微積拾級卷一
米利堅羅密士譔　英國　偉烈亞力　口譯
海甯　李善蘭　筆述
代數幾何一
以代數推幾何
凡幾何題理以代數號顯之簡而易明代數號益幾
何䏻淺故近時西國論幾何諸書恒用之
幾何題中用代數之位覺甚便準之作圖能顯題之
全所設所求諸數俱包其內法用代數已知未知諸

图1-23 《代微积拾级》部分

《代微积拾级》出版后，作为中国的第一本微积分教材，立即在知识界引起了巨大的反响，迅速流传，好评如潮. 李善兰自己也在《代微积拾级》的序中说“算术至此观止矣，无以加矣.”得意之情溢于言表. 伟烈亚力也说：“异时中国算学日上，未必非此书实基之也.”把中国数学此后的发展，归功于微积分的引入. 确实《代微积拾级》对中国科学尤其是数学发展的意义，可说是里程碑式的，作为中国的第一本微积分教材，它的翻译出版，标志着西方高等数学传入中国.

“小学略通书数，大隐不在山林”. 这是李善兰自署的一副门联，也是对其一生生动的写照. 作为一名科学家兼翻译家，李善兰推动了我国数学学科的现代化转型和话语体系的构建，为沟通东西方学术、传播西方近代科学知识作出了巨大贡献，被誉为“中国近代科学的先驱”.

节选自：杨自强. 近代科技翻译第一人[J]. 文史天地，2009(1)：20-23.

本章小结

一、内容提要

函数和极限是学习微积分的基础，本章主要介绍了以下基本概念和基本性质.

1. 函数的概念、定义域、对应法则、函数值；分段函数的定义域、对应法则、图像.

2. 反函数存在的条件，函数 $y=f(x)$ 与反函数 $y=f^{-1}(x)$ 图像之间的关系.

3. 函数的基本性质：有界性、奇偶性、单调性和周期性. 并不是所有的函数都具有这些性质，但掌握了这些概念以后就可把某一函数的特性描述得更清楚.

4. 复合函数、基本初等函数、初等函数的概念. 掌握复合函数的关键是能分解其复合过程，一般分解到不能再分解的简单函数为止；要熟悉基本初等函数的图像和性质.

5. 极限的概念：描述性定义.

极限存在的充要条件：$\lim\limits_{x\to\infty}f(x)=A\Leftrightarrow\lim\limits_{x\to-\infty}f(x)=\lim\limits_{x\to+\infty}f(x)=A$；

$\lim\limits_{x\to x_0}f(x)=A\Leftrightarrow\lim\limits_{x\to x_0^-}f(x)=\lim\limits_{x\to x_0^+}f(x)=A$.

6. 极限的四则运算法则(以 $x\to x_0$ 为例，当 $x\to\infty$ 时也成立)：

设 $\lim\limits_{x\to x_0}f(x)=A$，$\lim\limits_{x\to x_0}g(x)=B$，那么

$\lim\limits_{x\to x_0}[f(x)\pm g(x)]=\lim\limits_{x\to x_0}f(x)\pm\lim\limits_{x\to x_0}g(x)=A\pm B$；

$\lim\limits_{x\to x_0}[f(x)\cdot g(x)]=\lim\limits_{x\to x_0}f(x)\cdot\lim\limits_{x\to x_0}g(x)=A\cdot B$，

$\lim\limits_{x\to x_0}kf(x)=kA$；

$\lim\limits_{x\to x_0}\dfrac{f(x)}{g(x)}=\dfrac{A}{B}\ (B\neq0)$.

7. 两个重要极限：

(1) $\lim\limits_{x\to0}\dfrac{\sin x}{x}=1$，一般形式为 $\lim\limits_{\square\to0}\dfrac{\sin\square}{\square}=1$ ；

(2) $\lim\limits_{x\to\infty}\left(1+\frac{1}{x}\right)^{x}=\mathrm{e}$，或 $\lim\limits_{x\to 0}(1+x)^{\frac{1}{x}}=\mathrm{e}$，一般形式为 $\lim\limits_{\square\to\infty}\left(1+\frac{1}{\square}\right)^{\square}=\mathrm{e}$.

8. 求极限的方法：

(1)当被求极限的函数由几个存在极限的函数的和、差、积、商(分母极限不为零)构成时，可用四则运算法则.

(2)当分子的极限存在且不为零，分母极限为零时，可用无穷小量的倒数为无穷大量来求.

(3)符合条件的可用无穷小量的性质来求.

(4)当分子、分母的极限都为零，即 $\frac{0}{0}$ 型时，可利用因式分解、根式有理化或重要极限求.

(5)如果是有理分式 $\frac{\infty}{\infty}$ 时，可利用分子、分母同除以最高次幂求.

(6)如果是 1^{∞} 型，可利用重要极限公式 2 求.

总之，在熟悉运算法则的基础上，关键是能灵活处理 $\frac{0}{0}$，$\frac{\infty}{\infty}$，$0\cdot\infty$，$\infty-\infty$，1^{∞}，0^{0}，∞^{0} 等不定式极限.

(7)若是求分段函数在分段点处的极限，则需要考虑左右极限来求.

9. 无穷小量、无穷大量的定义、性质，无穷小量与无穷大量的关系.

10. 函数在一点连续与间断：函数在点 x_0 连续从直观上讲是对应的图像在点 x_0 左边与右边是相连的，从数学定义来说，要求函数在点 x_0 的一个邻域内有定义，且满足 $\lim\limits_{\Delta x\to 0}\Delta y=0$，或满足 $\lim\limits_{x\to x_0}f(x)=f(x_0)$，这两个条件是等价的. 在判断分段函数在分段点的连续性时用 $\lim\limits_{x\to x_0}f(x)=f(x_0)$ 来判断较为方便. 若函数在 x_0 不连续，称为间断的，这时点 x_0 为函数的间断点.

11. 函数在区间内的连续性：函数 $y=f(x)$ 在开区间 (a,b) 内连续的概念，在闭区间 $[a,b]$ 内连续的概念，由基本初等函数经过有限次四则运算和复合运算得到的初等函数在其定义区间内是连续的，函数在连续点的极限值等于它的函数值.

12. 闭区间上连续函数的性质：最值定理、介值定理、根的存在定理.

二、学习方法

1. 函数的定义域是整个微积分学习过程中必须考虑的问题，需要熟练掌握各类函数定义域的求法.

2. 基本初等函数是函数的最基本单位，需要掌握它们的特点和图像. 复合函数的分解要分解到不能再分解为止.

3. 要理解极限的概念，分段函数在分段点处的极限需要通过左右极限来确定.

4. 极限的运算一般需要先判断形式再确定方法，对几种不定式的极限求法要熟知.

5. 函数的间断点分初等函数和分段函数进行分析，初等函数看定义域，分段函数关注分段点处的连续情况.

复习题一

一、判断题(正确的打“√”,错误的打“×”)

1. 函数 $f(x)=\frac{x}{|x|}$ 和 $\varphi(x)=1$ 表示同一个函数. ( )

2. 当 $x\to+\infty$ 时,3^{-x} 是无穷小量. ( )

3. 函数 $f(x)$ 在 $[a,b]$ 上连续,在该区间上一定存在最大值和最小值. ( )

4. 若函数 $f(x)$ 在 $x=a$ 处极限存在,则 $f(x)$ 在 $x=a$ 处必有定义. ( )

5. 函数 $f(x)=\begin{cases}\frac{\sin x}{x}, & x<0,\\ \frac{\ln(1+x)}{x}, & x>0\end{cases}$ 在 $x=0$ 处极限存在但是不连续. ( )

二、填空题

6. 设 $f(x)=\begin{cases}x+2, & x<-1,\\ x^2-3, & -1\leqslant x\leqslant 1,\\ 3x-5, & x>1,\end{cases}$ 则 $f(-2)=$________,$f(0)=$________,$\lim\limits_{x\to1}f(x)=$________.

7. 设 $f(x)=\begin{cases}\frac{1}{x}\sin 2x, & x\neq 0,\\ a, & x=0.\end{cases}$ 当 $a=$________ 时,$f(x)$ 在 $(-\infty,+\infty)$ 内连续.

8. 函数 $y=\sqrt{\ln(x+1)}$ 的定义域为________________.

9. $\lim\limits_{x\to1}\frac{\sin(x-1)}{1-x^2}=$________,$\lim\limits_{x\to\infty}\left(\frac{x+2}{x+1}\right)^x=$________.

10. $\lim\limits_{x\to\infty}x\sin\frac{3}{x}=$________,$\lim\limits_{x\to\infty}\frac{1}{x}\sin x=$________.

11. 若 $\lim\limits_{x\to3}\frac{x^2-2x+k}{x-3}=4$,则 $k=$________.

三、选择题

12. 下列各式中极限为 1 的是( )

A. $\lim\limits_{x\to\infty}\frac{\sin x}{x}$　B. $\lim\limits_{x\to\infty}x\sin\frac{1}{x}$　C. $\lim\limits_{x\to0}x\sin\frac{1}{x}$　D. $\lim\limits_{x\to1}\frac{\sin x}{x}$

13. 当 $x\to1$ 时,无穷小量 $(1-x)$ 与无穷小量 $4(1-\sqrt{x})$ 比较为( )

A. 等价无穷小　B. 较低阶无穷小

C. 同阶无穷小但不是等价无穷小　D. 较高阶无穷小

14. 下列各式中极限为 e 的是( )

A. $\lim\limits_{x\to\infty}(1+x)^{\frac{1}{x}}$　B. $\lim\limits_{x\to0}\left(1+\frac{1}{x}\right)^x$

C. $\lim\limits_{n\to+\infty}\left(1+\frac{1}{n}\right)^n$　D. $\lim\limits_{x\to\infty}\left(1-\frac{1}{x}\right)^x$

15. 设 $f(x)=\begin{cases} x-1, & -1<x\leqslant 0, \\ x, & 0<x\leqslant 1, \end{cases}$ 则 $\lim\limits_{x\to 0}f(x)$ 等于(　　)

A. -1　　B. 0　　C. 1　　D. 不存在

16. $f(x)=\begin{cases} x, & 0<x<1, \\ 2, & x=1, \\ 2-x, & 1<x\leqslant 2 \end{cases}$ 的连续区间为(　　)

A. $[0,2]$　　B. $[0,1)\cup(1,2]$　　C. $(0,2)$　　D. $(0,1)\cup(1,2]$

四、解答题

17. 求函数 $f(x)=\dfrac{\sqrt{3-x}}{\ln(x-1)}$ 的定义域.

18. 判断下列函数的奇偶性:

(1) $y=\dfrac{x\tan x}{1+x^2}$;　　(2) $f(x)=\sin x-\cos x+1$.

19. 求下列函数的极限:

(1) $\lim\limits_{x\to 1}\dfrac{x^2-1}{x^2+2x-3}$;　　(2) $\lim\limits_{x\to 0}\dfrac{x}{\sqrt{x+4}-2}$;

(3) $\lim\limits_{x\to\infty}\dfrac{x^3+3x^2+4}{5x^3+7x^2-1}$.

20. 求下列函数的极限:

(1) $\lim\limits_{x\to 1}\left(\dfrac{1}{x-1}-\dfrac{3}{x^3-1}\right)$;　　(2) $\lim\limits_{x\to+\infty}(\sqrt{x^2+2x}-x)$;

(3) $\lim\limits_{x\to 0}\dfrac{\ln(x+2)-\ln 2}{x}$.

21. 证明方程 $x\cdot 2^x=1$ 至少有一个小于 1 的正根.

22. 设 $f(x)=\begin{cases} x^2+2x, & x\leqslant 1, \\ \dfrac{a}{x}, & x>1. \end{cases}$ 问实数 a 为何值时 $f(x)$ 在 $(-\infty,+\infty)$ 内连续?

23. 已知 $\lim\limits_{x\to 1}\dfrac{x^2+ax+b}{x-1}=4$,试求实数 a,b 的值.

24. 已知 $\lim\limits_{x\to\infty}\dfrac{x^2+1}{x+1}-ax-b=0$,试求实数 a,b 的值.

25. 求函数 $f(x)=\dfrac{x^3+3x^2-x-3}{x^2+x-6}$ 的连续区间和间断点,并指出间断点的类型.

五、应用题

26. 某工艺品的纵截面为矩形,已知矩形的长和宽分别为 x 和 y,其周长为 24,将其绕宽边 y 旋转一周构成一立体,写出侧面积与矩形长的关系式.

27. 建筑工地上要建造一个底面为正方形、体积为 8m^3 的长方体水池(无盖).已知底面单位造价是周围单位造价的 2 倍,试写出总造价与底面面积的关系式.

第 2 章

导数与微分

【学习目标】

1. 理解导数的概念及其几何意义，理解函数的可导性与连续性的关系，会用定义求函数在一点处的导数.

2. 会求曲线上一点处的切线方程与法线方程.

3. 熟记导数的基本公式，会运用函数的四则运算求导法则、复合函数求导法则和反函数求导法则求导数.

4. 会求分段函数的导数和隐函数的导数.

5. 理解高阶导数的概念，会求一些简单的函数的 n 阶导数.

6. 理解函数微分的概念，掌握微分运算法则与一阶微分形式不变性，理解可微与可导的关系，会求函数的一阶微分.

重点：导数的概念和几何意义，导数的计算，微分的计算.

难点：导数概念，微分概念，高阶导数.

数学中的转折点是笛卡儿的变数. 有了变数，运动进入了数学，有了变数，辩证法进入了数学，有了变数，微分和积分也就立刻成为必要了.

——恩格斯

学习数学要多做习题，边做边思索. 先知其然，然后知其所以然.

——苏步青

前面我们讨论了函数与极限，它们反映了变量之间的对应关系和变量的变化趋势. 现在我们将在这两个概念的基础上，来研究微分学的两个基本概念——导数与微分. 在自然科学的许多领域中，除了需要了解变量之间的函数关系外，还需进一步研究变量之间的变化率，如物体运动的速度、电流强度、线密度、化学反应速率、生物繁殖率、国民经济发展的进度等，所有这些在数量关系上都归结为函数的变化率，即导数. 而微分则反映出当自变量有微小改变量时，函数大体上变化多少，即函数的改变量的近似值. 本章将从寻找曲线的切线斜率、确定变速直线运动的瞬时速度和分析函数增量的近似表达式入手，抽象概括出导数与微分的概念，建立起一整套导数与微分的公式和运算法则，从而系统地解决初等函数的求导、求微分及应用问题.

§2.1 导数的概念

为了对微分学解决问题的思想方法有个大致的了解，下面分析在实际中经常遇到的一类问题.

2.1.1 两个引例

引例 1【变速直线运动的瞬时速度】 在物理学中，有时候需要知道运动着的物体在某一位置的动能，或曲线运动中某位置的离心力，这就需要确定物体在某一时刻的速度.

2-1 导数概念的两个引例

由物理学知道，如果物体做直线运动，它所移动的路程 s 是时间 t 的函数，记作 $s=s(t)$，则从时刻 t_0 到 $t_0+\Delta t$ 的时间间隔内它的平均速度为

$$\bar{v}=\frac{\Delta s}{\Delta t}=\frac{s(t_0+\Delta t)-s(t_0)}{\Delta t}.$$

在匀速运动中，这个比值是常量，但在变速运动中，它不仅与 t_0 有关，而且与 Δt 也有关. 当 Δt 很小时，显然$\frac{\Delta s}{\Delta t}$与在 t_0 时刻的速度相近似. 如果当 Δt 趋于 0 时，平均速度$\frac{\Delta s}{\Delta t}$的极限存在，那么，我们可以把这个极限值叫作物体在时刻 t_0 时的瞬时速度，简称速度，记作 $v(t_0)$，即

$$v(t_0)=\lim_{\Delta t\to 0}\bar{v}=\lim_{\Delta t\to 0}\frac{s(t_0+\Delta t)-s(t_0)}{\Delta t}.$$

在数量上，平均速度 $\bar{v}$ 表示函数 $s=s(t)$在区间$(t_0, t_0+\Delta t)$上的平均变化率，而瞬时速度 $v(t_0)$表示函数 $s=s(t)$在 t_0 处的变化率.

引例 2【平面曲线的切线斜率】 在确定曲线的切线斜率之前，先要介绍什么叫曲线的切线. 在初等数学里，将切线定义为与曲线只交一点的直线. 这种定义只适合少数几种曲线，如圆、椭圆等，对高等数学中研究的曲线就不适合了. 我们定义曲线的切线如下.

定义 1 设点 M 是曲线上的一个定点，点 M_1 是一个动点，当点 M_1 沿着曲线趋向于点 M 时，如果割线 MM_1 的极限位置 MT 存在，则称直线 MT 为曲线在点 M 处的**切线**(图 2-1).

曲线的切线斜率如何计算呢?

设曲线的方程为 $y=f(x)$(图 2-1)，在点 $M(x_0, y_0)$处的附近取一点 $M_1(x_0+\Delta x, y_0+\Delta y)$，那么割线 MM_1 的斜率为

$$\tan\varphi=\frac{\Delta y}{\Delta x}=\frac{f(x_0+\Delta x)-f(x_0)}{\Delta x}.$$

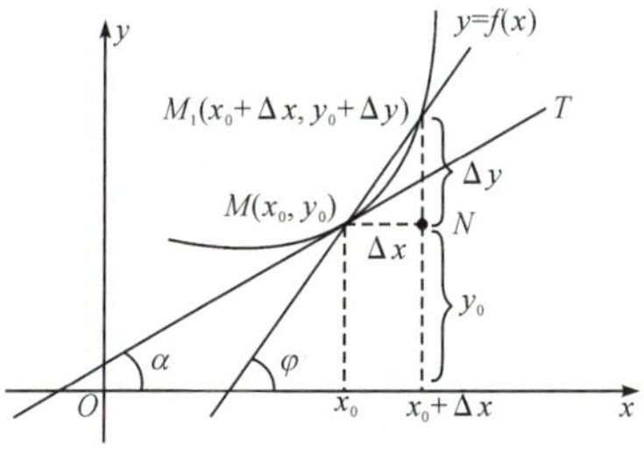

图 2-1

如果当点 M_1 沿曲线趋向于点 M 时，割线 MM_1 的极限位置存在，即点 M 处的切线存在，此刻 $\Delta x\to 0$，$\varphi\to\alpha$，割线斜率 $\tan\varphi$ 趋向切线 MT 的斜率 $\tan\alpha$，即

$$\tan\alpha=\lim_{\Delta x\to 0}\tan\varphi=\lim_{\Delta x\to 0}\frac{f(x_0+\Delta x)-f(x_0)}{\Delta x}.$$

在数量上，它表示函数 $y=f(x)$在 x_0 处的变化率.

2.1.2 导数的定义

上述两个例子的实际意义不同，但从数量关系上分析是相同的，都是要求函数在某一点 x_0 处的变化率，研究的都是函数在点 x_0 处的增量与自变量增量比值的极限问题，我们从中抽象出导数的定义.

1. 导数的定义

2-2　导数的概念

定义 2　设函数 $y=f(x)$ 在点 x_0 的某一邻域内有定义. x_0 有增量 Δx（$x_0+\Delta x$ 仍然在上述邻域内），函数 y 相应地有增量

$$\Delta y=f(x_0+\Delta x)-f(x_0).$$

如果 $\lim\limits_{\Delta x\to 0}\dfrac{\Delta y}{\Delta x}$ 存在，则称此极限值为函数 $y=f(x)$ 在点 x_0 处的**导数(derivative)**，记作

$$f'(x_0)，或 y'\big|_{x=x_0}，或 \left.\frac{\mathrm{d}y}{\mathrm{d}x}\right|_{x=x_0}，即 f'(x_0)=\lim_{\Delta x\to 0}\frac{f(x_0+\Delta x)-f(x_0)}{\Delta x}.$$

此时也称函数 $y=f(x)$ 在点 x_0 处**可导**. 如果上述极限不存在，则称 $y=f(x)$ 在 x_0 处**不可导或导数不存在**.

在定义中，若设 $x=x_0+\Delta x$，则有 $f'(x_0)=\lim\limits_{x\to x_0}\dfrac{f(x)-f(x_0)}{x-x_0}$.

有了导数这个概念，前面两个引例可以重述为：

(1)瞬时速度 $v(t)$ 是路程 s 对时间 t 的导数，即 $v(t)=s'(t)=\dfrac{\mathrm{d}s(t)}{\mathrm{d}t}$；

(2)平面曲线上点 (x_0,y_0) 处的切线斜率是曲线纵坐标 y 在该点对横坐标 x 的导数，即 $k=\tan\alpha=\left.\dfrac{\mathrm{d}y}{\mathrm{d}x}\right|_{x=x_0}$.

2. 左、右导数

定义 3　如果 $\lim\limits_{\Delta x\to 0^-}\dfrac{f(x_0+\Delta x)-f(x_0)}{\Delta x}$ 存在，则称此极限值为函数 $y=f(x)$ 在点 x_0 处的**左导数**，记作 $f'_-(x_0)$；如果 $\lim\limits_{\Delta x\to 0^+}\dfrac{f(x_0+\Delta x)-f(x_0)}{\Delta x}$ 存在，则称此极限值为函数 $y=f(x)$ 在点 x_0 处的**右导数**，记作 $f'_+(x_0)$.

显然，$y=f(x)$ 在点 x_0 处可导的充要条件是 $f'_-(x_0)$ 和 $f'_+(x_0)$ 存在且相等，即

$$f'(x_0)存在 \quad \Leftrightarrow f'_-(x_0)=f'_+(x_0).$$

3. 导函数

定义 4　如果函数 $y=f(x)$ 在区间 (a,b) 上每一点可导，则称函数 $y=f(x)$ 在区间 (a,b) 上可导. 这时，由区间 (a,b) 上所有点的导数构成一个新的函数，我们把这一新函数称为 $y=f(x)$ 在区间 (a,b) 上的**导函数**，记作 $f'(x)$，y' 或 $\dfrac{\mathrm{d}y}{\mathrm{d}x}$，即

$$f'(x)=\lim_{\Delta x\to 0}\frac{f(x+\Delta x)-f(x)}{\Delta x}.$$

在不会发生混淆的情况下，导函数简称为**导数**.

根据定义，$f'(x)$ 和 $f'(x_0)$ 就是函数与函数值的关系，即 $f'(x_0)$ 就是 $f'(x)$ 在点 x_0 处的函数值. 因此，如果 $f'(x)$ 已知，要求 $f'(x_0)$，只要把 $x=x_0$ 代入 $f'(x)$ 中求函数值即可.

例 1　用定义求 $f(x)=C$（C 为常数）的导数.

解　(1)求增量：$\Delta y=f(x+\Delta x)-f(x)=C-C=0$；

(2)算比值：$\dfrac{\Delta y}{\Delta x}=0$；

(3)取极限：$y'=\lim\limits_{\Delta x\to 0}\dfrac{\Delta y}{\Delta x}=0$，即$(C)'=0$(常数的导数恒等于 0).

例 2 用定义求函数 $f(x)=x^2$ 在任意点 x 处的导数.

解 在 x 处给自变量一个增量 Δx，相应的函数增量为

$$\Delta y=f(x+\Delta x)-f(x)=(x+\Delta x)^2-x^2=2x\Delta x+(\Delta x)^2,$$

于是 $\dfrac{\Delta y}{\Delta x}=\dfrac{2x\Delta x+(\Delta x)^2}{\Delta x}=2x+\Delta x$，

则 $\lim\limits_{\Delta x\to 0}\dfrac{\Delta y}{\Delta x}=\lim\limits_{\Delta x\to 0}(2x+\Delta x)=2x$，即 $(x^2)'=2x$.

更一般地，对于幂函数 x^μ 的导数，有如下公式：

$$(x^\mu)'=\mu x^{\mu-1}，其中 \mu 为任意实数.$$

2.1.3 导数的意义

1. 导数的几何意义

由前面的引例 2 可知，如果函数 $y=f(x)$ 在点 x_0 可导，则其导数 $f'(x_0)$ 的几何意义是：$f'(x_0)$ 是曲线 $y=f(x)$ 在点 $(x_0,f(x_0))$ 处切线的斜率.

2-3 导数的几何意义

根据导数的几何意义和直线的点斜式方程，可求得曲线 $y=f(x)$ 在点 (x_0,y_0) 处的切线方程.

若 $f'(x_0)$ 存在，则曲线 L 在点 $M(x_0,y_0)$ 处的切线方程就是：

$$y-y_0=f'(x_0)(x-x_0);$$

若 $f'(x_0)\neq 0$，则过点 $M(x_0,y_0)$ 处的法线方程是：

$$y-y_0=-\frac{1}{f'(x_0)}(x-x_0).$$

若 $f'(x_0)=\infty$，则切线垂直于 x 轴，切线方程就是 x 轴的垂线 $x=x_0$，此时法线为 $y=y_0$.

而当 $f'(x_0)=0$ 时，法线方程为 x 轴的垂线 $x=x_0$，此时切线方程为 $y=y_0$.

例 3 求曲线 $y=x^2$ 在点(2,4)处的切线方程和法线方程.

解 由例 2 知 $f'(x)=(x^2)'=2x$，$f'(2)=4$，

即曲线 $y=x^2$ 在点(2,4)处的切线斜率为 4，于是所求

切线方程为 $y-4=4(x-2)$，即 $y=4x-4$，

法线方程为 $y-4=-\dfrac{1}{4}(x-2)$，即 $y=-\dfrac{1}{4}x+\dfrac{9}{2}$.

2. 导数的物理意义

设物体做直线运动，位移函数为 $s=s(t)$，则物体在 t 时刻的瞬时速度 $v(t)=s'(t)$.

若将速度 $v(t)$ 求导，这个量就称为加速度(它反映了速度变化的快慢)，即 $a=v'(t)$.

【注意】也就是说，瞬时速度 $v(t)$ 是位移 $s(t)$ 关于时间 t 的一阶导数；加速度 a 是瞬时速度 $v(t)$ 关于时间 t 的一阶导数.

例 4 已知一物体的位移函数 $s(t)=5\sin(t+3)$，求物体的速度.

解 速度 $v=s'(t)=(5\sin(t+3))'=5\cos(t+3)$.

3. 导数的经济学意义

成本函数 $C(q)$ 的导数 $C'(q)$ 称为边际成本，其经济学意义是：当产量为 q 时，再生产一个单位产品所增加的成本.

收入函数 $R(q)$ 的导数 $R'(q)$ 称为边际收入，其经济学意义是：当销售量为 q 时，再销售一个单位商品所增加的收入.

利润函数 $L(q)$ 的导数 $L'(q)$ 称为边际利润，其经济学意义是：当产量为 q 时，再生产一个单位产品后利润的改变量.

例 5 设某项目的利润 L 有两个方案可供选择，这两个方案的函数关系分别为 $L_1(t)=\dfrac{3t}{1+t}$，$L_2(t)=\dfrac{t^2}{1+t}+1$，其中 t 表示时间，问：当 $t=1$ 时，这两个方案哪一个更优？

解 $L_1(1)=L_2(1)=\dfrac{3}{2}$，两个方案的利润相等. 再看利润的变化率，即边际利润

$$L'_1(1)=\left.\frac{3}{(1+t)^2}\right|_{t=1}=\frac{3}{4}，L'_2(1)=\left.\frac{t^2+2t}{(1+t)^2}\right|_{t=1}=\frac{3}{4}，$$

两个方案的边际利润仍然相等. 再看边际利润的变化率

$$L''_1(1)=\left.\frac{-6}{(1+t)^3}\right|_{t=1}=-\frac{3}{4}，L''_2(1)=\left.\frac{2}{(1+t)^3}\right|_{t=1}=\frac{1}{4}.$$

由此可见，在 $t=1$ 时，利润变化率 $L_1(t)$ 的变化率在减小，而利润变化率 $L_2(t)$ 的变化率在增加，因此方案 L_2 优于 L_1. 由此例可以看出二阶导数的经济学意义. 在决策中，我们不仅要考虑利润及利润的变化率，还要考虑利润变化率的变化率，因为这将关系到发展的后劲问题.

2.1.4 函数可导与连续的关系

定理 1 若函数 $y=f(x)$ 在点 x_0 处可导，则函数在点 x_0 处连续.

证 设 $y=f(x)$ 在点 x_0 处可导，则 $f'(x_0)=\lim\limits_{\Delta x\to 0}\dfrac{\Delta y}{\Delta x}$ 存在，所以

$$\lim_{\Delta x\to 0}\Delta y=\lim_{\Delta x\to 0}\left(\frac{\Delta y}{\Delta x}\cdot\Delta x\right)=\left(\lim_{\Delta x\to 0}\frac{\Delta y}{\Delta x}\right)\left(\lim_{\Delta x\to 0}\Delta x\right)=0,$$

从而函数 $f(x)$ 在点 x_0 处连续.

【注意】这个定理的逆命题不一定成立，即函数在某点连续，但在该点不一定可导.

例 6 讨论函数 $y=|x|$ 在 $x=0$ 处的可导性.

解 如图 2-2 所示，$\dfrac{\Delta y}{\Delta x}=\dfrac{|0+\Delta x|-0}{\Delta x}=\dfrac{|\Delta x|}{\Delta x}$，

但 $\lim\limits_{\Delta x\to 0^+}\dfrac{\Delta y}{\Delta x}=\lim\limits_{\Delta x\to 0^+}\dfrac{\Delta x}{\Delta x}=1$，

$\lim\limits_{\Delta x\to 0^-}\dfrac{\Delta y}{\Delta x}=\lim\limits_{\Delta x\to 0^-}\dfrac{-\Delta x}{\Delta x}=-1$，

故 $\lim\limits_{\Delta x\to 0}\dfrac{\Delta y}{\Delta x}$ 不存在，即函数 $y=|x|$ 在 $x=0$ 处不可导.

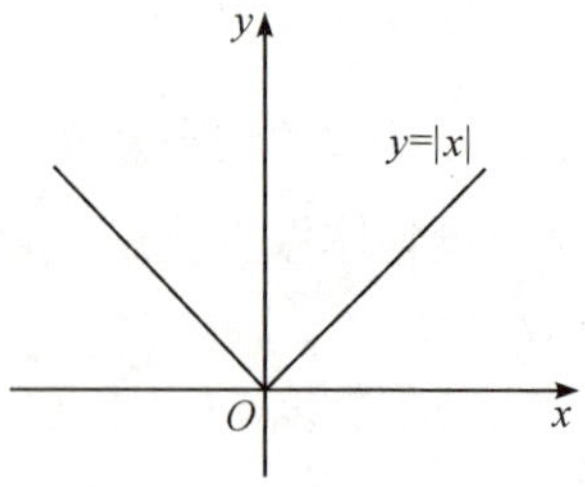

图 2-2

由以上讨论可知，函数在某点连续是函数在该点可导的必要条件，但不是充分条件.

例 7 已知函数 $f(x)=\begin{cases} x^2, & x\geqslant 0, \\ x+1, & x<0. \end{cases}$

讨论函数 $f(x)$ 在 $x=0$ 处的连续性与可导性.

解 因为 $\lim\limits_{x\to 0^-} f(x)=\lim\limits_{x\to 0^-}(x+1)=1$，$\lim\limits_{x\to 0^+} f(x)=\lim\limits_{x\to 0^+} x^2=0$，

所以 $\lim\limits_{x\to 0} f(x)$ 不存在，所以 $f(x)$ 在 $x=0$ 处不连续.

由定理 1 知，$f(x)$ 在 $x=0$ 处也不可导.

习题 2.1

一、填空题

1\. 求导数：$\left(\dfrac{1}{x}\right)'=$________.

2\. 求导数：$(\sqrt[5]{x^2})'=$________.

3\. 求导数：$\left(\dfrac{1}{\sqrt{x}}\right)'=$________.

二、选择题

4\. 设 $f(x)=\ln 4$，则 $\lim\limits_{\Delta x\to 0}\dfrac{f(x+\Delta x)-f(x)}{\Delta x}=$（　　）

A. 4　　B. $\dfrac{1}{4}$　　C. ∞　　D. 0

5\. 函数 $f(x)$ 在 $x=x_0$ 处可导是 $f(x)$ 在 x_0 处连续的（　　）

A. 必要但非充分条件

B. 充分但非必要条件

C. 充要条件

D. 既不充分也不必要条件

6\. 设函数 $y=f(x)$，若 $f'(x_0)$ 存在，则 $\lim\limits_{\Delta x\to 0}\dfrac{f(x_0+2\Delta x)-f(x_0)}{\Delta x}=$（　　）

A. $f'(x_0)$　　B. $2f'(x_0)$

C. $-f'(x_0)$　　D. $\dfrac{1}{2}f'(x_0)$

三、计算题

7\. 求曲线 $y=x^3$ 在点(2,8)处的切线方程和法线方程.

8\. 已知 $(\ln x)'=\dfrac{1}{x}$，求曲线 $y=\ln x$ 在点 A(e,1)处的切线方程.

9\. 已知物体的运动规律为 $s(t)=t^3$（米），求物体在 $t=2$ 秒时的速度.

10\. 已知函数 $f(x)=\begin{cases} x^2+1, & x\geqslant 0, \\ -x, & x<0, \end{cases}$ 讨论函数 $f(x)$ 在 $x=0$ 处的连续性与可导性.

§2.2 导数的运算

2.2.1 导数的基本公式

由导数的定义可知，求函数 $y=f(x)$的导数可分为三个步骤：

(1)求增量：$\Delta y=f(x+\Delta x)-f(x)$；

(2)算比值：$\dfrac{\Delta y}{\Delta x}=\dfrac{f(x+\Delta x)-f(x)}{\Delta x}$；

(3)取极限：$y'=\lim\limits_{\Delta x\to 0}\dfrac{\Delta y}{\Delta x}$.

下面根据这三个步骤来求一些基本初等函数的导数. 实际计算中也可简化求导步骤.

例 1 求函数 $f(x)=\sin x$ 的导数.

解

$$y'=\lim_{\Delta x\to 0}\frac{\Delta y}{\Delta x}=\lim_{\Delta x\to 0}\frac{\sin(x+\Delta x)-\sin x}{\Delta x}$$

$$=\lim_{\Delta x\to 0}\frac{2\cos\left(x+\frac{\Delta x}{2}\right)\sin\frac{\Delta x}{2}}{\Delta x}$$

$$=\lim_{\Delta x\to 0}\cos\left(x+\frac{\Delta x}{2}\right)\lim_{\Delta x\to 0}\frac{\sin\frac{\Delta x}{2}}{\frac{\Delta x}{2}}$$

$$=\cos x,$$

即$(\sin x)'=\cos x$.

用类似的方法可以证得$(\cos x)'=-\sin x$.

例 2 求对数函数 $y=\log_a x(a>0,a\neq 1,x>0)$的导数.

解 $\Delta y=\log_a(x+\Delta x)-\log_a x=\log_a\dfrac{x+\Delta x}{x}=\log_a\left(1+\dfrac{\Delta x}{x}\right)$,

$$y'=\lim_{\Delta x\to 0}\frac{\Delta y}{\Delta x}=\lim_{\Delta x\to 0}\frac{1}{x}\log_a\left(1+\frac{\Delta x}{x}\right)^{\frac{x}{\Delta x}}$$

$$=\frac{1}{x}\log_a \mathrm{e}=\frac{1}{x\ln a},$$

即 $(\log_a x)'=\dfrac{1}{x\ln a}$.

特别地，当 $a=\mathrm{e}$ 时，得自然对数的导数$(\ln x)'=\dfrac{1}{x}$.

2.2.2 导数的四则运算法则

上面给出了根据定义求函数导数的方法. 但是，如果对每一个函数，都直接用定义求导数，那将相当麻烦，有时还很困难. 在本节中，将介绍求导数的基本法则，以后借助这些法则和基本初等函数的导数公式，就能较方便地求出常见的初等函数的导数.

2-4 导数的四则运算

定理 1 设函数 $u=u(x),v=v(x)$ 在点 x 处可导，则函数 $u(x)\pm v(x),u(x)\cdot v(x),\dfrac{u(x)}{v(x)}(v(x)\neq 0)$ 也在点 x 处可导，且

(1) $[u(x)\pm v(x)]'=u'(x)\pm v'(x)$；

(2) $[u(x)v(x)]'=u'(x)v(x)+u(x)v'(x)$，特别地，$[Cu(x)]'=Cu'(x)$（$C$ 为常数）；

(3) $\left[\dfrac{u(x)}{v(x)}\right]'=\dfrac{u'(x)v(x)-u(x)v'(x)}{v^2(x)}$，特别地，若 $u(x)=1$，我们有 $\left(\dfrac{1}{v(x)}\right)'=-\dfrac{v'(x)}{v^2(x)}(v(x)\neq 0)$.

证 上述三个公式的证明思路都类似，我们只证第二个.

由 $u(x+\Delta x)-u(x)=\Delta u,v(x+\Delta x)-v(x)=\Delta v$ 得

$$u(x+\Delta x)=u(x)+\Delta u,v(x+\Delta x)=v(x)+\Delta v.$$

令 $y=u(x)\cdot v(x)$，则

$$\begin{aligned}\Delta y&=u(x+\Delta x)\cdot v(x+\Delta x)-u(x)\cdot v(x)\\&=[u(x)+\Delta u]\cdot[v(x)+\Delta v]-u(x)\cdot v(x)\\&=u(x)\cdot\Delta v+v(x)\cdot\Delta u+\Delta u\cdot\Delta v.\end{aligned}$$

又 $u'(x)=\lim\limits_{\Delta x\to 0}\dfrac{\Delta u}{\Delta x},v'(x)=\lim\limits_{\Delta x\to 0}\dfrac{\Delta v}{\Delta x}$，因此有

$$\begin{aligned}\lim_{\Delta x\to 0}\frac{\Delta y}{\Delta x}&=\lim_{\Delta x\to 0}\left[u(x)\cdot\frac{\Delta v}{\Delta x}+v(x)\cdot\frac{\Delta u}{\Delta x}+\frac{\Delta u}{\Delta x}\cdot\Delta v\right]\\&=u(x)\cdot v'(x)+v(x)\cdot u'(x)+\lim_{\Delta x\to 0}\frac{\Delta u}{\Delta x}\cdot\Delta v,\end{aligned}$$

其中 v 可导，v 必连续，所以 $\lim\limits_{\Delta x\to 0}\Delta v=0$.

故有 $(u(x)v(x))'=u(x)\cdot v'(x)+v(x)\cdot u'(x)$. 证毕.

导数的基本运算法则简记为：

(1) $(u\pm v)'=u'\pm v'$；

(2) $(uv)'=u'v+uv'$，特别地，$(Cu)'=Cu'$（C 为常数）；

(3) $\left(\dfrac{u}{v}\right)'=\dfrac{u'v-uv'}{v^2}$，特别地，$\left(\dfrac{1}{v}\right)'=-\dfrac{v'}{v^2}$.

上述法则(1)、(2)可推广到任意有限个可导函数的情形.

例如，设 $u=u(x)$、$v=v(x)$、$w=w(x)$ 均可导，则有

$$(u\pm v\pm w)'=u'\pm v'\pm w',$$
$$(uvw)'=u'vw+uv'w+uvw'.$$

例 3 设 $y=x^4+2e^x-5\cos x$，求 y'.

解 $$\begin{aligned}y'&=(x^4+2e^x-5\cos x)'\\&=(x^4)'+2(e^x)'-5(\cos x)'\\&=4x^3+2e^x+5\sin x.\end{aligned}$$

例 4 求正切函数 $y=\tan x$ 的导数.

解 由导数的除法法则得

$$\begin{aligned}y'=(\tan x)'&=\left(\frac{\sin x}{\cos x}\right)'=\frac{(\sin x)'\cdot\cos x-\sin x\cdot(\cos x)'}{\cos^2 x}\\&=\frac{\cos^2 x+\sin^2 x}{\cos^2 x}=\frac{1}{\cos^2 x}=\sec^2 x,\end{aligned}$$

即$(\tan x)'=\sec^2 x$.

类似地,可证$(\cot x)'=-\csc^2 x$.

例 5 求正割函数 $y=\sec x$ 的导数.

解 按导数的除法法则得

$$y'=(\sec x)'=\left(\frac{1}{\cos x}\right)'=\frac{(1)'\cdot\cos x-1\cdot(\cos x)'}{\cos^2 x}=\frac{\sin x}{\cos^2 x}=\sec x\cdot\tan x,$$

即$(\sec x)'=\sec x\cdot\tan x$.

类似地,可证$(\csc x)'=-\csc x\cdot\cot x$.

基本初等函数的导数是进行导数运算的基础，正确领会和熟练运用导数公式与求导法则是高等数学中最基本技能之一. 前面我们已得到了部分基本初等函数的导数公式，为便于查阅,表 2-1 给出全部基本初等函数的导数公式,请读者熟记.

表 2-1 基本初等函数的导数公式

常数的导数	$(C)'=0$(C 为常数)
幂函数的导数	$(x^\mu)'=\mu x^{\mu-1}$(μ 为常数)
指数函数的导数	$(a^x)'=a^x\ln a\,(a>0,a\neq1)$,特别地,$(e^x)'=e^x$
对数函数的导数	$(\log_a x)'=\frac{1}{x\ln a}\,(a>0,a\neq1)$,特别地,$(\ln x)'=\frac{1}{x}$
三角函数的导数	$(\sin x)'=\cos x,(\cos x)'=-\sin x$ $(\tan x)'=\sec^2 x,(\cot x)'=-\csc^2 x$ $(\sec x)'=\sec x\tan x,(\csc x)'=-\csc x\cot x$
反三角函数的导数	$(\arcsin x)'=\frac{1}{\sqrt{1-x^2}},(\arccos x)'=-\frac{1}{\sqrt{1-x^2}}$ $(\arctan x)'=\frac{1}{1+x^2},\quad(\text{arccot}\,x)'=-\frac{1}{1+x^2}$

2.2.3 高阶导数

一般地,函数 $y=f(x)$的导数 $f'(x)$仍然是关于 x 的函数,如果导函数 $f'(x)$仍然可导,则把 $f'(x)$的导数称为 $f(x)$的**二阶导数**,记作 y'', $f''(x)$ 或$\frac{d^2y}{dx^2}$.

根据导数的定义,二阶导数 $f''(x)$应是下面的极限:

$$f''(x)=\lim_{\Delta x\to0}\frac{f'(x+\Delta x)-f'(x)}{\Delta x}.$$

类似地,定义二阶导数的导数为**三阶导数**,记作 y''', $f'''(x)$或$\frac{d^3y}{dx^3}$.

依此类推,一般地, $f(x)$的$(n-1)$阶导数的导数称为 $f(x)$的 n 阶导数,记作 $y^{(n)}$, $f^{(n)}(x)$或$\frac{d^ny}{dx^n}$.

四阶或四阶以上的导数记为 $y^{(4)},y^{(5)},\cdots,y^{(n)}$ 或$\frac{d^4y}{dx^4},\frac{d^5y}{dx^5},\cdots,\frac{d^ny}{dx^n}$.

二阶及二阶以上的导数统称为**高阶导数**.

由 n 阶导数定义可以看出，求高阶导数不需要新的方法，只要运用前面学过的求导方法，对函数逐阶求导即可.

例 6 求函数 $y=2x^3+3x^2+1$ 的二阶导数.

解 $y'=6x^2+6x$,

$y''=(y')'=(6x^2+6x)'=12x+6$.

例 7 已知 $y=x^3-3x^2+5x+1$，求 $y^{(4)}$.

解 $y'=3x^2-6x+5$,

$y''=6x-6$,

$y'''=6$,

$y^{(4)}=0$.

例 8 求函数 $y=\ln x$ 的 n 阶导数.

解 $y'=\dfrac{1}{x}=x^{-1}$,

$y''=-x^{-2}$,

$y'''=2x^{-3}$,

……

所以 $y^{(n)}=(-1)^{n-1}(n-1)!\ x^{-n}$.

例 9 求函数 $y=\sin x$ 的 n 阶导数.

解 $y'=\cos x=\sin\left(\dfrac{\pi}{2}+x\right)$,

$y''=-\sin x=\sin\left(\dfrac{2}{2}\pi+x\right)$,

$y'''=-\cos x=\sin\left(\dfrac{3}{2}\pi+x\right)$,

……

$y^{(n)}=\sin\left(\dfrac{n}{2}\pi+x\right)$.

类似地可得 $(\cos x)^{(n)}=\cos\left(\dfrac{n}{2}\pi+x\right)$.

例 10 已知 $y=a^x(a>0$ 且 $a\neq 1)$，求 $y^{(n)}$.

解 $y'=a^x\ln a, y''=a^x\ln^2 a, y'''=a^x\ln^3 a,\ldots$,

按这个规律 $y^{(n)}=a^x\ln^n a$.

习题 2.2

一、填空题

1. 已知 $y=e^x\cos x$，则一阶导数 $y'=$________.
2. 已知 $y=\sin 2x$，则二阶导数 $y''=$________.
3. 已知 $y=e^{2x}$，则 $y^{(n)}=$________.

二、选择题

4. 设函数 $f(x)=x^3+5x^2-8x+9$ 的一阶导数为 0，则 $x=$(　　)

A. $\dfrac{2}{3}$ 或 4　　B. $-\dfrac{2}{3}$ 或 4　　C. $\dfrac{2}{3}$ 或 -4　　D. $-\dfrac{2}{3}$ 或 -4

5. 设函数 $y=\mathrm{e}^{-x}$，则二阶导数 $y''=$(　　)

A. e^{x}　　B. $-\mathrm{e}^{x}$　　C. e^{-x}　　D. $-\mathrm{e}^{-x}$

6. 设函数 $f(x)=(x-1)(x+2)$，则二阶导数 $f''(0)=$(　　)

A. 1　　B. 2　　C. 0　　D. -2

三、计算题

7. 已知 $y=2\sqrt{x}+\dfrac{1}{x}+\ln 4$，求导数 y'.

8. 已知 $y=(x^2+1)\arctan x$，求导数 y'.

9. 已知 $y=\dfrac{1-x^2}{1+x^2}$，求导数 y'.

10. 已知 $y=\dfrac{1-\ln x}{1+\ln x}$，求导数 y'.

§2.3　导数的运算进阶

2.3.1　复合函数求导法

定理 1　设函数 $y=f(u)$ 在相应的点 u 处可导，函数 $u=\varphi(x)$ 在 x 处可导，则复合函数 $y=f[\varphi(x)]$ 在 x 处也可导，且

$$\{f[\varphi(x)]\}'=f'(u)\cdot\varphi'(x)\quad 或\quad \frac{\mathrm{d}y}{\mathrm{d}x}=\frac{\mathrm{d}y}{\mathrm{d}u}\cdot\frac{\mathrm{d}u}{\mathrm{d}x}.$$

2-5　复合函数求导法

复合函数的求导法则也称**链式法则**.

求复合函数导数的关键在于准确识别复合关系，即一个函数或函数中的一项，从外向内是由哪些基本初等函数复合而成的.

例 1　已知 $y=\sin 3x$，求导数 y'.

解　设 $y=\sin u$，$u=3x$，

得 $y'_x=y'_u\cdot u'_x=\cos u\cdot 3=3\cos 3x$.

例 2　已知 $y=\sin^2 x$，求导数 y'.

解　设 $y=u^2$，$u=\sin x$，

得 $y'_x=y'_u\cdot u'_x=2u\cdot\cos x=2\sin x\cos x=\sin 2x$.

例 3　已知 $y=(1-2x)^7$，求导数 y'.

解　设 $y=u^7$，$u=1-2x$，

得 $y'_x=y'_u\cdot u'_x=7u^6\cdot(1-2x)'=7u^6(-2)=-14(1-2x)^6$.

例 4　求函数 $y=\ln\cos x$ 的导数 y'.

解　设 $y=\ln u$，$u=\cos x$，

得 $y'_x=y'_u\cdot u'_x=\dfrac{1}{u}\cdot(-\sin x)=-\dfrac{\sin x}{\cos x}=-\tan x$.

复合函数求导熟练后，中间变量可以不必写出. 习惯地，y'_x 可写成 y'.

例 5　已知函数 $y=x^2\mathrm{e}^{2x}$，求 y''，$y''|_{x=0}$.

解　$y'=(x^2\mathrm{e}^{2x})'=2x\mathrm{e}^{2x}+2x^2\mathrm{e}^{2x}$，

$$\begin{aligned}y''&=(2x\mathrm{e}^{2x}+2x^2\mathrm{e}^{2x})'=2\mathrm{e}^{2x}+4x\mathrm{e}^{2x}+4x\mathrm{e}^{2x}+4x^2\mathrm{e}^{2x}\\&=\mathrm{e}^{2x}(2+8x+4x^2),\end{aligned}$$

$y''|_{x=0}=[\mathrm{e}^{2x}(2+8x+4x^2)]_{x=0}=2$.

例 6 设 $y=\sqrt{a-x^2}$，求 y'.

解 $y'_x=\frac{1}{2}(a-x^2)^{-\frac{1}{2}}\cdot(a-x^2)'_x=\frac{-x}{\sqrt{a-x^2}}$.

例 7 设 $y=\arctan\ln(3x+1)$，求 y'.

解
$$\begin{aligned} y'_x&=\frac{1}{1+[\ln(3x+1)]^2}\cdot[\ln(3x+1)]'_x \\ &=\frac{1}{1+[\ln(3x+1)]^2}\cdot\frac{1}{3x+1}(3x+1)'_x \\ &=\frac{3}{(3x+1)\cdot[1+\ln^2(3x+1)]}. \end{aligned}$$

例 8 证明：$(x^\mu)'=\mu x^{\mu-1}$，$(\mu\in\mathbf{R},x>0)$.

解 因为 $x^\mu=(e^{\ln x})^\mu=e^{\mu\ln x}$，

所以 $(x^\mu)'=(e^{\mu\ln x})'=e^{\mu\ln x}\cdot(\mu\ln x)'=e^{\mu\ln x}\cdot\mu\cdot\frac{1}{x}=x^\mu\cdot\mu\cdot\frac{1}{x}=\mu x^{\mu-1}$.

2.3.2 隐函数求导法

前面求导的函数都可以表示为 $y=f(x)$ 的形式，这种形式的特点是自变量 x 与因变量 y 分开，等式的左边是因变量 y，等式的右边是自变量 x 的表达式，这样的函数称为**显函数**.

但是有些函数的表达方式却不是这样，如 $x+y^3-1=0$，$e^y-xy=0$ 也都表示一个函数，因为当自变量 x 在 $(-\infty,+\infty)$ 内取值时，因变量 y 有唯一确定的值与之对应，但这时 y 与 x 的函数关系并不是用自变量 x 的表达式直接表示出来的，故像这样的函数称为**隐函数**.

一般地，如果在方程 $F(x,y)=0$ 中，当 x 在某区间内取任一值时，相应地总有满足这个方程的唯一的 y 值存在，那么就说方程 $F(x,y)=0$ 在该区间内确定了一个隐函数 $y=y(x)$.

2-6 隐函数求导法

求隐函数的导数，可以借助复合函数的求导法则，将方程两边同时对 x 求导，对关于 y 的表达式求导时，把 y 看作是 x 的函数，用复合函数的求导法则进行，就可以直接求出隐函数的导数.

例 8 求由方程 $y^2+x^2-1=0$ 所确定的隐函数的导数.

解 方程两端同时对 x 求导（其中 y^2 是 x 的复合函数），则
$$(y^2+x^2-1)'=(0)',$$
即 $2y\cdot y'_x+2x=0$，

所以 $y'_x=-\frac{x}{y}$.

例 9 已知方程 $xy-x+e^y=1$，求 $y'_x|_{x=0}$.

解 方程两端同时对 x 求导，得
$$y+xy'_x-1+e^y\cdot y'_x=0,$$
即 $y'_x=\frac{1-y}{x+e^y}$，

在方程 $xy-x+e^y=1$ 中，令 $x=0$，得 $y=0$，

所以 $y'_x|_{x=0}=\frac{1-0}{0+e^0}=1$.

例 10 求由方程 $x-y+\frac{1}{2}\sin y=0$ 所确定的隐函数的二阶导数.

解 方程两端同时对 x 求导得

$$1-\frac{\mathrm{d}y}{\mathrm{d}x}+\frac{1}{2}\cos y\cdot\frac{\mathrm{d}y}{\mathrm{d}x}=0,$$

于是 $\frac{\mathrm{d}y}{\mathrm{d}x}=\frac{2}{2-\cos y}$,

上式两边再对 x 同时求导,得 $\frac{\mathrm{d}^2y}{\mathrm{d}x^2}=\frac{-2\sin y\frac{\mathrm{d}y}{\mathrm{d}x}}{(2-\cos y)^2}$,

将 $\frac{\mathrm{d}y}{\mathrm{d}x}=\frac{2}{2-\cos y}$ 代入上式得

$$\frac{\mathrm{d}^2y}{\mathrm{d}x^2}=\frac{-4\sin y}{(2-\cos y)^3}.$$

2.3.3 对数求导法

已知函数是乘、除、乘方、开方运算,如果直接求导,计算将较复杂. 若两边取对数,可利用对数的运算法则化为和、差等形式,再求导就比较简单,故可用取对数求导法求解.

例 11 求 $y=x^x(x>0)$ 的导数 y'.

解 两边取对数,得 $\ln y=x\cdot\ln x$,

上式两边对 x 求导,得 $\frac{1}{y}\cdot y'=\ln x+1$,

于是 $y'=x^x(\ln x+1)$.

例 12 求 $y=x^{\sin x}(x>0)$ 的导数 y'.

解法 1 两边取对数,得 $\ln y=\sin x\cdot\ln x$,

上式两边对 x 求导,得 $\frac{1}{y}\cdot y'=\cos x\cdot\ln x+\frac{1}{x}\cdot\sin x$,

于是 $y'=y\left(\cos x\cdot\ln x+\sin x\cdot\frac{1}{x}\right)$

$$=x^{\sin x}\left(\cos x\ln x+\frac{\sin x}{x}\right).$$

解法 2 因为 $y=x^{\sin x}=\mathrm{e}^{\sin x\ln x}$,

所以 $y'=\mathrm{e}^{\sin x\ln x}(\sin x\ln x)'$

$$=x^{\sin x}\left(\cos x\ln x+\frac{\sin x}{x}\right).$$

例 13 函数 $y=\sqrt[3]{\frac{(x-1)(x-2)}{(x-3)(x-4)}}\ (x>4)$ 的导数 y'.

解 因为 $x>4$,方程两边取自然对数,然后化简得

$$\ln y=\frac{1}{3}[\ln(x-1)+\ln(x-2)-\ln(x-3)-\ln(x-4)],$$

上式两边对 x 求导,并同时注意 y 是 x 的函数,得

$$\frac{1}{y}\cdot y'=\frac{1}{3}\left(\frac{1}{x-1}+\frac{1}{x-2}-\frac{1}{x-3}-\frac{1}{x-4}\right),$$

因此

$$y'=\frac{1}{3}\sqrt[3]{\frac{(x-1)(x-2)}{(x-3)(x-4)}}\left(\frac{1}{x-1}+\frac{1}{x-2}-\frac{1}{x-3}-\frac{1}{x-4}\right).$$

2.3.4 反函数求导法

定理 2 设单调连续函数 $x=\varphi(y)$ 在点 y 处可导，且 $\varphi'(y)\neq 0$，则其反函数 $y=f(x)$ 在对应点 x 处可导，且

$$f'(x)=\frac{1}{\varphi'(y)} \quad 或 \quad \frac{\mathrm{d}y}{\mathrm{d}x}=\frac{1}{\frac{\mathrm{d}x}{\mathrm{d}y}}.$$

证明略.

例 14 求 $y=a^x$ 的导数(其中 $a>0$ 且 $a\neq 1$).

解 因为 $y=a^x$ 的反函数是 $x=\log_a y$，且 $x=\log_a y$ 在 $(0,+\infty)$ 内单调、可导，又 $(\log_a y)'_y=\frac{1}{y\ln a}\neq 0$，

所以由反函数的求导法则有

$$(a^x)'_x=\frac{1}{(\log_a y)'_y}=y\ln a=a^x\ln a.$$

特别地，当 $a=\mathrm{e}$ 时，有 $(\mathrm{e}^x)'=\mathrm{e}^x$.

例 15 求函数 $y=\arcsin x\,(|x|<1)$ 的导数.

解 $y=\arcsin x\,(|x|<1)$ 的反函数为 $x=\sin y\left(-\frac{\pi}{2}<y<\frac{\pi}{2}\right)$，

显然 $x=\sin y$ 在 $\left(-\frac{\pi}{2},\frac{\pi}{2}\right)$ 内单调、可导，且 $(\sin y)'_y=\cos y>0$，

所以根据反函数求导法则有

$$(\arcsin x)'_x=\frac{1}{(\sin y)'_y}=\frac{1}{\cos y}=\frac{1}{\sqrt{1-\sin^2 y}}=\frac{1}{\sqrt{1-x^2}}.$$

类似地有 $(\arccos x)'=-\frac{1}{\sqrt{1-x^2}}$，$(\arctan x)'=\frac{1}{1+x^2}$，

$$(\operatorname{arccot} x)'=-\frac{1}{1+x^2}.$$

2.3.5 参数方程求导法

参数方程 $\begin{cases}x=\varphi(t)\\ y=\psi(t)\end{cases}$ 分别对 t 求导，先求出 $\frac{\mathrm{d}x}{\mathrm{d}t}=\varphi'(t)$ 与 $\frac{\mathrm{d}y}{\mathrm{d}t}=\psi'(t)$，再相除求得 $\frac{\mathrm{d}y}{\mathrm{d}x}=\frac{\psi'(t)}{\varphi'(t)}$.

例 16 计算由摆线的参数方程 $\begin{cases}x=a(t-\sin t)\\ y=a(1-\cos t)\end{cases}$ 所确定的函数的导数 $\frac{\mathrm{d}y}{\mathrm{d}x}$.

解 $\frac{\mathrm{d}y}{\mathrm{d}x}=\frac{y'(t)}{x'(t)}=\frac{[a(1-\cos t)]'}{[a(t-\sin t)]'}=\frac{a\sin t}{a(1-\cos t)}=\frac{\sin t}{1-\cos t}=\cot\frac{t}{2}\ (t\neq 2k\pi,k$ 为整数).

例 17 求椭圆 $\begin{cases}x=a\cos t\\ y=b\sin t\end{cases}$ 在相应的点 $t=\frac{\pi}{4}$ 处的切线方程.

解 $\frac{\mathrm{d}y}{\mathrm{d}x}=\frac{(b\sin t)'}{(a\cos t)'}=\frac{b\cos t}{-a\sin t}=-\frac{b}{a}\cot t$，

所求切线的斜率为$\left.\frac{dy}{dx}\right|_{t=\frac{\pi}{4}}=-\frac{b}{a}$.

切点的坐标为 $x_0=a\cos\frac{\pi}{4}=\frac{\sqrt{2}}{2}a$, $y_0=b\sin\frac{\pi}{4}=\frac{\sqrt{2}}{2}b$,

切线方程为 $y-\frac{\sqrt{2}}{2}b=-\frac{b}{a}\left(x-\frac{\sqrt{2}}{2}a\right)$,

即 $bx+ay-\sqrt{2}ab=0$.

习题 2.3

一、填空题

1. 函数 $y=(x^3+1)^2$ 的二阶导数 $y''=$________.

2. 方程 $x^2+y^4=17$ 所确定的隐函数 $y=f(x)$的导数$\frac{dy}{dx}=$________.

3. 方程 $ye^x+\ln y=1$ 所确定的隐函数 $y=f(x)$的导数$\frac{dy}{dx}=$________.

二、选择题

4. 设函数 $y=\sin(x+y)$,则 $y'=$(　　)

A. $\cos(x+y)$　　B. $(1+y)\cos(x+y)$

C. $\frac{\cos(x+y)}{1-\cos(x+y)}$　　D. $\frac{\cos(x+y)}{\cos(x+y)-1}$

5. 设函数 $y=e^{xy}$,则 $y'=$(　　)

A. e^{xy}　　B. $e^{xy}(1+x)$

C. $\frac{ye^{xy}}{1-xe^{xy}}$　　D. $\frac{xe^{xy}}{1-ye^{xy}}$

三、计算题

6. 求函数 $y=\ln(x+\sqrt{x^2+a^2})$的导数 y'.

7. 求函数 $y=e^{-2x}\sin 3x$ 的二阶导数 y''.

8. 求曲线 $4x^2-xy+y^2=6$ 在点$(1,-1)$处的切线方程.

9. 求函数 $y=\sqrt{\frac{(x-1)(x-2)}{(x-3)(x-4)}}$ $(x>4)$的导数 y'.

10. 求方程$\begin{cases}x=a\cos t\\ y=b\sin t\end{cases}$ $(0\leqslant t\leqslant 2\pi)$所确定的函数的一阶导数$\frac{dy}{dx}$及二阶导数$\frac{d^2y}{dx^2}$.

§2.4 微分及其应用

2.4.1 微分引例

前面我们讨论的导数，反映的是函数的自变量在变化时，相应的函数值变化的快慢程度，在实践中，有时我们还需要了解在某一过程中，当自变量有一个很小的增量时，相应的函数增量的大小. 直接计算一般是很困难的，因此我们希望能找到一个计算函数增量的既简单又有一定精度的近似公式.

我们先考察一个引例.

引例 1 一块正方形金属薄片由于温度的变化，其边长由 x_0 变为 $x_0+\Delta x$，问此时薄片的面积改变了多少？

解 设此薄片的边长为 x_0，面积为 S，则 $S=x_0^2$，当自变量 x 在 x_0 有增量 Δx 时，相应的面积函数的增量为 ΔS，$\Delta S=(x_0+\Delta x)^2-x_0^2=2x_0\Delta x+(\Delta x)^2$，显然 ΔS 由两部分组成，一部分是 Δx 的线性函数 $2x_0\Delta x$，即图 2-3 中画斜线的那两个矩形面积之和；另一部分是 $(\Delta x)^2$，它是比 Δx 高阶的无穷小量. 因此，当 Δx 很小时，我们可以将第二部分忽略，用第一部分 $2x_0\Delta x$ 近似地表示 ΔS，即有 $\Delta S\approx 2x_0\Delta x=S'(x_0)\Delta x$.

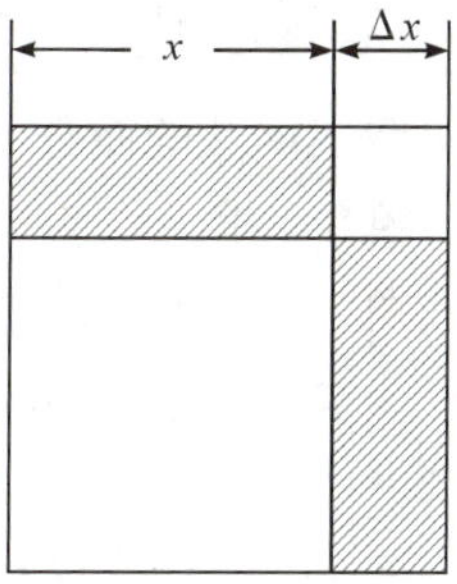

图 2-3

2-7 微分的概念

2.4.2 微分的定义与几何意义

1. 微分的定义

定义 1 设函数 $y=f(x)$ 在点 x_0 的邻域有定义，对于 x 在点 x_0 处的增量 Δx，如果函数 $y=f(x)$ 的相应增量 Δy 可以表示为 $\Delta y=A\Delta x+\alpha$，其中 A 是与 Δx 无关的常数，α 是 $\Delta x\to 0$ 时比 Δx 高阶的无穷小量，则称函数 $y=f(x)$ 在 x_0 处**可微**，并称 $A\Delta x$ 为函数 $y=f(x)$ 在 x_0 处的**微分**(**differential**)，记作 $\mathrm{d}y\big|_{x=x_0}$，即

$$\mathrm{d}y\big|_{x=x_0}=A\Delta x.$$

关于函数在某点可微的条件和 A 的简便计算方法，有下面的定理：

定理 1 函数 $f(x)$ 在 x_0 处可微的充分必要条件是函数 $f(x)$ 在 x_0 处可导.

证 **充分性** 函数 $f(x)$ 在 x_0 处可导，则 $\lim\limits_{\Delta x\to 0}\dfrac{\Delta y}{\Delta x}=f'(x_0)$，

因此 $\dfrac{\Delta y}{\Delta x}=f'(x_0)+\alpha\quad(\Delta x\to 0$ 时，$\alpha\to 0)$，

所以 $\Delta y=f'(x_0)\Delta x+\alpha\Delta x$，

显然，当 $\Delta x\to 0$ 时，$\alpha\Delta x$ 是 Δx 的高阶无穷小，

所以函数 $y=f(x)$ 在 x_0 处可微，且 $\mathrm{d}y\big|_{x=x_0}=f'(x_0)\Delta x$.

必要性 因为函数 $f(x)$ 在 x_0 处可微，则有 $\Delta y=A\Delta x+\alpha$（这里 α 为当 $\Delta x\to 0$ 时 Δx 的高阶无穷小，A 为与 Δx 无关的常数），

所以 $\dfrac{\Delta y}{\Delta x}=A+\dfrac{\alpha}{\Delta x}$，

两边取极限得 $\lim\limits_{\Delta x\to 0}\dfrac{\Delta y}{\Delta x}=\lim\limits_{\Delta x\to 0}\left(A+\dfrac{\alpha}{\Delta x}\right)=A$，

即 $f'(x_0)=A$，

所以函数 $y=f(x)$ 在 x_0 处可导.

由定理的证明可知：微分定义中与 Δx 无关的常数 A 就是函数在点 x_0 处的导数 $f'(x_0)$，于是

$$dy|_{x=x_0}=f'(x_0)\Delta x.$$

函数 $y=f(x)$ 在任意点 x 处的微分，叫作函数的**微分**，记作 dy，则有 $dy=f'(x)\Delta x$.

由于函数 $y=x$ 的微分 $dy=dx=1\cdot\Delta x=\Delta x$，因此自变量的增量也称为自变量的微分，记作 dx，于是函数 $y=f(x)$ 在 x 处的微分通常写成

$$dy=f'(x)dx,$$

从而有 $\dfrac{dy}{dx}=f'(x)$.

过去我们把 $\dfrac{dy}{dx}$ 当作一个整体记号，$\dfrac{dy}{dx}=f'(x)$ 表明，有了微分概念，$\dfrac{dy}{dx}$ 就可看成函数的微分 dy 与自变量的微分 dx 的商，因此导数又叫作**微商**.

例 1 求函数 $y=x^2$ 在 $x=1$ 处，Δx 分别为 0.1 和 0.01 时的增量与微分.

解 $y'=2x$，$y'(1)=2$.

当 $\Delta x=0.1$ 时，$\Delta y=(1+0.1)^2-1^2=0.21$，

$$dy=y'(1)\Delta x=2\times 0.1=0.2;$$

当 $\Delta x=0.01$ 时，$\Delta y=(1+0.01)^2-1^2=0.0201$，

$$dy=y'(1)\Delta x=2\times 0.01=0.02.$$

例 2 求函数 $y=\sin x$ 在点 $x=0$ 处的微分.

解 $dy|_{x=0}=(\sin x)'|_{x=0}\cdot dx$

$$=\cos x|_{x=0}dx=dx.$$

2. 微分的几何意义

为了对微分有比较直观的了解，下面说明微分的几何意义.

设函数 $y=f(x)$ 的图像如图 2-4 所示，曲线上有点 $M_0(x_0,y_0)$，$N(x_0+\Delta x,y_0+\Delta y)$，则有向线段 $M_0Q=\Delta x$，$QN=\Delta y$. 过点 M_0 作曲线的切线 M_0T 交 QN 于 P 点，则有向线段

$$QP=M_0Q\cdot\tan\alpha=\Delta x f'(x_0)=dy,$$

由此可见，对于可微函数 $y=f(x)$ 而言，当 Δy 是曲线 $y=f(x)$ 上的点的纵坐标的增量时，dy 就是曲线的切线上点的纵坐标的相应增量，当 $|\Delta x|$ 很小时，$|\Delta y-dy|$ 比 $|\Delta x|$ 小得多，因此在点 M_0 的附近，我们可以用切线段来近似代替曲线段.

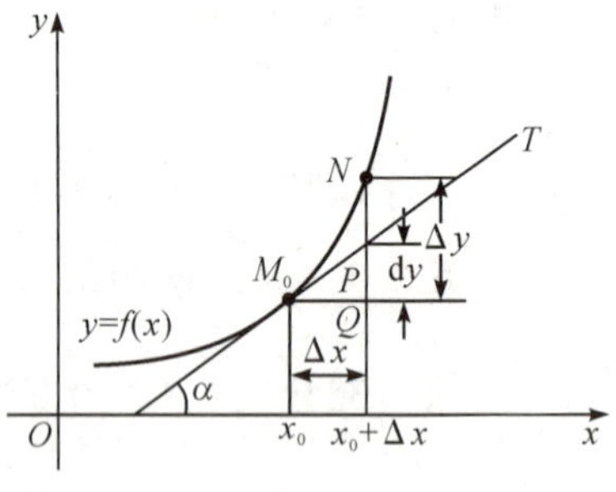

图 2-4

2.4.3 微分的计算

因为 $dy=f'(x)dx$，由导数的基本公式和运算法则，可推出微分的基本公式和运算法则如下.

1. 微分的基本公式(表 2-2)

表 2-2 微分基本公式

函数分类	微分公式
常数	$d(C)=0$ (C 为常数)
幂函数	$d(x^\mu)=\mu x^{\mu-1}dx$
指数函数	$d(a^x)=a^x\ln a\,dx$ ($a>0,a\neq 1$)，特别地，$d(e^x)=e^x dx$

续表

函数分类	微分公式
对数函数	$d(\log_a x)=\dfrac{dx}{x\ln a}(a>0,a\neq 1)$，特别地，$d(\ln x)=\dfrac{dx}{x}$
三角函数	$d(\sin x)=\cos x dx$，$d(\cos x)=-\sin x dx$ $d(\tan x)=\sec^2 x dx$，$d(\cot x)=-\csc^2 x dx$ $d(\sec x)=\sec x\tan x dx$，$d(\csc x)=-\csc x\cot x dx$
反三角函数	$d(\arcsin x)=\dfrac{dx}{\sqrt{1-x^2}}$，$d(\arccos x)=-\dfrac{dx}{\sqrt{1-x^2}}$ $d(\arctan x)=\dfrac{dx}{1+x^2}$，$d(\text{arccot} x)=-\dfrac{dx}{1+x^2}$

2. 微分的四则运算法则

设函数 $u=u(x)$，$v=v(x)$可微，则

(1) $d(u\pm v)=du\pm dv$　　(2) $d(uv)=vdu+udv$

(3) $d(Cu)=Cdu$ (C 为常数)　　(4) $d\left(\dfrac{u}{v}\right)=\dfrac{vdu-udv}{v^2}(v\neq 0)$

3. 复合函数的微分法则

设复合函数 $y=f(u)$，$u=\varphi(x)$，则 $dy=y'_x dx=f'(u)\varphi'(x)dx$.

由于 $\varphi'(x)dx=du$，所以上式又可以写成 $dy=f'(u)du$.

这就是说，无论 u 是自变量还是中间变量，其微分都可以表示为 $dy=f'(u)du$，这一性质称为**微分形式不变性**.

例 3 设 $y=\cos\sqrt{x}$，求 dy.

解法 1 用公式 $dy=f'(x)dx$，得

$$dy=(\cos\sqrt{x})'dx=-\frac{1}{2\sqrt{x}}\sin\sqrt{x}\,dx.$$

解法 2 用微分形式不变性，得

$$\begin{aligned}dy&=-\sin\sqrt{x}\,d(\sqrt{x})=-\sin\sqrt{x}\cdot\frac{1}{2\sqrt{x}}dx\\&=-\frac{1}{2\sqrt{x}}\sin\sqrt{x}\,dx.\end{aligned}$$

例 4 设函数 $y=e^{2x^2+3x+4}$，求 dy.

解法 1 用公式 $dy=f'(x)dx$，得

$$\begin{aligned}dy&=(e^{2x^2+3x+4})'dx=e^{2x^2+3x+4}(2x^2+3x+4)'dx\\&=(4x+3)e^{2x^2+3x+4}dx.\end{aligned}$$

解法 2 用微分形式不变性，得

$$dy=e^{2x^2+3x+4}d(2x^2+3x+4)=(4x+3)e^{2x^2+3x+4}dx.$$

例 5 求函数 $y=\sin^2 x+x\ln x$ 的微分 dy.

解
$$\begin{aligned}dy&=d(\sin^2 x)+d(x\ln x)\\&=2\sin x\,d(\sin x)+\ln x\,dx+x\,d(\ln x)\\&=2\sin x\cos x\,dx+\ln x\,dx+dx\\&=(\sin 2x+\ln x+1)dx.\end{aligned}$$

例 6 求函数 $y=e^{1-3x}\cos x$ 的微分 dy.

解 $dy = d(e^{1-3x}\cos x)$

$= \cos x\, d(e^{1-3x}) + e^{1-3x} d(\cos x)$

$= \cos x \cdot e^{1-3x} d(1-3x) + e^{1-3x}(-\sin x)dx$

$= -3e^{1-3x}\cos x dx - e^{1-3x}\sin x dx$

$= -e^{1-3x}(3\cos x + \sin x)dx.$

例 7 求函数 $y=\cos^2 2x$ 的微分 dy.

解 $dy = d(\cos^2 2x) = 2\cos 2x\, d(\cos 2x)$

$= -2\cos 2x \sin 2x\, d(2x)$

$= -2\sin 4x dx.$

当然,以上例题也可以直接用微分公式 $dy=y'dx$ 来计算.

2.4.4 微分在近似计算中的应用

近似计算要求有好的精度,且计算简便.当 $f'(x_0)\neq 0$,$|\Delta x|$ 很小时,微分 $dy=f'(x_0)\Delta x$ 作为 Δy 的近似代替.

由前可知,当 $|\Delta x|$ 很小时,$\Delta y \approx dy$,即

$$f(x_0+\Delta x)-f(x_0)\approx f'(x_0)\Delta x,$$

移项得 $f(x_0+\Delta x)\approx f(x_0)+f'(x_0)\Delta x$.

若令 $x_0+\Delta x=x$,则式子变形为

$$f(x)\approx f(x_0)+f'(x_0)(x-x_0).$$

【注意】在利用微分近似计算公式时,公式中 x_0 的选取很重要,它要满足两个条件:一是要使得 $f(x_0)$,$f'(x_0)$易于计算,二是要使得 $|\Delta x|$ 比较小,只有这样才能使计算的误差较小.

特别地,当 $x_0=0$ 时,$|x|$ 很小时有 $f(x)\approx f(0)+f'(0)x$,该公式常用于求函数在 $x_0=0$ 处的近似值.

例 8 计算 $\sqrt{0.97}$ 的近似值.

解 令 $f(x)=\sqrt{x}$,$x_0=1$,$\Delta x=-0.03$,则

$$f'(x)=\frac{1}{2\sqrt{x}},\ f(1)=1,\ f'(1)=\frac{1}{2},$$

由上述公式可得 $\sqrt{0.97}\approx f(1)+f'(1)\times(-0.03)$,

即 $\sqrt{0.97}\approx 1+\frac{1}{2}\times(-0.03)=0.985$.

例 9 求 $\sin 31^\circ$ 的近似值.

解 因为 $\sin 31^\circ=\sin(30^\circ+1^\circ)=\sin\left(\frac{\pi}{6}+\frac{\pi}{180}\right)$,

可设 $f(x)=\sin x$,并取 $x_0=\frac{\pi}{6}$,$\Delta x=\frac{\pi}{180}$,因为 $f'(x)=(\sin x)'=\cos x$,

所以,利用近似公式得

$$\sin 31^\circ = f\left(\frac{\pi}{6}+\frac{\pi}{180}\right)\approx f\left(\frac{\pi}{6}\right)+f'\left(\frac{\pi}{6}\right)\times\frac{\pi}{180}$$

$$=\sin\frac{\pi}{6}+\cos\frac{\pi}{6}\times\frac{\pi}{180}=\frac{1}{2}+\frac{\sqrt{3}}{2}\times\frac{\pi}{180}\approx 0.5151.$$

例 10 证明当 $|x|$ 很小时,$e^x\approx 1+x$.

证 设 $f(x)=e^x$,则 $f'(x)=e^x$.

当$|x|$很小时，取$x_0=0$，有$x-0=\Delta x$，即$\Delta x=x$，

代入微分近似计算公式，得

$$e^x\approx e^0+e^0\cdot\Delta x=1+x.$$

试想，当$|x|$很小时，e^x用$1+x$近似代替，计算是多么的简便，如$e^{0.012}\approx 1.012$，且近似效果也很不错.

类似地，同学们也可证明以下近似公式：

$$\sqrt[n]{1+x}\approx 1+\frac{x}{n},\qquad \ln(1+x)\approx x,\qquad \sin x\approx x,$$

$$\tan x\approx x,\qquad \arcsin x\approx x,\qquad \arctan x\approx x.$$

习题 2.4

一、填空题

1. d(　　　　) $=2x\,dx$.

2. d(　　　　) $=\dfrac{1}{\sqrt{x}}dx$.

3. d(　　　　) $=e^{-x}dx$.

二、选择题

4. 当$|\Delta x|$充分小，$f'(x_0)\neq 0$时，函数$y=f(x)$的改变量Δy与微分dy的关系是(　　)

A. $\Delta y=dy$　　B. $\Delta y<dy$　　C. $\Delta y>dy$　　D. $\Delta y\approx dy$

5. 在点x处自变量有改变量Δx时，函数$y=5x^2$的改变量$\Delta y=$(　　)

A. $10x\Delta x$　　B. $10+5\Delta x$

C. $10\Delta x+(\Delta x)^2$　　D. $10x\Delta x+5(\Delta x)^2$

6. 设函数$y=f(x)$在点x_0处可导，并取得改变量Δx，则函数$f(x)$在x_0处的微分是(　　)

A. $f(x_0)\Delta x$　　B. $f'(x_0)\Delta x$

C. $f'(x)\Delta x$　　D. $f(x_0+\Delta x)-f(x_0)$

三、计算题

7. 求下列函数的微分：$y=\sin(2x+1)$.

8. 求下列函数的微分：$y=\arccos\sqrt{1-x^2}\ (0\leqslant x\leqslant 1)$.

9. 利用微分求近似值：$\sqrt{1.05}$.

10. 利用微分求近似值：$e^{1.01}$.

【思政园地】

陈景润：一个时代的精神符号

2023年5月22日，是我国著名数学家陈景润诞辰90周年，也是陈景润关于哥德巴赫猜想"1+2"的详细证明发表50周年，这一结果至今仍在哥德巴赫猜想研究中保持世界领先水平. 当天，中国科学院数学与系统科学研究

院举办了纪念会及陈景润学术思想研讨会，全面回顾陈景润的杰出学术成就，用心感悟他潜心研究、朴实无华、实实在在的科学家精神，深入学习他甘于寂寞、勇于攀登、献身科学的精神.

一位数学家如何成为激励一代代青年的科学“明星”？陈景润的故事在院士专家及后辈的追忆中徐徐展开.

一、摘下数学皇冠上的明珠

1933年5月22日，陈景润出生于福建省福州市.15岁在福州英华中学读书期间，他就下定决心投身数学事业.受中国科学院院士沈元的启发，他对哥德巴赫猜想产生了浓厚兴趣，随后在厦门大学数学系学习，并打下了坚实的基础.

20岁出头的陈景润，怀着“摘下数学皇冠上的明珠”的雄心壮志走出校园，然而迎接他的不是光明坦途，而是布满荆棘的坎坷之路.

在中国科学院院士杨乐看来，“百折不挠”是陈景润身上最重要的品质.“他在少年时代就确立了远大目标，后来所经历的挫折很多是我们无法想象的.但无论遇到多大的挫折，他都没有一次说不做数学研究了，而是一直朝着这个目标前进.”

陈景润在厦门大学工作期间，时常响起空袭警报，需要到防空洞躲避.陈景润就把华罗庚新出版的《堆垒素数论》撕成一页一页，每次拿一两页放在口袋里，以便去防空洞躲避空袭或是到图书馆工作时研读.

1966年，陈景润在发表的《大偶数表为一个素数及一个不超过两个素数的乘积之和》的论文简报中证明了哥德巴赫猜想“1+2”的结果，将哥德巴赫猜想的证明大大推进了一步.但因为只是一个摘要式的报告，该成果未引起广泛的关注.

20世纪70年代初，科研工作逐步恢复，但正式投入工作的科研人员几乎凤毛麟角，陈景润是其中最突出的一位.

那时，尽管陈景润很年轻，但他的身体已经受到了严重摧残.一到医院，医生看到他的身体状况，就马上给他开全休的假条，但陈景润并未休息.

“陈景润不仅日夜在想哥德巴赫猜想，做‘1+2’，而且最终把最后的难点攻克了.”杨乐回忆道，1973年，陈景润在《中国科学》上发表了“1+2”，把大量的推理和演算浓缩成只有20页左右的证明.“证明发表后，马上得到了解析数论专家很高的评价，认为陈景润已经把筛法用到了极致水平.”

二、成为一个时代的精神符号

后来的很多科学家或多或少都在青少年时期受到过陈景润精神的激励和感召.

中国科学院院士周向宇在12岁左右时看到了记录陈景润勇攀科学高峰的报告文学《哥德巴赫猜想》.他说：“这让我感到学数学、研究数学是非常光荣的.纪念陈景润就是要以他为典范，弘扬他留下的精神遗产，为数学研究作出贡献.”

中国科学院院士张平说，陈景润的学术成长道路是坎坷的，但他坚持不懈，勇攀数学高峰.他对中国数学界以及中国社会的影响和贡献远远超过了他的研究工作本身.

“一道数学难题在中国家喻户晓，一位数学家成了人们敬仰的科学‘明星’，成为一个时代的精神符号.陈景润的数学成就和科学家精神激励着一代代青年人发奋图强.”张平说.

三、树起了一座珠穆朗玛峰

“陈景润为我们树起了一座珠穆朗玛峰.”中国科学院院士马志明说，与他相比，我们的困难实在是太小、太小，我们勤奋努力的程度也实在差得太远、太远.也许“这座珠穆朗玛峰”我们不能企及，但只要立志攀登科学高峰，我们就有机会登顶，或者“沿途下蛋”做出成果，为科学事业作出力所能及的贡献.

“陈景润的工作为我们树立了一个标准，在今天依然有着重要的启示意义：在学术界，喧嚣和廉价的东西很快会被遗忘，唯有卓越的成果和精神永存.”中国科学院院士席南华说.

为了纪念陈景润的杰出贡献，弘扬他不畏艰难、热爱数学的奋斗精神，中国科学院数学与系统科学研究院、中国科学院大学教育基金会共同设立了“陈景润奖”，以奖励表彰40岁以下青年人才在我国完成的数论和代数方向的杰出成果.

陈景润的夫人由昆、儿子陈由伟参加了当天的纪念会.2022年，陈由伟成立了厦门市陈景润科学基金会，旨在资助科学教育与研究、奖励优秀科教工作者和科研突出贡献者、资助科学技术交流和科学人才的选拔培养，助力中国成为世界一流的科技强国.

节选自：韩扬眉.院士专家追忆“一个时代的精神符号”[N].中国科学报，2023-05-24(1).

本章小结

一、内容提要

1.导数的定义：$f'(x_0)=\lim\limits_{\Delta x\to 0}\dfrac{f(x_0+\Delta x)-f(x_0)}{\Delta x}$；

$$f'(x)=\lim_{\Delta x\to 0}\frac{f(x+\Delta x)-f(x)}{\Delta x}.$$

等价定义：$f'(x_0)=\lim\limits_{x\to x_0}\dfrac{f(x)-f(x_0)}{x-x_0}$.

2.导数的几何意义：如果函数 $y=f(x)$ 在点 x_0 可导，则其导数 $f'(x_0)$ 的几何意义是：$f'(x_0)$ 是曲线 $y=f(x)$ 在点 $(x_0, f(x_0))$ 处切线的斜率.

3.导数的基本公式：

(1)常数函数的导数公式：$(C)'=0$（C 为常数）.

(2)幂函数的导数公式：$(x^\mu)'=\mu x^{\mu-1}$（μ 为任意常数）.

(3)指数函数的导数公式：$(a^x)'=a^x\ln a\,(a>0, a\neq 1)$，特别地，$(e^x)'=e^x$.

(4)对数函数的导数公式：$(\log_a x)'=\dfrac{1}{x\ln a}\ (a>0, a\neq 1)$，特别地，$(\ln x)'=\dfrac{1}{x}$.

(5)三角函数的导数公式：

$(\sin x)'=\cos x$，　　$(\cos x)'=-\sin x$，

$(\tan x)'=\sec^2 x=\dfrac{1}{\cos^2 x}$，　　$(\cot x)'=-\csc^2 x=-\dfrac{1}{\sin^2 x}$，

$(\sec x)'=\sec x\tan x$，　　$(\csc x)'=-\csc x\cot x$.

(6)反三角函数的导数公式：

$(\arcsin x)'=\dfrac{1}{\sqrt{1-x^2}}(-1<x<1)$，　$(\arccos x)'=-\dfrac{1}{\sqrt{1-x^2}}(-1<x<1)$，

$(\arctan x)'=\dfrac{1}{1+x^2}$，　　$(\operatorname{arccot} x)'=-\dfrac{1}{1+x^2}$.

4. 导数的基本运算法则简记为：

(1)$(u\pm v)'=u'\pm v'$.

(2)$(uv)'=u'v+uv'$，特别地，$(Cu)'=Cu'$（C 为任意常数）.

(3)$\left(\dfrac{u}{v}\right)'=\dfrac{u'v-uv'}{v^2}$，特别地，$\left(\dfrac{1}{v}\right)'=-\dfrac{v'}{v^2}$.

5. 复合函数的求导法则：$\{f[\varphi(x)]\}'=f'(u)\cdot\varphi'(x)$或$\dfrac{dy}{dx}=\dfrac{dy}{du}\cdot\dfrac{du}{dx}$.

6. 隐函数的求导法则：方程两端同时对 x 求导，再解出 y'.

7. 高阶导数：$y^{(n)}=[f^{(n-1)}(x)]'$.

8. 反函数求导法：$f'(x)=\dfrac{1}{\varphi'(y)}$或$\dfrac{dy}{dx}=\dfrac{1}{\dfrac{dx}{dy}}$.

9. 参数方程求导法：对参数方程$\begin{cases}x=\varphi(t)\\y=\psi(t)\end{cases}$分别对 t 求导，先求出$\dfrac{dx}{dt}=\varphi'(t)$与$\dfrac{dy}{dt}=\psi'(t)$，再相除求得$\dfrac{dy}{dx}=\dfrac{\psi'(t)}{\varphi'(t)}$.

10. 微分的概念：$dy=f'(x)dx$.

11. 微分的几何意义：dy 就是曲线的切线上点的纵坐标的相应增量.

12. 微分的基本公式：

(1)常数函数的微分公式：$d(C)=0$（C 为常数）.

(2)幂函数的微分公式：$d(x^\mu)=\mu x^{\mu-1}dx\ (\mu\in\mathbf{R})$.

(3)指数函数的微分公式：$d(a^x)=a^x\ln a\,dx\ (a>0,a\neq1)$，$d(e^x)=e^x dx$.

(4)对数函数的微分公式：$d(\log_a x)=\dfrac{dx}{x\ln a}(a>0,a\neq1)$，$d(\ln x)=\dfrac{dx}{x}$.

(5) 三角函数的微分公式：

$d(\sin x)=\cos x\,dx$，　　$d(\cos x)=-\sin x\,dx$，

$d(\tan x)=\sec^2 x\,dx$，　　$d(\cot x)=-\csc^2 x\,dx$，

$d(\sec x)=\sec x\tan x\,dx$，　　$d(\csc x)=-\csc x\cot x\,dx$.

(6)反三角函数的导数公式：

$d(\arcsin x)=\dfrac{dx}{\sqrt{1-x^2}}$，　　$d(\arccos x)=-\dfrac{dx}{\sqrt{1-x^2}}$，

$d(\arctan x)=\dfrac{dx}{1+x^2}$，　　$d(\operatorname{arccot} x)=-\dfrac{dx}{1+x^2}$.

13. 微分的四则运算法则：

设函数 $u=u(x)$，$v=v(x)$可微，则

(1)$d(u\pm v)=du\pm dv$；　　(2)$d(uv)=vdu+udv$；

(3)$d(Cu)=Cdu$（C 为常数）；　　(4)$d\left(\dfrac{u}{v}\right)=\dfrac{vdu-udv}{v^2}(v\neq0)$.

14. 一阶微分形式不变性：

无论 u 是自变量还是中间变量，其微分都可以表示为 $dy=f'(u)du$.

二、学习方法

1. 用模型的思想去理解导数的定义.

2. 熟记导数基本公式与四则运算法则，求导时要注意灵活运用. 一般求和差的导数比较容易. 如果是积与商的导数，一般能转化成和或差的话，要先转化，再求导.

3. 复合函数求导一定要分清复合层次，由外而内地求导.

4. 隐函数的导数一定要记住方程中的 y 是 x 的函数.

5. 求函数微分时，可先救出导数 y'，再选用微分公式 $dy=y'\cdot dx$ 求出 dy，也可用微分基本公式与法则求 dy.

复习题二

一、填空题

1. 设函数 $f(x)=e^x+3$，则 $\lim\limits_{x\to0}\dfrac{f(x)-4}{x}=$________.

2. 函数 $y=\ln(2-3x)$ 的二阶导数 $y''=$________.

3. 设函数 $y=e^{5x}$，则 $y'|_{x=0}=$________.

4. 设函数 $f\left(\dfrac{1}{x}\right)=x$，则 $f'(x)=$________.

5. 曲线 $y=x^3-2x$ 在________处的切线方程与直线 $x-y+3=0$ 平行.

6. 设函数 $y=\ln(\cos x)+\sin\dfrac{\pi}{5}$，则 $dy=$________________.

7. 设函数 $y=\ln\sqrt{\cos x}$，则 $dy=$________________.

8. 函数 $y=e^x$ 的 n 阶导数 $y^{(n)}=$________________.

9. 函数 $y=xe^x$ 的 n 阶导数 $y^{(n)}=$________________.

10. 函数 $y=\ln(1+x)$ 的 n 阶导数 $y^{(n)}=$________________.

二、选择题

11. 设函数 $y=\cos x$，则二阶导数 $y''=$(　　)

A. $\sin x$　　B. $-\sin x$　　C. $\cos x$　　D. $-\cos x$

12. 设函数 $f(x)=\begin{cases}2x^2, & x\leqslant1,\\ 3x-1, & x>1,\end{cases}$ 则 $f(x)$ 在点 $x=1$ 处(　　)

A. 不连续，但极限存在　　B. 连续，但不可导

C. 可导　　D. 极限不存在

13. 设函数 $f(x)=|x-2|$，则 $f(x)$ 在点 $x=2$ 处(　　)

A. 不连续，但极限存在　　B. 连续，但不可导

C. 可导　　D 极限不存在

14. 设函数 $y=\sin x$，则三阶导数 $y'''=$(　　)

A. $\sin x$　　B. $-\sin x$　　C. $\cos x$　　D. $-\cos x$

15. 设函数 $f(x+1)=x\ln x$，则 $f'(x)=($　　$)$

A. $1+\ln x$　　B. $1+\ln(x-1)$

C. $x+\ln x$　　D. $\ln x$

16. 设函数 $f(x)=2x^3-9x^2+12x+15$ 的一阶导数小于 0，则 x 满足(　　)

A. $x>1$ 或 $x<2$　　B. $x>1$

C. $x<2$　　D. $1<x<2$

17. 下列各式正确的是(　　)

A. $\sin x\,dx=d(\cos x)$　　B. $x\,dx=d(x^2)$

C. $\ln x\,dx=d\left(\frac{1}{x}\right)$　　D. $3dx=d(3x)$

18. 下列各式正确的是(　　)

A. $\frac{1}{2\sqrt{x}}dx=d(\sqrt{x})$　　B. $x\,dx=d(x+1)$

C. $\ln x\,dx=d\left(\frac{1}{x}\right)$　　D. $\frac{1}{\sqrt{1-x^2}}dx=d(\arccos x)$

三、计算题

19. 求函数 $y=3\sqrt[3]{x^2}-\frac{1}{x^3}+\cos\frac{\pi}{3}$ 的导数 y'.

20. 求函数 $y=x\ln x+\frac{\ln x}{x}$ 的导数 y'.

21. 求函数 $y=\frac{\sin x}{1+\cos x}$ 的导数 y'.

22. 求函数 $y=e^{2\arctan\sqrt{x}}$ 的导数 y'.

23. 求函数 $y=\ln\sin\frac{x}{2}$ 的微分.

24. 求函数 $y=\frac{(2x+3)\sqrt[4]{x-6}}{\sqrt[3]{x+1}}$ 的导数 y'.

25. 设摆线 $\begin{cases}x=a(t-\sin t)\\y=a(1-\cos t)\end{cases}$ $(0\leqslant t\leqslant 2\pi)$，求：

(1)在任意点的切线斜率；

(2)在 $t=\frac{\pi}{2}$ 处的切线方程.

26. 求曲线 $x^2+xy+2y^2-28=0$ 在点(2,3)处的切线方程和法线方程.

四、应用题

27. 若以 $10\text{cm}^3/\text{s}$ 的速率给一个气球充气，那么当气球半径为 2cm 时，它的表面积增加有多快？(提示：半径为 r 的球体体积 $V=\frac{4}{3}\pi r^3$，半径为 r 的球的表面积 $S=4\pi r^2$. 为求 $\frac{dS}{dt}$，需要先通过 $\frac{dV}{dt}$ 求出 $\frac{dr}{dt}$.)

第 3 章

导数的应用

【学习目标】

1. 理解罗尔(Rolle)中值定理、拉格朗日(Lagrange)中值定理及它们的几何意义,会用罗尔中值定理证明方程根的存在性,会用拉格朗日中值定理证明一些简单的不等式.

2. 掌握洛必达(L'Hospital)法则,会用洛必达法则求$\frac{0}{0}$,$\frac{\infty}{\infty}$,$0\cdot\infty$,$\infty-\infty$,1^{∞},0^{0}和∞^{0}型未定式的极限.

3. 会利用导数判定函数的单调性,会求函数的单调区间,会利用函数的单调性证明一些简单的不等式.

4. 理解函数极值的概念,会求函数的极值和最值,会解决一些简单的应用问题.

5. 会判定曲线的凹凸性,会求曲线的拐点.

6. 会求曲线的渐近线(水平渐近线、垂直渐近线和斜渐近线).

7. 会描绘一些简单的函数的图形.

重点:导数在实际问题中的应用.

难点:函数最值的应用.

数学中的一些美丽定理具有这样的特性:它们极易从事实中归纳出来,但证明却隐藏得极深.

——高斯

宇宙之大,粒子之微,火箭之速,化工之巧,地球之变,生物之谜,日用之繁,无处不用数学.

——华罗庚

本章主要介绍如何利用导数解决实际问题.下面是实际生活中的几个案例.

引例 1**【商品房销售数】** 某城市某区在 2023 年上半年的商品房销售数由下列函数给出:

$$N(t)=-2t^3+15t^2-24t+50(1\leqslant t\leqslant 6).$$

问:商品房销售数从哪个月开始下降?

引例 2**【空气污染】** 二氧化氮是一种损害人的呼吸系统的气体.环境监测统计数据显示,某市当天二氧化氮水平可近似表示为

$$A(t)=0.03t^3(7-t)^4+60.2(0\leqslant t\leqslant 10).$$

其中,$A(t)$是从上午 7:00 开始经过 t 小时后城市空气受二氧化氮污染的标准指数.问:当天该城市空气受二氧化氮的污染何时增加?何时下降?

引例 3【输油管道问题】 如图 3-1 所示,需要用输油管道把一座位于海上 B 处的油井和坐落于岸边 A 处的某炼油厂连接起来,B 距岸边 C 及 C 与 A 的距离如图所示(单位:km). 如果水下输油管道的铺设成本为 5000 万元/km,陆地输油管道的铺设成本为 3000 万元/km. 问:如何组合铺设(水下和陆地铺设)输油管道才能使总连接费用最小?

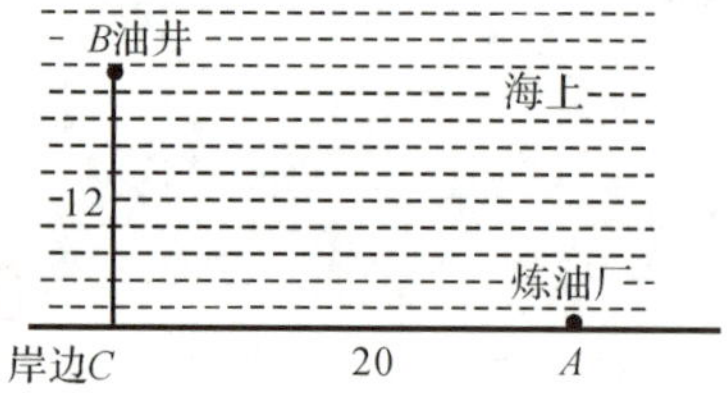

图 3-1

引例 4【出租房屋问题】 富悦大酒店有 50 套公寓要出租,当租金定为每月 1800 元时,公寓可以全部出租,当租金每月增加 100 元时,就有一套公寓租不出去,而出租的公寓每月需花费 200 元/套的维护费. 问:每套房月租定为多少时,可获得最大利润?

§3.1 微分中值定理

3.1.1 罗尔(Rolle)中值定理

定理 1(罗尔中值定理) 如果函数 $y=f(x)$ 在闭区间 $[a,b]$ 上连续,在开区间 (a,b) 内可导,且 $f(a)=f(b)$,那么在 (a,b) 内至少有一点 ξ,使得 $f'(\xi)=0$.

3-1 罗尔中值定理

该定理的证明不作要求,就此从略.

例 1 验证罗尔中值定理对于函数 $f(x)=2x^3-8x+1$ 在 $[0,2]$ 上的正确性,并求出满足罗尔中值定理结论中的 ξ.

解 由于 $f(x)$ 在 $[0,2]$ 上连续,又 $f'(x)=6x^2-8$,故 $f(x)$ 在 $(0,2)$ 内可导,且 $f(0)=f(2)=1$,所以 $f(x)$ 在 $[0,2]$ 上满足罗尔中值定理条件.

令 $f'(\xi)=0$,解得 $\xi=\pm\dfrac{2\sqrt{3}}{3}$,负值舍去,因此所求的 $\xi=\dfrac{2\sqrt{3}}{3}$.

3.1.2 拉格朗日(Lagrange)中值定理

定理 2(拉格朗日中值定理) 如果函数 $y=f(x)$ 在闭区间 $[a,b]$ 上连续,在开区间 (a,b) 内可导,那么在 (a,b) 内至少有一点 ξ,使得 $f'(\xi)=\dfrac{f(b)-f(a)}{b-a}$.

3-2 拉格朗日中值定理

上式称为拉格朗日中值公式.

该定理可以证明,但不作要求,就此从略.

定理的几何意义:在连续曲线 $y=f(x)$ 的弧 $\overset{\frown}{AB}$ 上,除端点外的每一点处都有不垂直于 x 轴的切线,则在曲线弧上至少存在一点 C,使得该点处的切线平行于弦 AB,如图 3-2 所示.

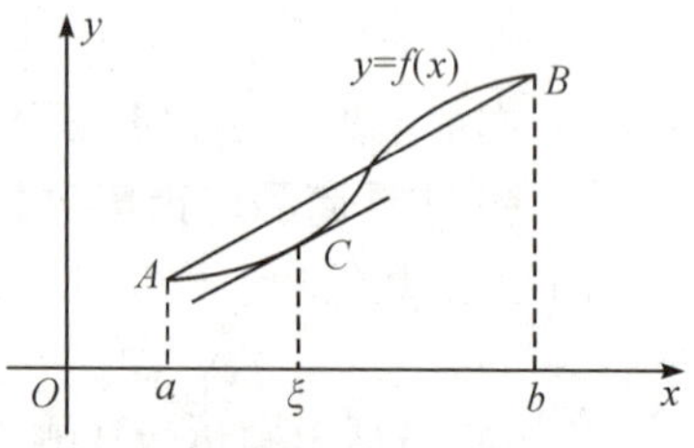

图 3-2

显然,罗尔中值定理是拉格朗日中值定理的特殊情况,在拉格朗日中值定理中增加条件 $f(a)=f(b)$,那么拉格朗日中值定理的结论就变成罗尔中值定理的结论.

例 2 验证拉格朗日中值定理对于函数 $f(x)=\ln x$ 在 $[1,\mathrm{e}]$ 上的正确性,并求出满足拉格朗日中值定理结论的 ξ.

解 由于 $f(x)=\ln x$ 在 $[1,\mathrm{e}]$ 上连续,又 $f'(x)=\dfrac{1}{x}$,故 $f(x)$ 在 $(1,\mathrm{e})$ 内可导,所以 $f(x)$ 在 $[1,\mathrm{e}]$ 上满足拉格朗日中值定理条件.

由 $f'(\xi)=\dfrac{f(\mathrm{e})-f(1)}{\mathrm{e}-1}$，即 $\dfrac{1}{\xi}=\dfrac{1}{\mathrm{e}-1}$，解得 $\xi=\mathrm{e}-1$，因为 $\xi=\mathrm{e}-1$ 在 $(1,\mathrm{e})$ 内，所以 $\xi=\mathrm{e}-1$ 即为所求.

推论 1 如果函数 $f(x)$ 在 (a,b) 内 $f'(x)\equiv 0$，则在 (a,b) 内 $f(x)$ 是一个常数函数.

推论 2 如果在 (a,b) 内 $f'(x)=g'(x)$，则 $f(x)=g(x)+C$（C 为任意常数）.

习题 3.1

1. 若函数 $f(x)=x^2+3x$ 在区间 $[-3,0]$ 上满足罗尔中值定理条件，则定理结论中的 $\xi=$（　　）

A. 0　　　　B. 1　　　　C. $-\dfrac{3}{2}$　　　　D. 2

2. 若函数 $f(x)=x^2-2x+2$ 在区间 $[0,2]$ 上满足罗尔中值定理条件，则定理结论中的 $\xi=$________.

3. 若函数 $f(x)=x^3-x$ 在区间 $[0,2]$ 上满足拉格朗日中值定理条件，则定理结论中的 $\xi=$________.

4. 函数 $f(x)=\sqrt[3]{x^2}$ 在区间 $[-1,1]$ 上是否满足罗尔中值定理条件？

5. 函数 $f(x)=\dfrac{1}{x}$ 在区间 $[-1,1]$ 上是否满足拉格朗日中值定理条件？

6. 试叙述罗尔中值定理的几何意义.

*7. 不求函数 $f(x)=(x-1)(x-2)(x-3)(x-4)$ 的导数，指出方程 $f'(x)=0$ 有几个根，并指出其所在的区间.

§3.2　洛必达(L'Hospital)法则

3-3　洛必达法则

在第一章求极限的过程中，我们遇到过无穷小之比和无穷大之比的极限. 这两种极限不能直接运用商的极限运算法则来计算，这两种类型极限可能存在也可能不存在，我们称此类为“未定式”极限，分别记作 $\dfrac{0}{0}$ 或 $\dfrac{\infty}{\infty}$. 例如 $\lim\limits_{x\to\frac{\pi}{2}}\dfrac{\cos x}{2x-\pi}$，$\lim\limits_{x\to 0}\dfrac{\mathrm{e}^x-\mathrm{e}^{-x}}{\sin x}$ 是 $\dfrac{0}{0}$ 型，$\lim\limits_{x\to+\infty}\dfrac{x}{\ln x}$，$\lim\limits_{x\to 0^+}\dfrac{\ln x}{\ln\sin x}$ 是 $\dfrac{\infty}{\infty}$ 型.

在此，我们介绍求这类极限的一种行之有效的方法——洛必达法则.

3.2.1　$\dfrac{0}{0}$ 型未定式的极限

定理 1（洛必达法则）　如果函数 $f(x)$ 和 $g(x)$ 满足下列条件：

(1) $\lim\limits_{x\to x_0}f(x)=0$，$\lim\limits_{x\to x_0}g(x)=0$；

(2) $f(x)$ 与 $g(x)$ 在点 x_0 的某邻域内（x_0 可除外）可导，且 $g'(x)\neq 0$；

(3) $\lim\limits_{x\to x_0}\dfrac{f'(x)}{g'(x)}=A$（或 ∞）；

则 $\lim\limits_{x\to x_0}\dfrac{f(x)}{g(x)}=\lim\limits_{x\to x_0}\dfrac{f'(x)}{g'(x)}=A$（或 ∞）.

例 1 求$\lim\limits_{x\to\frac{\pi}{2}}\dfrac{\cos x}{2x-\pi}$.

解 当 $x\to\dfrac{\pi}{2}$ 时，$\cos x\to 0$，$2x-\pi\to 0$，这是$\dfrac{0}{0}$型未定式.

由洛必达法则知，$\lim\limits_{x\to\frac{\pi}{2}}\dfrac{\cos x}{2x-\pi}=\lim\limits_{x\to\frac{\pi}{2}}\dfrac{(\cos x)'}{(2x-\pi)'}=\lim\limits_{x\to\frac{\pi}{2}}\dfrac{-\sin x}{2}=-\dfrac{1}{2}$.

例 2 求$\lim\limits_{x\to 0}\dfrac{e^x-e^{-x}}{\sin x}$.

解 当 $x\to 0$ 时，$e^x-e^{-x}\to 0$，$\sin x\to 0$，这是$\dfrac{0}{0}$型未定式.

由洛必达法则知，$\lim\limits_{x\to 0}\dfrac{e^x-e^{-x}}{\sin x}=\lim\limits_{x\to 0}\dfrac{(e^x-e^{-x})'}{(\sin x)'}=\lim\limits_{x\to 0}\dfrac{e^x+e^{-x}}{\cos x}=\dfrac{2}{1}=2$.

例 3 求$\lim\limits_{x\to 1}\dfrac{x^3-3x+2}{x^3-x^2-x+1}$.

解 $\lim\limits_{x\to 1}\dfrac{x^3-3x+2}{x^3-x^2-x+1}=\lim\limits_{x\to 1}\dfrac{3x^2-3}{3x^2-2x-1}=\lim\limits_{x\to 1}\dfrac{6x}{6x-2}=\dfrac{6}{4}=\dfrac{3}{2}$.

【注意】洛必达法则可以多次使用，在每次使用洛必达法则之前，一定要验证是不是符合洛必达法则使用条件的未定式，一旦不符合条件，停止使用，否则出错.

3.2.2 $\dfrac{\infty}{\infty}$型未定式的极限

定理 2(洛必达法则) 如果函数 $f(x)$和 $g(x)$满足下列条件：

(1) $\lim\limits_{x\to x_0}f(x)=\infty$，$\lim\limits_{x\to x_0}g(x)=\infty$；

(2) $f(x)$与 $g(x)$在点 x_0 的某邻域内(x_0 可除外)可导，且 $g'(x)\neq 0$；

(3) $\lim\limits_{x\to x_0}\dfrac{f'(x)}{g'(x)}=A$(或$\infty$)；

则$\lim\limits_{x\to x_0}\dfrac{f(x)}{g(x)}=\lim\limits_{x\to x_0}\dfrac{f'(x)}{g'(x)}=A$(或$\infty$).

【说明】定理 1 与定理 2 同样适用于 x 的其他变化趋势(如 $x\to\infty$，$x\to+\infty$，$x\to-\infty$，$x\to x_0^+$，$x\to x_0^-$).

例 4 求 $\lim\limits_{x\to+\infty}\dfrac{x^n}{\ln x}(n>0)$.

解 当 $x\to+\infty$时，$x^n\to+\infty$，$\ln x\to+\infty$，这是$\dfrac{\infty}{\infty}$型未定式.

由洛必达法则知，$\lim\limits_{x\to+\infty}\dfrac{x^n}{\ln x}=\lim\limits_{x\to+\infty}\dfrac{nx^{n-1}}{\dfrac{1}{x}}=\lim\limits_{x\to+\infty}nx^n=\infty$.

例 5 求 $\lim\limits_{x\to 0^+}\dfrac{\ln x}{\ln\sin x}$.

解 $\lim\limits_{x\to 0^+}\dfrac{\ln x}{\ln\sin x}=\lim\limits_{x\to 0^+}\dfrac{\dfrac{1}{x}}{\dfrac{1}{\sin x}\cdot\cos x}=\lim\limits_{x\to 0^+}\dfrac{\sin x}{x}\cdot\dfrac{1}{\cos x}=1\cdot 1=1$.

例 6 求$\lim\limits_{x\to 0}\dfrac{x-\sin x}{x^2\sin x}$.

解 $\lim\limits_{x\to 0}\dfrac{x-\sin x}{x^2\sin x}\overset{\frac{0}{0}}{=\!=}\lim\limits_{x\to 0}\dfrac{1-\cos x}{2x\sin x+x^2\cos x}\overset{\frac{0}{0}}{=\!=}\lim\limits_{x\to 0}\dfrac{\sin x}{2\sin x+4x\cos x-x^2\sin x}$

$$\overset{\frac{0}{0}}{=\!=}\lim_{x\to 0}\frac{\cos x}{6\cos x-6x\sin x-x^2\cos x}=\frac{1}{6}.$$

显然,上述按部就班使用法则会感到很烦琐,本题如果利用等价无穷小代换,再与法则结合使用就会事半功倍.

当 $x\to 0$ 时,$\sin x\sim x$,$1-\cos x\sim\dfrac{1}{2}x^2$,

所以 $\lim\limits_{x\to 0}\dfrac{x-\sin x}{x^2\sin x}\overset{\text{代换}}{=\!=}\lim\limits_{x\to 0}\dfrac{x-\sin x}{x^3}\overset{\frac{0}{0}}{=\!=}\lim\limits_{x\to 0}\dfrac{1-\cos x}{3x^2}\overset{\text{代换}}{=\!=}\lim\limits_{x\to 0}\dfrac{\frac{1}{2}x^2}{3x^2}=\dfrac{1}{6}.$

【注意】在使用洛必达法则时,为了使极限计算简化,常常会利用等价无穷小代换,且只能对分子(或分母)的乘积因子作代换,这一点必须牢记.

例 7 求 $\lim\limits_{x\to+\infty}\dfrac{\sin\frac{1}{x}}{\frac{\pi}{2}-\arctan x}$.

解 $\lim\limits_{x\to+\infty}\dfrac{\sin\frac{1}{x}}{\frac{\pi}{2}-\arctan x}\overset{\frac{0}{0}}{=\!=}\lim\limits_{x\to+\infty}\dfrac{-\frac{1}{x^2}\cos\frac{1}{x}}{-\frac{1}{1+x^2}}=\lim\limits_{x\to+\infty}\dfrac{1+x^2}{x^2}\cdot\cos\dfrac{1}{x}.$

$$=\lim_{x\to+\infty}\frac{1+x^2}{x^2}\cdot\lim_{x\to+\infty}\cos\frac{1}{x}\overset{\frac{0}{0}}{=\!=}\lim_{x\to+\infty}\frac{2x}{2x}\cdot\lim_{x\to+\infty}\cos\frac{1}{x}=1\cdot 1=1.$$

【注意】在使用洛必达法则时,为了使极限计算简化,对于非零因子(如本题 $\cos\dfrac{1}{x}$)应尽可能分离.

*3.2.3 其他类型未定式的极限

除了$\dfrac{0}{0}$型、$\dfrac{\infty}{\infty}$型未定式以外,在求极限过程中,我们还会遇到 $0\cdot\infty$,$\infty-\infty$,0^0,1^∞,∞^0 等其他类型的未定式,它们可以通过倒置、通分和化指数为对数运算等技巧将极限转化为$\dfrac{0}{0}$型或$\dfrac{\infty}{\infty}$型未定式,再利用洛必达法则求极限.

例 8 求 $\lim\limits_{x\to 0^+}x\ln x$.

解 这是 $0\cdot\infty$型未定式,可转化为$\dfrac{\infty}{\infty}$型未定式.

$$\lim_{x\to 0^+}x\ln x=\lim_{x\to 0^+}\frac{\ln x}{x^{-1}}\overset{\frac{\infty}{\infty}}{=\!=}\lim_{x\to 0^+}\frac{x^{-1}}{-x^{-2}}=\lim_{x\to 0^+}(-x)=0.$$

例 9 求 $\lim\limits_{x\to 0}\left(\dfrac{1}{x}-\dfrac{1}{e^x-1}\right)$.

解 这是$\infty-\infty$型未定式,可转化为$\dfrac{0}{0}$型未定式.

$$\lim_{x\to0}\left(\frac{1}{x}-\frac{1}{e^x-1}\right)=\lim_{x\to0}\frac{e^x-1-x}{x(e^x-1)}\xlongequal{e^x-1\sim x}\lim_{x\to0}\frac{e^x-1-x}{x^2}$$

$$\xlongequal{\frac{0}{0}}\lim_{x\to0}\frac{e^x-1}{2x}\xlongequal{e^x-1\sim x}\lim_{x\to0}\frac{x}{2x}=\frac{1}{2}.$$

例 10 求 $\lim\limits_{x\to0^+}x^{\sin x}$.

解 这是 0^0 型未定式. 可通过取对数及运用对数运算转化为 $\frac{\infty}{\infty}$(或 $\frac{0}{0}$)型未定式.

$$\lim_{x\to0^+}x^{\sin x}=\lim_{x\to0^+}e^{\ln x^{\sin x}}=\lim_{x\to0^+}e^{\sin x\cdot\ln x}=e^{\lim\limits_{x\to0^+}\sin x\cdot\ln x},$$

而 $\lim\limits_{x\to0^+}\sin x\cdot\ln x\xlongequal{\sin x\sim x}\lim\limits_{x\to0^+}x\cdot\ln x=\lim\limits_{x\to0^+}\frac{\ln x}{\frac{1}{x}}$

$$\xlongequal{\frac{\infty}{\infty}}\lim_{x\to0^+}\frac{\frac{1}{x}}{-\frac{1}{x^2}}=\lim_{x\to0^+}(-x)=0,$$

所以 $\lim\limits_{x\to+0}x^{\sin x}=e^{\lim\limits_{x\to+0}\sin x\cdot\ln x}=e^0=1.$

例 11 求 $\lim\limits_{x\to+\infty}\frac{e^x+e^{-x}}{e^x-e^{-x}}$.

解 这是 $\frac{\infty}{\infty}$ 型未定式. 使用洛必达法则后,便会发现

$$\lim_{x\to+\infty}\frac{e^x+e^{-x}}{e^x-e^{-x}}\xlongequal{\frac{\infty}{\infty}}\lim_{x\to+\infty}\frac{e^x-e^{-x}}{e^x+e^{-x}}\xlongequal{\frac{\infty}{\infty}}\lim_{x\to+\infty}\frac{e^x+e^{-x}}{e^x-e^{-x}}=\cdots,$$

又还原成为原来的极限,故洛必达法则失效,应考虑其他方法.

正解:$\lim\limits_{x\to+\infty}\frac{e^x+e^{-x}}{e^x-e^{-x}}\xlongequal{\text{变形}}\lim\limits_{x\to+\infty}\frac{e^{2x}+1}{e^{2x}-1}\xlongequal{\frac{\infty}{\infty}}\lim\limits_{x\to+\infty}\frac{2e^{2x}}{2e^{2x}}=1.$

总结:应用洛必达法则求极限时,应当注意以下几点.

(1)法则仅限于求 $\frac{0}{0}$ 或 $\frac{\infty}{\infty}$ 型未定式,并且可以多次使用,每次使用法则前,必须检验该极限是否属于 $\frac{0}{0}$ 或 $\frac{\infty}{\infty}$ 型未定式,一旦不符,停止使用,否则出错.

(2)对于 $0\cdot\infty,\infty-\infty,0^0,1^\infty,\infty^0$ 型未定式,可以通过倒置、通分和化指数为对数运算等方法将极限转化为 $\frac{0}{0}$ 型或 $\frac{\infty}{\infty}$ 型未定式,再利用洛必达法则求极限.

(3)对于极限中的非零因子,尽可能分离;对于极限中的零因子,尽可能用等价无穷小代换,前提必须是乘积中的因子.

(4)当 $\lim\limits_{\substack{x\to x_0\\(x\to\infty)}}\frac{f'(x)}{g'(x)}(\neq\infty)$ 不存在时,不能判定 $\lim\limits_{\substack{x\to x_0\\(x\to\infty)}}\frac{f(x)}{g(x)}$ 是否存在,此时需要寻求其他方法求极限.

习题 3.2

1. 下列极限计算正确的是(　　)

A. $\lim\limits_{x\to1}\dfrac{x^2-1}{3x^2-2x-1}=\lim\limits_{x\to1}\dfrac{2x}{6x-2}=\dfrac{2}{6}=\dfrac{1}{3}$

B. $\lim\limits_{x\to\infty}\dfrac{2x^2-2}{3x^2+x+1}=\lim\limits_{x\to\infty}\dfrac{4x}{6x+1}=\dfrac{4}{6}=\dfrac{2}{3}$

C. $\lim\limits_{x\to2}\dfrac{x^2-2x}{(x-2)^2}=\lim\limits_{x\to2}\dfrac{2x-2}{2(x-2)}=\dfrac{2}{2}=1$

D. $\lim\limits_{x\to\infty}\dfrac{x-\cos x}{x+\cos x}=\lim\limits_{x\to\infty}\dfrac{1+\sin x}{1-\sin x}=1$

2. 根据洛必达法则将下列极限的计算结果写在横线上：

(1) $\lim\limits_{x\to0}\dfrac{2\sin x}{e^x-1}=$________；　(2) $\lim\limits_{x\to1}\dfrac{\ln x}{x-1}=$________；

(3) $\lim\limits_{x\to3}\dfrac{x^2-2x-3}{x^2-6x+9}=$________；　(4) $\lim\limits_{x\to+\infty}\dfrac{\ln x}{x}=$________；

(5) $\lim\limits_{x\to1}\dfrac{x-1}{\sqrt{x}-1}=$________.

3. 利用洛必达法则求下列极限：

(1) $\lim\limits_{x\to1}\dfrac{x^2-2x+1}{x^3-3x+2}$；　(2) $\lim\limits_{x\to4}\dfrac{\sqrt{x}-2}{x-4}$；

(3) $\lim\limits_{x\to0}\dfrac{x-\sin x}{x^3}$；　(4) $\lim\limits_{x\to0}\dfrac{\sin3x}{\tan2x}$；

(5) $\lim\limits_{x\to+\infty}\dfrac{\ln x}{x^3}$；　(6) $\lim\limits_{x\to1}\left(\dfrac{2}{x^2-1}-\dfrac{1}{x-1}\right)$；

*(7) $\lim\limits_{x\to0^+}x^2\ln x$；　*(8) $\lim\limits_{x\to0^+}x^x$.

*4. 验证下列极限存在，但使用洛必达法则失效.

(1) $\lim\limits_{x\to+\infty}\dfrac{\sqrt{x^2+1}}{x}$；　(2) $\lim\limits_{x\to0}\dfrac{x^2\sin\dfrac{1}{x}}{\sin x}$.

§3.3　函数的单调性与极值

3-4　函数的单调性

单调函数在高等数学中占有重要的地位，利用单调性的定义判断函数的单调性有时比较困难. 下面我们利用导数来研究函数的单调性.

3.3.1　函数的单调性

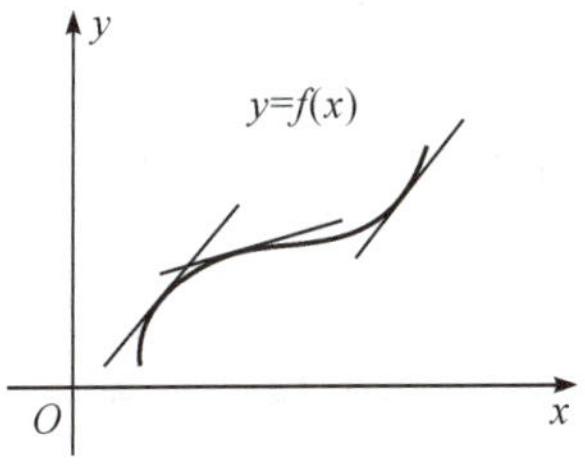

图 3-3(a)

在几何图形上可以直观地看出，如果在区间 (a,b) 内，曲线 $y=f(x)$ 上每一点处的切线斜率都为正值，即 $\tan\alpha=f'(x)>0$，则曲线是上升的，即函数 $y=f(x)$ 是单调增加的[图 3-3(a)]；在区间 (a,b) 内，曲线 $y=f(x)$ 上每一点处的切线斜率都为负值，即 $\tan\alpha=f'(x)<0$，则曲线是下降的，即函数 $y=f(x)$ 是单调减少的[图 3-3(b)].

那么反过来，能否由导数的符号判定函数单调性呢？由拉格朗日中值定理可得出如下定理：

定理 1　设函数 $y=f(x)$ 在 (a,b) 内可导，则有

(1)如果在 (a,b) 内 $f'(x)>0$，则函数 $y=f(x)$ 在 (a,b) 内单调增加；

(2)如果在 (a,b) 内 $f'(x)<0$，则函数 $y=f(x)$ 在 (a,b) 内单调减少.

证　(1)设 x_1,x_2 是 (a,b) 内任意两点，且 $x_1<x_2$，由拉格朗日中值定理得 $f(x_2)-f(x_1)=f'(\xi)(x_2-x_1)$，$(x_1<\xi<x_2)$，

因为 $f'(x)>0$，必有 $f'(\xi)>0$，且 $x_2-x_1>0$，则

$f(x_2)-f(x_1)>0$，即 $f(x_2)>f(x_1)$，

所以 $y=f(x)$ 在 (a,b) 内单调增加.

同理可证，如果在 (a,b) 内 $f'(x)<0$，则函数 $y=f(x)$ 在 (a,b) 内单调减少. 证毕.

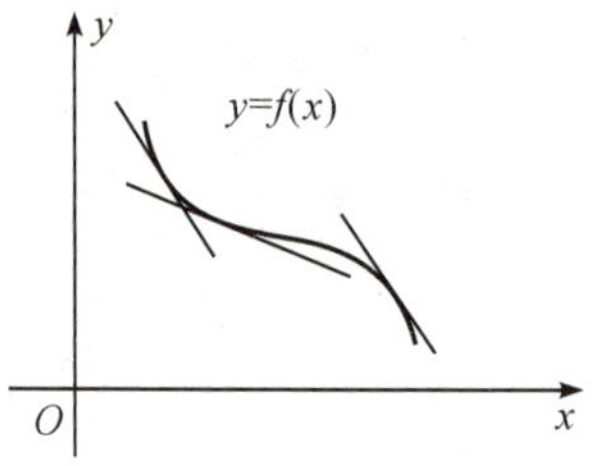

图 3-3(b)

【说明】(1)定理 1 中区间 (a,b) 换成其他各种区间(包括无穷区间)结论仍然成立；

(2)定理 1 中 $f'(x)>0$(或 $f'(x)<0$)换成 $f'(x)\geqslant 0$(或 $f'(x)\leqslant 0$)，但等号只在个别点处成立时，结论仍然成立.

例 1　判定函数 $f(x)=\arctan x-x$ 的单调性.

解　函数的定义域为 $(-\infty,+\infty)$，

$$f'(x)=\frac{1}{1+x^2}-1=\frac{-x^2}{1+x^2}\leqslant 0,$$

所以 $f(x)$ 在 $(-\infty,+\infty)$ 内单调减少.

定义 1　若函数 $y=f(x)$ 在点 $x=x_0$ 处的导数 $f'(x_0)=0$，则称 $x=x_0$ 为函数 $y=f(x)$ 的**驻点**(或**稳定点**).

当 $f(x)$ 和 $f'(x)$ 比较复杂时，求 $f'(x)>0$(或 $f'(x)<0$)的对应的函数区间就比较困难了，为此我们给出求函数 $y=f(x)$ 单调区间的一般解题步骤：

(1)确定函数 $y=f(x)$ 的定义域；

(2)求 $f'(x)$，并求出定义域内函数的驻点(使 $f'(x)=0$ 的点)$x=x_i$ 和 $f'(x)$ 不存在的点 $x=x_j$(不可导点)；

(3)用上述点 $x=x_i$ 和 $x=x_j$ 按从小到大的顺序将定义域分成若干个小区间，并列表讨论各小区间 $f'(x)$ 的符号，确定单调区间.

例 2　求函数 $y=3x-x^3$ 的单调区间.

解　(1)函数的定义域为 $(-\infty,+\infty)$；

(2)$y'=3-3x^2=3(1-x)(1+x)$，令 $y'=0$，得驻点 $x=-1$，$x=1$，无 y' 不存在的点；

(3)列表

x	$(-\infty,-1)$	-1	$(-1,1)$	1	$(1,+\infty)$
y'	$-$	0	$+$	0	$-$
y	↘		↗		↘

所以 $y=3x-x^3$ 在 $(-1,1)$ 内单调增加，在 $(-\infty,-1)$，$(1,+\infty)$ 内单调减少.

例 3　求函数 $f(x)=(x-1)x^{\frac{2}{3}}$ 的单调区间.

解　(1)函数的定义域为$(-\infty,+\infty)$；

(2)$f'(x)=x^{\frac{2}{3}}+(x-1)\cdot\dfrac{2}{3}x^{-\frac{1}{3}}=\dfrac{5x-2}{3x^{\frac{1}{3}}}$，

令 $f'(x)=0$，得驻点 $x=\dfrac{2}{5}$，且 $f'(x)$不存在的点为 $x=0$；

(3)列表

x	$(-\infty,0)$	0	$(0,\frac{2}{5})$	$\frac{2}{5}$	$(\frac{2}{5},+\infty)$
y'	$+$	不存在	$-$	0	$+$
y	↗		↘		↗

所以函数在$(-\infty,0)$，$(\frac{2}{5},+\infty)$内单调增加，在$(0,\frac{2}{5})$内单调减少.

3.3.2　函数的极值

3-5　函数的极值

定义 2　设函数 $y=f(x)$在点 $x=x_0$ 的某邻域内有定义，且对于该邻域内的任意一点 $x(x\neq x_0)$，都有

(1)$f(x)<f(x_0)$成立，则称 $f(x_0)$为函数 $y=f(x)$的**极大值**，并称 $x=x_0$ 为函数 $y=f(x)$的**极大值点**；

(2)$f(x)>f(x_0)$成立，则称 $f(x_0)$为函数 $y=f(x)$的**极小值**，并称 $x=x_0$ 为函数 $y=f(x)$的**极小值点**.

定理 2(极值存在的必要条件)　如果函数 $y=f(x)$在点 $x=x_0$ 可导，且在该点取得极值，那么 $f'(x_0)=0$.

该定理可以证明，但不作要求，就此从略.

【注意】(1)定理 2 表明，可导函数的极值点一定是它的驻点；反之，函数的驻点却不一定是它的极值点. 例如，$x=0$ 是函数 $y=x^3$ 的驻点，但不是极值点.

(2)定理 2 成立的条件是 $y=f(x)$在点 $x=x_0$ 处可导，但是，在导数不存在的点，函数也可能取得极值. 例如，函数 $y=|x|$在点 $x=0$ 处不可导，却在该点取得极小值.

定理 3(极值存在的第一充分条件)　设函数 $y=f(x)$在点 $x=x_0$ 处连续，在点 $x=x_0$ 的某邻域内可导(x_0 可除外)，且 $f'(x_0)=0$(或 $f'(x_0)$不存在). 当 x 由小增大经过 x_0 时，如果

(1)$f'(x)$的符号由正变负，那么函数 $y=f(x)$在 $x=x_0$ 处取得极大值；

(2)$f'(x)$的符号由负变正，那么函数 $y=f(x)$在 $x=x_0$ 处取得极小值；

(3)$f'(x)$的符号不改变，那么函数 $y=f(x)$在 $x=x_0$ 处没有极值.

该定理可以证明，但不作要求，就此从略.

与前面介绍过的求函数 $y=f(x)$单调区间的一般解题步骤一样，我们给出求函数 $y=f(x)$极值的一般解题步骤：

(1)确定函数 $y=f(x)$ 的定义域；

(2)求 $f'(x)$，并求出定义域内函数的驻点(使 $f'(x)=0$ 的点) $x=x_i$ 和 $f'(x)$ 不存在的点 $x=x_j$；

(3)用上述点 $x=x_i$ 和 $x=x_j$ 按从小到大的顺序将定义域分成若干个小区间，并列表讨论各小区间 $f'(x)$ 的符号，判定单调递增(或递减)区间，确定函数极值点；

(4)求出各极值点处的函数值，即函数的极值.

例 4 求函数 $f(x)=x^3-3x^2-9x+7$ 的极值.

解 (1)函数的定义域为 $(-\infty,+\infty)$；

(2) $f'(x)=3x^2-6x-9=3(x+1)(x-3)$，令 $f'(x)=0$，得驻点 $x=-1$，$x=3$，无 $f'(x)$ 不存在的点；

(3)列表

x	$(-\infty,-1)$	-1	$(-1,3)$	3	$(3,+\infty)$
y'	$+$	0	$-$	0	$+$
y	↗	极大	↘	极小	↗

(4)所以函数的极大值为 $f(-1)=12$，函数的极小值为 $f(3)=-20$.

例 5 求函数 $f(x)=x^{\frac{2}{3}}$ 的极值.

解 (1)函数的定义域为 $(-\infty,+\infty)$；

(2) $f'(x)=\dfrac{2}{3}x^{-\frac{1}{3}}=\dfrac{2}{3\sqrt[3]{x}}$，$f'(x)$ 不存在的点为 $x=0$，无 $f'(x)=0$ 的点(即无驻点)；

(3)列表

x	$(-\infty,0)$	0	$(0,+\infty)$
y'	$-$	0	$+$
y	↘	极小	↗

(4)所以函数的极小值为 $f(0)=0$，无极大值.

前面给出了用一阶导数判定极值的第一充分条件. 如果函数 $y=f(x)$ 在驻点处具有二阶导数，那么在驻点处是否有极值？我们还可以使用下面的第二充分条件来判定.

定理 4(极值存在的第二充分条件) 设函数 $y=f(x)$ 在点 $x=x_0$ 处具有二阶导数，且 $f'(x_0)=0$，则

(1)当 $f''(x_0)<0$ 时，$f(x_0)$ 是函数 $y=f(x)$ 的极大值；

(2)当 $f''(x_0)>0$ 时，$f(x_0)$ 是函数 $y=f(x)$ 的极小值；

(3)当 $f''(x_0)=0$ 时，$f(x_0)$ 是否为函数 $y=f(x)$ 的极值，还需要进一步判定.

该定理可以证明，但不作要求，就此从略.

例 6 求函数 $f(x)=2x^3-3x^2-12x$ 的极值.

解 (1)函数的定义域为 $(-\infty,+\infty)$；

(2) $f'(x)=6x^2-6x-12=6(x+1)(x-2)$，令 $f'(x)=0$，得驻点 $x=-1, x=2$；

(3) $f''(x)=12x-6$；

(4) 由于 $f''(-1)=-18<0$ 时，则 $f(-1)=7$ 是函数 $y=f(x)$ 的极大值；

由于 $f''(2)=18>0$ 时，则 $f(2)=-20$ 是函数 $y=f(x)$ 的极小值.

【注意】在 $f'(x_0)=0$，且 $f''(x_0)\neq 0$ 时，用定理 4 求极值比较方便，但在 $f''(x_0)=0$ 或 $f''(x_0)$ 不存在的情况下，必须使用定理 3 解决.

3.3.3 函数的最值

我们把函数 $y=f(x)$ 在某一范围内取得的最大函数值称为函数的**最大值**，最小函数值称为函数的**最小值**. 最大值（记作 $f_{\max}$）与最小值（记作 $f_{\min}$）统称为函数的**最值**.

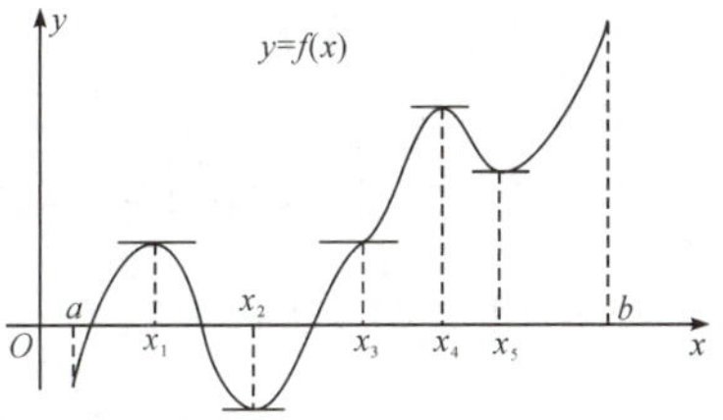

图 3-4

如图 3-4 所示，函数 $y=f(x)$ 在区间 $[a,b]$ 上的最大值为 $f(b)$，最小值为 $f(x_2)$.

由图可知，函数的极值与函数的最值是两个不同的概念. 极值是一种局部性的概念，它仅限于在 $x=x_0$ 的某邻域内的函数值比较而言；而最值是一个整体概念，它是针对整个区间的函数值来说的. 那么如何求函数的最值呢？

对于闭区间上的连续函数来说一定有最值，其最值一定在函数的驻点、一阶导数不存在的点及区间端点处取得，我们只要求出上述点的函数值并比较它们的大小即可. 这里我们给出求函数 $y=f(x)$ 在闭区间 $[a,b]$ 上最值的一般解题步骤：

3-6 闭区间上函数的最值

(1) 求 $f'(x)$，并求出 (a,b) 内函数的驻点 $x=x_i$ 和 $f'(x)$ 不存在的点 $x=x_j$；

(2) 计算上述点及区间端点的函数值；

(3) 比较这些函数值的大小，最大的就是函数的最大值，最小的就是函数的最小值.

例 7 求函数 $f(x)=2x^3-3x^2$ 在 $[-1,4]$ 上的最大值和最小值.

解 (1) $f'(x)=6x^2-6x=6x(x-1)$，令 $f'(x)=0$，得驻点 $x=0, x=1$，无 $f'(x)$ 不存在的点；

(2) 计算函数值 $f(-1)=-5$，$f(0)=0$，$f(1)=-1$，$f(4)=80$；

(3) 比较大小得 $f_{\max}=f(4)=80$，$f_{\min}=f(-1)=-5$.

3.3.4 应用

我们解答一下本章开始时的几个引例.

[解答引例 1]（商品房销售数）

解 $N'(t)=-6t^2+30t-24=-6(t-1)(t-4)$，即 $t\geqslant 4$，$N'(t)\leqslant 0$，故商品房销售数从 4 月份开始下降.

[解答引例 2]（空气污染）

解
$$\begin{aligned}A'(t)&=0.03\times[3t^2(7-t)^4-4t^3(7-t)^3]\\&=0.03t^2(7-t)^3(21-3t-4t)\\&=0.21t^2(7-t)^3(3-t),\end{aligned}$$

当 $0<t<3$ 时，$A'(t)>0$，故在 7:00—10:00 时段污染增加；

当 $3<t<7$ 时，$A'(t)<0$，故在 10:00—14:00 时段污染减少；
当 $7<t<10$ 时，$A'(t)>0$，故在 14:00—17:00 时段污染增加.

习题 3.3

1. 下列结论正确的是(　　)
A. 函数的驻点一定是它的极值点
B. 函数的极值点一定是它的驻点
C. 如果可导函数 $y=f(x)$在点 x_0 取得极值，那么 $f'(x_0)=0$
D. 函数 $y=f(x)$的极大值一定大于它的极小值
2. 已知函数 $y=x^2-2\ln x$，则它的单调递增区间为________，单调递减区间为________.
3. 求下列函数的单调区间：
(1) $f(x)=x^3+3x^2-9x+2$；　　(2) $f(x)=x+\dfrac{9}{x}$.
4. 求下列函数的极值：
(1) $f(x)=x^3-3x^2+7$；　　(2) $f(x)=\dfrac{1}{x^2+1}$.
5. 求下列函数在给定区间上的最大值和最小值：
(1) $f(x)=x^3-3x^2-9x+5$，$x\in[-2,6]$；
(2) $f(x)=x+\sqrt{x}$，$x\in[0,4]$.
6. 已知函数 $f(x)=ax^2+2x-3$ 在 $x=1$ 处有极值，求 a 的值.

§3.4　最优化问题

在工农业生产中，经常遇到如何规划生产，使得企业生产的产品数量最多、用料最省、成本最低、利润最大等，这类问题在数学上常常归结为最优化问题.

3.4.1　工程中的最优化问题

在工程领域，从产品的设计、企业的经营管理到科学实验，常遇到“最好”“最省”“最低”“最大”和“最少”等问题，例如质量最好、用料最省、造价最低、效率最大、投入最少等，这些工程中的最优化问题就是求函数的最大值或最小值问题.

在实际问题中，如果函数 $f(x)$在区间(a,b)内只有唯一驻点 $x=x_0$，而从该实际问题本身又可以判定在区间(a,b)内取得，则 $f(x_0)$就是所要求的最大(或最小)值.

求最优化问题的解题步骤：
(1)根据题意，确立目标函数及其定义域；
(2)求目标函数的导数及驻点，如果是定义域内唯一驻点，则该驻点的函数值即为所求的最值.

例 1(输油管道问题)　需要用输油管道把一座位于海上 B 处的油井和坐落于岸边 A 处的某炼油厂连接起来，B 距岸边 C 及 C 与 A 的距离如图 3-5

所示(单位:km).如果水下输油管道的铺设成本为5000万元/km,陆地输油管道的铺设成本为3000万元/km.问:如何组合铺设(水下和陆地铺设)输油管道才能使总连接费用最小?

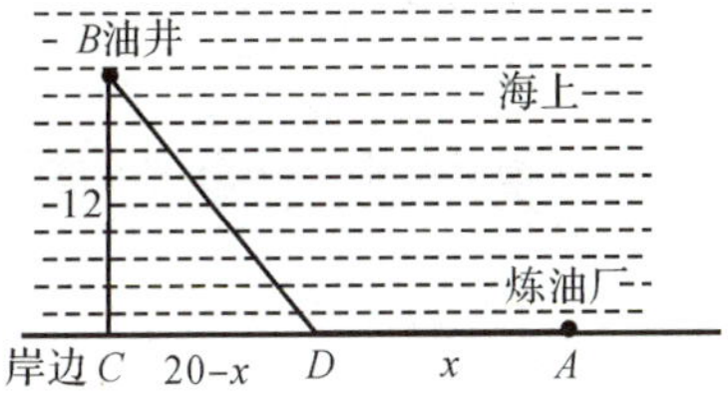

图 3-5

解 如图3-5所示,设陆上输油管道 $AD=x$ km,则水上输油管道 $BD=\sqrt{12^2+(20-x)^2}$ km,由于陆上与水下管道铺设费用比为3∶5,故总连接费用为

$$y=3AD+5BD$$
$$=3x+5\sqrt{12^2+(20-x)^2},0\leqslant x\leqslant 20$$

由 $y'=3+5\cdot\dfrac{2(x-20)}{2\sqrt{12^2+(20-x)^2}}=3+\dfrac{5(x-20)}{\sqrt{12^2+(20-x)^2}}$,

令 $y'=0$,解得 $x=11$,$x=29$(舍去),即 $x=11$ 是 y 的唯一驻点.

计算函数值 $y(11)=108$(千万元),$y(0)=116.62$(千万元),$y(20)=120$(千万元).

比较大小发现,将水下输油管道从 B 连接到距离炼油厂11km的 D 处,陆上输油管道从 D 连接到炼油厂 A 处,可使总连接费用最小.

例2(油漆桶的设计问题) 要制作一个容积为 V 的圆柱形油漆桶,怎样设计它的底半径和高,才能使所用材料最省?

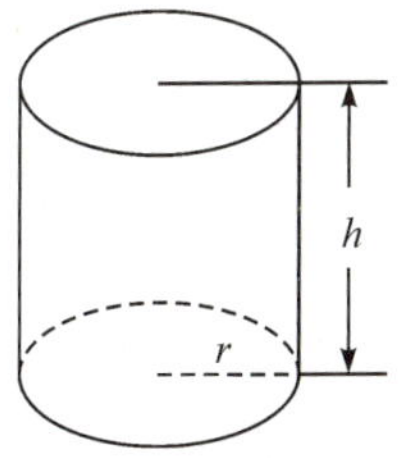

图 3-6

解 若使所用材料最省,即使油漆桶的总表面积 S 最小.设油漆桶的底半径为 r,高为 h,如图3-6所示,则总表面积 $S=2\pi r^2+2\pi rh$.

由 $V=\pi r^2h$,得 $h=\dfrac{V}{\pi r^2}$,则目标函数为

$$S=2\pi r^2+\frac{2V}{r},r\in(0,+\infty)$$

又 $S'=4\pi r-\dfrac{2V}{r^2}$,令 $S'=0$ 得,$r^3=\dfrac{V}{2\pi}$,

即 $r=\left(\dfrac{V}{2\pi}\right)^{\frac{1}{3}}$ 为 $(0,+\infty)$ 内唯一驻点.

所以,当 $r=\left(\dfrac{V}{2\pi}\right)^{\frac{1}{3}}$ 时,S 有最小值,此时 $h=\dfrac{V}{\pi r^2}=\dfrac{Vr}{\pi r^3}=\dfrac{Vr}{\pi\cdot\dfrac{V}{2\pi}}=2r$.

因此,当油漆桶的高与底面的直径相等时,所用材料最省.

例3(场地边缘最大照明度问题) 如图3-7所示,在半径为 R 的圆形场地中央竖一灯柱,问:灯柱为多高时,可使场地边缘得到的照明度最大?(由物理学可知,照明度 J 与 $\sin\varphi$ 成正比,与光线照射距离 l 的平方成反比,即 $J=k\dfrac{\sin\varphi}{l^2}$,其中比例常数 k 由灯光强度决定,φ 是光线与地面的夹角)

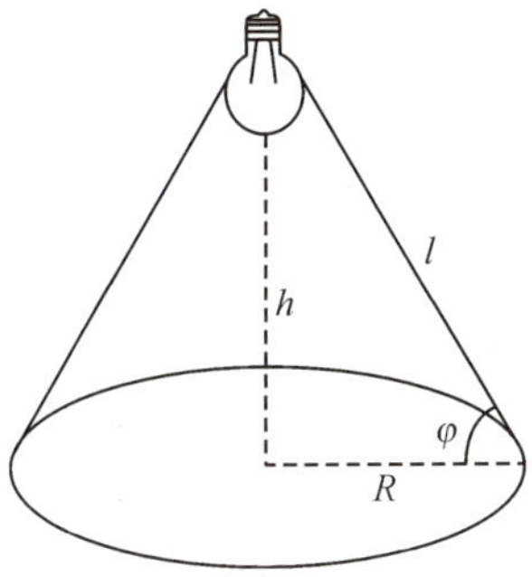

图 3-7

解 建立目标函数:将照明度 J 表示成关于高度 h 的函数 $J=J(h)$,

由 $\sin\varphi=\dfrac{h}{l}=\dfrac{h}{\sqrt{h^2+R^2}}$,$l^2=h^2+R^2$,

则 $J=k\dfrac{\sin\varphi}{l^2}=k\dfrac{h}{(h^2+R^2)\sqrt{h^2+R^2}}=kh(h^2+R^2)^{-\frac{3}{2}}$,$h>0$.

又 $J'=k\left[(h^2+R^2)^{-\frac{3}{2}}-3h^2(h^2+R^2)^{-\frac{5}{2}}\right]$,

令 $J'=0$，得 $h^2=\frac{1}{2}R^2$，$h=\pm\frac{\sqrt{2}}{2}R$（负值舍去），

即 $h=\frac{\sqrt{2}}{2}R$ 为唯一驻点，此时 J 有最大值.

因此，当灯柱高度 $h=\frac{\sqrt{2}}{2}R$ 时，场地边缘的照明度最大.

3.4.2 经济学中的最优化问题

在经济活动中，往往涉及一些经济学的最优化问题，如成本最低、收益最高、利润最大等，这些经济学中的最优化问题也是求函数的最大值或最小值的应用问题.

例 4（出租房屋问题） 富悦大酒店有 50 套公寓要出租，当租金定为每月 1800 元时，公寓可以全部出租，当租金每月增加 100 元时，就有一套公寓租不出去，而出租的公寓每月需花费 200 元/套的维护费. 问：每套房月租定为多少，可获得最大利润？

解 设出租公寓每套月租价为 p 元，则出租公寓的数量

$$q=50-\frac{p-1800}{100},$$

则月收入 $R=p\cdot q=p\left(50-\frac{p-1800}{100}\right)$，

月成本 $C=200q=200\left(50-\frac{p-1800}{100}\right)$，

则月利润（目标函数）为

$$\begin{aligned}L&=R-C=p\left(50-\frac{p-1800}{100}\right)-200\left(50-\frac{p-1800}{100}\right)\\&=(p-200)\left(68-\frac{p}{100}\right)\\&=-\frac{1}{100}p^2+70p-13600,\ 800<p<6800.\end{aligned}$$

又 $L'=-\frac{1}{50}p+70$，令 $L'=0$，得 $p=3500$，为 $(1800,6800)$ 内唯一驻点.

所以当 $p=3500$（元）时，L 有最大值.

因此，当公寓每套月租定为 3500 元时，可获得最大利润.

例 5（平均成本问题） 某乡镇企业生产某产品的总成本函数为

$$C(x)=9000+40x+0.001x^2\text{（元）},$$

其中 x 为产量，单位：件.

问：该企业产量多少件时，每件产品的平均成本最小？并求最小的平均成本.

解 平均成本函数为

$\overline{C}(x)=\frac{C(x)}{x}=\frac{9000}{x}+40+0.001x$，其定义域为 $(0,+\infty)$ 内的整数.

又 $\overline{C}'(x)=-\frac{9000}{x^2}+0.001$，

令 $\overline{C}'(x)=0$，则 $x^2=9000000$，$x=\pm3000$（负值舍去），

即 $x=3000$ 是定义域内唯一驻点，所以该企业生产 3000 件产品时，平均

成本最小.

最小平均成本为 $\overline{C}_{\min}=\overline{C}(3000)=46$(元/件).

例 6(最大利润问题)　某商场以每件 100 元的进价购进一批衬衫，据统计此种衬衫的需求函数为 $q=800-2p$(q 为需求量，单位:件；p 为销售价格，单位:元). 问:该商场应以每件多少元的价格出售该衬衫，才能获得最大利润？最大利润是多少？

解　总收入函数 $R=p\cdot q=p(800-2p)=800p-2p^2$，

总成本函数 $C=100q=100(800-2p)=80000-200p$，

所以总利润函数 $L=R-C=-2p^2+1000p-80000,0<p<400$，

又 $L'=-4p+1000$，令 $L'=0$，得 $p=250$ 为 $(0,400)$ 内唯一驻点.

所以当商场以 $p=250$(元/件)的价格出售该衬衫时，L 有最大值，

$$L_{\max}=L(250)=45000(\text{元}).$$

习题 3.4

1. 通常函数 $f(x)$ 的导数 $f'(x)$ 称为函数 $f(x)$ 的边际函数. 已知某产品的成本函数为 $C(q)=2000+\dfrac{q^2}{100}$(元)，则生产 100 件产品时的总成本为________(元)，平均成本为________(元)，边际成本为________(元).

2. 某车间靠墙壁盖一间长方形小屋，现有存砖只够砌 20m 长的墙壁，问:应围成怎样的长方形，才能使这间小屋的面积最大？

3. 边长为 30cm 的正方形铁皮，在其四个角上截去四个全等的小正方形后，制成一个底面为方形的容器，问:截去的小正方形边长为多少时，容器的容积最大？

4. 要建造一个容积为 300m^3 的圆柱形水池，已知池底的单位造价是侧壁单位造价的 2 倍，问:如何设计才能使总造价最低？

5. 某产品的价格函数 $p=15-0.01q$，其中 q 为产量，单位:件. 已知生产该产品的固定成本为 200 元，且每生产一件，成本增加 5 元. 如果生产的产品都能售出，问:产量为多少时，该产品的利润最大？并求最大利润.

6. 某网店销售婴儿奶瓶，若每件售价 50 元，可月销售 1000 件. 据市场调查统计，每件售价每降低 2 元，月销售量会增加 100 件. 问:每件售价定为多少元时，能使该店收益最大？并求出最大收益.

§3.5　曲率

在工程技术领域，许多问题要考虑曲线的弯曲程度. 例如在修建铁路时，铁路线的弯曲程度必须合适，否则，容易造成火车出轨事故. 又如各种工程中的梁、机床的转轴等在受力后容易产生弯曲变形，因此在设计时，对它们的弯曲程度要有所限定. 根据我国高速公路弯道设计标准:平原和丘陵地带高速公路的弯道最小曲率半径为 650m；山区地带高速公路的弯道最小曲率半径为 250m.

3-7　曲率的概念

3.5.1 曲率的定义及计算

1. 曲率的定义

曲线的弯曲程度与哪些因素有关呢？由车辆转向常识可知，沿着道路向左（或向右）转向时，弯道转向半径的大小是由道路方向改变的程度和弯道路段长度两个因素决定的.

如图 3-8 所示，当动点从点 M 沿着曲线弧 $\overset{\frown}{MN}$ 移动到点 N 时，动点处的切线也相应随之转动，其切线与 x 轴的夹角由 α 变为 $\alpha+\Delta\alpha$，角度改变了 $\Delta\alpha$，称为转角. 而改变这个角度所经过的路程是弧长 $|\Delta s|=\overset{\frown}{MN}$.

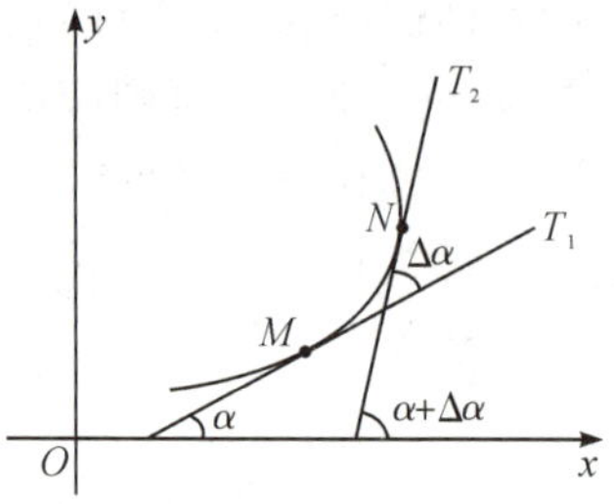

图 3-8

由图 3-9 可知，若两曲线弧长相等，切线的转角越大，则曲线弧弯曲程度越大；

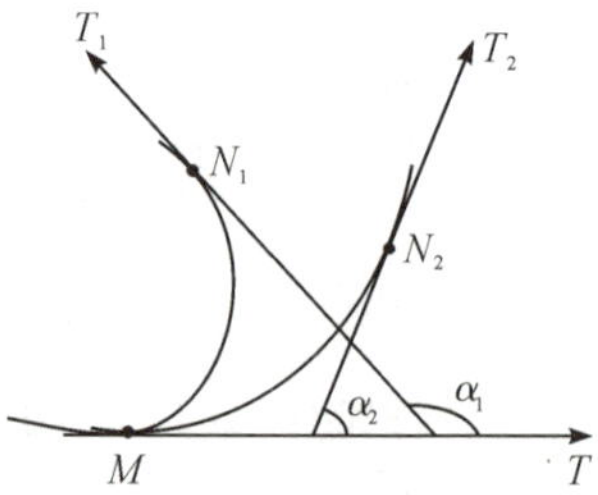

图 3-9

由图 3-10 可知，若两曲线弧的转角相等，曲线弧长越长，则曲线弧弯曲程度越小.

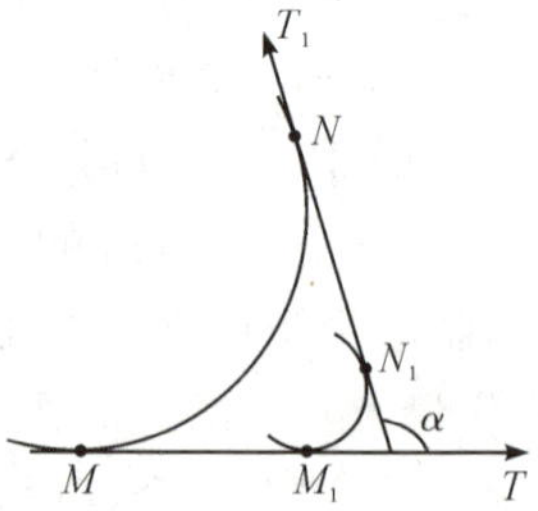

图 3-10

综上分析，曲线弧的弯曲程度与切线的转角 $|\Delta\alpha|$ 成正比，与弧长 $|\Delta s|$ 成反比，即可用比值 $\left|\dfrac{\Delta\alpha}{\Delta s}\right|$ 来刻画曲线弧 $\overset{\frown}{MN}$ 的弯曲程度，也称为曲线弧 $\overset{\frown}{MN}$ 的平均曲率.

为了刻画曲线上某一点的弯曲程度，我们给出曲线在某一点的曲率定义.

定义 1 设光滑曲线 $\overset{\frown}{MN}$ 两端切线的转角为 $|\Delta\alpha|$，弧长为 $|\Delta s|$，当点 N 沿着曲线趋于 M，如果平均曲率的极限

$$\lim_{\Delta s\to 0}\left|\frac{\Delta\alpha}{\Delta s}\right|$$

存在，则称此极限值为曲线在点 M 的**曲率**，记作

$$K=\lim_{\Delta s\to 0}\left|\frac{\Delta\alpha}{\Delta s}\right|=\left|\frac{\mathrm{d}\alpha}{\mathrm{d}s}\right|.$$

例 1 求半径为 R 的圆上任意点处的曲率.

解 如图 3-11 所示，$\angle MO'N=\Delta\alpha$，$\overset{\frown}{MN}=\Delta s$，$O'M=R$，由圆心角公式可知 $\Delta\alpha=\dfrac{\Delta s}{R}$，则

$$\frac{\Delta\alpha}{\Delta s}=\frac{1}{R},$$

为 $\overset{\frown}{MN}$ 的平均曲率. 当 $N\to M$ 时，有 $\Delta s\to 0$，所以圆上任一点 M 的曲率

$$K=\lim_{\Delta s\to 0}\left|\frac{\Delta\alpha}{\Delta s}\right|=\lim_{\Delta s\to 0}\frac{1}{R}=\frac{1}{R}.$$

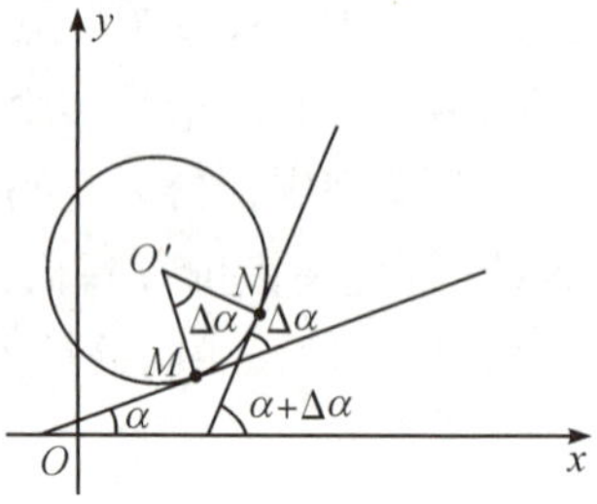

图 3-11

由此可见，圆上任意点处的曲率都等于圆半径的倒数. 圆的半径越大，曲率越小，圆的半径越小，曲率越大.

2. 曲率的计算

根据曲率的定义及导数与切线斜率的关系，可以得到简便的曲率计算公式.

设函数 $y=f(x)$ 具有二阶导数，则曲线 $y=f(x)$ 在 $M(x,y)$ 处的曲率为

$$K=\left|\frac{\mathrm{d}\alpha}{\mathrm{d}s}\right|=\frac{|y''|}{(1+y'^2)^{\frac{3}{2}}}.$$

例 2　求直线 $y=ax+b$ 的曲率.

解　由 $y'=a$，$y''=0$，代入公式得 $K=0$，即直线上任意点的曲率都为零. 这与我们直觉认识"直线不弯曲"是一致的.

例 3　求曲线 $y=e^x$ 在点 $M(0,1)$ 处的曲率.

解　由 $y'=e^x$，$y''=e^x$，该曲线上任意一点处的曲率为

$$K=\frac{|y''|}{(1+y'^2)^{\frac{3}{2}}}=\frac{e^x}{(1+e^{2x})^{\frac{3}{2}}},$$

因此，在点 $M(0,1)$ 处的曲率为

$$K_M=\frac{e^0}{(1+e^0)^{\frac{3}{2}}}=\frac{1}{2\sqrt{2}}\approx 0.354.$$

3.5.2　曲率圆与曲率半径

由例 1 可知，圆上任意点处的曲率都等于圆半径的倒数. 为了形象地描述曲线上一点处曲率的大小，我们引入曲率圆与曲率半径的概念.

定义 2　过曲线 L 上一点 M 作切线的法线，在法线上指向曲线凹的一侧取一点 D，使 $DM=\frac{1}{K}$（K 为点 M 处的曲率），以 D 为圆心，DM 为半径作圆，这个圆称为曲线在点 M 处的**曲率圆**. 曲率圆的圆心 D 称为曲线在点 M 处的**曲率中心**，其半径 $R=\frac{1}{K}$，称为曲线在点 M 处的**曲率半径**，如图 3-12 所示.

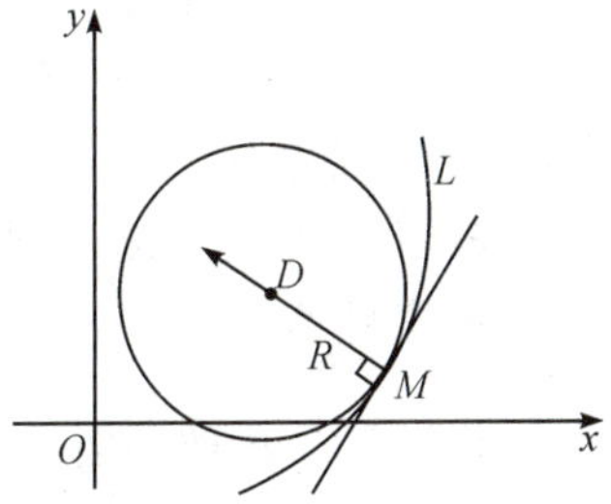

图 3-12

例 4　求曲线 $y=x^3$ 在点 $M(1,1)$ 处的曲率半径.

解　由 $y'=3x^2$，$y''=6x$，该曲线上某点处的曲率为

$$K=\frac{|y''|}{(1+y'^2)^{\frac{3}{2}}}=\frac{|6x|}{(1+9x^4)^{\frac{3}{2}}},$$

将 $x=1$ 代入得 $K_M=\frac{6}{10^{\frac{3}{2}}}$，故 $R=\frac{1}{K_M}=\frac{5\sqrt{10}}{3}$.

例 5（铁轨弯道问题）　火车由直道转入圆弧弯道时，由于接头处的曲率突然改变，容易发生事故. 为了平稳行驶，往往在直道和弯道之间接入一段缓冲段，使它的曲率由零过渡到 $\frac{1}{R}$（R 为圆弧轨道半径）. 通常用立方抛物线 $y=\frac{1}{6RL}x^3$，$x\in[0,x_0]$ 作为缓冲段 $\overset{\frown}{OA}$，其中 L 为 $\overset{\frown}{OA}$ 的长度. 试验证缓冲段 $\overset{\frown}{OA}$ 在始端 O 的曲率为零，并且当 $\frac{L}{R}$ 很小时，在终端 A 的曲率近似为 $\frac{1}{R}$（图 3-13）.

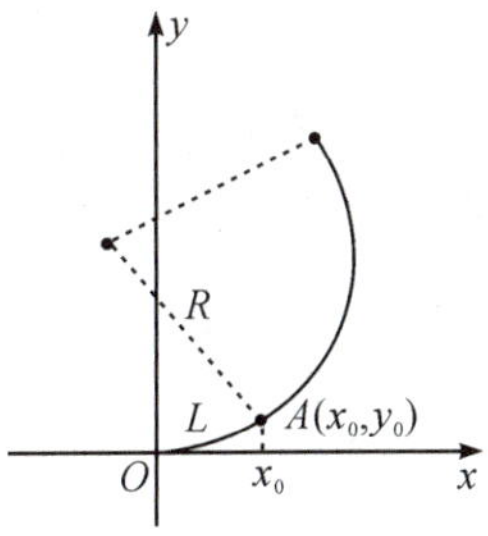

图 3-13

证明　在缓冲段，$y'=\frac{1}{2RL}x^2$，$y''=\frac{1}{RL}x$，

所以在 $x=0$ 处，$y'=0$，$y''=0$，故缓冲段 $\overset{\frown}{OA}$ 始端 O 的曲率为 $K_O=0$.

根据实际要求 L 与 x_0 比较接近，即 $x_0\approx L$，则有

$$y'|_{x=x_0}=\frac{1}{2RL}x_0^2\approx\frac{1}{2RL}L^2=\frac{L}{2R},$$

$$y''|_{x=x_0}=\frac{1}{RL}x_0\approx\frac{1}{RL}L=\frac{1}{R},$$

故在终端 A 的曲率为

$$K_A=\frac{|y''|}{(1+y'^2)^{\frac{3}{2}}}\approx\frac{\frac{1}{R}}{\left(1+\frac{L^2}{4R^2}\right)^{\frac{3}{2}}},$$

由于$\frac{L}{R}$很小，略去$\frac{L^2}{4R^2}$，得 $K_A\approx\frac{1}{R}$.

习题 3.5

1. 下列选项中错误的是(　　)

A. 圆上任意点的曲率都等于圆半径的倒数

B. 圆的半径越大，圆的曲率越小

C. 圆的半径越小，圆的曲率越大

D. 圆的曲率半径与圆的半径一定相等

2. 曲线 $y=x^2$ 在坐标原点处的曲率为________，曲率半径为________，曲率圆方程为________ .

3. 求曲线 $y=\ln x$ 在点(1,0)处的曲率和曲率半径.

4. 求曲线 $xy=1$ 在点(1,1)处的曲率和曲率半径.

5. 某一桥梁的桥面设计为抛物线，其方程为 $y=-\frac{1}{50}x^2+2$，求它在顶点处的曲率.

6. 已知甲乙两弧形工件的弧线段部分是抛物线，其方程分别为 $y=x^2$ 和 $y=x^3$，试比较它们在 $x=1$ 处的曲率.

*7. 曲线 $y=\ln x$ 上哪一点处的曲率半径最小？求出该点的曲率半径.

§3.6　曲线的凹凸性和拐点

3-8　凹凸曲线与拐点

为了准确地描绘函数的图形，仅仅知道函数的单调性和极值、最值是不够的，还应该知道它的弯曲方向以及弯曲方向的分界点. 本节我们来研究曲线的凹向与拐点.

3.6.1　凹凸曲线和拐点的定义

定义 1　设函数 $y=f(x)$在某区间 I 上连续.

(1)如果曲线弧位于其上任一点切线的上方，则称曲线弧在该区间内是**凹的**(或称上凹)；

(2)如果曲线弧位于其上任一点切线的下方，则称曲线弧在该区间内是**凸的**(或称下凹)；

(3)连续曲线弧上，凹弧与凸弧的分界点，称为曲线的**拐点**.

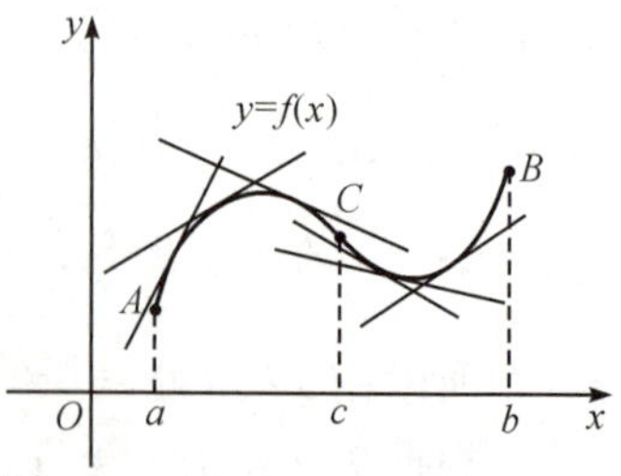

图 3-14

从图 3-14 可以看出，曲线弧 $\overset{\frown}{AC}$ 是凸的，曲线弧 $\overset{\frown}{CB}$ 是凹的，C 是曲线弧 $\overset{\frown}{AB}$ 的拐点.

下面我们直接给出曲线凹凸的判定方法.

3.6.2 凹凸曲线和拐点的判定

定理 1 设函数 $y=f(x)$ 在区间 (a,b) 内具有二阶导数.

(1)如果 $f''(x)>0$，则曲线 $y=f(x)$ 在 (a,b) 内是凹的；

(2)如果 $f''(x)<0$，则曲线 $y=f(x)$ 在 (a,b) 内是凸的.

例 1 判定曲线 $y=\ln x$ 的凹凸性.

解 函数 $y=\ln x$ 的定义域为 $(0,+\infty)$；

$$y'=\frac{1}{x},y''=-\frac{1}{x^2},$$

当 $x>0$ 时，$y''<0$，则曲线 $y=\ln x$ 在 $(0,+\infty)$ 内是凸的.

由于拐点是曲线凹弧与凸弧的分界点，所以拐点左右两侧近旁 $f''(x)$ 必然异号，因此，曲线拐点的横坐标，只可能是使得 $f''(x)=0$ 的点或 $f''(x)$ 不存在的点 $x=x_0$.

一般地，我们给出求函数 $y=f(x)$ 凹凸区间和拐点的一般解题步骤：

(1)确定函数 $y=f(x)$ 的定义域；

(2)求 $f''(x)$，并求出定义域内使得 $f''(x)=0$ 的点 $x=x_i$，以及 $f''(x)$ 不存在的点 $x=x_j$；

(3)用上述点 $x=x_i$ 和 $x=x_j$ 按从小到大的顺序将定义域分成若干个小区间，并列表讨论各小区间 $f''(x)$ 的符号，确定凹凸区间和拐点.

例 2 求曲线 $y=x^4-2x^3+3$ 的凹凸区间和拐点.

解 (1)函数的定义域为 $(-\infty,+\infty)$；

(2) $y'=4x^3-6x^2$，$y''=12x^2-12x=12x(x-1)$，令 $y''=0$，得 $x=0$，$x=1$，无 y'' 不存在的点；

(3)列表

x	$(-\infty,0)$	0	$(0,1)$	1	$(1,+\infty)$
y''	+	0	−	0	+
y	⌣	拐点(0,3)	⌢	拐点(1,2)	⌣

因此曲线 $y=x^4-2x^3+3$ 的凹区间是 $(-\infty,0)$，$(1,+\infty)$，凸区间是 $(0,1)$；拐点是 $(0,3)$，$(1,2)$.

表中符号“⌣”表示曲线是凹的，“⌢”表示曲线是凸的.

3.6.3 曲线的渐近线

中学数学讲过双曲线 $\frac{x^2}{a^2}-\frac{y^2}{b^2}=1$ 有两条渐近线 $\frac{x}{a}+\frac{y}{b}=0$ 及 $\frac{x}{a}-\frac{y}{b}=0$（图 3-15），根据双曲线的渐近线，很容易看出双曲线在无穷远处的伸展状况. 对于一般曲线，我们也希望知道它们在无穷远处的变化趋势.

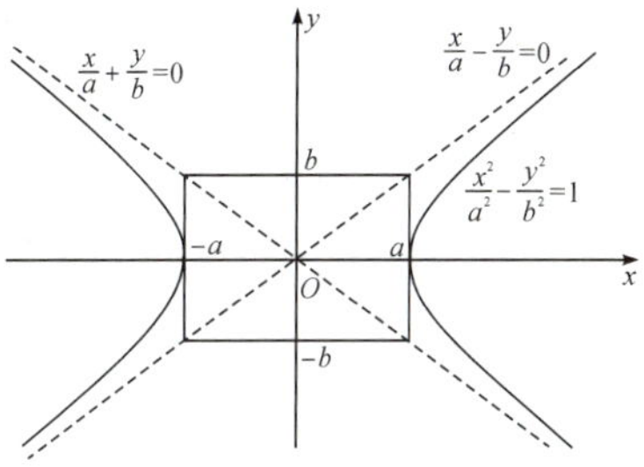

图 3-15

定义 2 如果曲线 $y=f(x)$ 满足

$$\lim_{x\to\infty}f(x)=C,$$

则称 $y=C$ 是曲线 $y=f(x)$ 的**水平渐近线**.

定义 3 如果曲线 $y=f(x)$满足

$$\lim_{x \to x_0} f(x)=\infty,$$

则称 $x=x_0$ 是曲线 $y=f(x)$的**垂直渐近线**.

定义 4 如果曲线 $y=f(x)$满足

(1) $\lim\limits_{x \to \infty} \dfrac{f(x)}{x}=k$;

(2) $\lim\limits_{x \to \infty}(f(x)-kx)=b$.

则称 $y=kx+b$ 是曲线 $y=f(x)$的**斜渐近线**.

3-9 函数的渐近线

例 3 求下列曲线的渐近线：

(1) $y=\dfrac{2x-1}{x-3}$； (2) $y=\dfrac{1}{x^2-2x-3}$； (3) $y=\dfrac{x^3}{x^2+2x-3}$.

解 (1)由于 $\lim\limits_{x \to \infty} f(x)=\lim\limits_{x \to \infty} \dfrac{2x-1}{x-3}=2$，所以 $y=2$ 是曲线 $y=\dfrac{2x-1}{x-3}$ 的水平渐近线；

由于 $\lim\limits_{x \to 3} f(x)=\lim\limits_{x \to 3} \dfrac{2x-1}{x-3}=\infty$，所以 $x=3$ 是曲线 $y=\dfrac{2x-1}{x-3}$ 的垂直渐近线.

(2) 由于 $\lim\limits_{x \to \infty} f(x)=\lim\limits_{x \to \infty} \dfrac{1}{x^2-2x-3}=0$，所以 $y=0$ 是曲线 $y=\dfrac{1}{x^2-2x-3}$ 的水平渐近线；

由于 $\lim\limits_{x \to 3} f(x)=\lim\limits_{x \to 3} \dfrac{1}{(x-3)(x+1)}=\infty$，所以 $x=3$ 是曲线 $y=\dfrac{1}{x^2-2x-3}$ 的垂直渐近线；

由于 $\lim\limits_{x \to -1} f(x)=\lim\limits_{x \to -1} \dfrac{1}{(x-3)(x+1)}=\infty$，所以 $x=-1$ 是曲线 $y=\dfrac{1}{x^2-2x-3}$ 的垂直渐近线.

(3)由于 $\lim\limits_{x \to 1} f(x)=\lim\limits_{x \to 1} \dfrac{x^3}{(x+3)(x-1)}=\infty$，所以 $x=1$ 是曲线 $y=\dfrac{x^3}{x^2+2x-3}$ 的垂直渐近线；

由于 $\lim\limits_{x \to -3} f(x)=\lim\limits_{x \to -3} \dfrac{x^3}{(x+3)(x-1)}=\infty$，所以 $x=-3$ 是曲线 $y=\dfrac{x^3}{x^2+2x-3}$ 的垂直渐近线；

因为 $\lim\limits_{x \to \infty} \dfrac{f(x)}{x}=\lim\limits_{x \to \infty} \dfrac{x^2}{x^2+2x-3}=1$，即 $k=1$；

又 $\lim\limits_{x \to \infty}(f(x)-kx)=\lim\limits_{x \to \infty}\left(\dfrac{x^3}{x^2+2x-3}-x\right)=\lim\limits_{x \to \infty} \dfrac{-2x^2+3x}{x^2+2x-3}=-2$，即 $b=-2$.

所以 $y=x-2$ 是曲线 $y=\dfrac{x^3}{x^2+2x-3}$ 的斜渐近线. 无水平渐近线.

3.6.4 函数图像的描绘

在工程实践中，经常用图像表示函数. 画出函数图像，能使我们更直观地看到事物的变化规律.

中学里学过的描点作图法，对于简单的平面曲线（如直线、抛物线等）比较适用，但对于复杂的平面曲线就不适用了. 因为我们既不能保证所取的点是否为曲线上的关键点（最高点或最低点），又不能保证通过取点来判断曲线的单调性与凹凸性. 为了更准确、更全面地描绘平面曲线，必须从曲线的关键点及主要特征出发通盘考虑. 因此，一般函数的作图步骤归纳如下：

(1)确定函数的定义域；
(2)考察函数的奇偶性、周期性；
(3)考察函数曲线的渐近线；
(4)确定函数的单调区间、极值、凹凸区间和拐点(列表)；
(5)考察函数曲线与坐标轴的交点及增加一些辅助点.

综合上述几方面的讨论画出函数的图像.

例 4 描绘函数 $y=x^3-x^2-x+1$ 的图像.

解 (1)函数定义域为$(-\infty,+\infty)$；
(2)非奇非偶、非周期函数；
(3)无渐近线；

(4)$y'=3x^2-2x-1=(3x+1)(x-1)$，令 $y'=0$，得 $x=-\frac{1}{3}$，$x=1$；

又 $y''=6x-2=6\left(x-\frac{1}{3}\right)$，令 $y''=0$，得 $x=\frac{1}{3}$；

列表如下：

x	$\left(-\infty,-\frac{1}{3}\right)$	$-\frac{1}{3}$	$\left(-\frac{1}{3},\frac{1}{3}\right)$	$\frac{1}{3}$	$\left(\frac{1}{3},1\right)$	1	$(1,+\infty)$
y'	$+$	0	$-$	$-$	$-$	0	$+$
y''	$-$	$-$	$-$	0	$+$	$+$	$+$
y	↗	极大	↘	拐点$\left(\frac{1}{3},\frac{16}{27}\right)$	↘	极小	↗

(5)$y_{极大}=f\left(-\frac{1}{3}\right)=\frac{32}{27}$；$y_{极小}=f(1)=0$；当 $x=\frac{1}{3}$ 时，$y=\frac{16}{27}$，即拐点$\left(\frac{1}{3},\frac{16}{27}\right)$.

补充一些点：$(-1,0)$，$(0,1)$，$\left(\frac{3}{2},\frac{5}{8}\right)$，结合(1)(2)(3)(4)可以画出函数 $y=x^3-x^2-x+1$ 的图像(图 3-16).

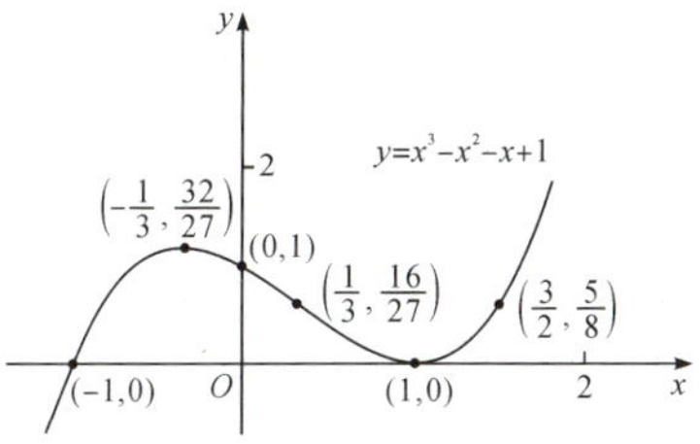

图 3-16

例 5 描绘函数 $y=1+\frac{36x}{(x+3)^2}$的图像.

解 (1)函数定义域为$(-\infty,-3)$，$(-3,+\infty)$；
(2)非奇非偶函数、非周期函数；

(3)由于$\lim\limits_{x\to\infty}f(x)=\lim\limits_{x\to\infty}\left[1+\frac{36x}{(x+3)^2}\right]=1$，所以函数图像有水平渐近线 $y=1$，

由于 $\lim\limits_{x\to-3} f(x)=\lim\limits_{x\to-3}\left[1+\dfrac{36x}{(x+3)^2}\right]=-\infty$，所以函数图像有垂直渐近线 $x=-3$；

(4) $y'=\dfrac{36(3-x)}{(x+3)^3}$，令 $y'=0$，得 $x=3$；

又 $y''=\dfrac{72(x-6)}{(x+3)^4}$，令 $y''=0$，得 $x=6$；

列表如下

x	$(-\infty,-3)$	$(-3,3)$	3	$(3,6)$	6	$(6,+\infty)$
y'	$-$	$+$	0	$-$	$-$	$-$
y''	$-$	$-$	$-$	$-$	0	$+$
y	↘	↗	极大	↘	拐点 $\left(6,\dfrac{11}{3}\right)$	↘

(5) $y_{极大}=f(3)=4$，得点 $M_1(3,4)$；$x=6$ 时，$y=\dfrac{11}{3}$，即拐点 $M_2\left(6,\dfrac{11}{3}\right)$.

补充一些点：$M_3(0,1)$，$M_4(-1,-8)$，$M_5(-9,-8)$，$M_6\left(-15,-\dfrac{11}{4}\right)$，结合(1)(2)(3)(4)可以画出函数 $y=1+\dfrac{36x}{(x+3)^2}$ 的图形，如图 3-17 所示.

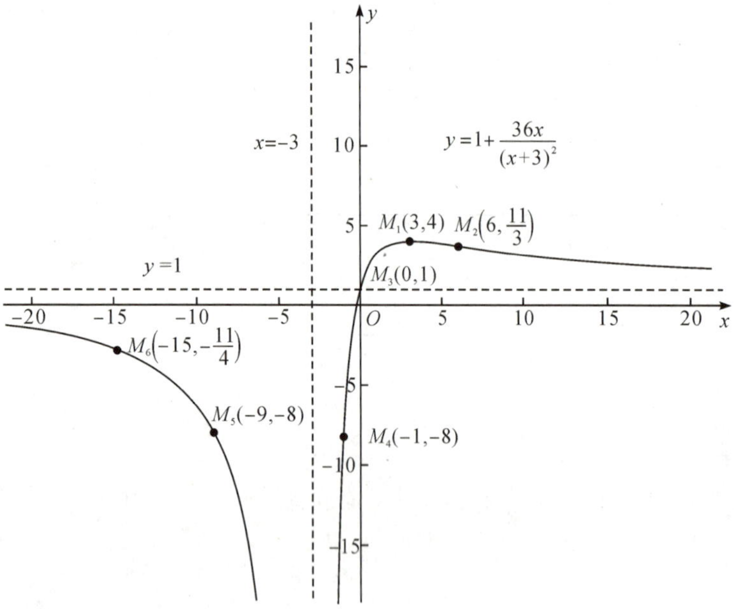

图 3-17

习题 3.6

1. 下列选项中错误的是(　　)

A. 在区间 (a,b) 内，如果 $f''(x)>0$，则曲线 $y=f(x)$ 在 (a,b) 内是凹的

B. 在区间 (a,b) 内，如果 $f''(x)<0$，则曲线 $y=f(x)$ 在 (a,b) 内是凸的

C. 如果点 (x_0,y_0) 是曲线 $y=f(x)$ 的拐点，则 $f''(x_0,y_0)=0$

D. 如果点 (x_0,y_0) 左右两侧近旁 $f''(x)$ 异号，则曲线 $y=f(x)$ 上的点 (x_0,y_0) 是拐点

2. 曲线 $y=x^3$ 的凹区间是________，凸区间是________，拐点是________.

3. 求下列曲线的凹凸区间和拐点：

(1) $y=x^3-3x^2+4$；　　(2) $y=x+9x^{\frac{5}{3}}$；

(3) $y=x\ln x-\frac{1}{2}x^2$；　　(4) $y=xe^{-x}$.

4. 求下列曲线的渐近线：

(1) $y=\frac{1}{x-2}$；　　(2) $y=\frac{x-3}{x+1}$；

(3) $y=\frac{x^2}{x-2}$；　　(4) $y=x+xe^{-x}$.

5. 作下列函数的图像：

(1) $y=\frac{1}{3}x^3-x^2+\frac{4}{3}$；　　(2) $y=xe^{-x}$.

6. 作函数 $y=\frac{x}{1+x^2}$ 的图像.

*§3.7　MATLAB在导数中的应用

3.7.1　实验目的

能熟练使用 MATLAB 命令 diff 求函数的导数；能熟练使用 fminbnd 命令求解一元函数的最小值(或极小值)；会求简单的最值应用问题.

3.7.2　MATLAB 求函数的导数

diff 求函数导数可分为三种调用格式.

1. 求函数 $f(x)$ 的一阶导数，调用格式如下：

diff(f)：表示求函数 f 的一阶导数.

或者

diff(f,'x')：表示求函数 f 关于自变量 x 的一阶导数.

例 1　已知 $y=\sin x$，求 y'.

解　输入：

```
>> syms x
>> diff(sin(x))
```

输出：

```
ans=
    cos(x)
```

例 2　已知 $f(x)=3^x+4e^x$，求 $f'(x)$.

解　输入：

```
>> syms x
>> f=3^x+4*exp(x);
>> diff (f)
```

输出：

```
ans=
    4*exp(x)+3^x*log(3)
```

2. 求函数 $f(x)$ 的高阶导数，调用格式如下：

diff(f,n)：表示求函数 f 的 n 阶导数.

例 3 已知 $y=\sin 3x$，求 y''.

解 输入：

```
>> syms x
>> y=sin(3*x);
>> diff(y,2)
```

输出：

```
ans=
    -9*sin(3*x).
```

3. 求函数 $f(x)$ 在给定点处 x_0 的导数值 $f^{(n)}(x_0)$，调用格式如下：

(1)t=diff(f,n)：用变量 t 表示函数 f 的 n 阶导数；

(2)z=subs(t,x_0)：z 求出了 f 的 n 阶导数 t 在 $x=x_0$ 的值.

例 4 已知 $y=\arctan x$，求 $y'\big|_{x=1}$.

解 输入：

```
>> syms x
>> y=atan(x);
>> t=diff(y);
>> z=subs(t,x,1)          %此处“x,”也可以省略不写
```

输出：

```
z=
  0.5000
```

例 5 设 $y=\sin x$，求 $y^{(7)}\big|_{x=\frac{\pi}{4}}$.

解 输入：

```
>> syms x y
>> y=sin(x);
>> t=diff(y,7);
>> z=subs(t,pi/4)
```

输出：

```
z=
   -2^(1/2)/2
```

3.7.3 MATLAB 求函数的最值和极值

fminbnd：求函数最小值(或极小值)调用命令.

1. 求一元函数 $f(x)$ 在 (a,b) 内的最小值，可用 fminbnd 命令，调用格式如下：

[x, fv]=fminbnd('f ',a,b)：表示求一元函数 f 在区间 (a,b) 内的最小值，输出时 x 为最小值点，fv 为最小值.

【注意】如果在这一区间内极小值点不止一个，用这一命令去求会漏掉一些极值点.

例 6 求函数 $f(x)=x^2-4x$ 在 $(-1,3)$ 内的最小值.

解 输入：

```
>> f='x^2-4*x';
>> [x, fv]=fminbnd(f,-1,3)
```

输出：

```
x=
   2.0000
fv=
   -4
```

如果函数在给定的区间内不存在最小值(如单调函数)，fminbnd 将会返回边界(或边界附近)的最小值，例如，将上例中 $(-1,3)$ 改为 $(-1,1)$，解答如下：

例 7 求函数 $f(x)=x^2-4x$ 在 $(-1,1)$ 内的最小值.

解 输入：>> f='x^2-4*x';

>> [x, fv]=fminbnd(f,-1,1)

输出：x =

1.0000

fv=

-2.9999

2. 求一元函数 $f(x)$ 在 (a,b) 内的极小值，可用 fminbnd 命令，调用格式如下：

(1) fplot('f ',[a,b])：作函数 $f(x)$ 在闭区间 $[a,b]$ 上的图像；

(2) [x, fv]=fminbnd('f ',a,c)或者[x, fv]=fminbnd('f ',c,b)等命令来求解.

当极值点的数量有多个时，可以通过绘图大致确定极值点所在的范围，再调整区间，然后用 fminbnd 命令求解.

例 8 求函数 $f(x)=3x^4+2x^3-9x^2$ 在 $(-2,2)$ 内的极小值.

解 输入：>>f='3*x^4+2*x^3-9*x^2';

>>fplot(f,[-2,2])

输出：如图 3-18 所示.

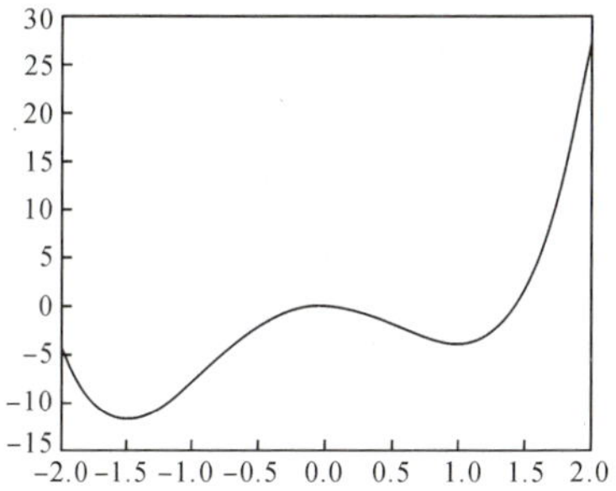

图 3-18

再输入：>>[x, fv]=fminbnd(f,-2,0)

输出：x=

-1.5000

fv=

-11.8125

再输入：>>[x, fv]=fminbnd(f,0,2)

输出：x=

1.0000

fv=

-4.0000

因此，当 $x=-1.5$ 时，$f_{极小}=-11.8125$；当 $x=1$ 时，$f_{极小}=-4$.

对于求函数最大值 $f_{\max}(x)$，可转化为求函数最小值 $-f_{\min}(x)$.

3. 求一元函数 $f(x)$ 在 (a,b) 内的最大值，可用 fminbnd 命令，调用格式如下：

(1) fplot('f ',[a,b])：作函数 $f(x)$ 在闭区间 $[a,b]$ 上的图像；

(2) [x, fv]=fminbnd('-f ',a,b).

例 9 某学校为 22m 的道路上安装路灯，已知路面上任一点 $x(m)$ 处的亮度满足以下关系式：

$$f(x)=\frac{36}{\sqrt{[36+(1-x)^2]^3}}+\frac{63}{\sqrt{[49+(11-x)^2]^3}}+\frac{20}{\sqrt{[25+(21-x)^2]^3}},0\leqslant x\leqslant 22$$

问：路面上最暗点和最亮点在哪里？

解 (1) 首先画出函数的图像.

输入：>> f='36/sqrt((36+(1-x)^2)^3)+63/sqrt((49+(11-x)^2)^3)+20/sqrt((25+(21-x)^2)^3)';

```
>> fplot(f,[0,22])
   grid          %此处是将图像添加网格
```

输出:如图 3-19 所示.

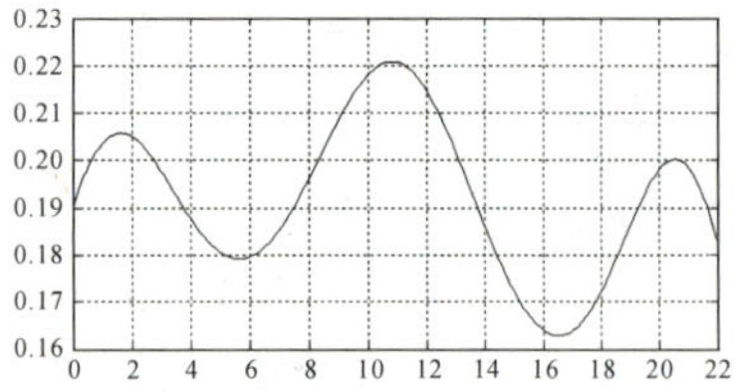

图 3-19

观察图像知,函数在区间[0,22]上共有三个极大值和两个极小值,并且最小值在区间(16,18)内,最大值在区间(10,12)内.

(2)求函数最小值.

输入:>> [x1, fv1]=fminbnd(f,16,18)

输出:x1=

    16.5353

  fv1=

    0.1628

因此,最暗点在路面上 16.5353m 处,亮度的最小值为 0.1628.

(3)求函数最大值.

输入:>> g='-(36/sqrt((36+(1-x)^2)^3)+63/sqrt((49+(11-x)^2)^3)+20/sqrt((25+(21-x)^2)^3))';

  >> [x2, fv2]=fminbnd(g,10,12)

输出:x2 =

    10.8224

  fv2=

    -0.2208   %此处负号指取得最大

因此,最亮点在路面上 10.8224m 处,亮度的最大值为 0.2208.

【注意】命令 fminbnd 只会输出函数 f 在区间(a,b)较小的极小值,而不会同时输出两个或两个以上极小值.

*习题 3.7

1. 求下列函数的导数:

(1)$y=\sin(x\sqrt{x})$;　　(2)$y=\arcsin x\cdot\sqrt{1+2x^2}$;

(3)$y=\dfrac{\ln\cos x}{1-\sqrt{x}}$.

2. 设 $y=\cos x$,求 $y^{(7)}\Big|_{x=\frac{\pi}{4}}$.

3. 求函数 $f(x)=3x^4-2x^3-9x^2+3$ 在$[-2,2]$上的极小值.

4. 边长为 30cm 的正方形铁皮,在其四个角上截去四个全等的小正方形后,制成一个底面为方形的容器,问:截去的小正方形边长 x 为多少时,容器的容积最大?并求出最大的容积.

【思政园地】

苏步青:东方第一几何学家

苏步青被誉为"东方第一几何学家",引领我国仿射微分几何学和射影微分几何学领域研究,晚年开辟计算几何新方向.他创立"微分几何学派",躬耕教坛 70 余载,引领复旦数学学科发展,培养一代代数学英才,三代六院士,留下“苏步青效应”，为我国数学教育事业贡献卓著. 他是“数学家中的诗人，诗人中的数学家”，一生创作诗词近500首，抒情言志，出版多部诗集，实现“数与诗的交融”——“微分显万象，平生问几何”.

苏步青出生于浙江省平阳县的一个小山村，他的童年是在放牛喂猪之类的农活中度过. 10岁那年，苏步青写出“牵着卧牛走，去耕天下田”的诗句，为自己俯察万象、心济天下的一生埋下伏笔.

父母省吃俭用供苏步青上学，中学数学老师激发他的报国心，中学校长出钱资助，让17岁的苏步青东渡扶桑. “当我埋头在数学公式里的时候，我感觉是最幸福的时刻.”怀着一腔热爱与热血，苏步青克服种种困难，以第一名考入日本东北帝国大学数学系，从此与数学结下一生之缘.

1930年初，苏步青在一般曲面研究中发现了四次(三阶)代数锥面，论文发表后，在日本和国际数学界产生很大反响，获得“苏锥面”的美称. 一边教学，一边做科研，苏步青深耕仿射微分几何领域，发表40多篇论文，被学术界称为“东方国度上空升起的灿烂的数学明星”.

1931年初，苏步青回到阔别已久的故土，并应时任浙江大学数学系主任陈建功之约，到浙江大学任教. 在战火纷飞的年代，苏步青忍饥挨饿，吃了几个月番薯干蘸盐巴，在防空洞里教学、科研不辍. 他带领学生研究射影微分几何，成果引起了国际几何学界的轰动.

1952年，全国高校院系调整，苏步青来到复旦大学. 其间，他撰写《一般空间微分几何学》《现代微分几何概论》和《射影曲面概论》等专著，系统总结研究成果，奠定微分几何学的发展基础，让他创立的“微分几何学派”在复旦大学发扬光大. 1956年，由于“一般空间微分几何学”“射影曲线论”方面的突出贡献，苏步青荣获新中国首届“国家自然科学奖”.

“数学要有应用，应用数学要面向国民经济.”自从1964年与上海汽轮机厂合作开始，苏步青就十分关心生产实际问题. 他带领学生去过不少工厂，后来又去江南造船厂搞船体数学放样，去上海工具厂为工人和技术人员上课，为他们解决生产中遇到的问题，大大提高了相关产业的科技水平和生产率，推动了这些产业的迅速发展.

在船体数学放样项目的基础上，古稀之年的苏步青创立“计算几何”新学科，开辟几何研究新领域. “也知老去无筋力，尤拟攀登上险巅.”为了奋力追赶国际水平，苏步青编著我国第一本《计算几何》专著，在复旦数学系举办“计算几何”讨论班，并于1982年领衔成立了全国计算几何协作组，网罗高校和科研机构人才，有力推动了我国计算几何学的发展.

2003年8月，国际工业与应用数学联合会(ICIAM)决定设立“ICIAM苏步青奖”，这是第一个以我国数学家命名的国际性数学大奖. 2003年11月，中国工业与应用数学学会(CSIAM)决定设立“CSIAM苏步青应用数学奖”，成为我国数学界第三个数学大奖.

仰望苍穹，国际编号为297161号的小行星，2019年11月8日正式命名为“苏步青星”. 苏步青的卓越科学成就、崇高师者风范，如星光熠耀，指引着后人砥砺前行，正如其诗所言：“为学应须毕生力，攀登贵在少年时.”

节选自：张双虎，胡慧中. 数与诗的交融：“东方第一几何学家”苏步青[N]. 中国科学报，2022-10-20(4).

本章小结

一、内容提要

1. 罗尔中值定理成立的条件：函数在闭区间上连续，在开区间内可导，在区间端点处的函数值相等. 结论：开区间内至少有一点，使得函数在该点的一阶导数等于零.

2. 拉格朗日中值定理成立的条件：函数在闭区间上连续，在开区间内可导. 结论：开区间内至少有一点，使得函数在该点的一阶导数等于区间端点的函数值之差与区间长度之比.

3. 洛必达法则：当分子分母的极限均为 0 或∞时，只要分子分母分别求导后的比式的极限存在或是∞，那么就可以使用洛必达法则，$\lim \dfrac{f(x)}{g(x)}=\lim \dfrac{f'(x)}{g'(x)}=A$（或$\infty$）.

4. 利用导数判断函数的单调性：如果在(a,b)内有 $f'(x)>0$，那么函数 $f(x)$在(a,b)内单调增加；如果在(a,b)内有 $f'(x)<0$，那么函数 $f(x)$在(a,b)内单调减少.

5. 求函数极值（或单调区间）的基本步骤：

（1）确定函数的定义域；

（2）求 $f'(x)$，并求出定义域内函数的驻点（使 $f'(x)=0$ 的点）$x=x_i$ 和 $f'(x)$不存在的点 $x=x_j$；（如果只有函数的驻点，且驻点的二阶导数不为 0，那么用二阶导数的符号来判断极值. 如果 $f''(x_0)<0$，那么 $f(x_0)$是函数 $f(x)$的极大值；如果 $f''(x_0)>0$，那么 $f(x_0)$是函数 $f(x)$的极小值.）

（3）用上述点 $x=x_i$ 和 $x=x_j$ 按从小到大的顺序将定义域分成若干个小区间，并列表讨论各小区间 $f'(x)$的符号，判定单调递增（或递减）区间，确定函数极值点；

（4）求出各极值点处的函数值，即函数的全部极值.

6. 求最优化问题的解题步骤：

（1）根据题意，确立目标函数及其定义域；

（2）求目标函数的导数及驻点，如果是定义域内唯一驻点，则该驻点的函数值即为所求的最值.

7. 了解曲线上某一点弯曲程度的重要指标——曲率.

$$K=\lim_{\Delta s\to 0}\left|\frac{\Delta\alpha}{\Delta s}\right|=\left|\frac{\mathrm{d}\alpha}{\mathrm{d}s}\right|.$$

8. 求函数凹凸区间和拐点的一般步骤：

（1）确定函数 $y=f(x)$的定义域；

（2）求 $f''(x)$，并求出定义域内使得 $f''(x)=0$ 的点 $x=x_i$，以及 $f''(x)$不存在的点 $x=x_j$；

（3）用上述点 $x=x_i$ 和 $x=x_j$ 按从小到大的顺序将定义域分成若干个小区间，并列表讨论各小区间 $f''(x)$的符号，确定凹凸区间和拐点.

9. 函数的三种渐近线：

(1)水平渐近线 $y=C$；(2)垂直渐近线 $x=x_0$；(3)斜渐近线 $y=kx+b$.

10. 综合函数单调性、极值、凹凸性、拐点这些重要内容及渐近线判定等，可以准确地描绘函数的图像.

二、学习方法

1. 用数形结合的方法搞清两大微分中值定理成立的条件与结论.

2. 在工程领域及经济活动中经常会遇到最优化问题，学生应当学会寻找并建立实际问题的数学模型. 分析及求解最优化问题的方法为：(1)确立目标函数；(2)求驻点，再判断是否是唯一的驻点.

3. 洛必达法则是求极限的方法之一. 利用洛必达法则的要点是先判断是否为$\frac{0}{0}$型或$\frac{\infty}{\infty}$型，或者能否转换成$\frac{0}{0}$型或$\frac{\infty}{\infty}$型.

复习题三

一、选择题

1. 下列函数在所给区间满足拉格朗日中值定理条件的是(　　)

A. $f(x)=\sqrt[3]{x^2}$,$[-2,3]$　　B. $f(x)=\frac{1}{x^2}$, $[-1,2]$

C. $f(x)=|x|$,$[-1,1]$　　D. $f(x)=x\sqrt{2-x}$,$[0,2]$

2. 函数 $f(x)=x-\ln x$ 的单调递增区间是(　　)

A. $(0,+\infty)$　　B. $(-\infty,0)$

C. $(0,1)$　　D. $(1,+\infty)$

3. 函数 $f(x)=x^3-3x^2$ 的极小值点是(　　)

A. $x=0$　　B. $x=1$　　C. $x=2$　　D. $x=3$

4. 曲线 $f(x)=x^3-x^2-x+1$ 的拐点是(　　)

A. $\left(-\frac{1}{3},\frac{16}{27}\right)$　　B. $(0,1)$　　C. $\left(\frac{1}{3},\frac{16}{27}\right)$　　D. $(1,0)$

5. 某产品的利润函数 $L(x)=20x-x^2$(万元)(其中 x 为产量，单位：件)，则使该产品的利润最大，产量 x 应为(　　)

A. 8　　B. 9　　C. 10　　D. 12

二、填空题

6. 函数 $f(x)=x^3$ 在区间$[0,1]$满足拉格朗日中值定理条件，则定理结论中的 $\xi=$________.

7. 如果函数 $f(x)$在(a,b)内 $f'(x)=g'(x)$，则有 $f(x)=$________.

8. 满足等式 $f'(x_0)=0$ 的点 $x=x_0$ 是函数 $y=f(x)$的________.

9. 如果可导函数 $y=f(x)$在点 x_0 取得极值，那么________.

10. 某产品的总成本函数 $C(q)=200+0.01q^2$(元)，则该产品当产量 $q=100$ 件时的边际成本为________.

11. 曲线弧 $y=\sin x(0\leqslant x\leqslant\pi)$上位于点$\left(\frac{\pi}{2},1\right)$处的曲率为________，曲

率半径为________.

12. 函数 $f(x)=3x-x^3$ 的极值点为________，极大值为________，极小值为________，凹区间为________，凸区间为________，拐点为________.

13. 曲线 $y=\dfrac{x-1}{x+3}$ 的水平渐近线为________，垂直渐近线为________.

三、计算题

14. 求下列极限：

(1) $\lim\limits_{x\to1}\dfrac{x^m-1}{x^n-1}$（$m,n$ 是正整数）； (2) $\lim\limits_{x\to a}\dfrac{\sin x-\sin a}{x-a}$；

(3) $\lim\limits_{x\to1}\dfrac{x^2-x}{\ln x-x+1}$； (4) $\lim\limits_{x\to0}\dfrac{\tan x-x}{x-\sin x}$；

(5) $\lim\limits_{x\to0}\dfrac{e^x-e^{-x}-2x}{x^2}$； (6) $\lim\limits_{x\to+\infty}\dfrac{e^{x^2}}{x^4}$；

(7) $\lim\limits_{x\to0^+}\dfrac{\ln x}{\ln\sin x}$； (8) $\lim\limits_{x\to0}\left(\dfrac{1}{\ln(1+x)}-\dfrac{1}{x}\right)$；

(9) $\lim\limits_{x\to+\infty}x\left(\dfrac{\pi}{2}-\arctan x\right)$； *(10) $\lim\limits_{x\to+\infty}x^{\frac{1}{x}}$；

*(11) $\lim\limits_{x\to1}x^{\frac{1}{1-x}}$； *(12) $\lim\limits_{x\to0}\dfrac{e^{\tan x}-e^{\sin x}}{\tan x\sin^2x}$.

15. 求下列函数的单调区间和极值：

(1) $y=2x^3+3x^2-1$； (2) $y=x+e^{-x}$；

(3) $y=4x-6x^{\frac{2}{3}}+2$； (4) $y=x+\sqrt{1-x}$.

16. 求下列函数的最值：

(1) $y=x^4-8x^2+2,x\in[-1,3]$； (2) $y=\dfrac{2x}{1+x^2},x\in[-3,3]$.

17. 求下列函数的凹凸区间和拐点：

(1) $y=x^3-3x^2+3x+1$； (2) $y=\ln(x^2+1)$.

四、应用题

18. 如果 $x=1$ 和 $x=2$ 都是函数 $y=a\ln x+bx^2+3x$ 的极值点，试求常数 a 和 b 的值.

19. 要造一体积为 $V=2\pi(\mathrm{m}^3)$ 的圆柱形封闭储油罐，问：底半径 r 和高 h 等于多少时，才能使油罐表面积最小？

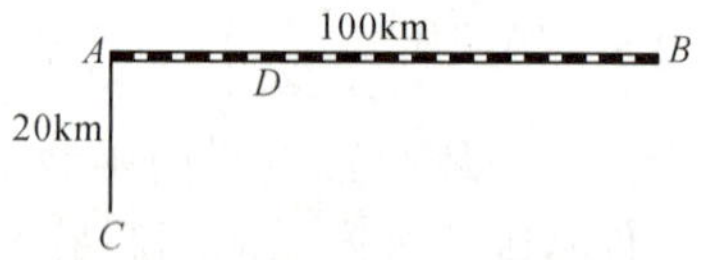

图 3-20

20. 如图 3-20 所示，一铁路线上 AB 段的长度为 100km. 工厂 C 距 A 处为 20km，AC 垂直于 AB. 出于运输需要，要在 AB 线上选定一点 D 向工厂修筑一条公路. 已知铁路每公里运费与公路每公里运费之比为 3 : 5. 为了使货物从供应站 B 运到工厂 C 的运费最省，问：D 点应选在何处？

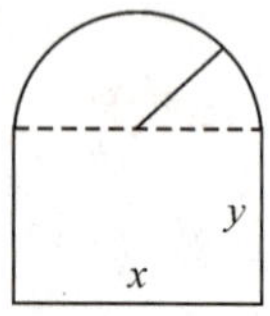

图 3-21

21. 某地区防空洞的截面拟建成矩形加半圆（图 3-21）. 截面的面积为 $5\mathrm{m}^2$. 问：底宽 x 为多少时才能使截面的周长最小，从而使建造时所用的材料最省？

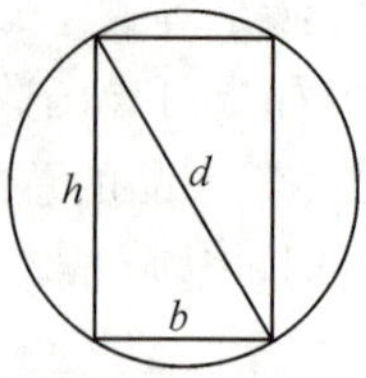

图 3-22

22. 根据力学知识，矩形截面梁的弯曲截面系数 $W=\dfrac{1}{6}bh^2$，其中 h,b 分别为矩形截面的高和宽，W 与梁的承载能力密切相关，W 越大则承载能力越强. 现将一根直径为 d 的圆木锯成矩形截面梁，如图 3-22 所示. 要使 W 值最大，b、h 应为何值？W 的最大值是多少？

23. 试确定曲线 $y=ax^3+bx^2+cx+d$ 中的实数 a、b、c、d，使得 $x=-2$ 为驻点，$(1,-10)$ 为拐点，且通过 $(-2,44)$.

24. 设工件内表面（图 3-23）的截线为抛物线 $y=0.4x^2$，现拟用砂轮磨削其内表面，试问：选用多大直径的砂轮比较合适？

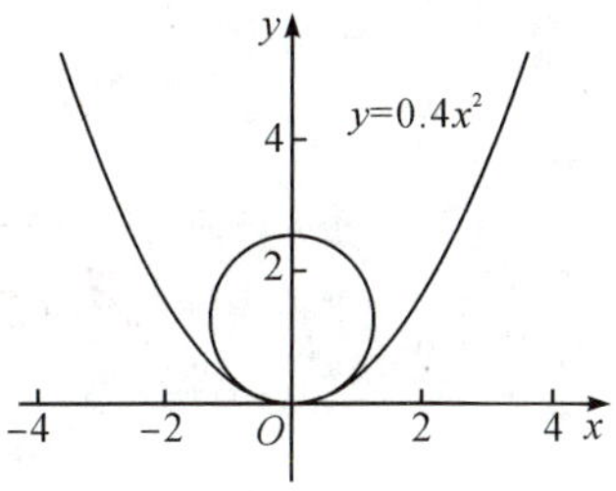

图 3-23

25. 描绘函数 $y=x+\dfrac{1}{x}$ 的图像.

第 4 章

不定积分及其应用

【学习目标】

1. 理解原函数与不定积分的概念及其关系，理解原函数存在定理，掌握不定积分的性质.

2. 熟记基本不定积分公式.

3. 掌握不定积分的第一类换元法（“凑”微分法）、第二类换元法（限于三角换元与一些简单的根式换元）.

4. 掌握不定积分的分部积分法.

5. 理解常微分方程的概念，理解常微分方程的阶、解、通解、初始条件和特解的概念.

7. 掌握可分离变量微分方程与齐次方程的解法.

重点：不定积分的概念与计算，微分方程的基本概念.

难点：不定积分的综合应用.

新的数学方法和概念，常常比解决数学问题本身更重要.

——华罗庚

数学是知识的工具，亦是其他知识工具的源泉. 所有研究顺序和度量的科学均和数学有关.

——笛卡儿

在前面我们已经研究了函数的导数和微分，但在实际问题中，往往会遇到相反的问题：已知某函数的导数（或微分），求原来的函数，这就是求导（或微分）的逆运算——求不定积分.

§ 4.1　不定积分的概念与性质

4.1.1　原函数与不定积分

1. 原函数的概念

引例 1　已知某质点以速度 $v=3t^2$ 做变速直线运动，求该质点的运动方程.

解　设该质点的运动方程为 $s(t)$，则有

$$s'(t)=3t^2,$$

而 $(t^3+C)'=3t^2$（C 为任意常数），所以该质点的运动方程为 $s(t)=t^3+C$.

4-1　原函数的概念

引例 2 已知平面曲线上任一点处的切线斜率为 $\cos x$，求该曲线的方程.

解 设该曲线方程为 $y=F(x)$，由题意可知

$$k=f'(x)=\cos x,$$

因为 $(\sin x+C)'=\cos x$（C 为任意常数），故曲线方程为 $y=\sin x+C$.

定义 1 设函数 $f(x)$ 在某区间 I 上有定义，如果存在函数 $F(x)$，对任一点 $x\in I$，使得 $F'(x)=f(x)$ 或 $\mathrm{d}F(x)=f(x)\mathrm{d}x$，则称函数 $F(x)$ 是函数 $f(x)$ 在区间 I 上的一个**原函数(primitive function/antiderivative)**.

由上面两个引例可知，t^3 是函数 $3t^2$ 的一个原函数，同时 t^3+C 也是函数 $3t^2$ 的一个原函数；$\sin x$ 是函数 $\cos x$ 的一个原函数，$\sin x+C$ 也是 $\cos x$ 的一个原函数.

【说明】(1) 原函数的存在问题：如果 $f(x)$ 在某区间连续，那么它的原函数一定存在；

(2) 原函数的一般表达式：若 $F(x)$ 存在表达式，就不是唯一的，这些原函数之间有什么差异？能否写成统一的表达式？对此有如下结论：

定理 1 若 $F(x)$ 是 $f(x)$ 的一个原函数，则 $F(x)+C$ 是 $f(x)$ 的全部原函数，其中 C 为任意常数.

证 由于 $F'(x)=f(x)$，又 $\left[F(x)+C\right]'=F'(x)=f(x)$，所以函数族 $F(x)+C$ 中的每一个都是 $f(x)$ 的原函数.

另一方面，设 $G(x)$ 也是 $f(x)$ 的一个原函数，即 $G'(x)=f(x)$，则可证 $F(x)$ 与 $G(x)$ 之间只相差一个常数，即 $G(x)-F(x)=C$，所以 $G(x)=F(x)+C$，这就是说，$f(x)$ 的任一个原函数 $G(x)$ 均可表示成 $F(x)+C$ 的形式.

这就证明了 $f(x)$ 的全体原函数刚好组成函数族 $F(x)+C$.

2. 不定积分的概念

定义 2 若函数 $F(x)$ 是 $f(x)$ 在区间 I 上的一个原函数，则 $F(x)+C$（C 为任意常数）称为 $f(x)$ 在该区间上的**不定积分(indefinite integral)**，记为 $\int f(x)\mathrm{d}x$，即

$$\int f(x)\mathrm{d}x=F(x)+C,$$

其中，符号 $\int$ 称为**积分号**，$f(x)$ 称为**被积函数**，$f(x)\mathrm{d}x$ 称为**被积表达式**，x 称为**积分变量**，C 称为**积分常数**.

4-2 不定积分的概念

例 1 求下列不定积分：

(1) $\int 2x\,\mathrm{d}x$； (2) $\int \frac{1}{1+x^2}\mathrm{d}x$； (3) $\int \mathrm{e}^x\,\mathrm{d}x$.

解 (1) 因为 $(x^2)'=2x$，即 x^2 是 $2x$ 的一个原函数，所以不定积分为 $\int 2x\,\mathrm{d}x=x^2+C$；

同理有 (2) $\int \frac{1}{1+x^2}\mathrm{d}x=\arctan x+C$；

(3) $\int \mathrm{e}^x\,\mathrm{d}x=\mathrm{e}^x+C$.

【注意】不定积分是被积函数的全体原函数的一般表达式，所以切记在求

出被积函数的一个原函数后加上积分常数 C.

3. 不定积分的几何意义

综上所述，求 $f(x)$ 的不定积分，只需求出它的任一原函数，再加上任一常数 C 即可. 通常把一个原函数 $F(x)$ 的图像称为 $f(x)$ 的一条积分曲线，其方程为 $y=F(x)$. 因此，不定积分 $\int f(x)\mathrm{d}x$ 在几何上就表示全体积分曲线所组成的曲线族，其中任一条曲线都可由另一条积分曲线沿 y 轴方向上下平移而得(图 4-1)，它们的方程是 $y=F(x)+C$，这就是不定积分的几何意义.

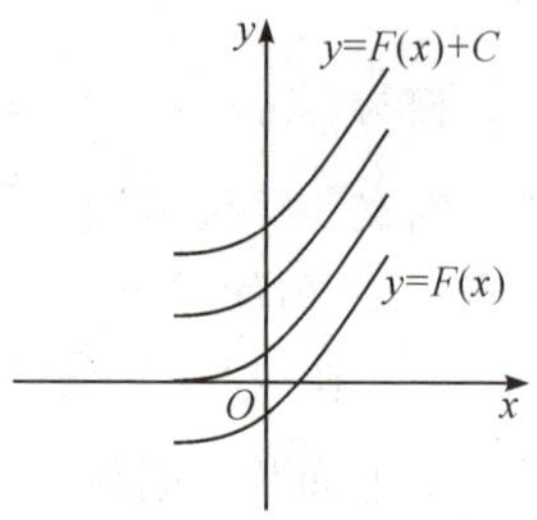

图 4-1

4.1.2　不定积分的基本公式

根据不定积分的定义，我们可由导数基本公式推得积分基本公式. 具体如下：

(1) $\int 0\mathrm{d}x=C$;

(2) $\int k\mathrm{d}x=kx+C$(k 为常数)；

(3) $\int x^{\mu}\mathrm{d}x=\frac{1}{\mu+1}x^{\mu+1}+C(\mu\neq-1)$;

(4) $\int \frac{1}{x}\mathrm{d}x=\ln|x|+C$;

(5) $\int \mathrm{e}^{x}\mathrm{d}x=\mathrm{e}^{x}+C$;

(6) $\int a^{x}\mathrm{d}x=\frac{a^{x}}{\ln a}+C$;

(7) $\int \cos x\mathrm{d}x=\sin x+C$;

(8) $\int \sin x\mathrm{d}x=-\cos x+C$;

(9) $\int \frac{1}{\cos^{2}x}\mathrm{d}x=\int \sec^{2}x\mathrm{d}x=\tan x+C$;

(10) $\int \frac{1}{\sin^{2}x}\mathrm{d}x=\int \csc^{2}x\mathrm{d}x=-\cot x+C$;

(11) $\int \sec x\tan x\mathrm{d}x=\sec x+C$;

(12) $\int \csc x\cot x\mathrm{d}x=-\csc x+C$;

(13) $\int \frac{1}{1+x^{2}}\mathrm{d}x=\arctan x+C$;

(14) $\int \frac{1}{\sqrt{1-x^{2}}}\mathrm{d}x=\arcsin x+C$.

以上 14 个公式是进行积分运算的基础，必须熟记，不仅要记住右端结果，还要熟悉左端被积函数的形式.

4.1.3　不定积分的性质

性质 1　由积分定义知，积分运算与微分运算之间有如下的互逆关系：

(1) $\left[\int f(x)\mathrm{d}x\right]'=f(x)$　或　$\mathrm{d}\left[\int f(x)\mathrm{d}x\right]=f(x)\mathrm{d}x$.

此式表明，先求积分再求导数（或求微分），两种运算的作用相互抵消.

(2) $\int F'(x)\mathrm{d}x = F(x)+C$ 或 $\int \mathrm{d}F(x) = F(x)+C$.

此式表明，先求导数（或求微分）再求积分，两种运算的作用相互抵消后还留有积分常数 C.

性质 2 $\int kf(x)\mathrm{d}x = k\int f(x)\mathrm{d}x\ (k\neq 0)$.

性质 3 $\int [f(x)\pm g(x)]\mathrm{d}x = \int f(x)\mathrm{d}x \pm \int g(x)\mathrm{d}x$.

利用不定积分的性质和基本积分公式，就可以求一些简单函数的不定积分了，这种积分方法称为**直接积分法**，用直接积分法可求出某些简单函数的不定积分.

例 2 求下列不定积分：

(1) $\int \frac{1}{x^2}\mathrm{d}x$；　　(2) $\int x\sqrt{x}\,\mathrm{d}x$；

(3) $\int (\sqrt{x}+1)\left(x-\frac{1}{\sqrt{x}}\right)\mathrm{d}x$；　　(4) $\int \frac{x^2-1}{x^2+1}\mathrm{d}x$.

解 (1) 由积分基本公式可知 $\int \frac{1}{x^2}\mathrm{d}x = -\frac{1}{x}+C$；

(2) 由积分基本公式可知 $\int x\sqrt{x}\,\mathrm{d}x = \int x^{\frac{3}{2}}\mathrm{d}x = \frac{x^{\frac{3}{2}+1}}{\frac{3}{2}+1}+C = \frac{2}{5}x^{\frac{5}{2}}+C$；

(3)
$$\int (\sqrt{x}+1)\left(x-\frac{1}{\sqrt{x}}\right)\mathrm{d}x = \int\left(x\sqrt{x}+x-1-\frac{1}{\sqrt{x}}\right)\mathrm{d}x$$
$$= \frac{2}{5}x^{\frac{5}{2}}+\frac{1}{2}x^2-x-2x^{\frac{1}{2}}+C；$$

(4)
$$\int \frac{x^2-1}{x^2+1}\mathrm{d}x = \int\left(1-\frac{2}{x^2+1}\right)\mathrm{d}x = \int \mathrm{d}x - 2\int\frac{\mathrm{d}x}{x^2+1} = x-2\arctan x+C.$$

【注意】(1) 在分项积分后，不必每一个积分都"$+C$"，只要在总的结果中加一个 C 就行了.

(2) 积分结果是否正确，只要检验积分结果的导数是否等于被积函数，若相等表明计算正确，否则表明计算错误.

(3) 第(3)和(4)小题的解题思路：设法化被积函数为和式，然后再逐项积分，这是一种重要的解题方法，下面的例题仍采用这种方法，不过它实现"化和"是利用了三角函数的恒等变换.

例 3 求下列不定积分：

(1) $\int \tan^2 x\,\mathrm{d}x$；　　(2) $\int \sin^2\frac{x}{2}\mathrm{d}x$.

解 (1) $\int \tan^2 x\,\mathrm{d}x = \int(\sec^2 x-1)\mathrm{d}x = \int \sec^2 x\,\mathrm{d}x - \int \mathrm{d}x = \tan x - x + C$；

(2) $\int \sin^2\frac{x}{2}\mathrm{d}x = \int \frac{1-\cos x}{2}\mathrm{d}x = \frac{1}{2}x-\frac{1}{2}\sin x+C$.

习题 4.1

1. 填空题

(1) 若函数 $f(x)$ 的一个原函数为 x^3，则 $f(x)=$______，

$f'(x)=$______，$\int f'(x)\mathrm{d}x=$______，$\int f(x)\mathrm{d}x=$______.

(2) 设 $f(x)=\sin x-\cos x$，则 $\int f(x)\mathrm{d}x=$______，$\int f'(x)\mathrm{d}x=$______.

(3) $\left(\int \frac{\sin x}{x}\mathrm{d}x\right)'=$______；$\mathrm{d}\left(\int \frac{\sin x}{x}\mathrm{d}x\right)=$______；

$\int \mathrm{d}\left(\frac{\sin x}{x}\right)=$______；$\int \left(\frac{\sin x}{x}\right)'\mathrm{d}x=$______.

(4) 已知 $\int f(x)\mathrm{d}x=2^x+\tan x+C$，那么 $f(x)=$______.

(5) 设 $f(x)=a$（a 为任意常数），则 $\int f(x)\mathrm{d}x=$______.

2. 计算下列不定积分

(1) $\int (1+3x^2-3^x)\mathrm{d}x$；　　(2) $\int \frac{x^2-\sqrt{x}+1}{x}\mathrm{d}x$；

(3) $\int \frac{x^4}{1+x^2}\mathrm{d}x$；　　(4) $\int \frac{x+\sqrt{1-x^2}}{x\sqrt{1-x^2}}\mathrm{d}x$；

(5) $\int \cos^2\frac{x}{2}\mathrm{d}x$；　　(6) $\int \cot^2 x\,\mathrm{d}x$；

(7) $\int \frac{1}{\sin^2 x\cos^2 x}\mathrm{d}x$；　　(8) $\int \frac{\cos 2x}{\sin^2 x\cos^2 x}\mathrm{d}x$.

3. 已知曲线 $y=f(x)$ 在点 (x,y) 处的切线斜率为 x，且过点 $(1,1)$，求该曲线方程.

4. 一物体由静止开始做直线运动，在 t 秒时的速度为 $3t^2$(m/s)，问：

(1) 2s 后物体离开出发点的距离是多少？

(2) 需要多长时间走完 500m？

§4.2　不定积分的换元法

4.2.1　第一换元法

4-3　不定积分第一换元法

利用积分基本公式和性质所能求的不定积分是很有限的，在函数求导方法中我们学习过复合函数的求导法，类似地，也有复合函数的积分法.

引例 1　求不定积分 $\int \cos 2x\,\mathrm{d}x$.

分析：从基本积分公式中没能找到与之相同的积分公式，若作恒等变形意义也不大，因此不考虑用直接积分法. 注意到被积函数 $\cos 2x$ 为复合函数，且 $2\mathrm{d}x=\mathrm{d}(2x)$，于是可作如下变换和计算：

$$\int \cos 2x\,\mathrm{d}x=\int \frac{1}{2}\cos 2x\cdot 2\mathrm{d}x=\frac{1}{2}\int \cos 2x\,\mathrm{d}(2x)\xlongequal{令 u=2x}\frac{1}{2}\int \cos u\,\mathrm{d}u$$

$$=\frac{1}{2}\sin u+C\xlongequal{\text{回代}}\frac{1}{2}\sin 2x+C.$$

在上述运算中，我们看到由积分公式$\int\cos x\,\mathrm{d}x=\sin x+C$得到$\int\cos u\,\mathrm{d}u=\sin u+C$，这就表明若将基本积分公式中的积分变量$x$换成其他变量公式仍然成立.

一般地，我们有下述定理：

定理 1 如果$\int f(x)\mathrm{d}x=F(x)+C$，则$\int f(u)\mathrm{d}u=F(u)+C$成立，其中$u=\varphi(x)$是关于变量$x$的可导函数.

上述引例采用的方法，可一般化为下列计算程序：

若已知$\int f(x)\mathrm{d}x=F(x)+C$，那么

$$\int f[\varphi(x)]\varphi'(x)\mathrm{d}x\xlongequal{\text{凑微分}}\int f[\varphi(x)]\mathrm{d}\varphi(x)$$

$$\xlongequal{\text{令}u=\varphi(x)}\int f(u)\mathrm{d}u=F(u)+C\xlongequal{\text{回代}}F[\varphi(x)]+C.$$

这种先“凑”微分$\varphi'(x)\mathrm{d}x$为$\mathrm{d}\varphi(x)$形式，再作变量替换的积分方法，叫作**第一换元积分法**，也叫作**凑微分法**.

例 1 求$\int x\mathrm{e}^{x^2}\mathrm{d}x$.

解 $\int x\mathrm{e}^{x^2}\mathrm{d}x=\int\mathrm{e}^{x^2}\left(\frac{1}{2}x^2\right)'\mathrm{d}x=\frac{1}{2}\int\mathrm{e}^{x^2}\mathrm{d}(x^2)$

$$\xlongequal{\text{令}u=x^2}\frac{1}{2}\int\mathrm{e}^u\mathrm{d}u=\frac{1}{2}\mathrm{e}^u+C$$

$$\xlongequal{\text{回代}}\frac{1}{2}\mathrm{e}^{x^2}+C.$$

方法熟练之后，中间变量替换的过程可省略，即可直接写$\frac{1}{2}\int\mathrm{e}^{x^2}\mathrm{d}(x^2)=\frac{1}{2}\mathrm{e}^{x^2}+C$.

运用凑微分法时的难点在于原题并未指明应该把哪一部分凑成$\mathrm{d}\varphi(x)$，这需要解题经验，如果记熟下列一些微分式，在利用凑微分法计算一些不定积分时，会大有帮助.

$\mathrm{d}x=\frac{1}{a}\mathrm{d}(ax+b)\ (a\neq 0)$； $x\mathrm{d}x=\frac{1}{2}\mathrm{d}(x^2)$；

$\frac{\mathrm{d}x}{\sqrt{x}}=2\mathrm{d}(\sqrt{x})$； $\mathrm{e}^x\mathrm{d}x=\mathrm{d}(\mathrm{e}^x)$；

$\mathrm{e}^{ax}\mathrm{d}x=\frac{1}{a}\mathrm{d}(\mathrm{e}^{ax})\ (a\neq 0)$； $\frac{1}{x}\mathrm{d}x=\mathrm{d}(\ln|x|)$；

$\sin x\,\mathrm{d}x=-\mathrm{d}(\cos x)$； $\cos x\,\mathrm{d}x=\mathrm{d}(\sin x)$；

$\sec^2x\,\mathrm{d}x=\mathrm{d}(\tan x)$； $\csc^2x\,\mathrm{d}x=-\mathrm{d}(\cot x)$；

$\frac{\mathrm{d}x}{\sqrt{1-x^2}}=\mathrm{d}(\arcsin x)$； $\frac{\mathrm{d}x}{1+x^2}=\mathrm{d}(\arctan x)$.

例 2 求下列不定积分：

(1)$\int(3x-1)^5\mathrm{d}x$； (2)$\int\frac{1}{x}\ln x\,\mathrm{d}x$； (3)$\int\frac{1}{1+x^2}(\arctan x)^2\mathrm{d}x$.

解 (1) $\int(3x-1)^5\mathrm{d}x=\frac{1}{3}\int(3x-1)^5\mathrm{d}(3x-1)$

$$=\frac{1}{3}\times\frac{1}{5+1}(3x-1)^{5+1}+C$$

$$=\frac{1}{18}(3x-1)^6+C;$$

(2) $\int\frac{1}{x}\ln x\,\mathrm{d}x=\int\ln x\,\mathrm{d}(\ln x)=\frac{1}{2}\ln^2x+C$;

(3) $\int\frac{1}{1+x^2}(\arctan x)^2\mathrm{d}x=\int(\arctan x)^2\mathrm{d}(\arctan x)=\frac{1}{3}(\arctan x)^3+C.$

例 3 求下列不定积分：

(1) $\int\cos^2x\,\mathrm{d}x$； (2) $\int\sin^3x\,\mathrm{d}x$； (3) $\int\tan x\,\mathrm{d}x$； (4) $\int\sec x\,\mathrm{d}x$.

解 (1) $\int\cos^2x\,\mathrm{d}x=\int\frac{1+\cos 2x}{2}\mathrm{d}x=\int\frac{1}{2}\mathrm{d}x+\int\frac{1}{4}\cos 2x\,\mathrm{d}(2x)$

$$=\frac{1}{2}x+\frac{1}{4}\sin 2x+C;$$

(2) $\int\sin^3x\,\mathrm{d}x=\int\sin^2x\sin x\,\mathrm{d}x=-\int(1-\cos^2x)\mathrm{d}(\cos x)$

$$=\frac{1}{3}\cos^3x-\cos x+C;$$

(3) $\int\tan x\,\mathrm{d}x=\int\frac{\sin x}{\cos x}\mathrm{d}x=-\int\frac{1}{\cos x}\mathrm{d}(\cos x)=-\ln|\cos x|+C$;

(4) $\int\sec x\,\mathrm{d}x=\int\frac{\sec x(\sec x+\tan x)}{\sec x+\tan x}\mathrm{d}x=\int\frac{\sec^2x+\sec x\tan x}{\sec x+\tan x}\mathrm{d}x$

$$=\int\frac{(\sec x+\tan x)'}{\sec x+\tan x}\mathrm{d}x=\int\frac{1}{\sec x+\tan x}\mathrm{d}(\sec x+\tan x)$$

$$=\ln|\sec x+\tan x|+C.$$

例 4 求下列不定积分

(1) $\int\frac{\mathrm{d}x}{a^2+x^2}(a>0)$； (2) $\int\frac{\mathrm{d}x}{a^2-x^2}(a>0)$； (3) $\int\frac{\mathrm{d}x}{\sqrt{a^2-x^2}}(a>0)$.

解 (1) $\int\frac{\mathrm{d}x}{a^2+x^2}=\frac{1}{a^2}\int\frac{\mathrm{d}x}{1+\left(\frac{x}{a}\right)^2}=\frac{1}{a}\int\frac{\mathrm{d}\left(\frac{x}{a}\right)}{1+\left(\frac{x}{a}\right)^2}=\frac{1}{a}\arctan\frac{x}{a}+C$;

(2) $\int\frac{\mathrm{d}x}{a^2-x^2}=\frac{1}{2a}\int\left(\frac{1}{a+x}+\frac{1}{a-x}\right)\mathrm{d}x=\frac{1}{2a}\left(\int\frac{1}{a+x}\mathrm{d}x+\int\frac{1}{a-x}\mathrm{d}x\right)$

$$=\frac{1}{2a}(\ln|a+x|-\ln|a-x|)+C$$

$$=\frac{1}{2a}\ln\left|\frac{a+x}{a-x}\right|+C;$$

(3) $\int\frac{\mathrm{d}x}{\sqrt{a^2-x^2}}=\int\frac{\mathrm{d}x}{a\sqrt{1-\left(\frac{x}{a}\right)^2}}=\int\frac{1}{\sqrt{1-\left(\frac{x}{a}\right)^2}}\mathrm{d}\left(\frac{x}{a}\right)$

$$=\arcsin\frac{x}{a}+C.$$

为熟练进行积分计算，上述例题中有些积分可作基本积分公式使用.

$$\int \tan x\,\mathrm{d}x=-\ln|\cos x|+C;$$

$$\int \sec x\,\mathrm{d}x=\ln|\sec x+\tan x|+C;$$

$$\int \frac{\mathrm{d}x}{\sqrt{a^2-x^2}}=\arcsin\frac{x}{a}+C(a>0);$$

$$\int \frac{\mathrm{d}x}{a^2+x^2}=\frac{1}{a}\arctan\frac{x}{a}+C(a>0);$$

$$\int \frac{\mathrm{d}x}{a^2-x^2}=\frac{1}{2a}\ln\left|\frac{a+x}{a-x}\right|+C(a>0).$$

4.2.2 第二换元法

第一换元积分法是通过变量代换 $u=\varphi(x)$，将积分化为$\int f(u)\mathrm{d}u$，从而求出积分，但对于有些被积函数需要作相反的换元，即令 $x=\varphi(t)$，将被积函数的变量和积分变量都换为 t，即将$\int f(x)\mathrm{d}x$ 化为积分$\int f[\varphi(t)]\varphi'(t)\mathrm{d}t$ 才能顺利地求出，其过程如下：

4-4　不定积分第二换元法

$$\int f(x)\mathrm{d}x \xlongequal[x=\varphi(t)]{\text{换元}} \int f[\varphi(t)]\varphi'(t)\mathrm{d}t \xlongequal{\text{整理}} \int g(t)\mathrm{d}t=F(t)+C$$

$$\xlongequal[t=\varphi^{-1}(x)]{\text{回代}} F[\varphi^{-1}(x)]+C,$$

其中，$t=\varphi^{-1}(x)$是$x=\varphi(t)$的反函数，这种求不定积分的方法称为**第二换元积分法**.

使用第二换元法的关键是恰当地选择变换函数 $x=\varphi(t)$，对于 $\varphi(t)$，要求其单调可导，且 $\varphi'(t)\neq 0$，下面通过一些例题来说明.

1. 第一种情形(被积函数含被开方因式为一次式的根式)

例 5　求$\int \frac{1}{2+\sqrt{x-1}}\mathrm{d}x$.

解　要设法去掉根号，为此设$\sqrt{x-1}=t$，即$x=t^2+1$，则$\mathrm{d}x=2t\mathrm{d}t$，于是

$$\int \frac{1}{2+\sqrt{x-1}}\mathrm{d}x=\int \frac{2t}{2+t}\mathrm{d}t=2\int \frac{(t+2)-2}{2+t}\mathrm{d}t=2\int\left(1-\frac{2}{2+t}\right)\mathrm{d}t$$

$$=2\int \mathrm{d}t-4\int \frac{1}{2+t}\mathrm{d}(2+t)=2t-4\ln|2+t|+C$$

$$\xlongequal{\text{回代}} 2\sqrt{x-1}-4\ln(2+\sqrt{x-1})+C.$$

小结：被积函数中含有被开方因式为一次式的根式$\sqrt[n]{ax+b}$ 时，令$\sqrt[n]{ax+b}=t$，可以消去根号，从而求得积分.

例 6　求$\int \frac{1}{\sqrt{x}+\sqrt[3]{x}}\mathrm{d}x$.

解　为去掉被积函数中的$\sqrt{x}$ 和$\sqrt[3]{x}$ 的根号，可令$t=\sqrt[6]{x}$，则 $x=t^6(t>0)$，$\sqrt{x}=t^3$，$\sqrt[3]{x}=t^2$，$\mathrm{d}x=6t^5\mathrm{d}t$，于是有

$$\int \frac{1}{\sqrt{x}+\sqrt[3]{x}}\mathrm{d}x=\int \frac{6t^5}{t^3+t^2}\mathrm{d}t=6\int \frac{t^3}{1+t}\mathrm{d}t=6\int \frac{t^3+1-1}{1+t}\mathrm{d}t$$

$$=6\int\left(t^2-t+1-\frac{1}{1+t}\right)\mathrm{d}t$$
$$=2t^3-3t^2+6t-6\ln|1+t|+C$$
$$\xlongequal{\text{回代}}2\sqrt{x}-3\sqrt[3]{x}+6\sqrt[6]{x}-6\ln(1+\sqrt[6]{x})+C.$$

2. 第二种情形(被积函数含被开方因式为二次式的根式)

例 7 求$\int\sqrt{a^2-x^2}\,\mathrm{d}x\,(a>0)$.

解 被积函数中含有根式$\sqrt{a^2-x^2}$,去掉此根式可采用三角代换,

令 $x=a\sin t\left(-\frac{\pi}{2}<t<\frac{\pi}{2}\right)$,则有:

$\sqrt{a^2-x^2}=\sqrt{a^2-a^2\sin^2 t}=a\sqrt{1-\sin^2 t}=a\cos t$,

$\mathrm{d}x=\mathrm{d}(a\sin t)=a\cos t\,\mathrm{d}t$.

于是$\int\sqrt{a^2-x^2}\,\mathrm{d}x=a^2\int\cos^2 t\,\mathrm{d}t=a^2\int\frac{1+\cos 2t}{2}\mathrm{d}t$

$$=\frac{a^2}{2}\left(t+\frac{1}{2}\sin 2t\right)+C$$
$$=\frac{a^2}{2}t+\frac{a^2}{2}\sin t\cos t+C.$$

为把 t 回代成 x 的函数,根据 $x=a\sin t$ 作一辅助直角三角形,

由图 4-2 可知 $\cos t=\frac{\sqrt{a^2-x^2}}{a}$,代入上式得

$$\int\sqrt{a^2-x^2}\,\mathrm{d}x=\frac{a^2}{2}\arcsin\frac{x}{a}+\frac{x}{2}\sqrt{a^2-x^2}+C.$$

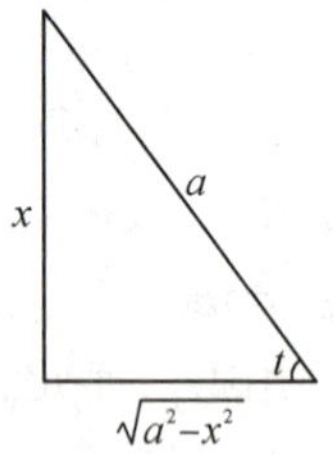

图 4-2

例 8 求$\int\frac{\mathrm{d}x}{\sqrt{x^2+a^2}}(a>0)$.

解 令 $x=a\tan t\left(-\frac{\pi}{2}<t<\frac{\pi}{2}\right)$,则有:

$\sqrt{x^2+a^2}=\sqrt{a^2\tan^2 t+a^2}=a\sqrt{\tan^2 t+1}=a\sec t$,

$\mathrm{d}x=\mathrm{d}(a\tan t)=a\sec^2 t\,\mathrm{d}t$,

所以$\int\frac{\mathrm{d}x}{\sqrt{x^2+a^2}}=\int\frac{a\sec^2 t}{a\sec t}\mathrm{d}t=\int\sec t\,\mathrm{d}t=\ln|\sec t+\tan t|+C_1$,

还原变量,根据 $x=a\tan t$ 作一辅助直角三角形,

由图 4-3 可知 $\tan t=\frac{x}{a}$,$\sec t=\frac{1}{\cos t}=\frac{\sqrt{x^2+a^2}}{a}$,

于是$\int\frac{\mathrm{d}x}{\sqrt{x^2+a^2}}=\ln|\sec t+\tan t|+C_1$

$$=\ln\left|\frac{\sqrt{x^2+a^2}}{a}+\frac{x}{a}\right|+C_1$$
$$=\ln\left|\sqrt{x^2+a^2}+x\right|+C(C=C_1-\ln a).$$

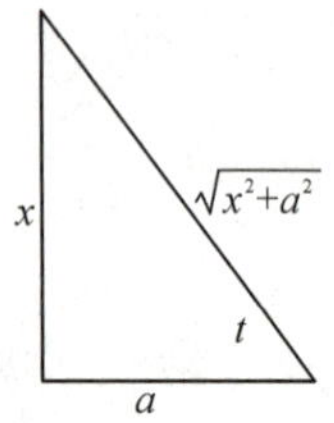

图 4-3

上面两个例题的变量代换方法叫作**三角代换**.一般地,根式中含有 x 的平方项时,三角代换可以有效地去根式.结合三角函数的平方关系式,通常有以下三种三角代换模式:

(1) $\sqrt{a^2-x^2}$ 时,考虑到 $1-\sin^2 t=\cos^2 t$,

可作代换 $x=a\sin t\left(-\frac{\pi}{2}<t<\frac{\pi}{2}\right)$；

(2) $\sqrt{x^2+a^2}$ 时，考虑到 $\tan^2 t+1=\sec^2 t$，

可作代换 $x=a\tan t\left(-\frac{\pi}{2}<t<\frac{\pi}{2}\right)$；

(3) $\sqrt{x^2-a^2}$ 时，考虑到 $\tan^2 t=\sec^2 t-1$，

可作代换 $x=a\sec t\left(0<t<\frac{\pi}{2}\right)$.

在具体解题时，还需要具体分析，如 $\int x\sqrt{x^2-a^2}\,\mathrm{d}x$ 就不必用三角代换，而用凑微分法更方便.

习题 4.2

1. 填空题：

(1) $\mathrm{d}x=$ ________ $\mathrm{d}(2x)=$ ________ $\mathrm{d}(3x+1)=$ ________ $\mathrm{d}(1-3x)$；

(2) $x\,\mathrm{d}x=$ ________ $\mathrm{d}(x^2)$；　　(3) $\frac{1}{x}\mathrm{d}x=\mathrm{d}$ ________；

(4) $\frac{1}{x^2}\mathrm{d}x=\mathrm{d}$ ________；　　(5) $\frac{1}{\sqrt{x}}\mathrm{d}x=\mathrm{d}$ ________；

(6) 若 $\int f(x)\mathrm{d}x=F(x)+C$，则 $\int f(2x+3)\mathrm{d}x=$ ________.

2. 计算下列不定积分：

(1) $\int \mathrm{e}^{-x}\,\mathrm{d}x$；　　(2) $\int \mathrm{e}^{3x}\,\mathrm{d}x$；

(3) $\int \sin\frac{x}{2}\mathrm{d}x$；　　(4) $\int \frac{\cos\sqrt{x}}{\sqrt{x}}\mathrm{d}x$；

(5) $\int (1-2x)^3\mathrm{d}x$；　　(6) $\int \frac{1}{1+4x}\mathrm{d}x$；

(7) $\int \frac{1}{x\ln x}\mathrm{d}x$；　　(8) $\int \frac{\arctan x}{1+x^2}\mathrm{d}x$；

(9) $\int \frac{1}{\sqrt{1-x^2}}\cdot\frac{1}{\arcsin^2 x}\mathrm{d}x$；　　(10) $\int \frac{x}{4+x^2}\mathrm{d}x$；

(11) $\int \frac{x}{\sqrt{9-x^2}}\mathrm{d}x$；　　(12) $\int \frac{1}{\sqrt{9-x^2}}\mathrm{d}x$；

(13) $\int \frac{1}{4+x^2}\mathrm{d}x$；　　(14) $\int \frac{1}{4-x^2}\mathrm{d}x$；

(15) $\int \frac{1}{x^2-3x+2}\mathrm{d}x$；　　(16) $\int \sin x\cos^6 x\,\mathrm{d}x$；

(17) $\int \sin^2 x\,\mathrm{d}x$；　　(18) $\int \sin^2 x\cos^3 x\,\mathrm{d}x$；

(19) $\int \cot x\,\mathrm{d}x$；　　(20) $\int \csc x\,\mathrm{d}x$.

3. 用第二换元法计算下列不定积分：

(1) $\int \frac{\sqrt{x}}{1+\sqrt{x}}\mathrm{d}x$；　　(2) $\int x\sqrt{x+1}\,\mathrm{d}x$；

(3) $\int \frac{1}{1+\sqrt[3]{x+1}}dx$；　　(4) $\int \frac{x^2}{\sqrt{1-x^2}}dx$；

(5) $\int \frac{1}{\sqrt{4+x^2}}dx$；　　(6) $\int \frac{\sqrt{x^2-1}}{x}dx$.

§4.3　不定积分的分部积分法

分部积分法是又一种重要的积分方法，它是利用乘积的微分(导数)运算法则来引入的一种求积分的基本方法.

4-5　不定积分分部积分法

设函数 $u=u(x)$，$v=v(x)$ 具有连续导数，根据函数乘积的微分法则，有

$$d(uv)=u\,dv+v\,du,$$

移项得　$$u\,dv=d(uv)-v\,du,$$

两边积分，得　$$\int u\,dv=uv-\int v\,du.$$

上式称为**分部积分公式**，它将求积分 $\int u\,dv$ 转化为求 $\int v\,du$ 的积分，当后面这个积分较容易求时，分部积分公式就起到了化难为易的作用，这种求积分的方法称为**分部积分法**.

例 1　求 $\int x\cos x\,dx$.

解　选择 $u=x$，$dv=\cos x\,dx=d(\sin x)$，由分部积分公式得

$$\int x\cos x\,dx=\int x\,d(\sin x)=x\sin x-\int \sin x\,dx=x\sin x+\cos x+C.$$

在上式中 $\int v\,du=\int \sin x\,dx$ 要比 $\int u\,dv=\int x\,d(\sin x)$ 容易积出.

而如果选择 $u=\cos x$，$dv=x\,dx=d\left(\frac{1}{2}x^2\right)$，由分部积分公式得

$$\int x\cos x\,dx=\int \cos x\,d\left(\frac{1}{2}x^2\right)=\frac{1}{2}x^2\cos x-\int \frac{1}{2}x^2 d(\cos x)$$
$$=\frac{1}{2}x^2\cos x+\frac{1}{2}\int x^2\sin x\,dx.$$

新得到的积分 $\int x^2\sin x\,dx$ 反而比原积分 $\int x\cos x\,dx$ 更难求，说明这样设 u，dv 是不合适的.

由此可见，应用分部积分法时，恰当选取 u 和 dv 是一个关键，选取 u 和 dv 一般要考虑下面两点：

(1) v 要容易求得(可用凑微分法求出)；

(2) $\int v\,du$ 要比 $\int u\,dv$ 容易积出.

根据经验，选择 u 可按如下原则进行：反三角函数、对数函数、幂函数、三角函数、指数函数(简称反对幂三指)，根据以上排列次序，排在前面的优先选作 $u(x)$，乘积项中的另一个函数凑成 v 的微分，再利用分部积分公式.

例 2　求 $\int x e^x\,dx$.

解　设 $u=x$，$dv=e^x\,dx=d(e^x)$，则

$$\int x\mathrm{e}^x\mathrm{d}x=\int x\mathrm{d}(\mathrm{e}^x)=x\mathrm{e}^x-\int\mathrm{e}^x\mathrm{d}x=x\mathrm{e}^x-\mathrm{e}^x+C.$$

当熟悉分部积分法后，u，$\mathrm{d}v$ 及 v，$\mathrm{d}u$ 可心算完成，不必具体写出.

例 3 求$\int x^2\ln x\mathrm{d}x$.

解 $\int x^2\ln x\mathrm{d}x=\int\ln x\mathrm{d}\left(\frac{1}{3}x^3\right)=\frac{1}{3}x^3\ln x-\int\frac{1}{3}x^3\mathrm{d}(\ln x)$

$$=\frac{1}{3}x^3\ln x-\int\frac{1}{3}x^2\mathrm{d}x=\frac{1}{3}x^3\ln x-\frac{1}{9}x^3+C.$$

例 4 求$\int x\arctan x\mathrm{d}x$.

解 $\int x\arctan x\mathrm{d}x=\int\arctan x\mathrm{d}\left(\frac{1}{2}x^2\right)$

$$=\frac{1}{2}x^2\arctan x-\int\frac{1}{2}x^2\mathrm{d}(\arctan x)$$

$$=\frac{1}{2}x^2\arctan x-\frac{1}{2}\int\frac{x^2}{1+x^2}\mathrm{d}x$$

$$=\frac{1}{2}x^2\arctan x-\frac{1}{2}\int\left(1-\frac{1}{1+x^2}\right)\mathrm{d}x$$

$$=\frac{1}{2}x^2\arctan x+\frac{1}{2}\arctan x-\frac{1}{2}x+C.$$

例 5 求$\int x^2\mathrm{e}^x\mathrm{d}x$.

解 $\int x^2\mathrm{e}^x\mathrm{d}x=\int x^2\mathrm{d}(\mathrm{e}^x)=x^2\mathrm{e}^x-\int\mathrm{e}^x\mathrm{d}(x^2)=x^2\mathrm{e}^x-2\int x\mathrm{e}^x\mathrm{d}x$.

这里$\int x\mathrm{e}^x\mathrm{d}x$ 比$\int x^2\mathrm{e}^x\mathrm{d}x$ 容易积出，因为前者被积函数中 x 的幂次比后者降低了一次，由上例可知，对$\int x\mathrm{e}^x\mathrm{d}x$ 再使用一次分部积分法就可以了. 于是

原式$=x^2\mathrm{e}^x-2\int x\mathrm{e}^x\mathrm{d}x=x^2\mathrm{e}^x-2\int x\mathrm{d}(\mathrm{e}^x)$

$$=x^2\mathrm{e}^x-2\left(x\mathrm{e}^x-\int\mathrm{e}^x\mathrm{d}x\right)=(x^2-2x+2)\mathrm{e}^x+C.$$

例 6 求$\int\mathrm{e}^x\sin x\mathrm{d}x$.

解 $\int\mathrm{e}^x\sin x\mathrm{d}x=\int\sin x\mathrm{d}(\mathrm{e}^x)=\mathrm{e}^x\sin x-\int\mathrm{e}^x\mathrm{d}(\sin x)$

$$=\mathrm{e}^x\sin x-\int\mathrm{e}^x\cos x\mathrm{d}x$$

$=\mathrm{e}^x\sin x-\int\cos x\mathrm{d}(\mathrm{e}^x)$（再次用分部积分，但 u 的选取要与前面一致）

$$=\mathrm{e}^x\sin x-\mathrm{e}^x\cos x-\int\mathrm{e}^x\sin x\mathrm{d}x,$$

移项得 $2\int\mathrm{e}^x\sin x\mathrm{d}x=\mathrm{e}^x\sin x-\mathrm{e}^x\cos x+C_1$,

则 $\int\mathrm{e}^x\sin x\mathrm{d}x=\frac{\mathrm{e}^x}{2}(\sin x-\cos x)+C.$

上述积分过程中，使用了两次分部积分公式，且两次都是设 $\mathrm{d}v=\mathrm{e}^x\mathrm{d}x=$

$d(e^x)$. 实际上，当被积函数是指数函数与三角函数的乘积时，则选择哪个函数为 u 都是可以的，但不能直接求出而要用间接法才能求出积分. 需多次使用分部积分公式，在积分中出现原来的被积分函数再移项，合并解方程，方可得出结果，而且要记住，移项之后，右端补加积分常数 C.

在计算积分时，有些需要同时使用换元积分法、分部积分法等多种积分方法，有些则可以一题多解.

例 7 求 $\int e^{\sqrt{x}}dx$.

解 设 $\sqrt{x}=t, x=t^2, dx=2tdt$，则

$$\int e^{\sqrt{x}}dx=2\int te^t dt=2(te^t-e^t)+C=2e^{\sqrt{x}}(\sqrt{x}-1)+C.$$

例 8 用多种方法求 $\int \frac{x}{\sqrt{1-x}}dx$.

解法一 凑微分法

$$\int \frac{x}{\sqrt{1-x}}dx=-\int \frac{1-x-1}{\sqrt{1-x}}dx=-\int\left(\sqrt{1-x}-\frac{1}{\sqrt{1-x}}\right)dx$$

$$=\int \sqrt{1-x}\,d(1-x)-\int \frac{1}{\sqrt{1-x}}d(1-x)$$

$$=\frac{2}{3}\sqrt{(1-x)^3}-2\sqrt{1-x}+C.$$

解法二 第二换元法

令 $\sqrt{1-x}=t$，则 $x=1-t^2, dx=-2tdt$，于是

$$\int \frac{x}{\sqrt{1-x}}dx=\int \frac{1-t^2}{t}(-2t)dt=-2\left(t-\frac{1}{3}t^3\right)+C$$

$$=-2\sqrt{1-x}+\frac{2}{3}\sqrt{(1-x)^3}+C.$$

解法三 分部积分法

$$\int \frac{x}{\sqrt{1-x}}dx=-2\int x\,d\sqrt{1-x}=-2x\sqrt{1-x}+2\int \sqrt{1-x}\,dx$$

$$=-2x\sqrt{1-x}-2\int \sqrt{1-x}\,d(1-x)$$

$$=-2x\sqrt{1-x}-\frac{4}{3}\sqrt{(1-x)^3}+C.$$

【注意】同一积分用不同方法求解时，其结果在表现形式上可能不同，通过恒等变化可以得到相同形式，例如上述解法三的结果，

$$-2x\sqrt{1-x}-\frac{4}{3}\sqrt{(1-x)^3}$$

$$=-2x\sqrt{1-x}-2\sqrt{(1-x)^3}+\frac{2}{3}\sqrt{(1-x)^3}$$

$$=-2\sqrt{1-x}+\frac{2}{3}\sqrt{(1-x)^3},$$

但也可以相差一个常数.

最后还要指出的是：

(1) 有些复杂的积分可以通过查积分表或借助数学软件求出；

(2) 对初等函数而言，在其定义区间内，它的原函数一定存在，但不能保

证一定是初等函数,如$\int e^{-x^2}dx$,$\int \frac{e^x}{x}dx$,$\int \frac{dx}{\ln x}$,$\int \frac{dx}{\sqrt{1+x^4}}$等,其原函数都不是初等函数,它们的积分都不能用初等函数来表达,通常我们称这些积分是“积不出”的.

习题 4.3

1. 填空题

(1) 设 xe^x 为 $f(x)$ 的一个原函数,则$\int xf(x)dx=$________;

(2) 设 $f(x)$ 有一个原函数为$\frac{\sin x}{x}$,则$\int xf'(x)dx=$________;

(3)$\int xf''(x)dx=$________.

2. 计算下列不定积分

(1)$\int xe^{-x}dx$; (2)$\int xe^{2x}dx$; (3)$\int x\sin x\,dx$;

(4)$\int x\cos 3x\,dx$; (5)$\int x^2\sin x\,dx$; (6)$\int x^3\ln x\,dx$;

(7)$\int \arcsin x\,dx$; (8)$\int x^2\arctan x\,dx$; (9)$\int \arctan\sqrt{x}\,dx$;

(10)$\int \sin\sqrt{x}\,dx$; (11)$\int e^{\sqrt[3]{x}}dx$; (12)$\int e^x\cos x\,dx$.

§4.4 微分方程初步

在科学研究和生产实际中,经常要寻找表示客观事物的变量之间的函数关系.在大量实际问题中,往往不能直接得到所求的函数关系,但可以得到含有未知函数导数或微分的关系式,即通常所说的微分方程.因此,微分方程是描述客观事物的数量关系的一种重要数学模型.本节研究最简单的两种微分方程的解法,并结合实际问题探讨如何用微分方程解决问题.

4.4.1 常微分方程的基本概念

4-6 微分方程基本概念

1. 微分方程的定义

含有未知函数的导数或微分的方程,是**微分方程**.当微分方程中所含的未知函数是一元函数时就称为**常微分方程**.由于本章只涉及常微分方程,所以以后把常微分方程简称为微分方程或方程.当微分方程中所含的未知函数及其各阶导数全是一次幂时,微分方程就称为**线性微分方程**.在线性微分方程中,若未知函数及其各阶导数的系数全是常数,则称这样的微分方程为**常系数线性微分方程**.如 $2y''+8y'-y=\sin x$ 为常系数微分方程.

2. 微分方程的阶、解与通解

微分方程中出现的未知函数最高阶导数的阶数,称为微分方程的**阶**.如果把函数 $y=f(x)$ 代入微分方程后,能使方程成为恒等式,则称该函数为该微分方程的**解**.若微分方程的解中含有任意常数,且独立的任意常数的个数与方程的阶数相同，则称这样的解为微分方程的**通解**.

3. 初始条件与特解

用未知函数及其各阶导数在某个特定点的值作为确定通解中任意常数的条件，称为**初始条件**. 满足初始条件的微分方程的解称为该微分方程的**特解**，因此特解一般不含任意常数.

一阶微分方程的初始条件为 $y(x_0)=y_0$，其中 x_0, y_0 是两个已知数；二阶微分方程的初始条件为 $\begin{cases} y(x_0)=y_0 \\ y'(x_0)=y'_0 \end{cases}$，其中 x_0, y_0, y'_0 是三个已知数. 求微分方程满足初始条件的解的问题，称为**初始问题**.

例 1 验证函数 $y=C_1e^x+C_2e^{2x}$（C_1, C_2 为任意常数）为二阶微分方程 $y''-3y'+2y=0$ 的通解，并求方程满足初始条件 $y(0)=0, y'(0)=1$ 的特解.

解 可将 y', y, y'' 代入微分方程，又因为这个解中有两个独立的任意常数，与方程的阶数相同，所以它是方程的通解.

由初始条件 $y(0)=0$ 得 $C_1+C_2=0$，由初始条件 $y'(0)=1$ 得 $C_1+2C_2=1$，解得 $C_2=1, C_1=-1$，于是满足所给初始条件的特解为 $y=-e^x+e^{2x}$.

【注意】函数 $y=C_1e^x+3C_2e^x$ 显然也是 $y''-3y'+2y=0$ 的解，这时 C_1，C_2 就不是两个独立的任意常数，因为该函数能写成 $y=(C_1+3C_2)e^x=Ce^x$，这种能合并成一个的任意常数，只能算是一个任意常数. 为了准确地描述这一问题，我们引入下面的概念.

定义 1 设函数 $y_1(x), y_2(x)$ 是定义在区间 (a,b) 内的函数，若存在两个不全为零的数 k_1, k_2，使得对于区间 (a,b) 内的任一 x 恒有 $k_1y_1+k_2y_2=0$ 成立，则称函数 y_1, y_2 在 (a,b) 内**线性相关**，否则称为**线性无关**.

可见，y_1, y_2 线性相关的充分必要条件是 $\frac{y_1}{y_2}$ 在区间 (a,b) 内恒为常数. 若 $\frac{y_1}{y_2}$ 不恒为常数，则 y_1, y_2 线性无关. 例如，e^x 与 e^{2x} 线性无关；e^x 与 $2e^x$ 线性相关.

当 y_1, y_2 线性无关时，函数表达式 $y=C_1y_1+C_2y_2$ 中两个常数 C_1, C_2 是独立的任意常数.

4.4.2 变量可分离的微分方程

4-7 可分离变量的微分方程

定义 2 形如

$$\frac{dy}{dx}=f(x)g(y)$$

的微分方程，称为**可分离变量的方程**，该方程的特点是等式右边可以分解成两个函数之积，其中一个只是 x 的函数，另一个仅是 y 的函数.

可分离变量的微分方程 $\frac{dy}{dx}=f(x)g(y)$ 的求解方法，一般有如下两步：

第一步：分离变量 $\frac{dy}{g(y)}=f(x)dx$，

第二步：两边积分 $\int\frac{dy}{g(y)}=\int f(x)dx$.

这种求解过程叫作**分离变量法**.

例 2 求 $y'+xy=0$ 的通解.

解 方程变形为 $\frac{\mathrm{d}y}{\mathrm{d}x}=-xy$,

分离变量得 $\frac{\mathrm{d}y}{y}=-x\,\mathrm{d}x\,(y\neq 0)$,

两边积分得 $\int\frac{\mathrm{d}y}{y}=-\int x\,\mathrm{d}x$,

求积分得 $\ln|y|=-\frac{1}{2}x^2+C_1$,

所以 $|y|=\mathrm{e}^{-\frac{1}{2}x^2+C_1}=\mathrm{e}^{C_1}\mathrm{e}^{-\frac{1}{2}x^2}$,

即 $y=\pm\mathrm{e}^{C_1}\mathrm{e}^{-\frac{1}{2}x^2}=C\mathrm{e}^{-\frac{1}{2}x^2}\ (C=\pm\mathrm{e}^{C_1})$,

所以方程通解为 $y=C\mathrm{e}^{-\frac{1}{2}x^2}$（$C$ 为任意常数）.

4.4.3 一阶线性微分方程

定义 3 形如 $\frac{\mathrm{d}y}{\mathrm{d}x}+P(x)y=Q(x)$ 的方程,称为**一阶线性微分方程**,其中 $P(x)$,$Q(x)$ 都是 x 的已知连续函数.

当 $Q(x)\equiv 0$ 时,有 $\frac{\mathrm{d}y}{\mathrm{d}x}+P(x)y=0$,称其为**齐次线性微分方程**;

当 $Q(x)\neq 0$ 时,称 $\frac{\mathrm{d}y}{\mathrm{d}x}+P(x)y=Q(x)$ 为**非齐次线性微分方程**.

一阶线性微分方程 $\frac{\mathrm{d}y}{\mathrm{d}x}+P(x)y=Q(x)$ 的求解方法,一般有如下步骤:

第一步 先求其对应的齐次线性微分方程 $\frac{\mathrm{d}y}{\mathrm{d}x}+P(x)y=0$ 的通解,

用分离变量法得 $$\frac{\mathrm{d}y}{y}=-P(x)\mathrm{d}x,$$

两边积分得 $$\ln|y|=-\int P(x)\mathrm{d}x+C_1$$

所以 $$y=C\mathrm{e}^{-\int P(x)\mathrm{d}x}\text{（其中 } C \text{ 为任意常数）.}$$

第二步 由于非齐次线性方程右端是 x 的函数 $Q(x)$,因此将上式中常数换成待定函数 $C(x)$ 得 $y=C(x)\mathrm{e}^{-\int P(x)\mathrm{d}x}$.

第三步 将上式代入微分方程 $\frac{\mathrm{d}y}{\mathrm{d}x}+P(x)y=Q(x)$ 得

$$C'(x)\mathrm{e}^{-\int P(x)\mathrm{d}x}-C(x)P(x)\mathrm{e}^{-\int P(x)\mathrm{d}x}+P(x)C(x)\mathrm{e}^{-\int P(x)\mathrm{d}x}=Q(x),$$

整理得 $$C'(x)\mathrm{e}^{-\int P(x)\mathrm{d}x}=Q(x),$$

即 $$C'(x)=Q(x)\mathrm{e}^{\int P(x)\mathrm{d}x},$$

两边积分得 $$C(x)=\int Q(x)\mathrm{e}^{\int P(x)\mathrm{d}x}\mathrm{d}x+C.$$

第四步 将 $C(x)$ 代入 $y=C(x)\mathrm{e}^{-\int P(x)\mathrm{d}x}$ 得一阶线性微分方程 $\frac{\mathrm{d}y}{\mathrm{d}x}+P(x)y=Q(x)$ 的通解:

$$y=\left[\int Q(x)e^{\int P(x)dx}dx+C\right]e^{-\int P(x)dx}.$$

上式就是一阶非齐次微分方程$\frac{dy}{dx}+P(x)y=Q(x)$的**通解公式**.上式这种将所求出的齐次方程通解中的任意常数C改为待定函数$C(x)$的求解方法称为**常数变易法**.

例3 求$y'=\frac{y+x\ln x}{x}$的通解.

解 原方程变形为$y'-\frac{1}{x}y=\ln x$,

对应的齐次方程为$y'-\frac{1}{x}y=0$,

分离变量得,$\frac{dy}{y}=\frac{dx}{x}$,

两边积分得$\ln y=\ln x+\ln C$,即$\ln y=\ln Cx$,

得齐次方程的通解为$y=Cx$,

将C用$C(x)$代,即令$y=C(x)x$为原方程的通解,将其代入原方程得

$$C'(x)=\frac{1}{x}\ln x,$$

所以$C(x)=\int\frac{\ln x}{x}dx=\frac{1}{2}(\ln x)^2+C$,

所以原方程的通解为$y=\frac{x}{2}(\ln x)^2+Cx$.

习题 4.4

1. 验证$y=C_1xe^{-x}+C_2xe^{-x}$为微分方程$y''+2y'+y=0$的解,并说明它是该方程的通解.

2. 用分离变量法解下列微分方程:

(1) $\frac{dy}{dx}=\frac{x^2}{y^2}$; (2) $y'=e^{x-y}$; (3) $\frac{dy}{dx}=(2x+3x^2)y$.

3. 解下列微分方程:

(1) $y'+y=e^{2x}$; (2) $\frac{dy}{dx}-ay=b\cos x$(其中a,b为常数).

4. 给定一阶微分方程$\frac{dy}{dx}=3x$.

(1) 求它的通解;

(2) 求过点(2,5)的特解;

(3) 求出与直线$y=2x-1$相切的曲线方程.

5. 求下列各微分方程的通解:

(1) $3x^2+5x-5y'=0$; (2) $xy'=y$;

(3) $y'=e^{x+y}$; (4) $(1+x^2)dy-2x(1+y^2)dx=0$.

6. 求下列各微分方程满足初始条件的特解:

(1) $\frac{dy}{dx}=y$, $y(0)=2$; (2) $y'=e^{2x-y}$, $y(0)=0$.

7. 求下列微分方程的通解：

(1) $y'+y=e^{-x}$；　　(2) $y'+\frac{y}{x}=x$；　　(3) $y'+2xy=2x$.

8. 求下列各微分方程满足初始条件的特解：

(1) $\frac{dy}{dx}=x+y, y(0)=0$；　　(2) $y'-y=2e^{2x}, y(0)=1$.

§4.5　不定积分的应用举例

例 1　一曲线经过点(1,1)，它在两坐标轴间的任意切线段均被切点平分，求该曲线方程.

解　设切点为(x,y)，则切线在x轴上的截距为$2x$，即切线与x轴交点为$(2x,0)$，与y轴的交点为$(0,2y)$，故切线的斜率为$\frac{2y-0}{0-2x}=-\frac{y}{x}$. 而曲线$y=f(x)$在点$(x,y)$处的切线斜率为$\frac{dy}{dx}$，于是

$$\frac{dy}{dx}=-\frac{y}{x},$$

分离变量得
$$\frac{dy}{y}=-\frac{dx}{x},$$

两边积分得
$$\ln|y|=-\ln|x|+\ln C_1,$$

即 $\ln|xy|=\ln C_1$，所以 $xy=C$.

又 $y|_{x=1}=1$，得 $C=1$. 于是 $xy=1$ 为所求曲线方程.

例 2　在串联电路中，设有电阻R，电感L和交流电动势$E=E_0\sin\omega t$，在时刻$t=0$时接通电路，求电流i与时间t的关系(E_0，ω为常数).

解　设任一时刻t的电流为i. 我们知道，电流在电阻R上产生一个电压降$u_R=Ri$，在电感L上产生的电压降是$u_L=L\frac{di}{dt}$，由回路电压定律知，闭合电路中电动势等于电压降之和，即

$$u_R+u_L=E,$$

即
$$Ri+L\frac{di}{dt}=E_0\sin\omega t,$$

整理得
$$\frac{di}{dt}+\frac{R}{L}i=\frac{E_0}{L}\sin\omega t,$$

上式为一阶非齐次线性方程的标准形式，此时

$$P(t)=\frac{R}{L}, Q(t)=\frac{E_0}{L}\sin\omega t,$$

直接利用一阶非齐次线性方程之求解公式得

$$\begin{aligned}i(t)&=e^{-\int\frac{R}{L}dt}\left(\int\frac{E_0}{L}e^{\int\frac{R}{L}dt}\sin\omega t\,dt+C\right)\\&=e^{-\frac{R}{L}t}\left(\int\frac{E_0}{L}e^{\frac{R}{L}t}\sin\omega t\,dt+C\right)\\&=Ce^{-\frac{R}{L}t}+\frac{E_0}{R^2+\omega^2L^2}(R\sin\omega t-\omega L\cos\omega t),\end{aligned}$$

这就是方程的通解. 由初始条件 $i|_{t=0}=0$ 得 $C=\frac{\omega LE_0}{R^2+\omega^2L^2}$.

于是 $$i(t)=\frac{E_0}{R^2+\omega^2L^2}(\omega L\mathrm{e}^{-\frac{R}{L}t}+R\sin\omega t-\omega L\cos\omega t),$$

上式即为所求电流 i 与时间 t 的关系.

例 3 设降落伞从跳伞塔下落，所受空气阻力与速度成正比，降落伞离开塔顶($t=0$)时的速度为零. 求降落伞下落速度与时间 t 的函数关系.

解 设降落伞下落的速度为 $v(t)$ 时伞所受空气阻力为 $-kv$，另外，伞在下降过程中还受重力 $G=mg$ 作用，故由牛顿第二定理得 $m\frac{\mathrm{d}v}{\mathrm{d}t}=mg-kv$，且有初始条件：$v|_{t=0}=0$. 于是，所给问题归结为求解初值问题.

$$\begin{cases} m\dfrac{\mathrm{d}v}{\mathrm{d}t}=mg-kv, \\ v|_{t=0}=0, \end{cases}$$

对上述方程分离变量得 $$\frac{\mathrm{d}v}{mg-kv}=\frac{\mathrm{d}t}{m},$$

两边积分得 $$\int\frac{\mathrm{d}v}{mg-kv}=\int\frac{\mathrm{d}t}{m},$$

解得 $$-\frac{1}{k}\ln|mg-kv|=\frac{t}{m}+C_1,$$

整理得 $$v=\frac{mg}{k}-C\mathrm{e}^{-\frac{k}{m}t}\left(C=\frac{1}{k}\mathrm{e}^{-kC_1}\right),$$

由初始条件得 $$0=\frac{mg}{k}-C\mathrm{e}^0,$$

即 $$C=\frac{mg}{k},$$

故所求特解为 $$v=\frac{mg}{k}\left(1-\mathrm{e}^{-\frac{k}{m}t}\right).$$

由此可见，随着 t 的增大，速度 v 逐渐趋于常数 mg/k，但不会超过 mg/k，这说明跳伞后，开始阶段是加速运动，以后逐渐趋于匀速运动.

习题 4.5

1. 某曲线在任一点的切线斜率等于该点横坐标的倒数，且通过点 $(\mathrm{e}^2,3)$，求该曲线方程.

2. 设跳伞员和伞总质量为 m，降落伞的浮力 F 与它下降的速度 v 成正比，求下降速度 $v=v(t)$ 所满足的微分方程.

3. 曲线在点 (x,y) 处的切线斜率等于该点横坐标的平方，且过点 $(0,1)$，求此曲线.

4. 求一曲线，使其每点处的切线斜率为 $2x+y$，且通过点 $(0,0)$.

5. 质量为 1g 的质点受外力作用做直线运动，外力的大小与时间成正比，与质点运动的速度成反比，在 $t=10\mathrm{s}$ 时，速度等于 50cm/s，外力为 $4\times10^{-5}\mathrm{N}$. 问：从运动开始经过 1min 后的速度是多少？

6. 将一加热到 50°C 的物体放到 20°C 的恒温环境中冷却，物体的冷却速度与物体和环境的温差成正比，求物体温度的变化规律.

【思政园地】

陈建功：中国现代数学的拓荒人

陈建功(1893—1971)，浙江绍兴人，杰出的数学家、数学教育家，中国函数论研究的开拓者之一.1955年当选为中国科学院学部委员(院士).

陈建功出生于浙江绍兴城一个小职员家庭，幼年就读于私塾，热爱数学.受“科学救国”“教育报国”等思想影响，他3次东渡日本深造数学，于1926年在东北帝国大学跟随博士导师藤原松三郎专攻三角级数论，1929年，陈建功获得了日本东北帝国大学博士学位，并完成了导师藤原松三郎交付的任务——用日文撰写《三角级数论》手稿.随即，他向恩师告别.

“在我们日本，获得理学博士学位相当难.你在日本数学界有了这样的声望和地位，还愁将来没有灿烂的前程吗？”导师恳切挽留.

“先生，谢谢您的美意.我来求学，是为了我的国家和亲人，并非为我自己.”异国求学十二载，陈建功科学救国心切，一刻也不想停留.

是年，36岁的陈建功踏上归途.回国后，他开创新方向、建设研究基地，成为中国数学界公认的函数论开拓者.陈建功作为领衔人之一，拉开了中国现代数学的发展序幕.

陈建功是中国现代数学的奠基人之一、中国数学界公认的权威，毕生从事数学研究和数学教育.他在国内开创了函数论研究，并开拓了实变函数论、复变函数论、直交函数级数等多个分支方向，特别是在三角级数方面卓有成就.他用日文写成的《三角级数论》是国际上较早的三角级数专著.他和苏步青创立了享誉国际的“陈苏学派”(又称浙大学派).

应时任浙江大学(以下简称浙大)校长邵裴子之邀，陈建功回到浙大任职.当时浙大数学系仅有5名学生，陈建功既是数学系主任，又担任科研和教学工作.

“祖国的数学该如何尽快缩小与世界先进水平的差距？”陈建功的理想是改变我国科学落后的面貌，培养和造就一支国际一流的数学学派.

在浙大，陈建功首先延续了三角级数论研究，成为国内该领域的开创者.此后无论何时，他对三角级数论的关注和研究一天也没有中断过.

陈建功的学生、杭州大学数学系教授谢庭藩回忆说，“陈先生学识广博，总是能看到别人看不到的东西.”

之所以能看到，来自陈建功对国际最新学术潮流和发展动向的时刻关注.他敏锐洞察到函数论是一项热门研究，便潜心钻研，开创了单叶函数论方向，并在解决单叶函数论系数估值这一中心问题上取得开创性重要成果.

陈建功回国两年后，与他同在日本东北帝国大学数学系攻读博士学位、主修微分几何专业的“师弟”苏步青毕业了.

应“师兄”和邵裴子的热情邀请，苏步青加盟浙大数学系，并在陈建功的极力推荐下，担任数学系主任.

自此，陈建功与苏步青强强联手，创造了我国现代数学发展的“黄金时代”——主导并推动了函数论与微分几何研究进入世界一流行列，培养出程民德、谷超豪、夏道行、王元、胡和生、石钟慈、沈昌祥等数学家.

一支蜚声中外的“陈苏学派”(又称浙大学派)在东方崛起，在当时堪与国际数学界的美国芝加哥学派、意大利罗马学派齐名.

1952年，全国院系大调整，陈苏二人及其弟子连同浙大数学系一起进入复旦大学数学系. 已是花甲之年的陈建功一方面系统介绍国际单叶函数论研究成果并总结国内相关成果，另一方面开拓新的研究方向——函数逼近论和拟似共形映照理论.

为在复旦大学建立起一支数学队伍，他常常同时指导一、二、三年级的十几名研究生，着重培养和训练学生独立研究能力和基本研究方法，使他们尽快进入科研领域. 现代数学在上海迎来又一高峰.

20世纪50年代，陈建功同吴文俊、程民德、华罗庚等人代表中国参加苏联和罗马尼亚数学会议并作大会报告，函数论的成果受到国际同行高度赞誉.

1958年，杭州大学成立，陈建功被任命为副校长. 繁重的行政事务丝毫没有降低他对数学事业的追求和热情.

他系统总结了新中国成立十年来函数论的研究成果，为学科建设指明了方向；同时，编著出版了《直交函数级数的和》《三角级数论》等书籍，成为中国数学的宝贵文献. 值此，杭州大学成为他一手创建的第三个数学高地.

"没有陈建功先生，杭州大学数学系不会发展得这么好."谢庭藩记得，20世纪80年代，美国根据学术论文及其影响力对大学进行排名，杭州大学位居前列.

在3个不同时期，陈建功创建了三大数学高地，开拓了多个学术方向，培养了3支队伍，为中国数学学科发展提供了强大的学术保障.

陈建功不只是数学家，还是一位卓越的数学教育家. 新中国成立初期，他"切望着我国的数学教育有更进步革新".

为了更好地推进我国数学教育事业发展，陈建功介绍了20世纪出现的数学教育改造运动，总结了7个国家的教育概况，包括数学教育史、数学教育观、课程设置、内容安排、教材编写等，开创了中国教育工作者研究外国教育之先河.

1952年，陈建功在《中国数学杂志》(已更名为《数学通报》) 上发表《二十世纪的数学教育》一文，不仅阐述了数学教育的基本原则，还从中国数学教育的现状以及未来中国数学教育改革与发展方向等多方面做了翔实的理论阐述.

他在文中系统提出了"支配数学教育的目标、材料和方法的三大原则：实用性原则、论理性原则、心理性原则". 在陈建功看来，上述三原则应该综合统一而非对立，"心理性和实用性应该是论理性的向导".

基于此，他给出数学教育的定义：统一上述三原则，以调和的精神，选择教材，决定教法、实践的过程，称之为数学教育.

陈建功提出的数学教育三原则要求增强数学教育的实用性，理论联系实际；注重数学的逻辑推理和知识体系，激发学生对数学的兴趣；考虑学生的心理特征和接受能力，遵循学生的认知规律.

可以看出，他的数学教育思想对今天的数学教育改革发展仍具有重要的指导意义.

"数学发展状况如何？"陈建功在生命最后时期仍在写信打听数学事业的前途. 临终前，他坚定地对探访者说："我热爱科学，科学能战胜贫困，真理能战胜邪恶，中华民族一定能昌盛！"

今天，中国的数学再次迎来发展的"黄金时代". 陈建功所开创的事业、未竟的梦想正在一代又一代数学家的努力下继往开来、蓬勃向上.

节选自：韩扬眉. 陈建功：中国现代数学的拓荒人 [N]. 中国科学报，2019-10-18(4).

本章小结

1. 基本概念

原函数，不定积分，微分方程，常微分方程，微分方程的阶数，线性微分方程，常系数线性微分方程，通解，特解，初始条件，线性相关，线性无关，可分离变量的方程，齐次线性方程，非齐次线性方程.

2. 不定积分的基本积分公式

(1) $\int 0\mathrm{d}x = C$；　　(2) $\int k\mathrm{d}x = kx + C$（$k$ 为常数）；

(3) $\int x^{\mu}\mathrm{d}x = \dfrac{1}{\mu+1}x^{\mu+1} + C(\mu \neq -1)$；

(4) $\int \dfrac{1}{x}\mathrm{d}x = \ln|x| + C$；

(5) $\int \mathrm{e}^{x}\mathrm{d}x = \mathrm{e}^{x} + C$；　　(6) $\int a^{x}\mathrm{d}x = \dfrac{a^{x}}{\ln a} + C$；

(7) $\int \cos x\mathrm{d}x = \sin x + C$；　　(8) $\int \sin x\mathrm{d}x = -\cos x + C$；

(9) $\int \dfrac{1}{\cos^{2}x}\mathrm{d}x = \int \sec^{2}x\mathrm{d}x = \tan x + C$；

(10) $\int \dfrac{1}{\sin^{2}x}\mathrm{d}x = \int \csc^{2}x\mathrm{d}x = -\cot x + C$；

(11) $\int \sec x\tan x\mathrm{d}x = \sec x + C$；　　(12) $\int \csc x\cot x\mathrm{d}x = -\csc x + C$；

(13) $\int \dfrac{1}{1+x^{2}}\mathrm{d}x = \arctan x + C$；　　(14) $\int \dfrac{1}{\sqrt{1-x^{2}}}\mathrm{d}x = \arcsin x + C$.

3. 基本性质

性质 1　由积分定义知，积分运算与微分运算之间有如下的互逆关系：

(1) $\left[\int f(x)\mathrm{d}x\right]' = f(x)$ 或 $\mathrm{d}\left[\int f(x)\mathrm{d}x\right] = f(x)\mathrm{d}x$；

(2) $\int F'(x)\mathrm{d}x = F(x) + C$ 或 $\int \mathrm{d}F(x) = F(x) + C$.

性质 2　$\int kf(x)\mathrm{d}x = k\int f(x)\mathrm{d}x\,(k \neq 0)$.

性质 3　$\int [f(x) \pm g(x)]\mathrm{d}x = \int f(x)\mathrm{d}x \pm \int g(x)\mathrm{d}x$.

4. 基本方法

(1) 直接积分法.

(2) 第一换元积分法（凑微分法）：

$$\int f[\varphi(x)]\varphi'(x)\mathrm{d}x \xlongequal{\text{凑微分}} \int f[\varphi(x)]\mathrm{d}\varphi(x) \xlongequal{u=\varphi(x)} \int f(u)\mathrm{d}u$$

$$\xlongequal{\text{积分}} F(u) + C \xlongequal{\text{回代}} F[\varphi(x)] + C.$$

(3) 第二换元积分法：

$$\int f(x)\mathrm{d}x \xlongequal[x=\varphi(t)]{\text{换元}} \int f[\varphi(t)]\varphi'(t)\mathrm{d}t \xlongequal{\text{整理}} \int g(t)\mathrm{d}t = F(t) + C$$

$$\xlongequal[t=\varphi^{-1}(x)]{\text{回代}} F[\varphi^{-1}(x)] + C\,(\varphi(t)\text{ 为单调可微函数})$$

三角代换：当被积分函数含有根式$\sqrt{a^2-x^2}$时，可令$x=a\sin x$；

当被积分函数含有根式$\sqrt{a^2+x^2}$时，可令$x=a\tan x$；

当被积分函数含有根式$\sqrt{x^2-a^2}$时，可令$x=a\sec x$.

(4) 分部积分法：积分公式为$\int u\mathrm{d}v=uv-\int v\mathrm{d}u$.

应用此公式应注意：(1)v要用凑微分容易求出；(2)$\int v\mathrm{d}u$比$\int u\mathrm{d}v$容易求.

其中，选择u可按如下原则进行：反三角函数、对数函数、幂函数、三角函数、指数函数（简称反对幂三指），根据以上排列次序，排在前面的优先选作$u(x)$，乘积项中的另一个函数凑成v的微分.

(5) 分离变量法：可分离变量的微分方程$\frac{\mathrm{d}y}{\mathrm{d}x}=f(x)g(y)$，分离变量后有

$$\frac{\mathrm{d}y}{g(y)}=f(x)\mathrm{d}x,$$

两边积分得
$$\int\frac{\mathrm{d}y}{g(y)}=\int f(x)\mathrm{d}x.$$

一阶非齐次微分方程$\frac{\mathrm{d}y}{\mathrm{d}x}+P(x)y=Q(x)$的通解公式为：

$$y=\left[\int Q(x)\mathrm{e}^{\int P(x)\mathrm{d}x}\mathrm{d}x+C\right]\mathrm{e}^{-\int P(x)\mathrm{d}x}.$$

复习题四

一、选择题

1. 在同一区间内，若$f'(x)=g'(x)$，则一定有（　　）

A. $f(x)=g(x)$　　B. $f(x)=g(x)+C$

C. $\left[\int f(x)\mathrm{d}x\right]'=\left[\int g(x)\mathrm{d}x\right]'$　　D. $\int\mathrm{d}f(x)=\int g(x)\mathrm{d}x$

2. 下列等式中正确的是（　　）

A. $\mathrm{d}\int f(x)\mathrm{d}x=f(x)$　　B. $\int f'(x)\mathrm{d}x=f(x)$

C. $\mathrm{d}\int f(x)\mathrm{d}x=f(x)\mathrm{d}x$　　D. $\int\mathrm{d}f(x)=f(x)$

3. 若$f(x)$的一个原函数是$\sin x$，则$\int f'(x)\mathrm{d}x=$（　　）

A. $\sin x+C$　　B. $\cos x+C$

C. $-\sin x+C$　　D. $-\cos x+C$

4. 设$\int f(x)\mathrm{d}x=F(x)+C$，则$\int f(\sin x)\cos x\,\mathrm{d}x=$（　　）

A. $F(\sin x)+C$　　B. $F(\cos x)+C$

C. $-F(\sin x)+C$　　D. $-F(\cos x)+C$

5. 下列微分方程是一阶线性微分方程的是（　　）

A. $y'=\mathrm{e}^{x+y}$　　B. $y'=\frac{x}{y}$

C. $y'-2y^2=x$　　D. $y'-y-\ln x=0$

6. 微分方程 $y'=\frac{y}{x}$ 的通解为(　　)

A. $y=Cx$　　B. $y=\frac{C}{x}$　　C. $y=Cx^2$　　D. $y=C\sqrt{x}$

二、填空题

7. 在切线斜率为 $2x$ 的积分曲线族中，通过点 $(4,1)$ 的曲线方程为________；

8. 若 $\int xf(x)\mathrm{d}x=\sin x+C$，则 $f(x)=$________；

9. 已知函数 $f(x)$ 的原函数为 x^3-x，则 $\int f(2x)\mathrm{d}x=$________；

10. 已知 $f(x)=\mathrm{e}^{-x}$，则 $\int\frac{f'(\ln x)}{x}\mathrm{d}x=$________；

11. 求积分 $\int\frac{1}{\sqrt{1+x^2}}\mathrm{d}x$ 时，一般令 $x=$________；

12. 设 $f'(\ln x)=1+2\ln x$，且 $f(0)=1$，则 $f(x)=$________；

13. 微分方程 $y'+2y=0$ 的通解为________；

14. 微分方程 $y'-y=0$ 满足初始条件 $y(0)=1$ 的特解为________；

三、简答题

15. 求下列不定积分

(1) $\int\frac{\mathrm{d}x}{x^2\sqrt{x}}$；　　(2) $\int\frac{x^3}{1+x^2}\mathrm{d}x$；

(3) $\int\mathrm{e}^{x+1}\mathrm{d}x$；　　(4) $\int\frac{1}{(2x-1)^3}\mathrm{d}x$；

(5) $\int x(x^2-1)^5\mathrm{d}x$；　　(6) $\int\frac{\sin\sqrt{x}}{\sqrt{x}}\mathrm{d}x$；

(7) $\int\frac{13+x}{\sqrt{4-x^2}}\mathrm{d}x$；　　(8) $\int\frac{1}{1+\mathrm{e}^{-x}}\mathrm{d}x$；

(9) $\int\frac{\sqrt{x}+1}{\sqrt[3]{x}}\mathrm{d}x$；　　(10) $\int\frac{1}{1+\sqrt{\mathrm{e}^x}}\mathrm{d}x$；

(11) $\int\frac{\sqrt{1-x^2}}{x^2}\mathrm{d}x$；　　(12) $\int\frac{\sqrt{x^2-1}}{x^2}\mathrm{d}x$；

(13) $\int x\mathrm{e}^{2x}\mathrm{d}x$；　　(14) $\int\ln(x^2+1)\mathrm{d}x$.

16. 求下列微分方程的通解

(1) $xy'-y\ln y=0$；　　(2) $y'=\frac{y}{x^2+1}$；

(3) $y'-2y=\mathrm{e}^x$；　　(4) $y'-\frac{2y}{1+x}=(1+x)^3$.

第 5 章

定积分及其应用

【学习目标】

1. 理解定积分的概念与几何意义，掌握定积分的基本性质.

2. 理解变限积分函数的概念，掌握变限积分函数求导的方法.

3. 掌握牛顿 - 莱布尼茨(Newton-Leibniz) 公式.

4. 掌握定积分的换元积分法与分部积分法.

5. 理解无穷区间上有界函数的广义积分与有限区间上无界函数的瑕积分的概念，掌握其计算方法.

6. 会用定积分计算平面图形的面积以及平面图形绕坐标轴旋转一周所得的旋转体的体积.

重点： 定积分概念的理解，定积分的计算与应用.

难点： 定积分的概念，广义积分的计算，定积分的应用.

积土成山，风雨兴焉；积水成渊，蛟龙生焉；积善成德，而神明自得，圣心备焉. 故不积跬步，无以至千里；不积小流，无以成江海. 骐骥一跃，不能十步；驽马十驾，功在不舍. 锲而舍之，朽木不折；锲而不舍，金石可镂.

—— 先秦 · 荀子《劝学》

一个国家只有数学蓬勃地发展，才能展现它国力的强大. 数学的发展、至善和国家繁荣昌盛密切相关.

—— 拿破仑

在初等数学中，我们已学会计算三角形、矩形、圆、梯形等规则平面图形的面积. 那么椭圆的面积是多少呢？对于现实世界中广泛存在的不规则平面图形的面积又该如何计算呢？

5-1　定积分的两个引例

在物理学中，已知做变速直线运动物体的运动速度，如何求在一定时间间隔内运动物体所经过的路程呢？如设物体的运动速度函数为 $v=v(t)$，如何求时间 t 从 $T_1 \to T_2$ 这一段时间内物体所经过的路程 s 呢？

以上两个问题都是求总量问题(总面积和总路程)，它们是积分学的中心问题，而我们要学习的定积分是解决这类问题的有效工具. 本章讨论积分学的第二个基本问题 —— 定积分. 定积分不论在理论上还是在实际应用上，都有着十分重要的意义，它是整个高等数学最重要的篇章之一. 上一章关于积分法的全面训练，为这一章解决定积分的计算，提供了必要的基础.

§5.1 定积分的概念

5.1.1 定积分的实际背景

在介绍定积分的定义前,我们先介绍两个实际案例:计算曲边梯形的面积、计算变速直线运动的路程.

1. 曲边梯形的面积

我们都会求矩形的面积,矩形的面积=底×高,但如果将矩形的其中一条边改为曲线,你还能求出它的面积吗? 下面就来讨论这类图形面积的计算问题.

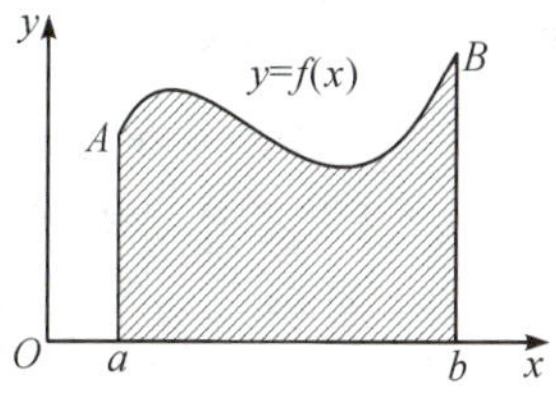

图 5-1

我们称把矩形中的一条边改为曲线后得到的图形为曲边梯形(图 5-1).再进一步,将与曲边相交的两条边中的一条或全部进行伸缩(包括收缩为一点的情况)而得到的图形仍称为曲边梯形.总之,曲边梯形由三条直线与一条曲线围成,其中两条直边平行,第三条直边与之垂直.

我们将曲边梯形放到直角坐标系中,底(与曲边相对的边)与 x 轴重合,设曲边的方程为 $y=f(x)(f(x)\geqslant 0)$.曲边梯形计算的麻烦之处在于它没有统一的高,它的高是变化的,所以我们的思路就是如何使变化的高成为不变的高,要做到这一点并不难,我们只要沿着底将曲边梯形进行分割,得到若干个小曲边梯形,只要分割足够细,即小曲边梯形的底足够小,我们就可以将小曲边梯形近似看作矩形,即得到高不变的许多矩形,将这些小矩形面积累加,得到大曲边梯形面积的近似值,分割越细,近似程度就越高,令分割无限多,近似程度无限提高,最终达到曲边梯形的面积值(图 5-2).

我们将以上方法归纳为分割、近似、求和、取极限四个步骤,于是,求曲边梯形的面积的具体方法叙述如下:

(1) 分割　在区间 $[a,b]$ 中任意插入若干个分点

$$a=x_0<x_1<\cdots<x_{n-1}<x_n=b,$$

把区间 $[a,b]$ 分成 n 个小区间

$$[x_0,x_1],[x_1,x_2],\cdots,[x_{n-1},x_n],$$

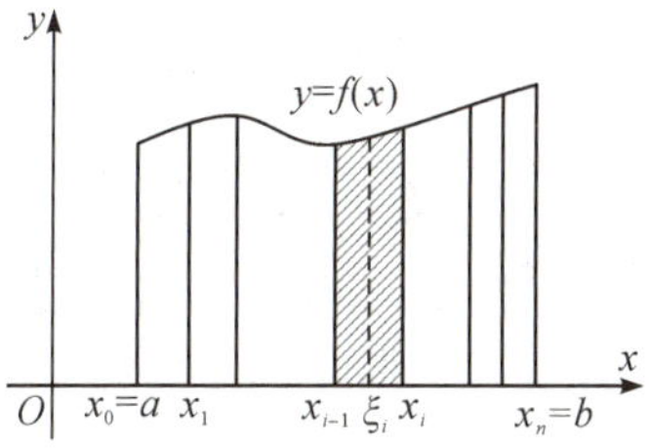

图 5-2

每个小区间的长度为 $\Delta x_i=x_i-x_{i-1}(i=1,2,\cdots,n)$.经过各分点作平行于 y 轴的直线段,将曲边梯形分成 n 个小曲边梯形(图 5-2).

(2) 近似　在每个小区间 $[x_{i-1},x_i](i=1,2,\cdots,n)$ 上任取一点 ξ_i,以小区间为底、$f(\xi_i)$ 为高的小矩形的面积近似小曲边梯形的面积,即

$$\Delta A_i\approx f(\xi_i)\Delta x_i(i=1,2,\cdots,n).$$

(3) 求和　把各个小矩形面积相加,就得到曲边梯形的面积 A 的近似值:

$$A\approx\sum_{i=1}^{n}f(\xi_i)\Delta x_i=f(\xi_1)\Delta x_1+f(\xi_2)\Delta x_2+\cdots+f(\xi_n)\Delta x_n.$$

(4) 取极限　令 $\lambda=\max\{\Delta x_1,\Delta x_2,\cdots,\Delta x_n\}$,即 λ 表示最大的小区间长度,当 $\lambda\to 0$ 时,所有小区间长度都会趋向于 0,近似值精度无限提高,最终达到曲边梯形面积的精确值,即

$$A=\lim_{\lambda\to 0}\sum_{i=1}^{n}f(\xi_i)\Delta x_i.$$

2. 变速直线运动的路程

例 1 设一物体做直线运动，已知速度 $v=v(t)$ 是时间间隔 $[T_1,T_2]$ 上的连续函数，且 $v(t)\geqslant 0$，求在这段时间内物体所经过的路程 s.

解 物体运动的速度是变化的，故不能用公式来计算路程，但由于 $v(t)$ 是关于时间的连续函数，在一微小的时间间隔内，物体的运动又可近似地看作是匀速运动. 因此，可用类似于讨论曲边梯形面积的方法来确定其路程.

(1) 分割　在 $[T_1,T_2]$ 中任意插入分点 $t_i(i=1,2,\cdots,n-1)(t_i<t_{i+1})$，将区间 $[T_1,T_2]$ 分成 n 个小区间，记 $t_0=T_1,t_n=T_2$，则第 i 个小区间为 $[t_{i-1},t_i]$，其长度记为 $\Delta t_i=t_i-t_{i-1}$，经过的路程记为 $\Delta s_i(i=1,2,3,\cdots,n)$.

(2) 近似　在第 i 个小区间 $[t_{i-1},t_i]$ 上任取一点 ξ_i，以 $v(\xi_i)$ 来代替 $[t_{i-1},t_i]$ 上各时刻的速度，从而可得部分路程的近似值 $\Delta s_i\approx v(\xi_i)\Delta t_i$.

(3) 求和　把各个小区间所得的部分路程相加，就得到总路程 s 的近似值：

$$s=\sum_{i=1}^{n}\Delta s_i\approx\sum_{i=1}^{n}v(\xi_i)\Delta t_i.$$

(4) 取极限　令 $\lambda=\max\{\Delta t_1,\Delta t_2,\cdots,\Delta t_n\}$，即 λ 表示最大的时间间隔，当 $\lambda\to 0$ 时，所有的小时间区间的长度都趋向于0，近似精度无限提高，最终达到精确值 s，即

$$s=\lim_{\lambda\to 0}\sum_{i=1}^{n}v(\xi_i)\Delta t_i.$$

小结：以上两问题涉及的具体对象虽不同，但解决问题的方法和步骤一致，且最后都归结为求具有相同结构的一种特定和式的极限. 也就是说，处理这些问题所遇到的矛盾性质、解决问题的思想方法，以及最后所要计算的数学表达式都是相同的. 在科学技术上还有许多问题也都归结为这种特定和式的极限.

由此我们可引出定积分的定义.

5.1.2　定积分的定义

定义 1 设函数 $y=f(x)$ 在 $[a,b]$ 上有定义，任取分点 $a=x_0<x_1<x_2<\cdots<x_{n-1}<x_n=b$，把 $[a,b]$ 分成 n 个小区间 $[x_{i-1},x_i](i=1,2,\cdots,n)$. 每个小区间长度记为 $\Delta x_i=x_i-x_{i-1}(i=1,2,\cdots,n)$，$\lambda=\max\limits_{1\leqslant i\leqslant n}\{\Delta x_i\}$，再在每个小区间 $[x_{i-1}-x_i]$ 上任取一点 ξ_i，作乘积 $f(\xi_i)\Delta x_i$ 的和式：

$$\sum_{i=1}^{n}f(\xi_i)\Delta x_i,$$

如果 $\lambda\to 0$ 上述极限存在（这个极限值与 $[a,b]$ 的分割方法及点 ξ_i 的取法均无关），则称此极限为函数 $f(x)$ 在区间 $[a,b]$ 上的**定积分（definite integral）**，记为

$$\int_a^b f(x)\mathrm{d}x=\lim_{\lambda\to 0}\sum_{i=1}^{n}f(\xi_i)\Delta x_i,$$

其中，称 $f(x)$ 为**被积函数**，$f(x)\mathrm{d}x$ 为**被积表达式**，x 为**积分变量**，$[a,b]$ 为**积分区间**，a,b 分别为**积分下限**和**积分上限**.

5-2　定积分的概念

定义可概括为四步：“整化零，常代变，近似和，取极限”. 有了这个定义，前面两个实际问题都可用定积分表示：

曲边梯形面积 $A=\int_a^b f(x)\mathrm{d}x$，

变速运动路程 $s=\int_{T_1}^{T_2} v(t)\mathrm{d}t$.

关于定积分的定义说明如下：

1. 定积分表示一个数，它只取决于被积函数与积分上、下限，而与积分变量采用什么字母表示无关，例如：$\int_0^1 x^2\mathrm{d}x=\int_0^1 t^2\mathrm{d}t$. 一般地，$\int_a^b f(x)\mathrm{d}x=\int_a^b f(t)\mathrm{d}t=\int_a^b f(u)\mathrm{d}u$.

2. 定义中要求积分限 $a<b$，补充规定：

当 $a>b$ 时，$\int_a^b f(x)\mathrm{d}x=-\int_b^a f(x)\mathrm{d}x$；

当 $a=b$ 时，$\int_a^b f(x)\mathrm{d}x=0$.

3. 定积分的存在性：当 $f(x)$ 在 $[a,b]$ 上连续或只有有限个第一类间断点时，$f(x)$ 在 $[a,b]$ 上的定积分存在(也称可积).

初等函数在定义区间内部都是可积的.

例 1　用定积分定义计算 $\int_0^1 x^2\mathrm{d}x$.

解　在定积分定义中，我们对区间 $[0,1]$ 的分法和每个小区间 $[x_{i-1},x_i]$ 内 ξ_i 的取法都是任意的. 由于以上积分存在，我们对 $[0,1]$ 进行等分，这样，每个小区间的长度 $\Delta x_i=\frac{1}{n}(i=1,2,\cdots,n)$，$\xi_i$ 都取每个小区间的右端点. 具体如下：

用满足 $0<\frac{1}{n}<\frac{2}{n}<\cdots<\frac{n-1}{n}<1$ 的 $n-1$ 个分点将区间 $[0,1]$ 等分成 n 个小区间，因为对区间进行等分，所以每一个小区间长度

$$\Delta x_i=\frac{1}{n}(i=1,2,\cdots,n),\lambda=\max_{1\leqslant i\leqslant n}\{\Delta x_i\}=\frac{1}{n}\to 0\Leftrightarrow n\to\infty.$$

乘积 $f(\xi_i)\Delta x_i$ 的和式为：

$$\sum_{i=1}^n f(\xi_i)\cdot\frac{1}{n}=\frac{1}{n}\sum_{i=1}^n f(\xi_i)=\frac{1}{n}\left[\left(\frac{1}{n}\right)^2+\left(\frac{2}{n}\right)^2+\cdots+\left(\frac{n}{n}\right)^2\right]$$

$$=\frac{1}{n^3}\cdot\frac{1}{6}n(n+1)(2n+1)=\frac{(n+1)(2n+1)}{6n^2}.$$

则 $\int_0^1 x^2\mathrm{d}x=\lim_{n\to\infty}\sum_{i=1}^n f(\xi_i)\cdot\frac{1}{n}=\lim_{n\to\infty}\frac{(n+1)(2n+1)}{6n^2}=\frac{1}{3}$.

5.1.3　定积分的几何意义

在前面的曲边梯形面积计算问题中，我们看到如果 $f(x)>0$，$\int_a^b f(x)\mathrm{d}x$ 就表示由曲边 $y=f(x)$、直线 $x=a$ 与 $x=b$ 和 x 轴所围成的曲边梯形的面积 A，即曲边梯形在 x 轴上方，积分值为正，有 $\int_a^b f(x)\mathrm{d}x=A$，$A$ 表示曲边梯形的面积.

5-3　定积分的几何意义

如果 $f(x)\leqslant 0$，那么图形位于 x 轴下方，积分值为负，则有 $\int_a^b f(x)\mathrm{d}x=-A$.

如果 $f(x)$ 在 $[a,b]$ 上有正负值，则 $\int_a^b f(x)\mathrm{d}x$ 表示曲线 $y=f(x)$ 在 x 轴上方部分图形的面积减去 x 轴下方部分图形的面积. 如图 5-3 所示，有 $\int_a^b f(x)\mathrm{d}x = A_1 + A_3 - A_2$.

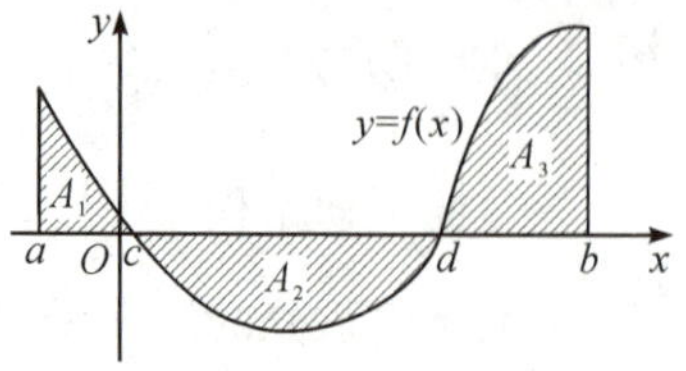

图 5-3

思考：利用定积分的几何意义求 $\int_a^b \mathrm{d}x =$ ________.

例 2 用定积分表示如图 5-4 所示阴影部分的面积.

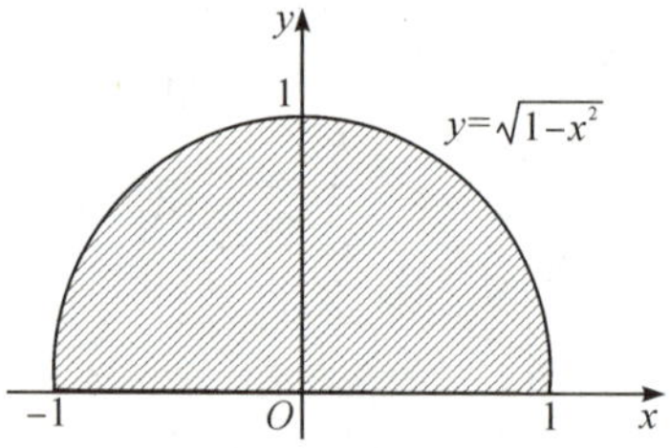

图 5-4

解 根据定积分的几何意义，阴影部分的面积为 $A=\int_{-1}^{1}\sqrt{1-x^2}\,\mathrm{d}x$.

5.1.4 定积分的性质

为了理论与计算的需要，我们介绍定积分的基本性质，下面论述中，假定有关函数都是可积的.

性质 1 函数的代数和可逐项积分，即

$$\int_a^b [f(x)\pm g(x)]\mathrm{d}x = \int_a^b f(x)\mathrm{d}x \pm \int_a^b g(x)\mathrm{d}x.$$

性质 2 被积函数的常数因子可提到积分号外面，即

$$\int_a^b kf(x)\mathrm{d}x = k\int_a^b f(x)\mathrm{d}x \quad (k \text{ 为常数}).$$

性质 3（积分区间的分割性质） 若 $a<c<b$，则

$$\int_a^b f(x)\mathrm{d}x = \int_a^c f(x)\mathrm{d}x + \int_c^b f(x)\mathrm{d}x.$$

【注意】 对于 a,b,c 三点的任何其他相对位置，上述性质仍成立，如 $a<b<c$，则

$$\int_a^c f(x)\mathrm{d}x = \int_a^b f(x)\mathrm{d}x + \int_b^c f(x)\mathrm{d}x = \int_a^b f(x)\mathrm{d}x - \int_c^b f(x)\mathrm{d}x,$$

仍有 $$\int_a^b f(x)\mathrm{d}x = \int_a^c f(x)\mathrm{d}x + \int_c^b f(x)\mathrm{d}x.$$

性质 4（定积分的比较性质） 在 $[a,b]$ 上 $f(x)\geqslant g(x)$，则

$$\int_a^b f(x)\mathrm{d}x \geqslant \int_a^b g(x)\mathrm{d}x.$$

上述几条性质，均可由定积分定义证得（从略）.

例 3 比较下列定积分的大小.

(1) $\int_0^1 x^3\mathrm{d}x$ 与 $\int_0^1 x^2\mathrm{d}x$； (2) $\int_0^1 x\mathrm{d}x$ 与 $\int_0^1 \sin x\mathrm{d}x$.

解 (1) 因为当 $0\leqslant x\leqslant 1$ 时，$x^3<x^2$，所以 $\int_0^1 x^3\mathrm{d}x < \int_0^1 x^2\mathrm{d}x$；

(2) 因为当 $0\leqslant x\leqslant 1$ 时，$x>\sin x$，所以 $\int_0^1 x\mathrm{d}x > \int_0^1 \sin x\mathrm{d}x$.

性质 5（积分估值定理） 设 M 与 m 分别是 $f(x)$ 在 $[a,b]$ 上的最大值与最小值，则

$$m(b-a)\leqslant \int_a^b f(x)\mathrm{d}x \leqslant M(b-a).$$

证 因为 $m \leqslant f(x) \leqslant M$(题设),由性质4得 $\int_a^b m\mathrm{d}x \leqslant \int_a^b f(x)\mathrm{d}x \leqslant \int_a^b M\mathrm{d}x$,再将常数提出,并利用 $\int_a^b \mathrm{d}x = b-a$,即可得证.

例 4 估计定积分 $\int_{-1}^{1} \mathrm{e}^{-x^2}\mathrm{d}x$ 的值.

解 先求 $f(x)=\mathrm{e}^{-x^2}$ 在 $[-1,1]$ 上的最大值和最小值. 因为 $f'(x) = -2x\mathrm{e}^{-x^2}$,令 $f'(x)=0$,得驻点 $x=0$,比较 $f(x)$ 在驻点及区间端点处的函数值.

$$f(0)=\mathrm{e}^0=1,\ f(-1)=f(1)=\mathrm{e}^{-1}=\frac{1}{\mathrm{e}},$$

故最大值 $M=1$,最小值 $m=\frac{1}{\mathrm{e}}$. 由估值性质得,$\frac{2}{\mathrm{e}} \leqslant \int_{-1}^{1}\mathrm{e}^{-x^2}\mathrm{d}x \leqslant 2$.

性质 6(积分中值定理) 如果 $f(x)$ 在 $[a,b]$ 上连续,则至少存在一点 $\xi \in [a,b]$,使得 $\int_a^b f(x)\mathrm{d}x = f(\xi)(b-a)$.

证 因为函数 $f(x)$ 在闭区间 $[a,b]$ 上连续,所以由闭区间上连续函数的最大值与最小值定理,存在 m,M 分别为 $f(x)$ 的最小值与最大值,由性质5,有

$$m(b-a) \leqslant \int_a^b f(x)\mathrm{d}x \leqslant M(b-a),$$

即
$$m \leqslant \frac{1}{b-a}\int_a^b f(x)\mathrm{d}x \leqslant M,$$

由闭区间上连续函数的介值定理,存在点 $\xi(a \leqslant \xi \leqslant b)$,使得

$$f(\xi)=\frac{1}{b-a}\int_a^b f(x)\mathrm{d}x,$$

即
$$\int_a^b f(x)\mathrm{d}x = f(\xi)(b-a)(a \leqslant \xi \leqslant b).$$

中值定理有明显的几何意义:曲边 $y=f(x)$ 在 $[a,b]$ 上所围成的曲边梯形面积,等于同一底边而高为 $f(\xi)$ 的一个矩形面积(图5-5).

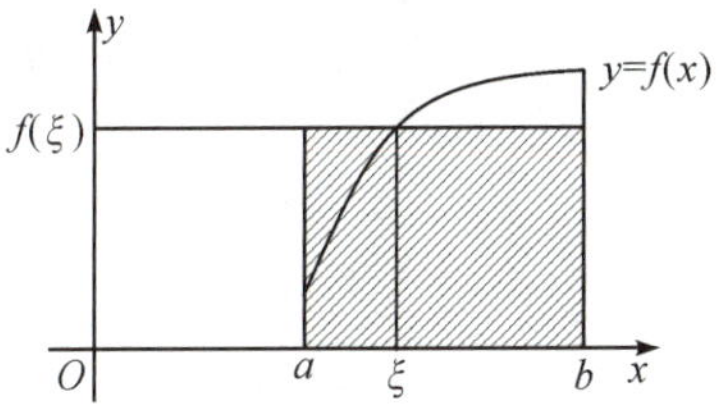

图 5-5

从几何角度容易看出,数值 $\mu=\frac{1}{b-a}\int_a^b f(x)\mathrm{d}x$ 表示连续曲线 $y=f(x)$ 在 $[a,b]$ 上的平均高度,也就是函数 $f(x)$ 在 $[a,b]$ 上的平均值,这是有限个数的平均值概念的推广.

$$f(\xi)=\frac{1}{b-a}\int_a^b f(x)\mathrm{d}x$$

称为函数 $f(x)$ 在区间 $[a,b]$ 上的**平均值**.

思考:根据例1的结论,求 $f(x)=x^2$ 在区间 $[0,1]$ 上的平均值为________.

习题 5.1

1. 填空题

(1) 定积分 $\int_a^b f(x)\mathrm{d}x$ 的值取决于________;

(2) $\int_a^a f(x)\mathrm{d}x=$________;

(3) $\int_0^1 x\,\mathrm{d}x=$________;

(4) $\int_{-\frac{\pi}{2}}^{\frac{\pi}{2}} \sin x\,\mathrm{d}x=$________.

2. 选择题

(1) 下列结论错误的是(　　)

A. $(\int_a^b f(x)\mathrm{d}x)'=0$　　B. $\int_a^b f(x)\mathrm{d}x=\int_a^b f(t)\mathrm{d}t$

C. $\int_a^b f(x)\mathrm{d}x=\int_b^a f(x)\mathrm{d}x$　　D. $\int_{-1}^1 |x|\mathrm{d}x=\int_{-1}^0 |x|\mathrm{d}x+\int_0^1 |x|\mathrm{d}x$

(2) 下列各不等式成立的是(　　)

A. $\int_0^1 x\,\mathrm{d}x\leqslant\int_0^1 x^2\mathrm{d}x$　　B. $\int_1^{\mathrm{e}} \ln^2 x\,\mathrm{d}x\leqslant\int_1^{\mathrm{e}} \ln x\,\mathrm{d}x$

C. $\int_0^1 x\,\mathrm{d}x\leqslant\int_0^1 \sin x\,\mathrm{d}x$　　D. $\int_0^1 \mathrm{e}^x\mathrm{d}x\leqslant\int_0^1 \mathrm{e}^{x^2}\mathrm{d}x$

3. 比较下列定积分的大小.

(1) $\int_0^{\frac{\pi}{4}} \sin x\,\mathrm{d}x$ 与 $\int_0^{\frac{\pi}{4}} \cos x\,\mathrm{d}x$；　　(2) $\int_1^2 \ln x\,\mathrm{d}x$ 与 $\int_1^2 (\ln x)^2\mathrm{d}x$；

4. 如何表述定积分的几何意义？根据定积分的几何意义写出下列积分的值：

(1) $\int_{-1}^1 x\,\mathrm{d}x$；　　(2) $\int_0^2 \sqrt{4-x^2}\,\mathrm{d}x$；

(3) $\int_0^{2\pi} \sin x\,\mathrm{d}x$；　　(4) $\int_{-1}^1 |x|\mathrm{d}x$.

5. 设 $f(x)$ 是闭区间 $[a,b]$ 上单调增加的连续函数，证明：

$$f(a)(b-a)\leqslant\int_a^b f(x)\mathrm{d}x\leqslant f(b)(b-a).$$

§5.2　微积分基本公式

从定积分的定义来看，采用取和式的极限来计算定积分往往是十分困难的，为此需要寻求计算定积分的有效途径. 本节以原函数与变上限积分为基础，引入微积分基本定理，通过对定积分与原函数关系的讨论，导出一种计算定积分的简便有效的方法，指出定积分的计算可以归结为计算原函数的函数值，从而揭示了不定积分与定积分的关系.

5.2.1　变上限积分函数

5-4　变上限积分函数

设 $f(x)$ 在 $[a,b]$ 上连续，$x\in[a,b]$，于是积分 $\int_a^x f(x)\mathrm{d}x$ 是一个定数，这种写法有一个不方便之处，就是 x 既表示积分上限，又表示积分变量. 为避免混淆，把积分变量改写成 t，即 $\int_a^x f(t)\mathrm{d}t$. 当积分上限 x 在 $[a,b]$ 上变动时，对于每一个 x 值，积分 $\int_a^x f(t)\mathrm{d}t$ 就有一个确定的值，因此 $\int_a^x f(t)\mathrm{d}t$ 是变上限 x 的一个函数. 由此，我们定义变上限积分函数.

定义 1 设函数 $f(t)$ 在区间 $[a,b]$ 上连续，x 为区间 $[a,b]$ 上任意一点，由定积分的几何意义可知，定积分

$$\int_a^x f(t)\mathrm{d}t$$

表示的是如图 5-6 所示阴影部分的面积. 随着积分上限 x 在区间 $[a,b]$ 内变化，积分 $\int_a^x f(t)\mathrm{d}t$ 都有唯一确定的值与 x 相对应，所以 $\int_a^x f(t)\mathrm{d}t$ 是 x 的函数，称它为**变上限积分函数或变上限积分**，记作

$$\Phi(x)=\int_a^x f(t)\mathrm{d}t \quad (a\leqslant x\leqslant b).$$

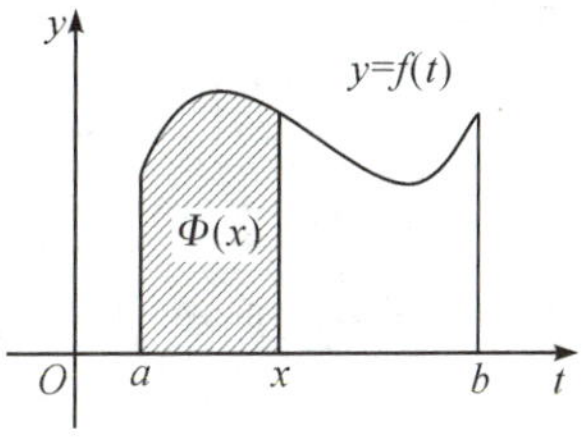

图 5-6

如 $\int_0^x \cos^2 t\mathrm{d}t$，$\int_0^x \frac{2t-1}{t^2-t+1}\mathrm{d}t$ 均是变上限积分函数.

对于变上限积分函数，有如下结论.

定理 1(微积分第一基本定理) 如果函数 $f(x)$ 在区间 $[a,b]$ 上连续，则变上限积分函数 $\Phi(x)=\int_a^x f(t)\mathrm{d}t$ 在 $[a,b]$ 上可导，且它的导数是 $f(x)$，即 $\Phi'(x)=\left[\int_a^x f(t)\mathrm{d}t\right]'=f(x) \quad (a\leqslant x\leqslant b)$.

证 当积分上限 x 有改变量 Δx，变上限积分函数 $\Phi(x)$ 的相应改变量为 $\Delta\Phi$，且

$$\Delta\Phi=\int_a^{x+\Delta x} f(t)\mathrm{d}t-\int_a^x f(t)\mathrm{d}t=\int_x^{x+\Delta x} f(t)\mathrm{d}t.$$

由积分中值定理得，$\Delta\Phi=f(\xi)\Delta x$（其中 ξ 在 x 及 $x+\Delta x$ 之间），所以有

$$\frac{\Delta\Phi}{\Delta x}=f(\xi).$$

再令 $\Delta x\to 0$，从而 $\xi\to x$，又由 $f(x)$ 的连续性，得

$$\lim_{\Delta x\to 0}\frac{\Delta\Phi}{\Delta x}=\lim_{\xi\to x}f(\xi)=f(x),$$

即 $\Phi'(x)=f(x)$.

定理 1 表明，如果函数 $f(x)$ 在区间 $[a,b]$ 上连续，则变上限积分函数 $\Phi(x)=\int_a^x f(t)\mathrm{d}t$ 就是 $f(x)$ 在区间 $[a,b]$ 上的一个原函数.

例 1 求 $\frac{\mathrm{d}}{\mathrm{d}x}\int_0^x \sin t^2\mathrm{d}t$.

解 因为 $\sin t^2$ 在 **R** 上连续，由定理 1 有 $\frac{\mathrm{d}}{\mathrm{d}x}\int_0^x \sin t^2\mathrm{d}t=\sin x^2$.

例 2 求 $\int_x^0 \mathrm{e}^{t^2}\mathrm{d}t$ 关于 x 的导数.

解 因为 $\int_x^0 \mathrm{e}^{t^2}\mathrm{d}t=-\int_0^x \mathrm{e}^{t^2}\mathrm{d}t$，所以由 e^{t^2} 的连续性及定理 1，有

$$\left[\int_x^0 \mathrm{e}^{t^2}\mathrm{d}t\right]'=\left[-\int_0^x \mathrm{e}^{t^2}\mathrm{d}t\right]'=-\mathrm{e}^{x^2}.$$

例 3 求 $\frac{\mathrm{d}}{\mathrm{d}x}\int_0^{x^2}\cos t\mathrm{d}t$.

解 设 $u=x^2$，则

$$\int_0^{x^2}\cos t\mathrm{d}t=\int_0^u \cos t\mathrm{d}t=\Phi(u).$$

由此可知，$\int_0^{x^2}\cos t\,\mathrm{d}t=\int_0^u\cos t\,\mathrm{d}t=\Phi(u)$ 是复合函数，利用复合函数求导法则得

$$\frac{\mathrm{d}}{\mathrm{d}x}\int_0^{x^2}\cos t\,\mathrm{d}t=\frac{\mathrm{d}}{\mathrm{d}x}\Phi(u)=\Phi'(u)\frac{\mathrm{d}u}{\mathrm{d}x}=\frac{\mathrm{d}}{\mathrm{d}u}\int_0^u\cos t\,\mathrm{d}t\cdot\frac{\mathrm{d}}{\mathrm{d}x}(x^2)$$
$$=\cos u\cdot 2x=2x\cos x^2.$$

一般地，如果 $g(x)$ 可导，则

$$\frac{\mathrm{d}}{\mathrm{d}x}\int_a^{g(x)}f(t)\mathrm{d}t=f(g(x))\cdot g'(x).$$

在计算有关导数时，可把上述结果作为公式使用.

例 4 求极限 $\lim\limits_{x\to 0}\dfrac{\int_0^x\sin t\,\mathrm{d}t}{x^2}$.

解 此式为 $\dfrac{0}{0}$ 的未定式，利用洛必达法则：

$$\text{原式}=\lim_{x\to 0}\frac{\left(\int_0^x\sin t\,\mathrm{d}t\right)'}{(x^2)'}=\lim_{x\to 0}\frac{\sin x}{2x}=\frac{1}{2}.$$

例 5 求极限 $\lim\limits_{x\to 0}\dfrac{\int_1^{\cos x}\mathrm{e}^{-t^2}\mathrm{d}t}{x^2}$.

解 因为 $x\to 0$，$\cos x\to 1$，故本题属 $\dfrac{0}{0}$ 型未定式，可以用洛必达法则来求. 这里 $\int_1^{\cos x}\mathrm{e}^{-t^2}\mathrm{d}t$ 是 x 的复合函数，其中 $u=\cos x$，所以

$$\frac{\mathrm{d}}{\mathrm{d}x}\int_1^{\cos x}\mathrm{e}^{-t^2}\mathrm{d}t=\mathrm{e}^{-\cos^2 x}(\cos x)'=-\sin x\,\mathrm{e}^{-\cos^2 x}$$

$$\text{于是}\lim_{x\to 0}\frac{\int_1^{\cos x}\mathrm{e}^{-t^2}\mathrm{d}t}{x^2}=\lim_{x\to 0}\frac{-\sin x\,\mathrm{e}^{-\cos^2 x}}{2x}$$
$$=\lim_{x\to 0}\frac{-\sin x}{2x}\mathrm{e}^{-\cos^2 x}=-\frac{1}{2}\mathrm{e}^{-1}.$$

5.2.2 牛顿-莱布尼茨公式

已知物体以速度 $v=v(t)$ 做直线运动，由定积分概念知，物体在 $[T_1,T_2]$ 所经过的路程为 $\int_{T_1}^{T_2}v(t)\,\mathrm{d}t$. 若从不定积分概念出发，知函数 $\int v(t)\,\mathrm{d}t=s(t)+C$，其中 $s'(t)=v(t)$，于是 $[T_1,T_2]$ 时间内所经过的路程就是 $s(T_2)-s(T_1)$.

5-5 牛顿-莱布尼茨公式

综合上述两个方面，得到 $\int_{T_1}^{T_2}v(t)\,\mathrm{d}t=s(T_2)-s(T_1)$.

这表明速度函数 $v(t)$ 在 $[T_1,T_2]$ 上的定积分，等于其原函数 $s(t)$ 在 $[T_1,T_2]$ 上的改变量. 这一结论有没有普遍意义呢？回答是肯定的.

定理 2（微积分第二基本定理） 设函数 $f(x)$ 在闭区间 $[a,b]$ 上连续，又 $F(x)$ 是 $f(x)$ 的一个原函数，则有

$$\int_a^b f(x)\mathrm{d}x=F(b)-F(a).$$

证 由定理1知，变上限积分$\Phi(x)=\int_a^x f(t)\mathrm{d}t$，也是$f(x)$的一个原函数，于是知$\Phi(x)-F(x)=C_0$，$C_0$为一个常数，即

$$\Phi(x)=\int_a^x f(t)\mathrm{d}t=F(x)+C_0.$$

我们来确定常数C_0的值，令$x=a$，有$\int_a^a f(t)\mathrm{d}t=F(a)+C_0$，得$C_0=-F(a)$，因此有$\int_a^x f(t)\mathrm{d}t=F(x)-F(a)$.

再令$x=b$，得所求积分为

$$\int_a^b f(t)\mathrm{d}t=F(b)-F(a).$$

因为积分值与积分变量的记号无关，仍用x表示积分变量，即得

$$\int_a^b f(x)\mathrm{d}x=F(b)-F(a)\text{，其中 }F'(x)=f(x).$$

上式称为**牛顿-莱布尼茨(Newton-Leibniz)公式**，也称为**微积分基本公式**. 该公式可叙述为：定积分的值，等于其原函数在上、下限处函数值的差. 该公式把定积分与原函数这两个本来似乎并不相干的概念之间，建立起了定量关系，从而为定积分计算找到了一条简捷的途径. 它是整个积分学最重要的公式.

为表示方便，上述公式常采用下面的形式：

$$\int_a^b f(x)\mathrm{d}x=F(b)-F(a)=F(x)\Big|_a^b.$$

例6 求下列定积分：

(1)$\int_0^1 x^2\mathrm{d}x$；　　(2)$\int_0^{\frac{\pi}{2}}\sin x\mathrm{d}x$；

(3)$\int_{-10}^{-2}\frac{1}{x}\mathrm{d}x$；　　(4)$\int_0^1\frac{\mathrm{d}x}{1+x^2}$.

解 (1) 因为$\frac{x^3}{3}$是x^2的一个原函数，所以$\int_0^1 x^2\mathrm{d}x=\frac{x^3}{3}\Big|_0^1=\frac{1}{3}$.

(2) 因为$-\cos x$是$\sin x$的一个原函数，所以

$$\int_0^{\frac{\pi}{2}}\sin x\mathrm{d}x=(-\cos x)\Big|_0^{\frac{\pi}{2}}=-(\cos\frac{\pi}{2}-\cos 0)=1.$$

(3) 因为$\ln|x|$是$\frac{1}{x}$的一个原函数，所以

$$\int_{-10}^{-2}\frac{1}{x}\mathrm{d}x=\ln|x|\Big|_{-10}^{-2}=\ln 2-\ln 10=-\ln 5.$$

(4) 因为$\arctan x$是$\frac{1}{1+x^2}$的一个原函数，所以

$$\int_0^1\frac{\mathrm{d}x}{1+x^2}=\arctan x\Big|_0^1=\arctan 1-\arctan 0=\frac{\pi}{4}-0=\frac{\pi}{4}.$$

例7 求$\int_{-1}^3|x-2|\mathrm{d}x$.

解 因为$|x-2|=\begin{cases}2-x, & -1\leqslant x\leqslant 2,\\ x-2, & 2<x\leqslant 3.\end{cases}$

利用定积分关于积分区间的分割性质，

$$原式=\int_{-1}^{2}(2-x)\mathrm{d}x+\int_{2}^{3}(x-2)\mathrm{d}x$$

$$=\left(2x-\frac{1}{2}x^{2}\right)\Big|_{-1}^{2}+\left(\frac{1}{2}x^{2}-2x\right)\Big|_{2}^{3}=5.$$

小结　被积函数中出现绝对值时必须去掉绝对值符号，这就要注意正负号，有时需要分段进行积分.

习题 5.2

1. 填空题

(1) $\int_{1}^{2}x^{2}\mathrm{d}x=$________；

(2) $\frac{\mathrm{d}}{\mathrm{d}x}\int_{0}^{x}\arctan t\,\mathrm{d}t=$________；

(3) $\frac{\mathrm{d}}{\mathrm{d}x}\int_{x}^{1}\mathrm{e}^{t^{2}}\mathrm{d}t=$________.

2. 选择题

(1) 设 $f(x)=\int_{1}^{x}\cos t\,\mathrm{d}t$，则 $f'\left(\frac{\pi}{2}\right)=$(　　)

A. 0　　B. 1　　C. -1　　D. $\frac{\pi}{2}$

(2) 下列函数在$[-1,1]$上满足牛顿-莱布尼兹公式条件的是(　　)

A. $f(x)=\frac{1}{x}$　　B. $f(x)=\sqrt{x}$

C. $f(x)=\frac{1}{(1+x)^{2}}$　　D. $f(x)=\frac{1}{\sqrt{1+x^{2}}}$

3. 求函数 $\Phi(x)=\int_{0}^{x}\sin t^{2}\mathrm{d}t$ 在 $x=0$ 和 $\frac{\sqrt{\pi}}{2}$ 处的导数.

4. 求极限：$\lim\limits_{x\to1}\frac{\int_{1}^{x}\sin\pi t\,\mathrm{d}t}{1+\cos\pi x}$.

5. 计算下列各题：

(1) $\int_{0}^{1}x^{99}\mathrm{d}x$；　　(2) $\int_{1}^{4}\sqrt{x}\,\mathrm{d}x$；

(3) $\int_{0}^{1}\mathrm{e}^{x}\mathrm{d}x$；　　(4) $\int_{0}^{1}5^{x}\mathrm{d}x$；

(5) $\int_{0}^{\frac{\pi}{2}}3\sin x\,\mathrm{d}x$；　　(6) $\int_{0}^{1}\frac{x^{2}}{1+x^{2}}\mathrm{d}x$.

§5.3　定积分的换元法

5-6　定积分的换元法

牛顿-莱布尼兹公式给定积分的计算提供了一种基本方法，它完全依赖于求被积函数的原函数，但原函数有时是很难直接求出来的. 为此，类似于不定积分的换元法，我们引入定积分的换元法.

定理 1　假设函数 $f(x)$ 在区间 $[a,b]$ 上连续，函数 $x=\varphi(t)$ 满足条件：

(1) $\varphi(\alpha)=a,\varphi(\beta)=b$；

(2) 在 $[\alpha,\beta]$（或 $[\beta,\alpha]$）上具有连续导数；

(3) 当 t 在 α 与 β 之间变化时，有 $a\leqslant\varphi(t)\leqslant b$.

则有

$$\int_a^b f(x)\mathrm{d}x=\int_\alpha^\beta f[\varphi(t)]\varphi'(t)\mathrm{d}t.$$

上式叫作定积分的**换元公式**，用该式计算定积分的方法叫定积分的**换元积分法**.

【注意】因为积分区间是积分变量的变化范围，换元时，引入了新积分变量，其变化范围也随之变化，所以在使用定积分的换元法时，积分的上下限也要随之作相应的变换，上限对上限，下限对下限，切勿忘记，切实做到"**换元必换限**".

定积分的换元法与不定积分的换元法的主要区别在于上下限，共同点是换元式都一样.

例 1　计算 $\int_0^4\frac{\mathrm{d}x}{1+\sqrt{x}}$.

解　设 $\sqrt{x}=t$，即 $x=t^2(t\geqslant0)$. 换积分限：当 $x=0$ 时，$t=0$；当 $x=4$ 时，$t=2$，于是

$$\int_0^4\frac{\mathrm{d}x}{1+\sqrt{x}}=\int_0^2\frac{2t\mathrm{d}t}{1+t}=2\int_0^2\left(1-\frac{1}{1+t}\right)\mathrm{d}t$$
$$=2(t-\ln|1+t|)\Big|_0^2=2(2-\ln3).$$

例 2　计算 $\int_0^{\ln2}\sqrt{\mathrm{e}^x-1}\,\mathrm{d}x$.

解　设 $\sqrt{\mathrm{e}^x-1}=t$，即 $x=\ln(t^2+1)$，$\mathrm{d}x=\frac{2t}{t^2+1}\mathrm{d}t$. 换积分限：当 $x=0$ 时，$t=0$；$x=\ln2$ 时，$t=1$，于是

$$\int_0^{\ln2}\sqrt{\mathrm{e}^x-1}\,\mathrm{d}x=\int_0^1 t\cdot\frac{2t}{t^2+1}\mathrm{d}t=2\int_0^1\left(1-\frac{1}{t^2+1}\right)\mathrm{d}t$$
$$=2(t-\arctan t)\Big|_0^1=2-\frac{\pi}{2}.$$

例 3　计算 $\int_{-1}^0\sqrt{1-x^2}\,\mathrm{d}x$.

解　令 $x=\sin t$，则 $\mathrm{d}x=\cos t\mathrm{d}t$. 换积分限：当 $x=-1$ 时，$t=-\frac{\pi}{2}$；当 $x=0$ 时，$t=0$，于是

$$\int_{-1}^0\sqrt{1-x^2}\,\mathrm{d}x=\int_{-\frac{\pi}{2}}^0\cos^2t\mathrm{d}t=\frac{1}{2}\int_{-\frac{\pi}{2}}^0(1+\cos2t)\mathrm{d}t$$
$$=\frac{1}{2}\left(t+\frac{1}{2}\sin2t\right)\Big|_{-\frac{\pi}{2}}^0=\frac{\pi}{4}.$$

定理 1 中的换元公式也可反过来使用，把换元公式中左右两边对调，得

$$\int_\alpha^\beta f[\varphi(x)]\varphi'(x)\mathrm{d}x\xlongequal{\text{凑微分}}\int_\alpha^\beta f[\varphi(x)]\mathrm{d}\varphi(x)$$
$$\xlongequal{\text{换元 }\varphi(x)=u}\int_a^b f(u)\mathrm{d}u$$

$$= F(u)\Big|_a^b = F(b) - F(a).$$

这种换元法对应着不定积分的凑微分法.

例 4 计算$\int_0^1 x\mathrm{e}^{x^2}\mathrm{d}x$.

解 令 $t=x^2$，即 $x=\sqrt{t}$，$\mathrm{d}t=2x\mathrm{d}x$，且当 $x=0$ 时 $t=0$，当 $x=1$ 时 $t=1$，所以

$$\int_0^1 x\mathrm{e}^{x^2}\mathrm{d}x=\int_0^1 \frac{1}{2}(x^2)'\mathrm{e}^{x^2}\mathrm{d}x=\int_0^1 \frac{1}{2}\mathrm{e}^{x^2}\mathrm{d}x^2$$
$$=\int_0^1 \frac{1}{2}\mathrm{e}^t\mathrm{d}t=\frac{1}{2}\mathrm{e}^t\Big|_0^1=\frac{1}{2}(\mathrm{e}-1).$$

例 5 计算$\int_1^{\mathrm{e}} \frac{1}{x}\ln x\mathrm{d}x$.

解 $\int_1^{\mathrm{e}} \frac{1}{x}\ln x\mathrm{d}x=\int_1^{\mathrm{e}} \ln x\cdot\mathrm{d}(\ln x)\xlongequal{令 t=\ln x}\int_0^1 t\mathrm{d}t=\frac{1}{2}t^2\Big|_0^1=\frac{1}{2}.$

小结 用换元积分法计算定积分，如果引入新的变量，那么求得关于新变量的原函数后，不必回代，直接将新的积分上下限代入计算就可以了. 如果不引入新的变量，那么也就不需要换积分限，直接计算就可以得出结果.

例 6 $\int_0^{\pi} \frac{\sin x}{1+\cos^2 x}\mathrm{d}x$.

解 $$\int_0^{\pi} \frac{\sin x}{1+\cos^2 x}\mathrm{d}x=\int_0^{\pi} \frac{1}{1+\cos^2 x}\mathrm{d}(-\cos x)$$
$$=-\int_0^{\pi} \frac{1}{1+\cos^2 x}\mathrm{d}(\cos x)$$
$$=-\arctan(\cos x)\Big|_0^{\pi}$$
$$=-[\arctan(\cos\pi)-\arctan(\cos 0)]$$
$$=-[\arctan(-1)-\arctan 1]=\frac{\pi}{2}.$$

例 7 设 $f(x)$ 在$[-a,a]$上连续，证明：

(1) 若 $f(x)$ 为偶函数，则有 $\int_{-a}^a f(x)\mathrm{d}x=2\int_0^a f(x)\mathrm{d}x$；

(2) 若 $f(x)$ 为奇函数，则有$\int_{-a}^a f(x)\mathrm{d}x=0$.

证 $$\int_{-a}^a f(x)\mathrm{d}x=\int_{-a}^0 f(x)\mathrm{d}x+\int_0^a f(x)\mathrm{d}x,$$

对积分$\int_{-a}^0 f(x)\mathrm{d}x$ 作代换 $x=-t$，得

$$\int_{-a}^0 f(x)\mathrm{d}x=-\int_a^0 f(-t)\mathrm{d}t=\int_0^a f(-t)\mathrm{d}t=\int_0^a f(-x)\mathrm{d}x,$$

于是

$$\int_{-a}^a f(x)\mathrm{d}x=\int_0^a f(-x)\mathrm{d}x+\int_0^a f(x)\mathrm{d}x=\int_0^a [f(-x)+f(x)]\mathrm{d}x.$$

(1) 若 $f(x)$ 为偶函数，即 $f(x)=f(-x)$，则

$$\int_{-a}^a f(x)\mathrm{d}x=\int_0^a [f(-x)+f(x)]\mathrm{d}x=\int_0^a 2f(x)\mathrm{d}x=2\int_0^a f(x)\mathrm{d}x;$$

(2) 若 $f(x)$ 为奇函数，即 $f(x)=-f(x)$，则

$$\int_{-a}^a f(x)\mathrm{d}x=\int_0^a [f(-x)+f(x)]\mathrm{d}x=\int_0^a [f(x)-f(x)]\mathrm{d}x=0.$$

5-7 对称区间上积分性质

【注意】本例所证明的等式，称为奇、偶函数在对称区间上的积分性质. 在理论和计算中经常会用这个结论. 利用这个结论，奇、偶函数在对称区间上的积分计算可以得到简化，甚至不经计算即可得出结果，如 $\int_{-1}^{1} x^3\cos x\,\mathrm{d}x=0$.

从直观上看，该性质反映了对称区间上奇函数的正负面积相抵消(图 5-7)、偶函数面积是右半区间上面积的两倍(图 5-8) 这样一个事实.

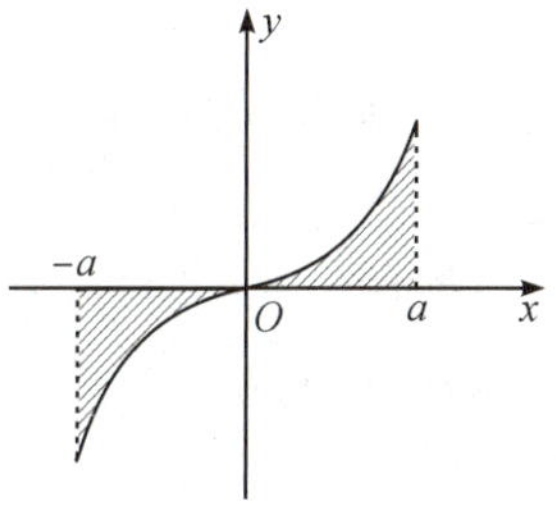

图 5-7

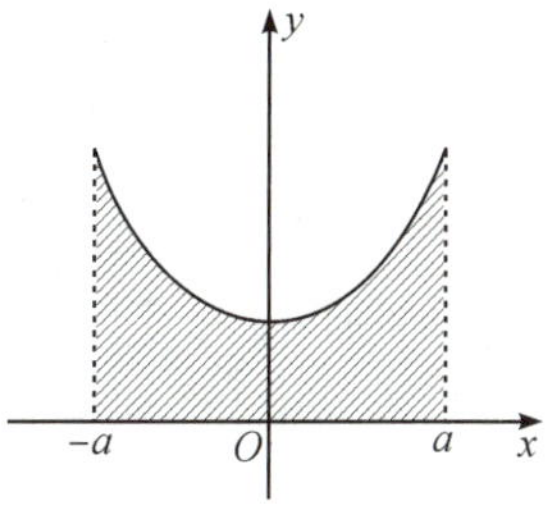

图 5-8

例 8 求下列定积分：

(1) $\int_{-1}^{1} x^3\sqrt{1-x^2}\,\mathrm{d}x$；　　(2) $\int_{-\frac{\pi}{2}}^{\frac{\pi}{2}} |\sin x|\,\mathrm{d}x$.

解 (1) 因为 $f(x)=x^3\sqrt{1-x^2}$ 是奇函数，且积分区间$[-1,1]$关于原点对称，所以$\int_{-1}^{1} x^3\sqrt{1-x^2}\,\mathrm{d}x=0$.

(2) $f(x)=|\sin x|$ 为偶函数，同理可得

$$\int_{-\frac{\pi}{2}}^{\frac{\pi}{2}} |\sin x|\,\mathrm{d}x=2\int_{0}^{\frac{\pi}{2}} |\sin x|\,\mathrm{d}x=2\int_{0}^{\frac{\pi}{2}} \sin x\,\mathrm{d}x=-2\cos x\Big|_{0}^{\frac{\pi}{2}}=2.$$

例 9 证明$\int_{0}^{\frac{\pi}{2}} f(\sin x)\,\mathrm{d}x=\int_{0}^{\frac{\pi}{2}} f(\cos x)\,\mathrm{d}x$.

证 令 $x=\frac{\pi}{2}-t$. 换限：当 $x=0$ 时，$t=\frac{\pi}{2}$；当 $x=\frac{\pi}{2}$ 时，$t=0$，于是

$$\int_{0}^{\frac{\pi}{2}} f(\sin x)\,\mathrm{d}x=-\int_{\frac{\pi}{2}}^{0} f\left[\sin\left(\frac{\pi}{2}-t\right)\right]\mathrm{d}t=\int_{0}^{\frac{\pi}{2}} f(\cos t)\,\mathrm{d}t=\int_{0}^{\frac{\pi}{2}} f(\cos x)\,\mathrm{d}x.$$

习题 5.3

1. 计算下列定积分：

(1) $\int_{0}^{\frac{\pi}{4}} \sec^4 x\tan x\,\mathrm{d}x$；　(2) $\int_{1}^{e} \frac{\ln x}{3x}\mathrm{d}x$；　(3) $\int_{0}^{1} \frac{\mathrm{d}x}{36+x^2}$；

(4) $\int_{0}^{\frac{\pi}{4}} \frac{\tan x}{\cos^2 x}\mathrm{d}x$；　(5) $\int_{0}^{1} (2+x)^3\mathrm{d}x$；　(6) $\int_{0}^{\frac{\pi}{2}} \cos 3x\,\mathrm{d}x$.

2. 计算下列定积分：

(1) $\int_{0}^{4} \sqrt{16-x^2}\,\mathrm{d}x$；　(2) $\int_{0}^{1} \frac{2\mathrm{d}x}{\sqrt{1+x^2}}$.

3. 计算下列定积分：

(1) $\int_{-1}^{1} x^3\mathrm{d}x$；　(2) $\int_{0}^{2} |1-x|\,\mathrm{d}x$；　(3) $\int_{-2}^{2} x\sqrt{x^2}\,\mathrm{d}x$；

(4) $\int_{1}^{2} (x+x^3)\,\mathrm{d}x$；　(5) $\int_{0}^{\pi} \sqrt{\sin x-\sin^3 x}\,\mathrm{d}x$；　(6) $\int_{0}^{\sqrt{\ln 2}} 2x e^{x^2}\mathrm{d}x$；

(7) $\int_{e}^{e^2} \frac{\ln^2 x}{x}\mathrm{d}x$；　(8) $\int_{0}^{4} \frac{1-\sqrt{x}}{1+\sqrt{x}}\mathrm{d}x$；　(9) $\int_{0}^{\frac{\pi}{2}} \frac{1}{1+\cos x}\mathrm{d}x$；

(10) $\int_{0}^{\frac{1}{2}} \frac{2x+1}{\sqrt{1-x^2}}\mathrm{d}x$.

§5.4　定积分的分部积分法

像$\int_{0}^{1} x e^x\,\mathrm{d}x$ 和$\int_{0}^{\frac{\pi}{2}} x^2\sin x\,\mathrm{d}x$ 这类积分该如何计算呢?

显然，不能直接求原函数，也无法用换元积分法，那么如何解决呢？由于被积函数是两种不同类型函数乘积的形式，类似于不定积分的分部积分法，我们从微分法则：$d(uv)=v\,du+u\,dv$，两边同时进行积分可得如下结论：

5-8　定积分分部积分法

定理 1　设函数 $u(x)$，$v(x)$ 在 $[a,b]$ 上有连续的导数，则有定积分的分部积分公式：

$$\int_a^b u(x)\,dv(x)=u(x)\cdot v(x)\Big|_a^b-\int_a^b v(x)\,du(x).$$

为方便起见，以上公式常记为：$\int_a^b u\,dv=uv\Big|_a^b-\int_a^b v\,du$.

例 1　计算 $\int_1^2 \ln x\,dx$.

解　令 $u=\ln x$，$dv=dx$，则 $du=\dfrac{dx}{x}$，$v=x$，则

$$\begin{aligned}\int_1^2 \ln x\,dx&=x\ln x\Big|_1^2-\int_1^2 x\cdot\frac{1}{x}dx\\&=x\ln x\Big|_1^2-x\Big|_1^2=2\ln 2-1.\end{aligned}$$

例 2　计算 $\int_0^1 \arctan x\,dx$.

解
$$\begin{aligned}\int_0^1 \arctan x\,dx&=x\arctan x\Big|_0^1-\int_0^1\frac{x}{1+x^2}dx=\frac{\pi}{4}-\frac{1}{2}\ln(1+x^2)\Big|_0^1\\&=\frac{\pi}{4}-\frac{1}{2}\ln 2.\end{aligned}$$

例 3　计算 $\int_0^1 x\,e^x\,dx$.

解
$$\begin{aligned}\int_0^1 x\,e^x\,dx&=\int_0^1 x\cdot de^x=x\,e^x\Big|_0^1-\int_0^1 e^x\,dx\\&=x\,e^x\Big|_0^1-e^x\Big|_0^1=e^x(x-1)\Big|_0^1=1.\end{aligned}$$

例 4　求 $\int_0^{\frac{\pi}{2}} x^2\sin x\,dx$.

解
$$\begin{aligned}\int_0^{\frac{\pi}{2}} x^2\sin x\,dx&=\int_0^{\frac{\pi}{2}} x^2\,d(-\cos x)\quad（取\ u=x^2,v=-\cos x）\\&=-x^2\cos x\Big|_0^{\frac{\pi}{2}}+2\int_0^{\frac{\pi}{2}} x\cos x\,dx\\&=0+2\int_0^{\frac{\pi}{2}} x\,d(\sin x)\quad（再取\ u=x,v=\sin x）\\&=2x\sin x\Big|_0^{\frac{\pi}{2}}-2\int_0^{\frac{\pi}{2}}\sin x\,dx\\&=2\cdot\frac{\pi}{2}-2\cdot(-\cos x)\Big|_0^{\frac{\pi}{2}}\\&=\pi-2.\end{aligned}$$

【注意】分部积分法主要用于求解被积函数是两种不同类型函数乘积的积分问题，运用的关键在于积分号后面 $u(x)$ 的选取，选择 $u(x)$ 可按如下原则进行：反三角函数、对数函数、幂函数、三角函数、指数函数（简称反对幂三指）. 根据以上排列次序，排在前面的优先选作 $u(x)$，乘积项中的另一个函数凑成 $v(x)$ 的微分，再利用分部积分公式.

例 5 设 $\int_1^b \ln x\,\mathrm{d}x = 1$，求 b.

解 $\int_1^b \ln x\,\mathrm{d}x = (x\ln x)\Big|_1^b - \int_1^b x\,\mathrm{d}(\ln x) = b\cdot\ln b - \int_1^b \mathrm{d}x$

$= b\cdot\ln b - x\Big|_1^b = b\cdot\ln b - b + 1.$

由已知条件得，$b\cdot\ln b - b + 1 = 1$，即 $b(\ln b - 1) = 0$. 因 $b \neq 0$，从而有 $\ln b = 1$，即 $b = \mathrm{e}$.

例 6 求 $\int_0^1 \mathrm{e}^{\sqrt{x}}\,\mathrm{d}x$.

解 先用换元法，再用分部积分法.

令 $x = t^2$，$\mathrm{d}x = 2t\,\mathrm{d}t$. 当 $x = 0$ 时，$t = 0$；当 $x = 1$ 时，$t = 1$. 于是

$$\int_0^1 \mathrm{e}^{\sqrt{x}}\,\mathrm{d}x = 2\int_0^1 t\,\mathrm{e}^t\,\mathrm{d}t = 2\int_0^1 t\,\mathrm{d}\mathrm{e}^t = 2t\,\mathrm{e}^t\Big|_0^1 - 2\int_0^1 \mathrm{e}^t\,\mathrm{d}t$$

$$= 2[\mathrm{e} - (\mathrm{e} - 1)] = 2.$$

习题 5.4

1. 计算下列定积分：

(1) $\int_0^1 x\,\mathrm{e}^{-x}\,\mathrm{d}x$；　(2) $\int_1^{\mathrm{e}} x\ln x\,\mathrm{d}x$；　(3) $\int_0^{\frac{\pi}{2}} x\sin x\,\mathrm{d}x$；

(4) $\int_1^2 \mathrm{e}^{\sqrt{x-1}}\,\mathrm{d}x$；　(5) $\int_0^{\frac{\pi}{2}} x^2\cos x\,\mathrm{d}x$；　(6) $\int_{\frac{1}{\mathrm{e}}}^{\mathrm{e}^2} x\,|\ln x|\,\mathrm{d}x$；

(7) $\int_0^{\frac{\pi}{2}} \mathrm{e}^x\sin x\,\mathrm{d}x$；　(8) $\int_0^1 x^2\mathrm{e}^x\,\mathrm{d}x$.

§5.5　广义积分

前面讨论的定积分，其积分区间都是有限闭区间且被积函数在该区间上有界. 但在实际问题中还会遇到积分区间为无穷区间或被积函数无界的情形，这就是本节要介绍的广义积分. 相对地，把前面讨论的定积分称为常义积分.

5.5.1　无穷区间上的广义积分

5-9　广义积分

定义 1 设函数 $f(x)$ 在 $[a, +\infty)$ 上连续，任取实数 $b > a$，把极限 $\lim\limits_{b\to+\infty}\int_a^b f(x)\,\mathrm{d}x$ 称为**函数 $f(x)$ 在无穷区间上的广义积分**，记作

$$\int_a^{+\infty} f(x)\,\mathrm{d}x = \lim_{b\to\infty}\int_a^b f(x)\,\mathrm{d}x.$$

若极限存在，则称广义积分 $\int_a^{+\infty} f(x)\,\mathrm{d}x$ 收敛；若极限不存在，则称广义积分 $\int_a^{+\infty} f(x)\,\mathrm{d}x$ 发散.

类似地，可定义函数 $f(x)$ 在 $(-\infty, b]$ 上的广义积分为

$$\int_{-\infty}^b f(x)\,\mathrm{d}x = \lim_{a\to-\infty}\int_a^b f(x)\,\mathrm{d}x.$$

函数 $f(x)$ 在区间 $(-\infty, +\infty)$ 上的广义积分为

$$\int_{-\infty}^{+\infty} f(x)\mathrm{d}x = \int_{-\infty}^{c} f(x)\mathrm{d}x + \int_{c}^{+\infty} f(x)\mathrm{d}x,$$

其中，c 为任意实数，当右端两个广义积分都收敛时，广义积分 $\int_{-\infty}^{+\infty} f(x)\mathrm{d}x$ 才是收敛的；否则，广义积分 $\int_{-\infty}^{+\infty} f(x)\mathrm{d}x$ 是发散的.

例 1 求 $\int_{0}^{+\infty} \mathrm{e}^{-x}\mathrm{d}x$.

解 $\int_{0}^{+\infty} \mathrm{e}^{-x}\mathrm{d}x = \lim\limits_{b\to+\infty}\int_{0}^{b} \mathrm{e}^{-x}\mathrm{d}x = \lim\limits_{b\to+\infty}\left(-\mathrm{e}^{-x}\Big|_0^b\right)$

$= \lim\limits_{b\to+\infty}(-\mathrm{e}^{-b}+1)=1.$

例 2 讨论 $\int_{1}^{+\infty} \frac{1}{x^p}\mathrm{d}x$ 的敛散性.

解 (1) 当 $p>1$ 时，

$$\int_{1}^{+\infty} \frac{1}{x^p}\mathrm{d}x = \frac{1}{1-p}x^{1-p}\Big|_1^{+\infty} = \frac{1}{1-p}\left(\lim_{x\to+\infty} x^{1-p}-1\right)$$

$$=\frac{1}{p-1}(\text{收敛}).$$

(2) 当 $p=1$ 时，

$$\int_{1}^{+\infty} \frac{1}{x^p}\mathrm{d}x = \int_{1}^{+\infty} \frac{1}{x}\mathrm{d}x = \ln x\Big|_1^{+\infty} = \lim_{x\to+\infty}\ln x - \ln 1 = +\infty(\text{发散}).$$

(3) 当 $p<1$ 时，

$$\int_{1}^{+\infty} \frac{1}{x^p}\mathrm{d}x = \frac{1}{1-p}x^{1-p}\Big|_1^{+\infty} = \frac{1}{1-p}\left(\lim_{x\to+\infty} x^{1-p}-1\right) = +\infty.$$

小结：当 $p>1$ 时，$\int_{1}^{+\infty} \frac{1}{x^p}\mathrm{d}x$ 是收敛的；当 $p\leqslant 1$ 时，$\int_{1}^{+\infty} \frac{1}{x^p}\mathrm{d}x$ 是发散的.

例 3 计算无穷积分 $\int_{-\infty}^{+\infty} \frac{\mathrm{d}x}{1+x^2}$.

解
$$\int_{-\infty}^{+\infty} \frac{\mathrm{d}x}{1+x^2} = \int_{-\infty}^{0} \frac{\mathrm{d}x}{1+x^2} + \int_{0}^{+\infty} \frac{\mathrm{d}x}{1+x^2}$$
$$= \lim_{a\to-\infty}\int_{a}^{0} \frac{\mathrm{d}x}{1+x^2} + \lim_{b\to+\infty}\int_{0}^{b} \frac{\mathrm{d}x}{1+x^2}$$
$$= \lim_{a\to-\infty}\Big[\arctan x\Big]_a^0 + \lim_{b\to+\infty}\Big[\arctan x\Big]_0^b$$
$$= -\lim_{a\to-\infty}\arctan a + \lim_{b\to+\infty}\arctan b$$
$$= -\left(-\frac{\pi}{2}\right)+\frac{\pi}{2}=\pi.$$

【注意】这个广义积分值的几何意义是：当 $a\to-\infty$，$b\to+\infty$ 时，虽然图 5-9 中阴影部分向左、右无限延伸，但其面积却有极限值 π. 它是位于曲线 $y=\frac{1}{1+x^2}$ 的下方，x 轴上方图形的面积.

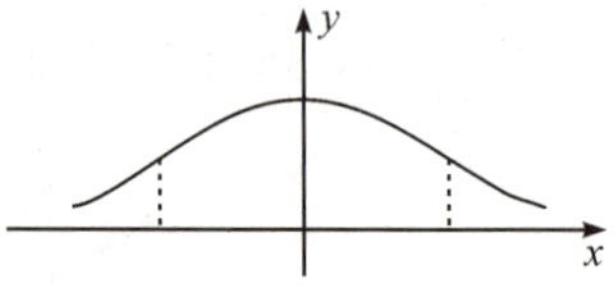

图 5-9

为了书写方便，实际运算过程中常常省去极限记号，而形式地把它当成一个“数”，直接利用牛顿-莱布尼茨公式计算.

$$\int_{a}^{+\infty} f(x)\mathrm{d}x = F(x)\Big|_a^{+\infty} = F(+\infty)-F(a),$$
$$\int_{-\infty}^{b} f(x)\mathrm{d}x = F(x)\Big|_{-\infty}^{b} = F(b)-F(-\infty),$$
$$\int_{-\infty}^{+\infty} f(x)\mathrm{d}x = F(x)\Big|_{-\infty}^{+\infty} = F(+\infty)-F(-\infty),$$

其中，$F(x)$ 为 $f(x)$ 的原函数，记号 $F(\pm\infty)=\lim\limits_{x\to\pm\infty}F(x)$.

5.5.2 无界函数的瑕积分

定义 2 设函数 $f(x)$ 在区间 $(a,b]$ 上有定义，对任意小的 $\varepsilon>0$，$f(x)$ 在 $[a+\varepsilon,b]$ 上可积，且 $\lim\limits_{x\to a^+}f(x)=\infty$（即端点 a 是 $f(x)$ 的无穷间断点），极限 $\lim\limits_{\varepsilon\to 0^+}\int_{a+\varepsilon}^{b}f(x)\mathrm{d}x$ 称为**无界函数 $f(x)$ 在 $(a,b]$ 上的广义积分**，记为

$$\int_a^b f(x)\mathrm{d}x=\lim_{\varepsilon\to 0^+}\int_{a+\varepsilon}^{b}f(x)\mathrm{d}x.$$

若上式右端极限存在，则称此无界函数的广义积分**收敛**；否则，称为**发散**.

类似地，若函数 $f(x)$ 在区间 $[a,b)$ 上有定义，对任意小的 $\varepsilon>0$，$f(x)$ 在 $[a,b-\varepsilon]$ 上可积，且 $\lim\limits_{x\to b^-}f(x)=\infty$（即 $x=b$ 为函数 $f(x)$ 的无穷间断点），定义**无界函数 $f(x)$ 在 $[a,b)$ 上的广义积分**为

$$\int_a^b f(x)\mathrm{d}x=\lim_{\varepsilon\to 0^+}\int_{a}^{b-\varepsilon}f(x)\mathrm{d}x.$$

若上式右端极限存在，则称之为**收敛**；否则，称之为**发散**.

若对任意小的 $\varepsilon>0$，$f(x)$ 在 $[a,c-\varepsilon]$ 和 $[c+\varepsilon,b]$ 上可积，而 $\lim\limits_{x\to c}f(x)=\infty$，则定义 **$f(x)$ 在区间 $[a,b]$ 上的广义积分**为

$$\begin{aligned}\int_a^b f(x)\mathrm{d}x&=\int_a^c f(x)\mathrm{d}x+\int_c^b f(x)\mathrm{d}x\\&=\lim_{\varepsilon_1\to 0^+}\int_a^{c-\varepsilon_1}f(x)\mathrm{d}x+\lim_{\varepsilon_2\to 0^+}\int_{c+\varepsilon_2}^{b}f(x)\mathrm{d}x,\end{aligned}$$

当上式右端两个极限都存在时，称广义积分 $\int_a^b f(x)\mathrm{d}x$ **收敛**；否则，称之**发散**.

此外，如果 $x=a$，$x=b$ 均为 $f(x)$ 的无穷间断点，则 $f(x)$ 在 $[a,b]$ 上的无界函数的积分定义为

$$\begin{aligned}\int_a^b f(x)\mathrm{d}x&=\int_a^c f(x)\mathrm{d}x+\int_c^b f(x)\mathrm{d}x\\&=\lim_{\varepsilon_1\to 0^+}\int_{a+\varepsilon_1}^{c}f(x)\mathrm{d}x+\lim_{\varepsilon_2\to 0^+}\int_{c}^{b-\varepsilon_2}f(x)\mathrm{d}x.\end{aligned}$$

上式中 c 为 a 与 b 之间的任意实数，当右端的两个极限都存在时，则称之**收敛**，否则称之**发散**.

【注意】 无界函数的广义积分也称为**瑕积分**，函数的无穷间断点也称为其**瑕点**，即若 $f(x)$ 在区间 $(a,b]$（$[a,b)$）上连续，且 $\lim\limits_{x\to a^+}f(x)=\infty$（或 $\lim\limits_{x\to b^-}f(x)=\infty$），则 a（或 b）必为 $f(x)$ 的瑕点.

瑕积分与一般定积分（常义积分）的含义不同，但形式一样，特容易被忽视，在计算定积分时，应该首先考察是常义积分还是瑕积分，若是瑕积分，则要按瑕积分的计算方法处理.

例 4 讨论瑕积分 $\int_0^a\frac{\mathrm{d}x}{\sqrt{a^2-x^2}}$ 的敛散性.

解 $x=a$ 是瑕点，于是

$$\int_0^a \frac{1}{\sqrt{a^2-x^2}}\,\mathrm{d}x = \lim_{\varepsilon\to 0^+}\int_0^{a-\varepsilon}\frac{1}{\sqrt{a^2-x^2}}\,\mathrm{d}x = \lim_{\varepsilon\to 0^+}\arcsin\frac{x}{a}\Big|_0^{a-\varepsilon}$$

$$= \lim_{\varepsilon\to 0^+}\left(\arcsin\frac{a-\varepsilon}{a}-0\right) = \arcsin 1 - 0 = \frac{\pi}{2}.$$

【注意】这个瑕积分值的几何意义:位于曲线 $y = \dfrac{1}{\sqrt{a^2-x^2}}$ 之下、x 轴之

上,直线 $x=0$ 与 $x=a$ 之间的图形面积(图 5-10).

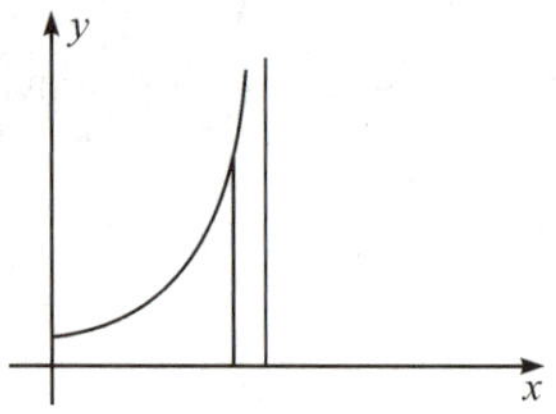

图 5-10

例 5　计算瑕积分 $\displaystyle\int_{-1}^{1}\frac{\mathrm{d}x}{x^2}$.

解　$x=0$ 是瑕点,于是

$$原式 = \int_{-1}^{0}\frac{\mathrm{d}x}{x^2} + \int_{0}^{1}\frac{\mathrm{d}x}{x^2} = \lim_{\varepsilon_1\to 0^+}\int_{-1}^{0-\varepsilon_1}\frac{\mathrm{d}x}{x^2} + \lim_{\varepsilon_2\to 0^+}\int_{0+\varepsilon_2}^{1}\frac{\mathrm{d}x}{x^2},$$

由于 $\displaystyle\int_{-1}^{0}\frac{\mathrm{d}x}{x^2} = \lim_{\varepsilon_1\to 0^+}\int_{-1}^{0-\varepsilon_1}\frac{\mathrm{d}x}{x^2} = \lim_{\varepsilon_1\to 0^+}\left(\frac{1}{\varepsilon_1}-1\right) = +\infty$,所以 $\displaystyle\int_{-1}^{1}\frac{\mathrm{d}x}{x^2}$ 发散.

【注意】瑕点在区间内部时最容易被忽视,即把它和定积分混淆了. 本例如果

疏忽了 $x=0$ 是瑕点,就会得到错误结果: $\displaystyle\int_{-1}^{1}\frac{\mathrm{d}x}{x^2} = \left[-\frac{1}{x}\right]_{-1}^{1} = -1-1 = -2$.

例 6　证明:瑕积分 $\displaystyle\int_{0}^{1}\frac{1}{x^q}\,\mathrm{d}x$ 当 $q<1$ 时收敛,当 $q\geqslant 1$ 时发散.

证　当 $q=1$ 时,$\displaystyle\int_{0}^{1}\frac{1}{x}\,\mathrm{d}x = \lim_{\varepsilon\to 0^+}\int_{0+\varepsilon}^{1}\frac{1}{x}\,\mathrm{d}x$

$$= \lim_{\varepsilon\to 0^+}\ln|x|\ \Big|_{\varepsilon}^{1} = \lim_{\varepsilon\to 0^+}(0-\ln\varepsilon) = +\infty;$$

当 $q\neq 1$ 时,$\displaystyle\int_{0}^{1}\frac{1}{x^q}\,\mathrm{d}x = \lim_{\varepsilon\to 0^+}\int_{0+\varepsilon}^{0}\frac{1}{x^q}\,\mathrm{d}x = \lim_{\varepsilon\to 0^+}\frac{x^{1-q}}{1-q}\ \Big|_{\varepsilon}^{1} = \lim_{\varepsilon\to 0^+}\left(\frac{1}{1-q}-\frac{\varepsilon^{1-q}}{1-q}\right)$

$$= \begin{cases} \dfrac{1}{1-q}, & q<1; \\ +\infty, & q>1. \end{cases}$$

所以,当 $q<1$ 时,瑕积分收敛,其值为 $\dfrac{1}{1-q}$;当 $q\geqslant 1$ 时,瑕积分发散.

习题 5.5

1.计算下列广义积分,判断其敛散性.

$(1)\displaystyle\int_{1}^{+\infty}\frac{1}{x^4}\,\mathrm{d}x$;

$(2)\displaystyle\int_{0}^{+\infty}\cos x\,\mathrm{d}x$;

$(3)\displaystyle\int_{-\infty}^{+\infty}x\,\mathrm{e}^{-x^2}\,\mathrm{d}x$;

$(4)\displaystyle\int_{2}^{+\infty}\frac{\mathrm{d}x}{x\ln^2 x}$;

$(5)\displaystyle\int_{-\infty}^{-1}\frac{\mathrm{d}x}{x^2(x^2+1)}$;

$(6)\displaystyle\int_{-\infty}^{+\infty}\frac{2x\,\mathrm{d}x}{x^2+1}$;

$(7)\displaystyle\int_{-\infty}^{0}\frac{1}{1+x^2}\,\mathrm{d}x$;

$(8)\displaystyle\int_{\mathrm{e}}^{+\infty}\frac{\ln x}{x}\,\mathrm{d}x$;

$(9)\displaystyle\int_{0}^{1}\frac{1}{\sqrt{x}}\,\mathrm{d}x$;

$(10)\displaystyle\int_{0}^{1}\frac{1}{\sqrt{1-x^2}}\,\mathrm{d}x$;

$(11)\displaystyle\int_{-1}^{1}\frac{1}{x}\,\mathrm{d}x$;

$(12)\displaystyle\int_{1}^{\mathrm{e}}\frac{1}{x\sqrt{1-\ln^2 x}}\,\mathrm{d}x$.

§ 5.6　定积分在几何上的应用

定积分不论在理论上还是在实际应用上，都有着十分重要的意义，它是整个高等数学最重要的内容之一. 前面讨论了定积分的概念及计算方法，在此基础上进一步来研究它的应用，重点是掌握用微元法将实际问题表示成定积分的分析方法.

5.6.1　微元法

第5.1节我们曾用定积分方法解决了曲边梯形面积及变速直线运动路程的计算问题，综合这两个问题可以看出，用定积分计算的量一般有如下两个特点：

(1) 所求整体量 F 与给定区间 $[a,b]$ 有关，且在该区间上具有可加性，即当把 $[a,b]$ 分成许多小区间时，整体量 F 等于各部分量之和，即

$$F=\sum_{i=1}^{n}\Delta F_i.$$

(2) 整体量 F 在 $[a,b]$ 上的分布是不均匀的.

在讨论定积分更多的几何及物理应用之前介绍微元法. 由定积分的概念知解决实际问题的四个步骤如下(图 5-11)：

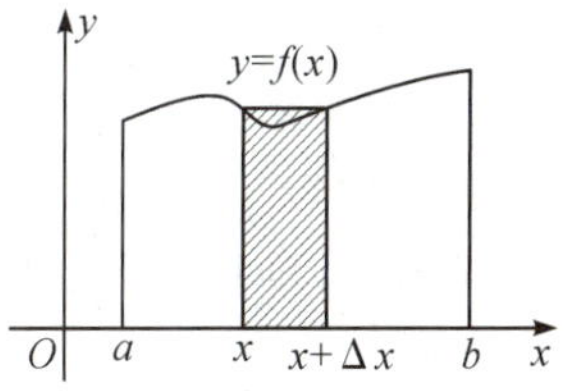

图 5-11

(1) 将 F 分为部分量之和 $F=\sum\limits_{i=1}^{n}\Delta F_i$；

(2) 求出每个部分量的近似值 $\Delta F_i\approx f(\xi_i)\Delta x_i$；

(3) 写出 F 的近似值 $\sum\limits_{i=1}^{n}\Delta F_i\approx\sum\limits_{i=1}^{n}f(\xi_i)\Delta x_i$；

(4) 求极限 $F=\lim\limits_{\lambda\to 0}\sum\limits_{i=1}^{n}f(\xi_i)\Delta x_i=\int_a^b f(x)\mathrm{d}x$.

其中第二步是关键，因为最后的被积表达式的形式就是在这一步被确定的，这只要把近似式中 $f(\xi_i)\Delta x_i$ 的变量记号改变一下(ξ_i 换为 x；Δx_i 换为 $\mathrm{d}x$). 因此上述四步就简化成了实用的两步：

(1) 在区间 $[a,b]$ 上任取一个微小区间 $[x,x+\mathrm{d}x]$，然后写出在这个小区间上的部分量 ΔF 的近似值，记为 $\mathrm{d}F(x)=f(x)\mathrm{d}x$ (称为 F 的微元)；

(2) 将微元 $\mathrm{d}F(x)$ 在 $[a,b]$ 上积分(无限累加)，即得 $F(x)=\int_a^b f(x)\mathrm{d}x$.

上述两步解决问题的方法称为微元法. 另需注意，$f(x)\mathrm{d}x$ 作为 ΔF 的近似表达式应该足够准确，就是要其差是关于 Δx 的高阶无穷小，这样我们就知道了称作微元的 $f(x)\mathrm{d}x$ 实际上是所求量的微分 $\mathrm{d}F(x)$；具体怎样求微元是关键，一般按在局部 $[x,x+\mathrm{d}x]$ 上以“常代变”“匀代不匀”“直代曲”的思路(局部线性化)，写出局部上所求量的近似值，即为微元 $\mathrm{d}F(x)=f(x)\mathrm{d}x$.

定积分可以用于求平面图形的面积、旋转体的体积和平面曲线的弧长等.

5-10　微元法求面积

5.6.2　求平面图形的面积

由定积分的几何意义知道，$\int_a^b f(x)\mathrm{d}x$ 是曲线 $y=f(x)$ 介于 $x=a$，$x=$

b，x 轴上、下组成的梯形面积的代数和，我们将介绍几类平面图形面积的计算问题.

1. 如图 5-12 所示，由连续曲线 $y=f(x)\,(f(x)\geqslant 0)$ 与直线 $x=a$，$x=b$ 和 x 轴所围成的平面图形的面积 A 为

$$A=\int_a^b f(x)\mathrm{d}x.$$

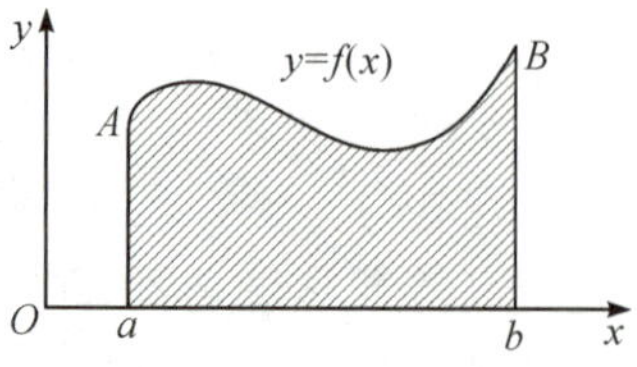

图 5-12

一般地，由连续曲线 $y=f(x)$ 与直线 $x=a$，$x=b$ 和 x 轴所围成的平面图形的面积 A 为

$$A=\int_a^b |f(x)|\mathrm{d}x.$$

2. 如图 5-13 所示，由两条连续曲线 $y=f(x)$，$y=g(x)\,(g(x)\leqslant f(x))$ 及两条直线 $x=a$，$x=b$ 所围成的平面图形的面积 A 为

$$A=\int_a^b [f(x)-g(x)]\mathrm{d}x.$$

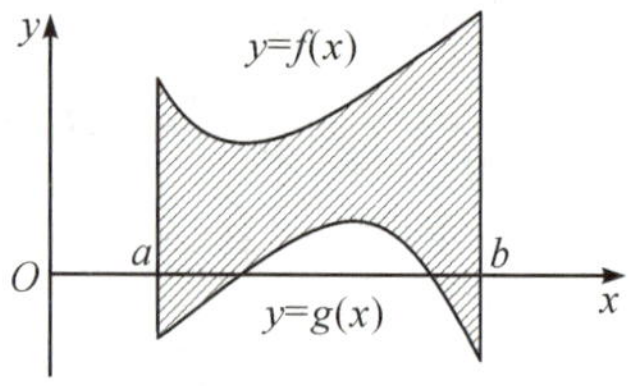

图 5-13

一般地，由两条连续曲线 $y=f(x)$，$y=g(x)$ 及两条直线 $x=a$，$x=b$ 所围成的平面图形的面积 A 为

$$A=\int_a^b |f(x)-g(x)|\mathrm{d}x.$$

3. 由连续曲线 $x=\varphi(y)$ 与直线 $y=c$，$y=d$ 和 y 轴所围成的平面图形的面积 A 为

$$A=\int_c^d |\varphi(y)|\mathrm{d}y.$$

4. 如图 5-14 所示，由两条连续曲线 $x=\varphi(y)$，$x=\psi(y)$ 与直线 $y=c$，$y=d$ 所围成的平面图形的面积 A 为

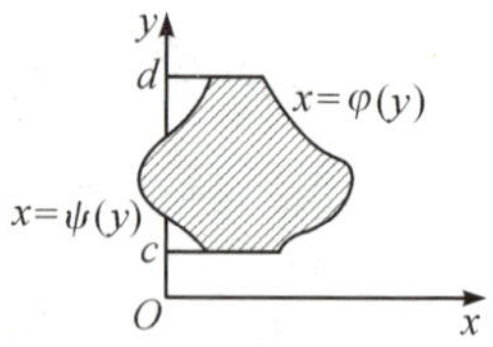

图 5-14

$$A=\int_c^d |\varphi(y)-\psi(y)|\mathrm{d}y.$$

一般地，用定积分求平面图形面积的步骤如下：

(1) 根据已知条件画出草图；

(2) 选择积分变量并确定积分上、下限，直接确定或解方程组求曲线交点；

(3) 用相应的公式求面积.

例 1 求曲线 $y=\mathrm{e}^x$，$y=\mathrm{e}^{-x}$ 与直线 $x=1$ 所围成的平面图形的面积.

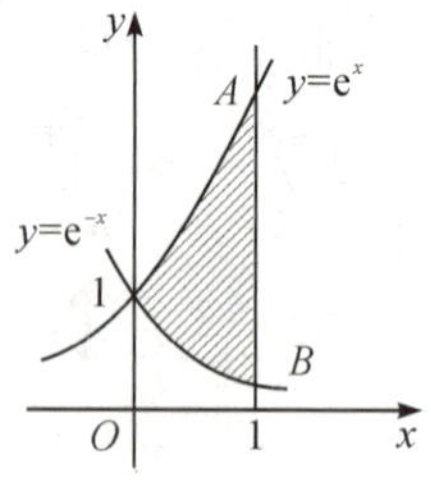

图 5-15

解 如图 5-15 所示，曲线 $y=\mathrm{e}^x$，$y=\mathrm{e}^{-x}$ 与直线 $x=1$ 的交点分别为 $A(1,\mathrm{e})$，$B(1,\mathrm{e}^{-1})$，则所求面积

$$A=\int_0^1 (\mathrm{e}^x-\mathrm{e}^{-x})\mathrm{d}x=(\mathrm{e}^x+\mathrm{e}^{-x})\Big|_0^1=\mathrm{e}+\mathrm{e}^{-1}-2.$$

例 2 求曲线 $4y^2=x$ 与直线 $x+y=\dfrac{3}{2}$ 所围成的平面图形的面积.

解 如图 5-16 所示，先确定两条曲线的交点坐标.

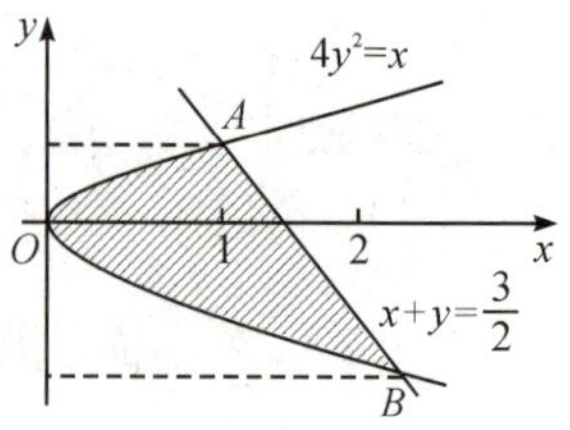

图 5-16

解方程组 $\begin{cases}4y^2=x,\\ x+y=\dfrac{3}{2},\end{cases}$

得交点 $A\left(1,\dfrac{1}{2}\right)$，$B\left(\dfrac{9}{4},-\dfrac{3}{4}\right)$.

如果以 y 为积分变量，则所求面积

$$A=\int_{-\frac{3}{4}}^{\frac{1}{2}}\left[\left(\frac{3}{2}-y\right)-4y^2\right]\mathrm{d}y$$

$$=\left(\frac{3}{2}y-\frac{1}{2}y^2-\frac{4}{3}y^3\right)\Big|_{-\frac{3}{4}}^{\frac{1}{2}}$$

$$=\frac{125}{96}.$$

如果以 x 为积分变量，则所求面积

$$A=\int_0^1\left[\frac{\sqrt{x}}{2}-\left(-\frac{\sqrt{x}}{2}\right)\right]\mathrm{d}x+\int_1^{\frac{9}{4}}\left[\left(\frac{3}{2}-x\right)-\left(-\frac{\sqrt{x}}{2}\right)\right]\mathrm{d}x=\frac{125}{96}.$$

这时所求面积需分块计算，计算过程较繁.

求平面区域的面积，一般有两类公式：

(1) 关于 x 积分：$S=\int_{\text{左端点}}^{\text{右端点}}(\text{上边界函数}-\text{下边界函数})\mathrm{d}x$；

(2) 关于 y 积分：$S=\int_{\text{下端点}}^{\text{上端点}}(\text{右边界函数}-\text{左边界函数})\mathrm{d}y$.

例 3 求在区间 $[0,\pi]$ 上曲线 $y=\cos x$ 与 $y=\sin x$ 之间所围成的平面图形的面积.

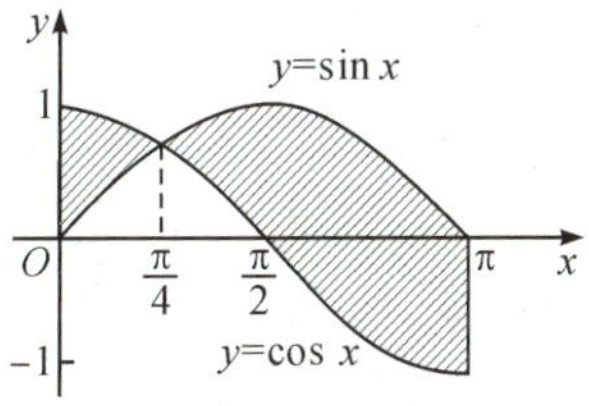

图 5-17

解 如图 5-17 所示，曲线 $y=\cos x$ 与 $y=\sin x$ 的交点坐标为 $\left(\frac{\pi}{4},\frac{\sqrt{2}}{2}\right)$. 因此，所求面积

$$A=\int_0^{\frac{\pi}{4}}(\cos x-\sin x)\mathrm{d}x+\int_{\frac{\pi}{4}}^{\pi}(\sin x-\cos x)\mathrm{d}x$$

$$=(\sin x+\cos x)\Big|_0^{\frac{\pi}{4}}+(-\cos x-\sin x)\Big|_{\frac{\pi}{4}}^{\pi}$$

$$=2\sqrt{2}.$$

5-11 旋转体体积

5.6.3 求旋转体的体积

设旋转体是由连续曲线 $y=f(x)$ 和直线 $x=a, x=b\,(a<b)$ 及 x 轴所围成的曲边梯形绕 x 轴旋转而成(图 5-18)，我们来求它的体积 V. 利用微元法，分以下两个步骤：

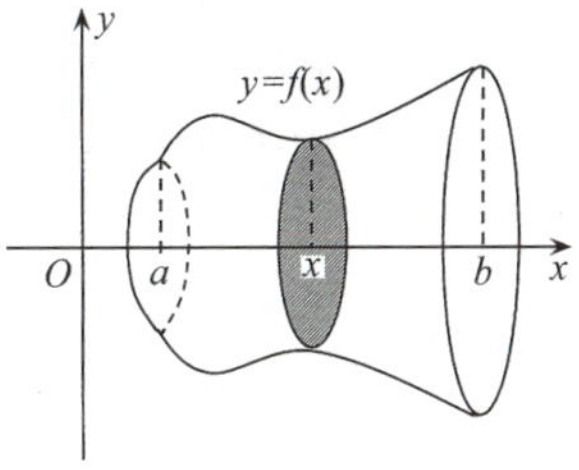

图 5-18

(1) 求区间 $[a,b]$ 上点 x 处垂直 x 轴截面面积为 $A(x)=\pi f^2(x)$；

(2) 在 x 的变化区间 $[a,b]$ 内积分，得旋转体体积为 $V=\pi\int_a^b f^2(x)\mathrm{d}x$.

类似地，由曲线 $x=\varphi(y)$，直线 $y=c, y=d$ 及 y 轴所围成的曲边梯形绕 y 轴旋转，所得旋转体(图 5-19) 的体积为 $V=\pi\int_c^d\varphi^2(y)\mathrm{d}y$.

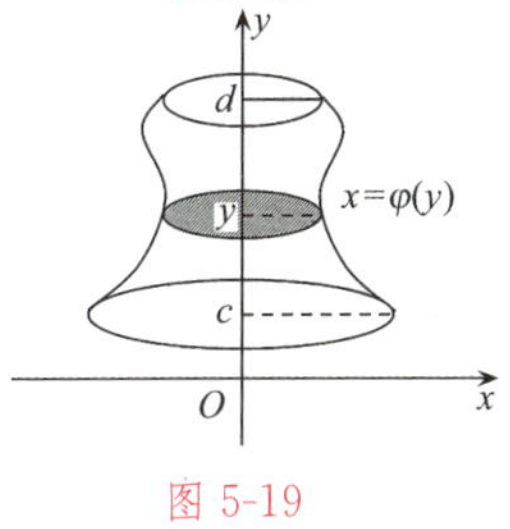

图 5-19

例 4 求由曲线 $y=x^2$ 及直线 $x=2, y=0$ 所围成的平面图形绕 x 轴旋转一周所得立体的体积.

解 如图 5-20 所示，取 x 为积分变量，积分区间为 $[0,2]$，体积微元为 $\mathrm{d}V=\pi y^2\mathrm{d}x$，所以立体的体积为

$$V_x=\pi\int_0^2 y^2\mathrm{d}x=\pi\int_0^2 x^4\mathrm{d}x=\frac{\pi}{5}x^5\Big|_0^2=\frac{32}{5}\pi.$$

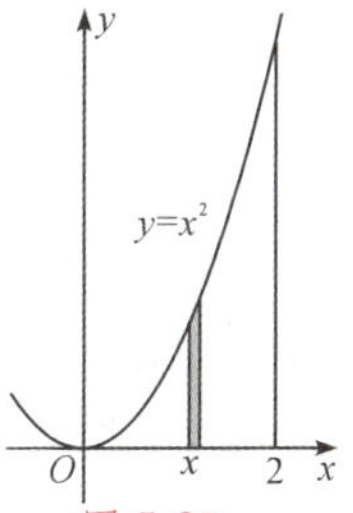

图 5-20

例 5 求旋转椭球体的体积，即由椭圆绕它的对称轴旋转一周而成的立体体积.

解 不妨设椭圆的方程为$\frac{x^2}{a^2}+\frac{y^2}{b^2}=1$，绕 x 轴旋转.

取 x 为积分变量，积分区间为$[-a,a]$，由公式 $V=\pi\int_a^b f^2(x)\mathrm{d}x$ 得

$$V=\pi\int_{-a}^{a} y^2\mathrm{d}x=\pi\int_{-a}^{a}\frac{b^2}{a^2}(a^2-x^2)\mathrm{d}x$$
$$=\frac{b^2\pi}{a^2}\left(a^2x-\frac{x^3}{3}\right)\bigg|_{-a}^{a}=\frac{4}{3}\pi ab^2.$$

同理可计算出当椭圆绕 y 轴旋转时，所得立体体积为

$$V=\pi\int_{-b}^{b} x^2\mathrm{d}y=\pi\int_{-b}^{b}\frac{a^2}{b^2}(b^2-y^2)\mathrm{d}y=\frac{4}{3}\pi a^2b.$$

5.6.4 平面曲线的弧长

设函数 $y=f(x)$ 在区间$[a,b]$上的一阶导数连续，试求曲线 $y=f(x)$ 介于区间$[a,b]$之间的弧长(图 5-21). 仍用微元法，取 x 为积分变量，$x\in[a,b]$，在区间$[a,b]$上任取一微小区间$[x,x+\mathrm{d}x]$，在此区间内，用切线段来近似代替小弧段，得弧长微元为 $\mathrm{d}s=MT=\sqrt{MQ^2+QT^2}=\sqrt{(\mathrm{d}x)^2+(\mathrm{d}y)^2}=\sqrt{1+y'^2}\,\mathrm{d}x$，将弧长微元在区间$[a,b]$上积分就得到弧长的计算公式：

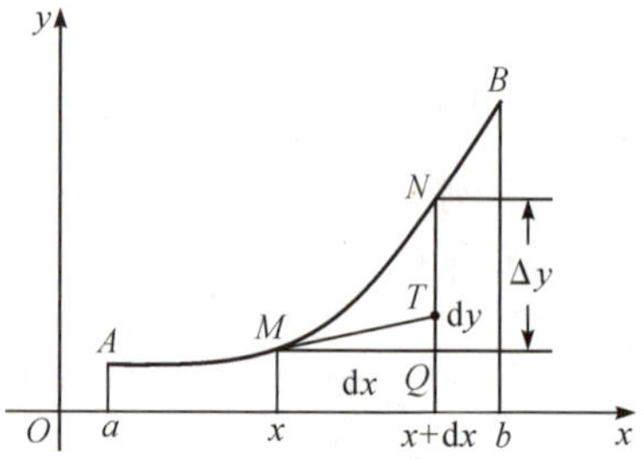

图 5-21

$$s=\int_a^b \mathrm{d}s=\int_a^b\sqrt{1+(f'(x))^2}\,\mathrm{d}x.$$

例 6 两根电线杆之间的电线，由于自身重量而下垂成曲线，这一曲线称为悬链线，已知悬链线方程为 $y=\frac{a}{2}\left(\mathrm{e}^{\frac{x}{a}}+\mathrm{e}^{-\frac{x}{a}}\right)(a>0)$，求从 $x=-a$ 到 $x=a$ 这一段的弧长(图 5-22).

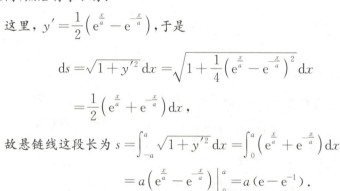

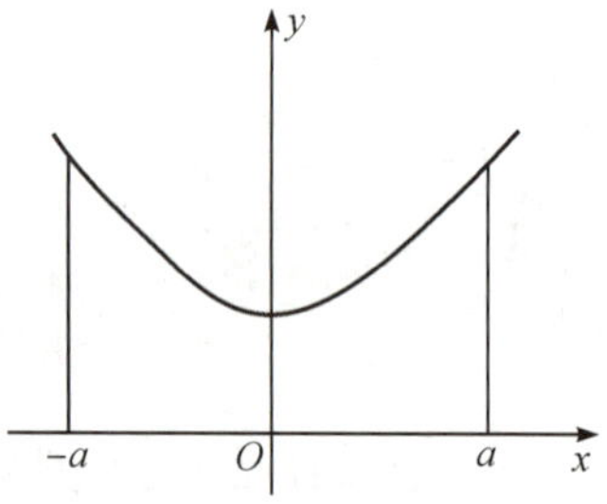

图 5-22

解 由于弧长公式中被积函数比较复杂，所以代公式前，要将 ds 部分充分化简，然后再求积分.

这里，$y'=\frac{1}{2}\left(\mathrm{e}^{\frac{x}{a}}-\mathrm{e}^{-\frac{x}{a}}\right)$，于是

$$\mathrm{d}s=\sqrt{1+y'^2}\,\mathrm{d}x=\sqrt{1+\frac{1}{4}\left(\mathrm{e}^{\frac{x}{a}}-\mathrm{e}^{-\frac{x}{a}}\right)^2}\,\mathrm{d}x$$
$$=\frac{1}{2}\left(\mathrm{e}^{\frac{x}{a}}+\mathrm{e}^{-\frac{x}{a}}\right)\mathrm{d}x,$$

故悬链线这段长为 $s=\int_{-a}^{a}\sqrt{1+y'^2}\,\mathrm{d}x=\int_0^a\left(\mathrm{e}^{\frac{x}{a}}+\mathrm{e}^{-\frac{x}{a}}\right)\mathrm{d}x$

$$=a\left(\mathrm{e}^{\frac{x}{a}}-\mathrm{e}^{-\frac{x}{a}}\right)\bigg|_0^a=a(\mathrm{e}-\mathrm{e}^{-1}).$$

习题 5.6

1. 计算由 $y=x^3$，$x=1$，$y=0$ 所围平面图形的面积.
2. 计算由 $y=2x^2$，$y=4x^2$，$y=1$ 所围平面图形的面积.
3. 计算由曲线 $xy=1$，$y=x$，$y=2x$ 所围平面图形的面积.
4. 求下列曲线所围图形绕给定的坐标轴旋转而成的旋转体体积：

(1) $y = x$ 与 $x = 1, y = 0$，绕 x 轴；

(2) $x = \sqrt{y}$ 与 $y = 1, x = 0$，绕 y 轴.

5. 有一立方体，以长半轴 $a = 2$，短半轴 $b = 1$ 的椭圆为底，而垂直于长轴的截面都是等边三角形，求其体积.

6. 计算曲线 $y^2 = x^3$ 上从 $x = 0$ 到 $x = 1$ 的一段弧长.

§5.7　定积分在物理学中的应用

定积分在物理学中有很多应用. 本节我们将利用定积分的微元法来求变力沿直线做的功和非均匀分布的物体的质量.

5.7.1　变力沿直线所做的功

如果物体受常力作用沿力的方向移动一段距离 s，则力 F 所做的功 $W = Fs$，如果物体在变力 $F(x)$ 的作用下沿 x 轴由 a 处移动到 b 处，求变力 $F(x)$ 所做的功. 由于 $F(x)$ 是变力，所求功是区间 $[a, b]$ 上非均匀分布的整体量，故可以用定积分来解决.

利用微元法，由于变力 $F(x)$ 是连续变化的，故可以设想在微小区间 $[x, x + \mathrm{d}x]$ 上作用力 $F(x)$ 保持不变，按常力做功公式得这一段上变力做功近似值，也就是功的微元为 $\mathrm{d}W = F(x)\mathrm{d}x$. 将微元 $\mathrm{d}W$ 从 a 到 b 求定积分，就得到整个区间上所做的功

$$W = \int_a^b F(x)\mathrm{d}x.$$

例 1　在弹簧弹性限度内，已知弹簧每拉长 0.01m 要用 9.8N 的力，求把弹簧拉长 0.1m 时，外力所做的功.

解　根据物理学中的胡克定律，在弹性限度内，拉伸弹簧的力 F 和弹簧的伸缩量 x 成正比，即 $F = kx$，其中 k 为比例系数.

因为当 $x = 0.01\text{m}$ 时，$f = 9.8\text{N}$，所以 $k = 980(\text{N/m})$.

因此当弹簧被拉长 0.1m 时，外力所做的功为

$$W = \int_0^{0.1} 980x\,\mathrm{d}x = 490x^2 \Big|_0^{0.1} = 4.9(\text{J}).$$

例 2　在原点 O 有一个带电量为 $+q$ 的点电荷，它所产生的电场对周围电荷有作用力. 现有一单位正电荷从距原点 a 处沿射线方向移至距 O 点为 $b(a < b)$ 的地方，求电场力做功. 又如把该单位电荷移至无穷远处，电场力做了多少功？

解　取电荷移动的射线方向为 x 轴正向，那么电场力 $F = k\dfrac{q}{x^2}$（k 为常数），这是一个变力. 在 $[x, x + \mathrm{d}x]$ 上，以"常代变"得功微元 $\mathrm{d}W = k\dfrac{q}{x^2}\mathrm{d}x$，

于是功 $W = \displaystyle\int_a^b \frac{kq}{x^2}\mathrm{d}x = kq\left(-\frac{1}{x}\right)\Big|_a^b = kq\left(\frac{1}{a} - \frac{1}{b}\right)$.

若移至无穷远处，则做功为 $\displaystyle\int_a^{+\infty} \frac{kq}{x^2}\mathrm{d}x = \frac{kq}{a}$.

在物理学中，把上述移至无穷远处所做的功叫作电场在 a 处的电位，于是知电场在 a 处的电位为 $V = \dfrac{kq}{a}$.

5.7.2 非均匀分布的物体的质量

首先，我们来介绍质量密度的概念，对于一不计粗细的质量分布均匀的细棒来说，它的质量分布用线密度 ρ_l 来描述，即单位长度的质量，则

$$\rho_l = 细棒质量 \div 细棒长,$$

从而有
$$细棒质量 = \rho_l \times 细棒长;$$

对于一块不计厚薄的分布均匀的薄板，它的质量分布用面密度 ρ_A 来表示，即单位面积的质量，则

$$\rho_A = 薄板质量 \div 薄板面积,$$

从而有
$$薄板质量 = \rho_A \times 薄板面积;$$

对于一个质量分布均匀的立体，它的质量分布用体密度 ρ_V 来表示，即单位体积的质量，则

$$\rho_V = 立体质量 \div 立体体积,$$

从而有
$$立体质量 = \rho_V \times 立体体积.$$

由上可见，均匀物体的质量等于质量密度与相应几何量的乘积. 但如果物体的质量分布不均匀，这时质量密度随物体中各点位置的不同而异，我们如何来求它的质量呢？下面仍用微元法来求出.

对于一根物质曲线 $y=f(x)$，$a \leqslant x \leqslant b$，它的线密度 ρ_l 沿曲线是连续变化的，即

$$\rho_l = \rho_l(x) 是[a,b]上的连续函数.$$

选 x 为积分变量，积分区间为 $[a,b]$，下面来求质量微元.

在区间 $[a,b]$ 内任意插入分点若干，得到若干子区间，任取其一 $[x, x+\mathrm{d}x]$，则这一子区间对应于一段物质曲线（$\mathrm{d}s$ 为弧长微元），将其看作均匀分布，且线密度为 $\rho_l(x)$，则质量微元 $\mathrm{d}m$ 为

$$\mathrm{d}m = \rho_l(x)\mathrm{d}s = \rho_l(x)\sqrt{1+(f'(x))^2}\,\mathrm{d}x,$$

从而
$$m = \int_a^b \rho_l(x)\sqrt{1+(f'(x))^2}\,\mathrm{d}x. \tag{1}$$

下面我们通过例题来利用定积分的微元法求物质平面或物质立体的质量.

例 3 设物质曲线 $y=\ln x$ 上每一点处的线密度等于该点横坐标的平方，求物质曲线在 $x=\sqrt{3}$ 到 $x=2\sqrt{2}$ 之间的质量.

解 由题意知 $\rho_l = x^2$，由公式(1)得

$$m = \int_{\sqrt{3}}^{2\sqrt{2}} x^2\sqrt{1+\left(\frac{1}{x}\right)^2}\,\mathrm{d}x = \int_{\sqrt{3}}^{2\sqrt{2}} x\sqrt{1+x^2}\,\mathrm{d}x$$
$$= \frac{1}{2}\cdot\frac{2}{3}(1+x^2)^{\frac{3}{2}}\Big|_{\sqrt{3}}^{2\sqrt{2}} = \frac{19}{3}.$$

例 4 设由抛物线 $y^2=x$ 与 $y=x^2$ 围成的物质薄板上任一点处的面密度 $\rho_A = x$，求薄板的质量.

解 容易求得两条抛物线的交点为 $(0,0)$，$(1,1)$（图 5-23）.

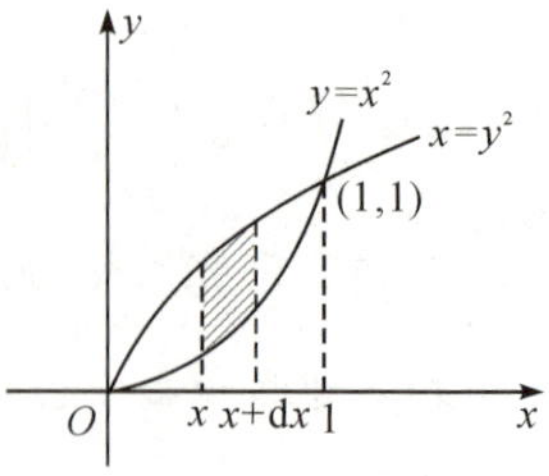

图 5-23

选取 x 为积分变量，积分区间为 $[0,1]$，任取 $[0,1]$ 的子区间 $[x, x+\mathrm{d}x]$，将这个子区间所对应的小薄板块 $\mathrm{d}A$（$\mathrm{d}A$ 为面积微元）近似看作以 x 点处的面密度为密度的均匀分布的薄板，则质量微元 $\mathrm{d}m$ 为

$$\mathrm{d}m = \rho_A(x)\mathrm{d}A = x(\sqrt{x}-x^2)\mathrm{d}x,$$

从而 $m = \int_0^1 x(\sqrt{x}-x^2)\mathrm{d}x = \left(\frac{2}{5}x^{\frac{5}{2}} - \frac{1}{4}x^4\right)\Big|_0^1 = \frac{3}{20}.$

习题 5.7

1. 有一质点按规律 $x=t^3$ 做直线运动，介质阻力与速度成正比，求质点从 $x=0$ 移动到 $x=1\mathrm{m}$ 时，克服介质阻力所做的功.

2. 弹簧所受压缩的力 F 与压缩距离成正比. 现在弹簧由原长压缩了 8cm，问需做多少功?

3. 半径为 3cm 的半球形水池盛满了水，若把其中的水抽完，问要做多少功?

4. 设电流强度 i 可表示为时间 t 的函数，$i=2t+t^2$，那么从 $t=0$ 到 $t=10$ 流过的电量 Q 为多少?

5. 一个底半径为 4m、高为 8m 的倒立圆锥形容器，内装 6m 深的水，现要把容器内的水抽完，需做功多少?

6. 设有一圆柱体，高位 h，底面半径为 r，已知其上任一点处的体密度等于该点到下底面的距离的平方，求圆柱体的质量.

§5.8 MATLAB 求定积分实验

5.8.1 实验目的

掌握用 MATLAB 计算不定积分和定积分；提高应用积分解决各种问题的能力.

5.8.2 MATLAB 求积分命令

MATLAB 符号工具箱中求积函数 int，可求函数的不定积分与定积分.

1. 求不定积分时 int 函数的命令格式如下：

(1)int(f)：表示求函数 f 的不定积分；

(2)int(f,x)：表示求函数 f 关于 x 的不定积分.

2. 求定积分时 int 函数的命令格式如下：

(1)int(f,a,b)：表示求函数 f 在区间$[a,b]$的定积分.

(2)int(f,x,a,b)：表示求函数 f 关于变量 x 在区间$[a,b]$的定积分.

例 1 求不定积分$\int 2x\,\mathrm{d}x$.

解

```
>> syms x
>> int(2*x)
ans =
      x^2
```

【注意】求不定积分得到的结果，只是被积函数的一个原函数，并没有加常数 C.

例 2 求不定积分$\int \sin x\,\mathrm{d}x$.

解

```
>> syms x
>> int(sin(x))
ans =
```

```
−cos(x)
```

例 3　求定积分$\int_0^{\pi}\sin x\,dx$.

解

```
>> syms x
>> int(sin(x),0,pi)
ans =
      2
```

例 4　求定积分$\int_0^1\sqrt{1-x^2}\,dx$(即求四分之一个单位圆的面积).

解

```
>> syms x
>> int(sqrt(1-x^2),0,1)
ans =
      pi/4
```

例 5　计算广义积分$\int_{-\infty}^{+\infty}e^{-x^2}\,dx$.

解

```
>> syms x
>> int(exp(-x^2),-inf,inf)
ans=
      pi^(1/2)
```

习题 5.8　上机实验

1. 用MATLAB求以下定积分:

(1) $\int_0^1 x^2(2x-1)^5\,dx$;　　(2) $\int_0^{\ln 2}\sqrt{e^x-1}\,dx$;

(3) $\int_1^3\frac{dx}{x\sqrt{x^2+5x}}$;　　(4) $\int_1^e\sqrt{x}\ln x\,dx$;

(5) $\int_0^{\frac{\pi}{2}}|\sin x-\cos x|\,dx$;　　(6) $\int_1^{+\infty}\frac{1}{x^2(1+x)}dx$;

(7) $\int_0^1\frac{x\,dx}{\sqrt{1-x^2}}$;　　(8) $\int_{-2}^3\frac{1}{\sqrt[3]{x^2}}dx$.

2. 在传染病流行期间人们被传染患病的速度可以近似地表示为$r=1000te^{-0.5t}$(r的单位:人/天),t为传染病开始流行的天数.问:

(1) 什么时候人们患病速度最快?

(2) 前10天共有多少人患病?

3. 工程师们预计新开发的一口天然气井在开采后第t年的产量$P(t)=0.0849te^{-t}\times10^6(m^3)$.试估计该新井前4年的总产量.

【思政园地】

吴文俊:人民科学家

英国数学家哈代在《一个数学家的辩白》中说:“数学是年轻人的游戏……我不知道是否有这样的例子,即一个超过50岁的人又开创了一项主要的数学理论.”然而,在当代中国就有这样一位数学家,他以自己的科学生涯举出了哈代认为不可能的例子.

他年少以拓扑学研究成名海外，38岁当选中国科学院学部委员(院士)，年近花甲又因开辟了一个崭新的领域——数学机械化而震惊学界，两次问鼎国家最高科学技术奖特等奖……他的这些纪录在当今中国数学界至今无人打破.他，就是被誉为“人民科学家”的吴文俊.

在许多人心目中，吴文俊就是这样一位不断创新、得奖无数的数学英雄，但是吴文俊自己却如是说：“评价一个国家的科学发展，群体的高度才是真正的进步！”他渴望“一个没有英雄的数学境界”！

1977年，58岁的吴文俊已是中国科学院学部委员、国家自然科学奖一等奖获得者，拥有骄人的头衔和一般人难以企及的荣誉，可以说已功成名就，完全可以颐养天年了.

然而，他以战斗的姿态在科学攀登路上再出发，开始了一个与他过去从事的研究完全不同的新领域——几何定理机器证明方面的研究，并在随后的数十年间，开创了一个既有浓郁中国特色又有强烈时代气息的数学领域——数学机械化.

1978年，吴文俊正式发表了他关于几何定理及其证明的第一篇论文，提出了几何定理机器证明的新方法.该方法是将要证明的几何问题代数化，并有一套高度机械化的、能够直接在计算机上有效运行的代数关系整理程序.

这一方法是笛卡尔方案的继承，作为这一方法的关键算法——多元非线性代数方程组的消元程序，现在国际上就称为“吴方法”，利用这一方法不仅可以有效地证明初等几何的大部分定理，而且可以自动发现新的定理，微分几何中主要定理的证明也可以通过这一方法实现机械化.

当时电子计算机在国内远未普及，他最初尝试并获成功的几条定理都是依靠手算，他幽默地称自己的手和笔为“吴氏计算机”.证明过程涉及的多项式往往都是数百项，任何一步出错都会导致以后的计算失败.算了多少记不清了，光废纸就一大堆.后来所里有了计算机，但编写程序还得自己来.编程一般都是年轻人做，为了确保研究过程准确无误，好几年的时间里，吴文俊一直坚持自己编程，他从零开始学习编写计算机程序，自己上机.

20世纪70年代末期上机编程序的时候，条件非常简陋，存储媒介是穿孔纸袋、打洞的卡片.这样的卡片，在吴文俊的办公室里堆了一麻袋.吴文俊是机房里年龄最大的“程序员”，在相当一段时间里也是中科院数学所上机时间最长的人.经常是早晨8点前，你就会看到他已在机房外等着开门.在机房里他会连续工作近10个小时，傍晚回家吃饭，还要整理计算结果.可两个小时以后你又会在机房里看到他，有时甚至要工作到深夜或次日凌晨.第二天清晨，他又出现在机房上机了.24小时连轴转的情况也时有发生.

当时北京中关村到处修路，挖深沟埋管道，已过花甲之年的吴文俊经常在深夜独自一人步行回家，沟沟坎坎，高一脚低一脚，有时下雨，就要蹚着没脚踝的雨水摸索前行.

吴文俊对于用新型的工具来助力数学研究，有着非常前瞻的眼光.1977年，他就提出：对于数学的发展，对于数学未来发展，具有决定性影响的一个不可估量的方面是计算机对数学带来的冲击，在不久的将来，电子计算机之于数学家将与显微镜之于生物学家、望远镜之于天文学家那样不可或缺，现在的计算机通过小型化而成为每个数学家的囊中之物，这一设想将成为现实，数学家们对这些前景必须有着足够的思想准备.

正是这些分析和判断，让他在用计算机证明定理的过程中取得了突破，从而开创了数学机械化研究的一个新的研究领域.

20 世纪 80 年代，吴文俊将几何定理机器证明的方法扩展到了更一般的方程机器求解，形成了一个系统的领域 —— 数学机械化，并获得了极广泛的应用. 数学机械化的方法正在渗透到力学、天文学、物理学、化学、计算机科学等领域，同时被应用于机器人、连杆设计、控制技术、计算机辅助设计等高技术领域.

数学机械化理论的创立，完全是中国人自己开拓的新的数学道路，整个过程体现了吴文俊强烈的自主创新精神. 吴文俊经常强调，“要有自己的东西，不能跟着别人跑”，“走自己的路”信念非常坚决.

“外国人有道理我当然会跟，我不是不学外国，外国的东西我都看了，并不是不看，我吸收我觉得正确的部分，不能说外国人怎么搞我就得怎么搞.”从几何定理机器证明到数学机械化理论，吴文俊的研究产生了巨大的国际影响.

1997 年，吴文俊获得国际自动推理最高奖“Herbrand 自动推理杰出成就奖”；

2000 年，吴文俊因其对拓扑学的基本贡献和开创了数学机械化研究领域而成为国家最高科学技术奖设立以来的首位获奖人；

2006 年，吴文俊获得了有“东方诺贝尔奖”之称的邵逸夫奖.

邵逸夫奖评奖委员会在评论中写道：“吴的方法使该领域发生了一次彻底的革命性变化，并导致了该领域研究方法的变革. 通过引入深邃的数学想法，吴开辟了一种全新的方法，该方法被证明在解决一大类问题上都是极为有效的，而不仅仅是局限在初等几何领域.”其工作“揭示了数学的广度，为未来的数学家们树立了新的榜样”.

面对这些光环，吴文俊却从未有丝毫的骄傲，他说：“我不想当社会活动家，我是数学家、科学家，我最重要的工作是科研. 我欠的‘债’，是科学上的‘债’，也是对党和国家的债.”

党和人民不会忘记为国家作出过卓越贡献的英雄. 2019 年，在中华人民共和国成立 70 周年的日子，吴文俊被授予了“人民科学家”的国家荣誉称号.

节选自：李文林、魏蕾. 吴文俊的数学境界[N]. 中国科学报，2021-06-24(5).

本章小结

本章主要学习定积分的概念、性质、计算方法以及定积分的有关应用. 定积分是积分学的核心组成部分，应用非常广泛. 定积分的微元法是一种绝妙的方法，它能解决很多学科的问题.

一、定积分的概念、意义与性质

1. 概念：定积分源自求曲边梯形的面积，计算形式为：$\int_a^b f(x)\mathrm{d}x = \lim\limits_{\lambda \to 0}\sum\limits_{i=1}^{n} f(\xi_i)\Delta x_i$，结果是一个数值，其值的大小取决于两个因素：被积函数与积分限.

2. 几何意义：是曲线 $y=f(x)$ 介于 $[a,b]$ 之间与 x 轴所围面积的代数和.

3. 经济学意义：若 $f(x)$ 是某经济量关于 x 的变化率(边际问题)，则 $\int_a^b f(x)\mathrm{d}x$ 是 x 在区间 $[a,b]$ 中的经济总量.

4. 性质：在定积分的重要性质中以下几条在计算定积分时经常用到.

(1) $\int_a^b f(x)\mathrm{d}x=-\int_b^a f(x)\mathrm{d}x$；

(2) $\int_a^b [f(x)\pm g(x)]\mathrm{d}x=\int_a^b f(x)\mathrm{d}x\pm\int_a^b g(x)\mathrm{d}x$；

(3) $\int_a^b kf(x)\mathrm{d}x=k\int_a^b f(x)\mathrm{d}x$ (k 为常数)；

(4) $\int_a^b f(x)\mathrm{d}x=\int_a^c f(x)\mathrm{d}x+\int_c^b f(x)\mathrm{d}x$；

(5) $\int_{-a}^a f(x)\mathrm{d}x=\begin{cases}0, & f(x)\text{ 为奇函数},\\ 2\int_0^a f(x)\mathrm{d}x, & f(x)\text{ 为偶函数}.\end{cases}$

二、定积分的计算

1. 牛顿-莱布尼茨公式：若 $f(x)$ 在 $[a,b]$ 上连续，$F(x)$ 是 $f(x)$ 的一个原函数，则

$$\int_a^b f(x)\mathrm{d}x=F(b)-F(a).$$

2. 换元法：若 $f(x)$ 在 $[a,b]$ 上连续，$x=\varphi(t)$ 在 $[c,d]$ 上有连续的导数 $\varphi'(t)$，且 $\varphi(t)$ 单调，则有

$$\int_a^b f(x)\mathrm{d}x \xlongequal{x=\varphi(t)} \int_c^d f(\varphi(t))\cdot\varphi'(t)\mathrm{d}t.$$

3. 分部积分法：若 $u(x)$ 与 $v(x)$ 在 $[a,b]$ 上有连续的导数，则有

$$\int_a^b u(x)\mathrm{d}v(x)=u(x)\cdot v(x)\Big|_a^b-\int_a^b v(x)\mathrm{d}u(x).$$

复习题五

一、填空题

1. $\dfrac{\mathrm{d}}{\mathrm{d}x}\int_0^x \arctan t\,\mathrm{d}t=$________；

2. $\dfrac{\mathrm{d}}{\mathrm{d}x}\int_a^b \arctan x\,\mathrm{d}x=$________；

3. $\int_{-1}^1 \dfrac{x^2\cdot\sin x}{\sqrt{1+x^2}}\mathrm{d}x=$________；

4. 若 $\int_0^k (2x-1)\mathrm{d}x=0$，则 $k=$________；

5. $\int_0^a \sqrt{a^2-x^2}\,\mathrm{d}x=$________；

6. $\lim\limits_{x\to 0}\dfrac{\int_0^x \arcsin t\,\mathrm{d}t}{x^2}=$________.

二、选择题

7. 下列积分为零的是(　　)

A. $\int_{-1}^{1} x\sin x\,dx$　　B. $\int_{-1}^{1} x\cos x\,dx$　　C. $\int_{-1}^{1} (x^2+x^3)\,dx$　　D. $\int_{-1}^{1} e^{-x}\,dx$

8. 由定积分的几何意义知，定积分$\int_{-1}^{1}\sqrt{1-x^2}\,dx=$(　　)

A. 0　　B. π　　C. π^2　　D. $\frac{\pi}{2}$

9. $\frac{d}{dx}\int_a^b \arcsin x\,dx=$(　　)

A. 0　　B. $\frac{1}{\sqrt{1-x^2}}$　　C. 1　　D. $\arcsin x$

三、计算题

10. 求下列各函数的导数：

(1)$F(x)=\int_1^x \frac{1}{1+t^2}dt$；　　(2)$F(x)=\int_x^0 t^2\cdot\cos t\,dt$.

11. 求下列各极限：

(1)$\lim\limits_{x\to 0}\frac{\int_0^x \sin^2 t\,dt}{x^3}$；　　(2)$\lim\limits_{x\to 0}\frac{\int_0^x (e^t+e^{-t}-2)dt}{x^2}$.

12. 求下列各定积分：

(1)$\int_0^1 (x-1)dx$；　　(2)$\int_0^1 (3^x+x^2)dx$；

(3)$\int_0^{\frac{\pi}{2}}\cos 2x\,dx$；　　(4)$\int_0^1 e^{3x-1}dx$；

(5)$\int_{-1}^2 |2x|\,dx$；　　(6)$\int_0^{\pi}|\cos x|\,dx$；

(7)$\int_0^a (\sqrt{a}-\sqrt{x})^2dx$；　　(8)$\int_0^1 \frac{x^2}{1+x^2}dx$；

(9)$\int_0^4 \frac{1}{1+\sqrt{t}}dt$；　　(10)$\int_0^a x^2\cdot\sqrt{a^2-x^2}\,dx$；

(11)$\int_0^1 \frac{\sqrt{x}}{1+x}dx$；　　(12)$\int_1^2 \frac{\sqrt{x^2-1}}{x}dx$；

(13)$\int_0^2 e^{2x-1}dx$；　　(14)$\int_0^{\pi}\cos 3x\,dx$；

(15)$\int_0^{\pi}\cos^2\frac{x}{2}dx$；　　(16)$\int_1^{e^2}\frac{2+\ln x}{x}dx$；

(17)$\int_0^1 x e^{x^2}dx$；　　(18)$\int_0^1 x^2\cdot\sqrt{1-x^3}\,dx$.

四、解答题

13. 求 $F(x)=\int_0^x t(t-4)dt$ 在区间$[-1,5]$上的最大值与最小值；

14. 设$\int_0^x f(t)dt=x^2(1+x)$，求 $f(0)$，$f'(0)$；

15. 设 $f(2x+1)=e^{x}$，求$\int_{3}^{5} f(x)dx$；

16. 若$\int_{0}^{1}(2x+k)dx=2$，试确定 k 的值.

五、求下列曲线所围的平面区域的面积

17. $y=4-x^{2}$ 与 $y=0$；

18. $y=\dfrac{1}{x}$，$y=x$ 及 $x=3$；

19. $y=x^{2}$ 与 $x=y^{2}$.

六、应用题

20. 某产品在时刻 t 的产量变化率为 $12t+0.6t^{2}$(单位/小时)，求 $t=2$ 到 4 这两个小时内的产量.

21. 求由曲线 $y=\sqrt{x}$，$x=1$ 及 x 轴所围平面图形各绕 x 轴和 y 轴旋转而成的旋转体体积.

22. 用微元法求一半径为 R 的球体体积.

23. 设一物体沿直线运动，其速度为 $v(t)=\sqrt{1+t}$ m/s，试求物体在运动开始后 8s 内所经过的路程.

第 6 章

线性代数初步

【学习目标】

1. 了解行列式的概念与性质,掌握行列式的计算.
2. 理解矩阵的概念,掌握矩阵的运算法则.
3. 了解逆矩阵的概念,了解逆矩阵的性质,掌握逆矩阵的求法.
4. 熟练掌握矩阵的初等行变换.
5. 了解矩阵秩的概念,会求矩阵的秩.
6. 理解线性方程组的概念,了解线性方程组解的存在定理,能对线性方程组解的存在性进行讨论,会解线性方程组.
7. 初步具备用矩阵方法解决一些实际问题的能力.

重点:矩阵的基本概念与运算法则,初等行变换,线性方程组解的讨论.

难点:解线性方程组,用矩阵方法解决实际问题.

置身于数学领域中不断探索和追求,能把人类的思维活动升华到纯净而和谐的境界.

——西尔维斯特

数学如同音乐和诗,显然地具有美学价值.

——雅可比

随着科学技术的迅速发展,古典的线性代数知识已经不能满足现代科技发展的需求,矩阵理论作为重要的数学理论,成为现代科技领域必不可少的工具,诸如数值分析、优化领域、微分方程、概率统计、控制论等都与之有着密切的关系,甚至在经济理论、金融、保险、社会科学领域也有着十分重要的应用.

例如,矩阵密码是信息编码与解码的技巧,其中的一种是利用可逆矩阵的方法,首先在 26 个英文字母与数字间建立起一一对应的关系.

$$\begin{matrix} A & B & \cdots & Y & Z \\ \updownarrow & \updownarrow & & \updownarrow & \updownarrow \\ 1 & 2 & \cdots & 25 & 26 \end{matrix}$$

而这种编码很容易被别人破译,有了矩阵理论后,我们就可以利用矩阵乘法对明文进行加密.矩阵是线性代数的主要研究对象,是研究线性方程组和其他相关问题的重要工具.在这一章我们先介绍矩阵的概念和基本运算、逆矩阵、矩阵的秩和矩阵的初等变换,最后介绍如何利用矩阵对一般线性方程组进行求解.

§6.1　矩阵的概念

随着经济社会的发展，人们在经济管理、生产经营等领域都大量地运用了线性代数知识. 矩阵是研究线性代数的重要工具，在许多实际问题的描述和计算中常常用到一些数或函数的矩形表，如商品价目表、从产地到销地的商品运输方案等.

6.1.1　矩阵的应用引例

引例 1　某厂的童装发往全国各地，在不同季度、不同地区的销售量(万件)统计如表 6-1 所示.

表 6-1　不同季度、不同地区的销售量　(单位：万件)

时间	第一季度	第二季度	第三季度	第四季度
东部地区	20.4	27.4	90.0	20.4
西部地区	30.6	38.6	34.6	31.6
北部地区	45.9	46.9	45.0	43.9

其中的销售量就形成了一个 3 行 4 列的矩形数表：

$$\begin{pmatrix} 20.4 & 27.4 & 90.0 & 20.4 \\ 30.6 & 38.6 & 34.6 & 31.6 \\ 45.9 & 46.9 & 45.0 & 43.9 \end{pmatrix},$$

它具体描述了该厂的童装在不同季度、不同地区的销售量，同时也揭示了童装销售量随季节变化的情况，以便商家及时调整经营策略.

6.1.2　矩阵的概念

定义 1　由 $m \times n$ 个数 $a_{ij}\ (i=1,2,\cdots,m;\ j=1,2,\cdots,n)$ 排成的一个 m 行 n 列的矩形数表

$$\begin{pmatrix} a_{11} & a_{12} & \cdots & a_{1n} \\ a_{21} & a_{22} & \cdots & a_{2n} \\ \vdots & \vdots & & \vdots \\ a_{m1} & a_{m2} & \cdots & a_{mn} \end{pmatrix}$$

称为 m 行 n 列**矩阵(matrix)**，简称 $m \times n$ **矩阵**，记作 $A_{m\times n}$ 或 $\boldsymbol{A}=(a_{ij})_{m\times n}$，矩阵一般用大写字母 $\boldsymbol{A},\boldsymbol{B},\boldsymbol{C}$ 等表示，其中 a_{ij} 称为矩阵第 i 行第 j 列的**元素**.

6-1　矩阵的概念

在 n 阶矩阵中，从左上角到右下角的对角线称为矩阵的**主对角线**，从右上角到左下角的对角线称为矩阵的**次对角线**.

几类特殊的矩阵：

(1) 若 $m=n$，称 $\boldsymbol{A}$ 为 n 阶矩阵，或 n 阶方阵. n 阶矩阵也记作 $\boldsymbol{A}_n$.

(2) 当 $m=1$ 时，矩阵只有一行，即 $\boldsymbol{A}=(a_{11},a_{12},\cdots,a_{1n})$，称为**行矩阵**；

当 $n=1$ 时,矩阵只有一列,即 $\boldsymbol{A}=\begin{pmatrix}a_{11}\\a_{21}\\ \cdots\\a_{m1}\end{pmatrix}$,称为**列矩阵**.

(3) 所有元素 a_{ij} 全部为零的 $m\times n$ 矩阵称为**零矩阵**,记作 $\boldsymbol{O}_{m\times n}$ 或 $\boldsymbol{O}$. 如

$$\begin{pmatrix}0&0\\0&0\end{pmatrix},\boldsymbol{O}_{3\times4}=\begin{pmatrix}0&0&0&0\\0&0&0&0\\0&0&0&0\end{pmatrix}.$$

(4) 在矩阵 $\boldsymbol{A}=(a_{ij})_{m\times n}$ 中的每个元素前面加上负号(即相反数)得到的矩阵,称为 $\boldsymbol{A}$ 的**负矩阵**,记作 $-\boldsymbol{A}=(-a_{ij})_{m\times n}$. 如

$$\boldsymbol{A}=\begin{pmatrix}2&0&-1&3&10\\0&5&7&3&3\\-9&4&1&1&0\end{pmatrix},-\boldsymbol{A}=\begin{pmatrix}-2&0&1&-3&-10\\0&-5&-7&-3&-3\\9&-4&-1&-1&0\end{pmatrix}.$$

(5) 主对角线上方(或下方)元素全部为零的 n 阶方阵称为 **n 阶下(或上)三角形矩阵**. 如

$$\begin{pmatrix}1&0&0\\-2&0&0\\4&6&9\end{pmatrix},\begin{pmatrix}3&5&-9&0\\0&4&4&6\\0&0&0&4\\0&0&0&0\end{pmatrix}.$$

(6) 既是上三角形矩阵又是下三角形矩阵,即除主对角线上的元素外,其余元素全部为零的方阵,称为**对角形矩阵**. 如

$$\boldsymbol{A}=\begin{pmatrix}1&0&0\\0&-4&0\\0&0&5\end{pmatrix}.$$

(7) 主对角线上的元素为同一非零常数 k 的 n 阶对角形矩阵称为 **n 阶数量矩阵**. 如

$$\boldsymbol{A}=\begin{pmatrix}2&0\\0&2\end{pmatrix},\boldsymbol{B}=\begin{pmatrix}5&0&0\\0&5&0\\0&0&5\end{pmatrix}.$$

(8) 在 n 阶对角形矩阵中,若主对角线上的元素全为 1,称矩阵为**单位矩阵**,记作 $\boldsymbol{E}_n$ 或 $\boldsymbol{E}$. 如

$$\boldsymbol{E}_3=\begin{pmatrix}1&0&0\\0&1&0\\0&0&1\end{pmatrix},\boldsymbol{E}_5=\begin{pmatrix}1&0&0&0&0\\0&1&0&0&0\\0&0&1&0&0\\0&0&0&1&0\\0&0&0&0&1\end{pmatrix}.$$

(9) 假设矩阵 $\boldsymbol{A}=(a_{ij})_{m\times n}$ 满足以下条件,则称这个矩阵为**阶梯形矩阵**:

① 如果矩阵中有零行,则零行在矩阵的最下方;

② 各非零行的首非零元素(即各非零行的第一个非零元素)的列标随着行标的递增而严格递增.

例如,

$$\begin{pmatrix}1&3&-9\\0&5&3\\0&0&2\end{pmatrix},\begin{pmatrix}2&0&7&-7&3\\0&0&4&7&-1\\0&0&0&4&9\\0&0&0&0&0\end{pmatrix}.$$

定义 2 若有两个矩阵 $\boldsymbol{A},\boldsymbol{B}$,其行数与列数分别相同,且对应位置上的元素也相同,则称矩阵 $\boldsymbol{A}$ 与矩阵 $\boldsymbol{B}$ 相等,记作 $\boldsymbol{A}=\boldsymbol{B}$.

例如,矩阵$\begin{pmatrix}1&10&-3\\2&-7&0\end{pmatrix}$与$\begin{pmatrix}a&b\\c&d\end{pmatrix}$,由于它们的列数不同,无论 a,b,c,d 为何值,两个矩阵都不可能相等.

例 1 设矩阵

$$\boldsymbol{A}=\begin{pmatrix}3&x&5\\y&-7&6\end{pmatrix},\boldsymbol{B}=\begin{pmatrix}3&2&b\\0&a&c\end{pmatrix}.$$

若 $\boldsymbol{A}=\boldsymbol{B}$,求 x,y,a,b,c 的值.

解 由矩阵相等的定义可知,两矩阵对应位置的元素相等,故有

$$x=2,y=0,a=-7,b=5,c=6.$$

习题 6.1

1. 某厂供应科发放四种物资给三个部门,第一季度供应数量如表 6-2 所示(单位:百件)

表 6-2 第一季度供应情况 (单位:百件)

部门 \ 数量 \ 物资	1	2	3	4
Ⅰ	5	4	9	8
Ⅱ	3	1	6	2
Ⅲ	4	7	7	6

请将上表表示为一个矩阵.

2. 设矩阵

$$\boldsymbol{A}=\begin{pmatrix}17&7&-10&21\\12&5&12&5\\11&9&-13&7\end{pmatrix}$$

是 3×4 矩阵,则有 $a_{21}=$________,$a_{32}=$________,$a_{14}=$________.

3. 写出 4×3 的零矩阵.

4. 设 $\boldsymbol{A}=\begin{pmatrix}1&2\\0&-17\\-3&4\end{pmatrix}$,则 $-\boldsymbol{A}=$________.

5. 设 $\boldsymbol{A}=\begin{pmatrix}1&x\\x+y&2\end{pmatrix}$,$\boldsymbol{B}=\begin{pmatrix}z&3\\4&w\end{pmatrix}$,如果 $\boldsymbol{A}=\boldsymbol{B}$,求 x,y,z,w.

§6.2 矩阵的运算

从实际中抽象出来的矩阵,我们经常讨论它们在什么条件下可以进行何种运算,满足怎样的运算法则,具有哪些性质等,这就是本节将要讨论的主要内容.

6.2.1 矩阵的加减法运算

引例 1 某皮鞋厂的两个车间,两天的生产报表分别用矩阵 A 与 B 表示为

$$A = \begin{pmatrix} 男鞋 & 女鞋 \\ 2500 & 1200 \\ 2000 & 1000 \end{pmatrix} \begin{matrix} 一车间 \\ 二车间 \end{matrix}, B = \begin{pmatrix} 男鞋 & 女鞋 \\ 2800 & 1100 \\ 3000 & 1300 \end{pmatrix} \begin{matrix} 一车间 \\ 二车间 \end{matrix}.$$

则两天生产数量的汇总报表用矩阵 C 表示,就有

$$C = \begin{pmatrix} 2500+2800 & 1200+1100 \\ 2000+3000 & 1000+1300 \end{pmatrix} \begin{matrix} 一车间 \\ 二车间 \end{matrix} = \begin{pmatrix} 5300 & 2300 \\ 5000 & 2300 \end{pmatrix}.$$

这说明矩阵 A 与 B 的对应元素相加便得到了矩阵 C. 我们把生产、生活中遇到的这类问题作如下规定:

定义 1 设矩阵 $A_{m\times n} = (a_{ij})_{m\times n}, B_{m\times n} = (b_{ij})_{m\times n}$,规定:

$$A+B = \begin{pmatrix} a_{11}+b_{11} & a_{12}+b_{12} & \cdots & a_{1n}+b_{1n} \\ a_{21}+b_{21} & a_{22}+b_{22} & \cdots & a_{2n}+b_{2n} \\ \vdots & \vdots & & \vdots \\ a_{m1}+b_{m1} & a_{m2}+b_{m2} & \cdots & a_{mn}+b_{mn} \end{pmatrix}.$$

则称矩阵 $A+B$ 为矩阵 A 与 B 的和.

【注意】只有行、列数分别相同的两个矩阵才能求和,两个矩阵的和仍是矩阵.

由矩阵的加法定义和负矩阵的概念,不难得到矩阵的减法运算.

定义 2 设矩阵 $A = (a_{ij})_{m\times n}, B = (b_{ij})_{m\times n}$,规定:

$$A-B = A+(-B) = (a_{ij}-b_{ij})_{m\times n},$$

称 $A-B$ 为矩阵 A 与 B 的差.

根据定义 1,设 A, B, C, O 都是 $m\times n$ 矩阵,则矩阵的加法满足以下运算规律:

(1) 加法交换律: $A+B = B+A$;

(2) 加法结合律: $(A+B)+C = A+(B+C)$;

(3) 零矩阵满足 $A+O = A$;

(4) 负矩阵满足 $A+(-A) = O$.

例 1 设 $A = \begin{pmatrix} 1 & 10 & -3 \\ 2 & -7 & 0 \end{pmatrix}, B = \begin{pmatrix} 1 & 2 & 5 \\ 0 & -7 & 6 \end{pmatrix}$,求 $A+B, A-B$.

解 $A+B = \begin{pmatrix} 1 & 10 & -3 \\ 2 & -7 & 0 \end{pmatrix} + \begin{pmatrix} 1 & 2 & 5 \\ 0 & -7 & 6 \end{pmatrix} = \begin{pmatrix} 2 & 12 & 2 \\ 2 & -14 & 6 \end{pmatrix}$,

$A-B = \begin{pmatrix} 1 & 10 & -3 \\ 2 & -7 & 0 \end{pmatrix} - \begin{pmatrix} 1 & 2 & 5 \\ 0 & -7 & 6 \end{pmatrix} = \begin{pmatrix} 0 & 8 & -8 \\ 2 & 0 & -6 \end{pmatrix}$.

6.2.2 矩阵的数乘运算

引例 2 某机床厂1月份生产各种产品的数量如表6-3所示，经技术创新后，3月份这些产品的数量为1月份的1.2倍，求3月份生产这些产品的台数.

表 6-3 1月份生产各种产品的数量 （单位：台）

车床	铣床	磨床
200	160	80

现用矩阵$\boldsymbol{A}=\begin{pmatrix}200\\160\\80\end{pmatrix}$表示1月份生产各种产品的数量，用矩阵$\boldsymbol{B}$表示3月份生产各种产品的数量，则

$$\boldsymbol{B}=1.2\boldsymbol{A}=1.2\times\begin{pmatrix}200\\160\\80\end{pmatrix}=\begin{pmatrix}1.2\times200\\1.2\times160\\1.2\times80\end{pmatrix}=\begin{pmatrix}240\\192\\96\end{pmatrix}.$$

定义 3 设k为任意一个实数，$\boldsymbol{A}=(a_{ij})_{m\times n}$，规定：

$$k\boldsymbol{A}=\begin{pmatrix}ka_{11} & ka_{12} & \cdots & ka_{1n}\\ ka_{21} & ka_{22} & \cdots & ka_{2n}\\ \vdots & \vdots & & \vdots\\ ka_{m1} & ka_{m2} & \cdots & ka_{mn}\end{pmatrix}.$$

该矩阵称为数k与矩阵$\boldsymbol{A}$的**数量乘积**，简称矩阵的**数乘**，并且规定$\boldsymbol{A}k=k\boldsymbol{A}$.

例 2 已知$\boldsymbol{A}=\begin{pmatrix}1 & 10 & -3\\2 & -7 & 0\end{pmatrix}$，$\boldsymbol{B}=\begin{pmatrix}1 & 2 & 5\\0 & -7 & 6\end{pmatrix}$，求$3\boldsymbol{A}-2\boldsymbol{B}$.

解
$$\begin{aligned}3\boldsymbol{A}-2\boldsymbol{B}&=3\begin{pmatrix}1 & 10 & -3\\2 & -7 & 0\end{pmatrix}-2\begin{pmatrix}1 & 2 & 5\\0 & -7 & 6\end{pmatrix}\\&=\begin{pmatrix}3 & 30 & -9\\6 & -21 & 0\end{pmatrix}-\begin{pmatrix}2 & 4 & 10\\0 & -14 & 12\end{pmatrix}\\&=\begin{pmatrix}1 & 26 & -19\\6 & -7 & -12\end{pmatrix}.\end{aligned}$$

根据定义3，数k,l与矩阵$\boldsymbol{A},\boldsymbol{B}$的乘法满足以下运算规律：

(1) **数对矩阵的分配律**：$k(\boldsymbol{A}+\boldsymbol{B})=k\boldsymbol{A}+k\boldsymbol{B}$；

(2) **矩阵对数的分配律**：$(k+l)\boldsymbol{A}=k\boldsymbol{A}+l\boldsymbol{A}$；

(3) **数与矩阵的结合律**：$(kl)\boldsymbol{A}=k(l\boldsymbol{A})$；

(4) **数1与矩阵满足** $1\boldsymbol{A}=\boldsymbol{A}$.

例 3 已知矩阵

$$\boldsymbol{A}=\begin{pmatrix}3 & -1 & 2\\1 & 5 & 7\\5 & 4 & -3\end{pmatrix},\boldsymbol{B}=\begin{pmatrix}7 & 5 & -4\\5 & 1 & 9\\3 & -2 & 1\end{pmatrix}.$$

且$\boldsymbol{A}+2\boldsymbol{X}=\boldsymbol{B}$，求矩阵$\boldsymbol{X}$.

解 由$\boldsymbol{A}+2\boldsymbol{X}=\boldsymbol{B}$可得，$\boldsymbol{X}=\frac{1}{2}(\boldsymbol{B}-\boldsymbol{A})$，

又因为

$$B-A=\begin{pmatrix}7&5&-4\\5&1&9\\3&-2&1\end{pmatrix}-\begin{pmatrix}3&-1&2\\1&5&7\\5&4&-3\end{pmatrix}=\begin{pmatrix}4&6&-6\\4&-4&2\\-2&-6&4\end{pmatrix},$$

所以

$$X=\frac{1}{2}(B-A)=\frac{1}{2}\begin{pmatrix}4&6&-6\\4&-4&2\\-2&-6&4\end{pmatrix}=\begin{pmatrix}2&3&-3\\2&-2&1\\-1&-3&2\end{pmatrix}.$$

6.2.3 矩阵的乘法运算

引例 3 某皮鞋厂有两个车间，用矩阵 $\boldsymbol{A}$ 表示该厂某一天的产量，矩阵 $\boldsymbol{B}$ 表示鞋的单位售价和单位利润：

$$\begin{array}{c}\quad\text{男鞋}\quad\text{女鞋}\\ A=\begin{pmatrix}2500&1200\\2000&1000\end{pmatrix}\begin{array}{l}\text{一车间}\\\text{二车间}\end{array}\end{array},\quad \begin{array}{c}\text{单价(元)}\quad\text{单位利润(元)}\\ B=\begin{pmatrix}100&10\\200&20\end{pmatrix}\begin{array}{l}\text{男鞋}\\\text{女鞋}\end{array}\end{array}$$

用矩阵 $\boldsymbol{C}$ 表示两个车间一天创造的总产值和总利润，则有

$$\begin{aligned}&\quad\ \ \text{总产值}\quad\text{总利润}\\ C&=\begin{pmatrix}e_{11}&e_{12}\\e_{21}&e_{22}\end{pmatrix}\begin{array}{l}\text{一车间}\\\text{二车间}\end{array}\\ &=\begin{pmatrix}2500\times100+1200\times200&2500\times10+1200\times20\\2000\times100+1000\times200&2000\times10+1000\times20\end{pmatrix}\\ &=\begin{pmatrix}490000&49000\\400000&40000\end{pmatrix}.\end{aligned}$$

可见，$\boldsymbol{C}$ 的元素 $c_{ij}(i,j=1,2)$ 正是矩阵 $\boldsymbol{A}$ 的第 i 行与矩阵 $\boldsymbol{B}$ 的第 j 列对应元素的乘积之和，这就是两个矩阵的乘积. 一般地，对矩阵的乘法作如下的定义：

定义 4 设矩阵 $\boldsymbol{A}=(a_{ij})$ 是一个 $m\times s$ 矩阵，$\boldsymbol{B}=(b_{ij})$ 是 $s\times n$ 矩阵，

$$A=\begin{pmatrix}a_{11}&a_{12}&\cdots&a_{1s}\\a_{21}&a_{22}&\cdots&a_{2s}\\\vdots&\vdots&&\vdots\\a_{m1}&a_{m2}&\cdots&a_{ms}\end{pmatrix},B=\begin{pmatrix}b_{11}&b_{12}&\cdots&b_{1n}\\a_{21}&a_{22}&\cdots&a_{2n}\\\vdots&\vdots&&\vdots\\a_{s1}&a_{s2}&\cdots&a_{sn}\end{pmatrix},$$

则称 $m\times n$ 矩阵 $\boldsymbol{C}=(c_{ij})$ 为矩阵 $\boldsymbol{A}$ 与 $\boldsymbol{B}$ 的**乘积**，记作 $\boldsymbol{C}=\boldsymbol{AB}$，其中

$$\begin{aligned}c_{ij}&=a_{i1}b_{1j}+a_{i2}b_{2j}+a_{i3}b_{3j}+\cdots+a_{is}b_{sj}\\&=\sum_{k=1}^{s}a_{ik}b_{kj}\,(i=1,2,\cdots,m;\ j=1,2,\cdots,n).\end{aligned}\qquad(6\text{-}2\text{-}1)$$

6-2 矩阵的乘法

根据定义 4 可知：

(1) 当且仅当左矩阵 $\boldsymbol{A}$ 的列数与右矩阵 $\boldsymbol{B}$ 的行数相等时，乘法 $\boldsymbol{AB}$ 才有意义；

(2) 两个矩阵的乘积 $\boldsymbol{AB}$ 仍是一个矩阵，它的行数与左矩阵 $\boldsymbol{A}$ 的行数相同，列数与右矩阵 $\boldsymbol{B}$ 的列数相同；

(3) 乘积矩阵 $\boldsymbol{AB}$ 的第 i 行第 j 列的元素 c_{ij} 等于 $\boldsymbol{A}$ 的第 i 行与 $\boldsymbol{B}$ 的第 j 列所有对应元素的乘积之和，简称为**行乘列法则**.

例 4 设 $\boldsymbol{A}=\begin{pmatrix}1 & 2\\2 & 4\end{pmatrix}$，$\boldsymbol{B}=\begin{pmatrix}2 & 1 & 0 & 3\\-1 & 2 & 3 & 1\end{pmatrix}$，求 $\boldsymbol{AB}$.

解 $\boldsymbol{AB}=\begin{pmatrix}1 & 2\\2 & 4\end{pmatrix}\begin{pmatrix}2 & 1 & 0 & 3\\-1 & 2 & 3 & 1\end{pmatrix}=\begin{pmatrix}0 & 5 & 6 & 5\\0 & 10 & 12 & 10\end{pmatrix}$.

虽然，$\boldsymbol{AB}$ 有意义，但 B 中有四列，而 A 中只有两行，故 $\boldsymbol{BA}$ 无意义.

例 5 设 $\boldsymbol{A}=\begin{pmatrix}1 & 10 & -3\\2 & -7 & 0\end{pmatrix}$，$\boldsymbol{B}=\begin{pmatrix}-5 & 7\\4 & -2\\3 & 4\end{pmatrix}$，计算 $\boldsymbol{AB}$ 与 $\boldsymbol{BA}$.

解

$$\boldsymbol{AB}=\begin{pmatrix}1\times(-5)+10\times4+(-3)\times3 & 1\times7+10\times(-2)+(-3)\times4\\2\times(-5)+(-7)\times4+0\times4 & 2\times7+(-7)\times(-2)+0\times4\end{pmatrix}$$

$$=\begin{pmatrix}26 & -25\\-38 & 28\end{pmatrix}.$$

$$\boldsymbol{BA}=\begin{pmatrix}(-5)\times1+7\times2 & (-5)\times10+7\times(-7) & (-5)\times(-3)+7\times0\\4\times1+(-2)\times2 & 4\times10+(-2)\times(-7) & 4\times(-3)+(-2)\times0\\3\times1+4\times2 & 3\times10+4\times(-7) & 3\times(-3)+4\times0\end{pmatrix}$$

$$=\begin{pmatrix}9 & -99 & 15\\0 & 54 & -12\\11 & 2 & -9\end{pmatrix}.$$

由上面两例可知，一般情况下**矩阵乘法不满足交换律**.

矩阵乘法不满足交换律是对一般情况而言的，如果两个矩阵 A，B 满足 $\boldsymbol{AB}=\boldsymbol{BA}$，则称矩阵 A，B 是**可交换的**.

例 6 设矩阵 $\boldsymbol{A}=\begin{pmatrix}-1 & 4\\1 & 2\end{pmatrix}$，$\boldsymbol{B}=\begin{pmatrix}0 & 4\\1 & 3\end{pmatrix}$，问矩阵 $\boldsymbol{A}$，$\boldsymbol{B}$ 是否可交换.

解

$$\boldsymbol{AB}=\begin{pmatrix}-1 & 4\\1 & 2\end{pmatrix}\begin{pmatrix}0 & 4\\1 & 3\end{pmatrix}=\begin{pmatrix}4 & 8\\2 & 10\end{pmatrix},$$

$$\boldsymbol{BA}=\begin{pmatrix}0 & 4\\1 & 3\end{pmatrix}\begin{pmatrix}-1 & 4\\1 & 2\end{pmatrix}=\begin{pmatrix}4 & 8\\2 & 10\end{pmatrix}.$$

显然，$\boldsymbol{AB}=\boldsymbol{BA}$，故矩阵 $\boldsymbol{A}$，$\boldsymbol{B}$ 可交换.

单位矩阵 $\boldsymbol{E}$ 在矩阵乘法中，起着类似于实数 1 在实数乘法中的作用. 易验证，在可以相乘的条件下，对任意矩阵 $\boldsymbol{A}$，都有

$$\boldsymbol{EA}=\boldsymbol{AE}=\boldsymbol{A}.$$

在矩阵乘法中，零矩阵 $\boldsymbol{O}$ 起着类似于实数 0 在实数乘法中的作用. 易验证，在可以相乘的条件下，对任意矩阵 $\boldsymbol{A}$，都有

$$\boldsymbol{AO}=\boldsymbol{OA}=\boldsymbol{O}.$$

例 7 设矩阵

$$\boldsymbol{A}=\begin{pmatrix}2 & -4\\3 & -6\end{pmatrix},\boldsymbol{B}=\begin{pmatrix}2 & 10\\1 & 5\end{pmatrix},\boldsymbol{C}=\begin{pmatrix}6 & -4\\3 & -2\end{pmatrix},$$

求 $\boldsymbol{AB}$ 和 $\boldsymbol{AC}$.

解

$$\boldsymbol{AB}=\begin{pmatrix}2 & -4\\3 & -6\end{pmatrix}\begin{pmatrix}2 & 10\\1 & 5\end{pmatrix}=\begin{pmatrix}0 & 0\\0 & 0\end{pmatrix},$$

$$\boldsymbol{AC}=\begin{pmatrix}2 & -4\\3 & -6\end{pmatrix}\begin{pmatrix}6 & -4\\3 & -2\end{pmatrix}=\begin{pmatrix}0 & 0\\0 & 0\end{pmatrix}.$$

由例 7 可以看出，**两个非零矩阵的乘积有可能等于零矩阵**. 另外，**矩阵乘法不满足消去律**，即如果 $\boldsymbol{AB}=\boldsymbol{AC}$，且 $\boldsymbol{A}\neq\boldsymbol{O}$，也不能得到 $\boldsymbol{B}=\boldsymbol{C}$.

通过以上例题可以得到，**矩阵乘法不满足交换律、消去律**，而且两个非零矩阵的乘积有可能等于零矩阵，这些都是矩阵乘法与实数乘法的区别，但是两者之间也有相似的运算法则.

根据定义 4，矩阵的乘法有以下运算规律：

(1) **乘法结合律**：$(\boldsymbol{AB})\boldsymbol{C}=\boldsymbol{A}(\boldsymbol{BC})$；

(2) **数乘结合律**：$k(\boldsymbol{AB})=(k\boldsymbol{A})\boldsymbol{B}=\boldsymbol{A}(k\boldsymbol{B})$，其中 k 为常数；

(3) **左乘分配律**：$\boldsymbol{A}(\boldsymbol{B}+\boldsymbol{C})=\boldsymbol{AB}+\boldsymbol{AC}$；

右乘分配律：$(\boldsymbol{B}+\boldsymbol{C})\boldsymbol{A}=\boldsymbol{BA}+\boldsymbol{CA}$.

矩阵的乘法运算规律可以推广到 m 个矩阵的情形. 特别地，若 $\boldsymbol{A}$ 是 n 阶矩阵，可以定义以下运算：

$$\boldsymbol{A}^m=\overbrace{\boldsymbol{AA}\cdots\boldsymbol{A}}^{m个},$$

称 $\boldsymbol{A}^m$ 为矩阵 $\boldsymbol{A}$ 的 m 次幂，其中 m 是正整数. 规定：若 $m=0$，则 $\boldsymbol{A}^0=\boldsymbol{E}$. 当 $\boldsymbol{E}$ 为单位矩阵时，

$$\boldsymbol{A}_{m\times n}\boldsymbol{E}_n=\boldsymbol{E}_m\boldsymbol{A}_{m\times n}=\boldsymbol{A}_{m\times n}.$$

显然，对任意的正整数 m,n，有 $\boldsymbol{A}^m\boldsymbol{A}^n=\boldsymbol{A}^{m+n}$，且 $(\boldsymbol{A}^m)^n=\boldsymbol{A}^{mn}$；但是由于矩阵不满足乘法交换律，故有 $(\boldsymbol{AB})^m\neq\boldsymbol{A}^m\boldsymbol{B}^m$.

例 8 设矩阵 $\boldsymbol{A}=\begin{pmatrix}1&1\\0&1\end{pmatrix}$，求 $\boldsymbol{A}^n$，其中 n 为正整数.

解 当 $n=2$ 时，

$$\boldsymbol{A}^2=\begin{pmatrix}1&1\\0&1\end{pmatrix}\begin{pmatrix}1&1\\0&1\end{pmatrix}=\begin{pmatrix}1&1\times2\\0&1\end{pmatrix},$$

设 $n=k$ 时，

$$\boldsymbol{A}^k=\begin{pmatrix}1&1\times k\\0&1\end{pmatrix},$$

则有，当 $n=k+1$ 时，

$$\boldsymbol{A}^{k+1}=\boldsymbol{A}^k\boldsymbol{A}=\begin{pmatrix}1&1\times k\\0&1\end{pmatrix}\begin{pmatrix}1&1\\0&1\end{pmatrix}=\begin{pmatrix}1&1\times(k+1)\\0&1\end{pmatrix},$$

于是，由归纳法可得，

$$\boldsymbol{A}^n=\begin{pmatrix}1&n\\0&1\end{pmatrix}.$$

6.2.4 矩阵的转置运算

引例 4 某家电市场 2023 年 3 月份的部分家电销量见表 6-4，求销售这几种家店的总收益.

表 6-4 部分家电的单价与销量

产品	单价 / 元	销量 / 只	产品	单价 / 元	销量 / 只
冰箱	4500	65	洗衣机	3000	150
电视机	2200	110			

如果用矩阵 $\boldsymbol{P}=\begin{pmatrix}4500\\2200\\3000\end{pmatrix}$ 表示产品的单价，用矩阵 $\boldsymbol{Q}=\begin{pmatrix}65\\110\\150\end{pmatrix}$ 表示销量，那

么无论是 $\boldsymbol{PQ}$ 还是 $\boldsymbol{QP}$ 都是没有意义的. 如果我们将矩阵 $\boldsymbol{P}$ 的行列互换后再与矩阵 $\boldsymbol{Q}$ 相乘,其做法既符合矩阵的乘法定义,也与实际情况相符合,即这几种产品的销售收益为

$$R=4500\times 65+2200\times 110+3000\times 150=(4500\quad 2200\quad 3000)\begin{pmatrix}65\\110\\150\end{pmatrix}.$$

定义 5 将矩阵 $\boldsymbol{A}$ 的行与列互换后得到的矩阵,称为 $\boldsymbol{A}$ 的**转置矩阵**,记作 $\boldsymbol{A}^{\mathrm{T}}$. 即若

$$\boldsymbol{A}=\begin{pmatrix}a_{11} & a_{12} & \cdots & a_{1n}\\ a_{21} & a_{22} & \cdots & a_{2n}\\ \vdots & \vdots & & \vdots\\ a_{m1} & a_{m2} & \cdots & a_{mn}\end{pmatrix},$$

则

$$\boldsymbol{A}^{\mathrm{T}}=\begin{pmatrix}a_{11} & a_{21} & \cdots & a_{m1}\\ a_{12} & a_{22} & \cdots & a_{m2}\\ \vdots & \vdots & & \vdots\\ a_{1n} & a_{2n} & \cdots & a_{mn}\end{pmatrix}.$$

由转置矩阵的定义可知,转置矩阵 $\boldsymbol{A}^{\mathrm{T}}$ 中的 (i,j) 元等于 $\boldsymbol{A}$ 中的 (j,i) 元.

例 9 $\boldsymbol{A}=\begin{pmatrix}2 & 0 & 1\\ 1 & 3 & 2\end{pmatrix}$, $\boldsymbol{B}=\begin{pmatrix}1 & 7 & -1\\ 4 & 2 & 3\\ 2 & 0 & 1\end{pmatrix}$,求 $(\boldsymbol{AB})^{\mathrm{T}}$, $\boldsymbol{B}^{\mathrm{T}}\boldsymbol{A}^{\mathrm{T}}$.

解 因为 $\boldsymbol{AB}=\begin{pmatrix}2 & 0 & 1\\ 1 & 3 & 2\end{pmatrix}\begin{pmatrix}1 & 7 & -1\\ 4 & 2 & 3\\ 2 & 0 & 1\end{pmatrix}=\begin{pmatrix}0 & 14 & -3\\ 17 & 13 & 10\end{pmatrix}$,

所以 $(\boldsymbol{AB})^{\mathrm{T}}=\begin{pmatrix}0 & 17\\ 14 & 13\\ -3 & 10\end{pmatrix}$.

因此由该例可知: $(\boldsymbol{AB})^{\mathrm{T}}=\boldsymbol{B}^{\mathrm{T}}\boldsymbol{A}^{\mathrm{T}}$.

转置矩阵具有如下性质:

(1) $(\boldsymbol{A}^{\mathrm{T}})^{\mathrm{T}}=\boldsymbol{A}$;

(2) $(\boldsymbol{A}+\boldsymbol{B})^{\mathrm{T}}=\boldsymbol{A}^{\mathrm{T}}+\boldsymbol{B}^{\mathrm{T}}$;

(3) $(k\boldsymbol{A})^{\mathrm{T}}=k\boldsymbol{A}^{\mathrm{T}}$;

(4) $(\boldsymbol{AB})^{\mathrm{T}}=\boldsymbol{B}^{\mathrm{T}}\boldsymbol{A}^{\mathrm{T}}$.

例 10 某公司有 A, B, C 三种商品,由甲、乙、丙三个商场销售,日销售量、各种商品的单位价格和利润如表 6-5 所示.

表 6-5 三个商场销售情况

商场	商品日销售量 / 件				商品		
	A	B	C		A	B	C
甲	48	36	18	单位价格 /(元 / 件)	150	180	300
乙	42	40	12	单位利润 /(元 / 件)	20	30	60
丙	35	26	24				

试求各商场的当日销售额和利润.

解 设P为各种商品的单位价格和单位利润矩阵，Q为各商场每种商品的日销售量，则由表6-6可知$\boldsymbol{P}=\begin{pmatrix}150 & 180 & 300\\ 20 & 30 & 60\end{pmatrix}$，$\boldsymbol{Q}=\begin{pmatrix}48 & 36 & 18\\ 42 & 40 & 12\\ 35 & 26 & 24\end{pmatrix}$，于是各商场的当日销售额和利润为

$$\boldsymbol{PQ}^{\mathrm{T}}=\begin{pmatrix}150 & 180 & 300\\ 20 & 30 & 60\end{pmatrix}\begin{pmatrix}48 & 42 & 35\\ 36 & 40 & 26\\ 18 & 12 & 24\end{pmatrix}=\begin{pmatrix}19080 & 17100 & 17130\\ 3120 & 2760 & 2920\end{pmatrix}.$$

即各商场的当日销售额和利润如表6-6所示.

表6-6 各商场的当日销售额和利润

商场	甲	乙	丙
日销售额/元	19080	17100	17130
日利润/元	3120	2760	2920

习题6.2

1. 计算

(1) $\begin{pmatrix}1 & 0\\ -1 & 2\end{pmatrix}+\begin{pmatrix}-1 & 0\\ 1 & 3\end{pmatrix}$；　　(2) $\begin{pmatrix}2 & 3\\ 1 & 4\\ 5 & 6\end{pmatrix}-\begin{pmatrix}4 & 3\\ 2 & 4\\ 3 & 2\end{pmatrix}$.

(3) 已知$\boldsymbol{A}=\begin{pmatrix}x_1+x_2 & 3\\ 3 & x_1-x_2\end{pmatrix}$，$\boldsymbol{B}=\begin{pmatrix}8 & 2y_1+y_2\\ y_1-y_2 & 4\end{pmatrix}$，且$\boldsymbol{A}+\boldsymbol{B}=\boldsymbol{E}$，求$x_1,x_2,y_1,y_2$.

2. 已知$\boldsymbol{A}=\begin{pmatrix}3 & 1 & 0\\ -1 & 2 & 1\\ 3 & 4 & 2\end{pmatrix}$，$\boldsymbol{B}=\begin{pmatrix}1 & 0 & 2\\ -1 & 1 & 1\\ 2 & 1 & 1\end{pmatrix}$，求满足方程$3\boldsymbol{A}-2\boldsymbol{X}=\boldsymbol{B}$的$\boldsymbol{X}$.

3. 已知$\boldsymbol{A}=\begin{pmatrix}2 & 0 & 1\\ 3 & 1 & -2\\ 1 & -1 & 2\end{pmatrix}$，$\boldsymbol{B}=\begin{pmatrix}1 & 2 & -1\\ 0 & 3 & -2\\ -1 & 2 & 3\end{pmatrix}$，求$\boldsymbol{A}+\boldsymbol{B}^{\mathrm{T}}$和$\boldsymbol{A}^{\mathrm{T}}-\boldsymbol{B}$.

4. 设$\boldsymbol{A}=\begin{pmatrix}1 & 1 & 0\\ 0 & 1 & -1\\ 3 & 4 & 2\end{pmatrix}$，$\boldsymbol{B}=\begin{pmatrix}1 & 0 & 2\\ -1 & 1 & 1\\ 2 & 1 & 1\end{pmatrix}$，试求$\boldsymbol{A}^{\mathrm{T}}\boldsymbol{B}$，$\boldsymbol{B}^{\mathrm{T}}\boldsymbol{A}$，$\boldsymbol{A}^{\mathrm{T}}\boldsymbol{B}^{\mathrm{T}}$和$(\boldsymbol{AB})^{\mathrm{T}}$.

5. 计算下列矩阵：

(1) $\begin{pmatrix}0 & 2\\ 0 & 3\end{pmatrix}\begin{pmatrix}1 & 1\\ 0 & 0\end{pmatrix}$；　　(2) $\begin{pmatrix}1 & 2 & -3\\ 0 & 1 & 2\\ 0 & 0 & 1\end{pmatrix}\begin{pmatrix}1 & -2 & 7\\ 0 & 1 & -2\\ 0 & 0 & 1\end{pmatrix}$；

(3) $\begin{pmatrix}1 & 0 & 3 & -1\\ 2 & 1 & 0 & 2\end{pmatrix}\begin{pmatrix}4 & 1 & 0\\ -1 & 1 & 3\\ 2 & 0 & 1\\ 1 & 3 & 4\end{pmatrix}$；　　(4) $\begin{pmatrix}2\\ 0\\ -1\\ 1\end{pmatrix}(1\ \ 2\ \ 3\ \ 4)$.

6. 设 $\boldsymbol{A}=\begin{pmatrix}1&2\\1&3\end{pmatrix}$，$\boldsymbol{B}=\begin{pmatrix}1&0\\1&2\end{pmatrix}$，问：

(1)$\boldsymbol{AB}=\boldsymbol{BA}$ 成立吗？

(2)$(\boldsymbol{A}+\boldsymbol{B})^2=\boldsymbol{A}^2+2\boldsymbol{AB}+\boldsymbol{B}^2$ 成立吗？

(3) $(\boldsymbol{A}-\boldsymbol{B})(\boldsymbol{A}+\boldsymbol{B})=\boldsymbol{A}^2-\boldsymbol{B}^2$ 成立吗？

7. 举反例说明下列命题是错误的：

(1) 若 $\boldsymbol{A}^2=\boldsymbol{O}$，则 $\boldsymbol{A}=\boldsymbol{O}$；

(2) 若 $\boldsymbol{A}^2=\boldsymbol{A}$，则 $\boldsymbol{A}=\boldsymbol{O}$ 或 $\boldsymbol{A}=\boldsymbol{E}$；

(3) 若 $\boldsymbol{AX}=\boldsymbol{AY}$，且 $\boldsymbol{A}\neq\boldsymbol{O}$，则 $\boldsymbol{X}=\boldsymbol{Y}$.

8. (1) 设 $\boldsymbol{A}=\begin{pmatrix}1&0\\\lambda&1\end{pmatrix}$，求 $\boldsymbol{A}^2$，$\boldsymbol{A}^3$，…，$\boldsymbol{A}^k$；

(2) 设 $\boldsymbol{A}=\begin{pmatrix}\lambda&1&0\\0&\lambda&1\\0&0&\lambda\end{pmatrix}$，求 $\boldsymbol{A}^4$.

9. 设 $\boldsymbol{A}=\begin{pmatrix}3&1\\1&-3\end{pmatrix}$，求 $\boldsymbol{A}^3$，$\boldsymbol{A}^5$.

10. 某商店一周内售出商品甲、乙、丙的数量及单位如表 6-7 所示.

表 6-7　某商店一周内销售情况

商品	日销售量							单价 / 元
	六	日	一	二	三	四	五	
甲	11	9	3	0	10	7	2	4
乙	12	7	5	8	11	9	0	3
丙	10	6	4	5	6	10	3	2

试用矩阵计算和表示一周内每天的销售额.

§6.3　行列式和克莱姆法则

6.3.1　二、三阶行列式

引例　某种商品的供给函数和需求函数分别为

$$q=\frac{p}{2}-96, \qquad ①$$

$$q=204-p, \qquad ②$$

求该商品的市场均衡点.

我们在解决这类问题时，可以将供求关系中的商品市场均衡点这一实际问题通过求解二元一次线性方程组来解决.

6-3　二阶、三阶行列式计算

1. 二阶行列式

在初等代数中，用加减消元法求解二元一次方程组

$$\begin{cases}a_{11}x_1+a_{12}x_2=b_1,\\a_{21}x_1+a_{22}x_2=b_2,\end{cases} \qquad (6\text{-}3\text{-}1)$$

可得

$$\begin{cases}(a_{11}a_{22}-a_{12}a_{21})x_1=b_1a_{22}-b_2a_{12},\\(a_{11}a_{22}-a_{12}a_{21})x_2=b_2a_{11}-b_1a_{21},\end{cases}$$

如果 $a_{11}a_{22}-a_{12}a_{21}\neq 0$，那么方程组(6-3-1) 的解为

$$\begin{cases}x_1=\dfrac{b_1a_{22}-b_2a_{12}}{a_{11}a_{22}-a_{12}a_{21}},\\x_2=\dfrac{b_2a_{11}-b_1a_{21}}{a_{11}a_{22}-a_{12}a_{21}}.\end{cases}\tag{6-3-2}$$

为便于表示，我们引进二阶行列式的概念.

定义 1 把由 2^2 个数 $a_{ij}(i=1,2;\ j=1,2)$ 构成的两行、两列的算式

$$\begin{vmatrix}a_{11} & a_{12}\\a_{21} & a_{22}\end{vmatrix}=a_{11}a_{22}-a_{12}a_{21}\tag{6-3-3}$$

称为**二阶行列式**，表达式 $a_{11}a_{22}-a_{12}a_{21}$ 称为二阶行列式 $\begin{vmatrix}a_{11} & a_{12}\\a_{21} & a_{22}\end{vmatrix}$ 的**展开式**. 其中 $a_{11},a_{12},a_{21},a_{22}$ 称为这个二阶行列式的**元素**. 横排称为**行**，竖排称为**列**；从左上角到右下角的对角线称为**主对角线**，从右上角到左下角的对角线称为**次对角线**.

利用二阶行列式的概念，可以将式(6-3-2) 进行简化.

记 $D=\begin{vmatrix}a_{11} & a_{12}\\a_{21} & a_{22}\end{vmatrix}=a_{11}a_{22}-a_{12}a_{21}$，称其为该方程组的系数行列式；

记 $D_1=\begin{vmatrix}b_1 & a_{12}\\b_2 & a_{22}\end{vmatrix}=b_1a_{22}-b_2a_{12}$，$D_2=\begin{vmatrix}a_{11} & b_1\\a_{21} & b_2\end{vmatrix}=b_2a_{11}-b_1a_{21}$.

则式(6-3-2) 可以简化为

$$\begin{cases}x_1=\dfrac{D_1}{D},\\x_2=\dfrac{D_2}{D}.\end{cases}\text{（其中 } D\neq 0\text{）}\tag{6-3-4}$$

例 1 利用二阶行列式求解引例.

解 可将引例 1①、② 两式恒等变形为 ③、④ 两式

$$p-2q=192,\tag{③}$$

$$q+p=204,\tag{④}$$

因为系数行列式

$$D=\begin{vmatrix}1 & -2\\1 & 1\end{vmatrix}=1\times 1-1\times(-2)=3\neq 0,$$

所以方程组有解，又

$$D_1=\begin{vmatrix}192 & -2\\204 & 1\end{vmatrix}=600,\quad D_2=\begin{vmatrix}1 & 192\\1 & 204\end{vmatrix}=12,$$

由式(6-3-4) 可知，方程组的解为

$$p=\frac{D_1}{D}=\frac{600}{3}=200,$$

$$q=\frac{D_2}{D}=\frac{12}{3}=4.$$

2. 三阶行列式

类似地，为了便于表示三元线性方程组

$$\begin{cases} a_{11}x_1 + a_{12}x_2 + a_{13}x_3 = b_1, \\ a_{21}x_1 + a_{22}x_2 + a_{23}x_3 = b_2, \\ a_{31}x_1 + a_{32}x_2 + a_{33}x_3 = b_3 \end{cases} \tag{6-3-5}$$

的解，引入三阶行列式的概念.

定义 2 把由 3^2 个数 $a_{ij}\,(i=1,2,3;\ j=1,2,3)$ 构成的三行、三列的算式

$$D = \begin{vmatrix} a_{11} & a_{12} & a_{13} \\ a_{21} & a_{22} & a_{23} \\ a_{31} & a_{32} & a_{33} \end{vmatrix},$$

称为**三阶行列式**.

三阶行列式中有三条主对角线和三条次对角线. 规定：

$$D = \begin{vmatrix} a_{11} & a_{12} & a_{13} \\ a_{21} & a_{22} & a_{23} \\ a_{31} & a_{32} & a_{33} \end{vmatrix}$$

$$= a_{11}a_{22}a_{33} + a_{12}a_{23}a_{31} + a_{13}a_{21}a_{32} - a_{11}a_{23}a_{32} - a_{12}a_{21}a_{33} - a_{13}a_{22}a_{31}. \tag{6-3-6}$$

即三阶行列式的值等于它的主对角线上的元素乘积之和(图 6-1 的实线）减去三条次对角线上的元素乘积之和(图 6-1 的虚线）的差，这种展开方法称为行列式的对角线展开法则.

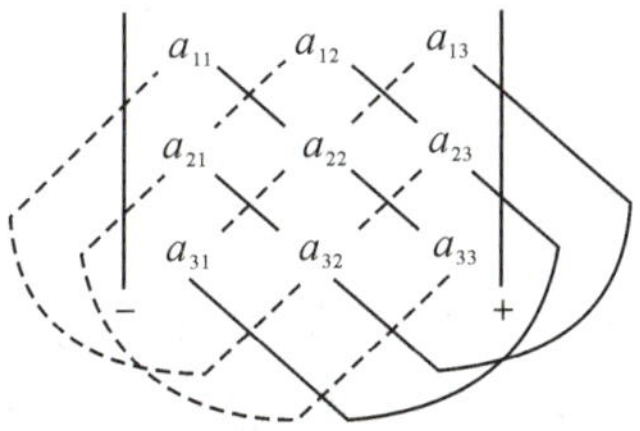

图 6-1

例 2 计算行列式 $D = \begin{vmatrix} 2 & -5 & 1 \\ -3 & 7 & -1 \\ 5 & 9 & 2 \end{vmatrix}$.

解 $D = \begin{vmatrix} 2 & -5 & 1 \\ -3 & 7 & -1 \\ 5 & 9 & 2 \end{vmatrix}$

$= 2\times7\times2 + (-3)\times9\times1 + (-5)\times(-1)\times5 - 2\times(-1)\times 9 - (-5)\times(-3)\times2 - 5\times7\times1$

$= 28 - 27 + 25 + 18 - 30 - 35$

$= -21.$

利用三阶行列式的概念，当三元一次方程组(6-3-5) 的系数行列式 $D \neq 0$ 时，其解也可以表示为

$$x_1 = \frac{D_1}{D}, x_2 = \frac{D_2}{D}, x_3 = \frac{D_3}{D}, \tag{6-3-7}$$

其中

$$D_1 = \begin{vmatrix} b_1 & a_{12} & a_{13} \\ b_2 & a_{22} & a_{23} \\ b_3 & a_{32} & a_{33} \end{vmatrix}, D_2 = \begin{vmatrix} a_{11} & b_1 & a_{13} \\ a_{21} & b_2 & a_{23} \\ a_{31} & b_3 & a_{33} \end{vmatrix}, D_3 = \begin{vmatrix} a_{11} & a_{12} & b_1 \\ a_{21} & a_{22} & b_2 \\ a_{31} & a_{32} & b_3 \end{vmatrix}.$$

例 3 利用三阶行列式解三元一次方程组 $\begin{cases} 4x_1 - 5x_2 - x_3 = 1, \\ -x_1 + 5x_2 + x_3 = 2, \\ 5x_1 - x_2 + 3x_3 = 4. \end{cases}$

解 该方程组的系数行列式为

$$D=\begin{vmatrix}4 & -5 & -1\\ -1 & 5 & 1\\ 5 & -1 & 3\end{vmatrix}=48\neq 0,$$

又

$$D_1=\begin{vmatrix}1 & -5 & -1\\ 2 & 5 & 1\\ 4 & -1 & 3\end{vmatrix}=48, D_2=\begin{vmatrix}4 & 1 & -1\\ -1 & 2 & 1\\ 5 & 4 & 3\end{vmatrix}=30,$$

$$D_3=\begin{vmatrix}4 & -5 & 1\\ -1 & 5 & 2\\ 5 & -1 & 4\end{vmatrix}=-6,$$

由式(6-3-7)可得方程组的解为

$$x_1=\frac{D_1}{D}=\frac{48}{48}=1, x_2=\frac{D_2}{D}=\frac{30}{48}=\frac{5}{8}, x_3=\frac{D_3}{D}=\frac{-6}{48}=-\frac{1}{8}.$$

6.3.2 n 阶行列式

定义 3 把由 n^2 个数 $a_{ij}(i=1,2,\cdots,n;\ j=1,2,\cdots,n)$ 构成的 n 行、n 列的算式

$$D=\begin{vmatrix}a_{11} & a_{12} & \cdots & a_{1n}\\ a_{21} & a_{22} & \cdots & a_{2n}\\ \vdots & \vdots & & \vdots\\ a_{n1} & a_{n2} & \cdots & a_{nn}\end{vmatrix} \tag{6-3-8}$$

称为 **n 阶行列式**，简称**行列式**，常用字母 D 表示. 其中 a_{ij} 称为行列式 D 的第 i 行、第 j 列的**元素**$(i,j=1,2,\cdots,n)$；划去元素 a_{ij} 所在第 i 行与第 j 列后，剩余的$(n-1)^2$ 个元素按原来的顺序构成的 $n-1$ 阶行列式称为 a_{ij} 的**余子式**，记作 M_{ij}；在它前面冠以符号$(-1)^{i+j}$ 后，称为元素 a_{ij} 的**代数余子式**，记作 $A_{ij}=(-1)^{i+j}M_{ij}$.

按如下规定计算 n 阶行列式的值：

(1) 当 $n=1$ 时，规定行列式 $D=|a_{11}|=a_{11}$；

(2) 设 $n-1$ 阶行列式有定义，则 n 阶行列式

$$D=a_{11}A_{11}+a_{12}A_{12}+a_{13}A_{13}+\cdots+a_{1n}A_{1n}=\sum_{i=1}^{n}a_{ij}A_{ij},$$

即 n 阶行列式 D 等于它的第一行元素与它们各自代数余子式乘积的代数和.

事实上，可以证明：

定理 1 n 阶行列式 D 等于它的任意一行元素与它们各自代数余子式乘积的代数和，即

$$D=a_{i1}A_{i1}+a_{i2}A_{i2}+a_{i3}A_{i3}+\cdots+a_{in}A_{in}=\sum_{j=1}^{n}a_{ij}A_{ij}.$$

例 4 已知 $D=\begin{vmatrix}2 & -5 & 1\\ -3 & 7 & -1\\ 5 & 9 & 2\end{vmatrix}$，求 $M_{22}, A_{22}, M_{23}, A_{23}$ 的值.

解 因为 $M_{22}=\begin{vmatrix}2 & 1\\ 5 & 2\end{vmatrix}=1$，所以 $A_{22}=(-1)^{2+2}M_{22}=M_{22}=\begin{vmatrix}2 & 1\\ 5 & 2\end{vmatrix}=-1$；

同理得$M_{23}=\begin{vmatrix}2 & -5\\5 & 9\end{vmatrix}=43$，$A_{23}=(-1)^{2+3}M_{23}=-M_{23}=-\begin{vmatrix}2 & -5\\5 & 9\end{vmatrix}=-43$.

定义 4 形如

$$\begin{vmatrix}a_{11} & 0 & \cdots & 0\\a_{21} & a_{22} & \cdots & 0\\\vdots & \vdots & & \vdots\\a_{n1} & a_{n2} & \cdots & a_{nn}\end{vmatrix},\begin{vmatrix}a_{11} & a_{12} & \cdots & a_{1n}\\0 & a_{22} & \cdots & a_{2n}\\\vdots & \vdots & & \vdots\\0 & 0 & \cdots & a_{nn}\end{vmatrix},\begin{vmatrix}a_{11} & 0 & \cdots & 0\\0 & a_{22} & \cdots & 0\\\vdots & \vdots & & \vdots\\0 & 0 & \cdots & a_{nn}\end{vmatrix}（其中 a_{ii}\neq 0）$$

的行列式分别称为**下三角形行列式**、**上三角形行列式**、**对角形行列式**，由定义 3 可知，它们的值均为$a_{11}a_{22}a_{33}\cdots a_{nn}$.

例 5 计算三阶行列式$D=\begin{vmatrix}2 & 0 & 0\\-3 & 7 & 0\\5 & 9 & 2\end{vmatrix}$的值.

解 $D=\begin{vmatrix}2 & 0 & 0\\-3 & 7 & 0\\5 & 9 & 2\end{vmatrix}=2\times 7\times 2=28$.

例 6 利用行列式的定义计算四阶行列式$D=\begin{vmatrix}0 & -1 & -1 & 3\\-1 & 2 & -1 & 0\\2 & 1 & 1 & 0\\1 & -1 & 0 & 3\end{vmatrix}$的值.

解 行列式按第 3 行展开如下：

$$D=\begin{vmatrix}0 & -1 & -1 & 3\\-1 & 2 & -1 & 0\\2 & 1 & 1 & 0\\1 & -1 & 0 & 3\end{vmatrix}=2\times(-1)^{3+1}\begin{vmatrix}-1 & -1 & 3\\2 & -1 & 0\\-1 & 0 & 3\end{vmatrix}$$

$$+1\times(-1)^{3+2}\begin{vmatrix}0 & -1 & 3\\-1 & -1 & 0\\1 & 0 & 3\end{vmatrix}+1\times(-1)^{3+3}\begin{vmatrix}0 & -1 & 3\\-1 & 2 & 0\\1 & -1 & 3\end{vmatrix}$$

$$=2\times 6+1\times 0+1\times(-6)=6.$$

6.3.3 行列式的性质

1. 行列式的转置

定义 5 将行列式 D 的行与列互换后得到的行列式，称为 D 的**转置行列式**，记作 D^{T} 或 D'，即若

$$D=\begin{vmatrix}a_{11} & a_{12} & \cdots & a_{1n}\\a_{21} & a_{22} & \cdots & a_{2n}\\\vdots & \vdots & & \vdots\\a_{n1} & a_{n2} & \cdots & a_{nn}\end{vmatrix},$$

则

$$D^{\mathrm{T}}=\begin{vmatrix}a_{11} & a_{21} & \cdots & a_{n1}\\a_{12} & a_{22} & \cdots & a_{n2}\\\vdots & \vdots & & \vdots\\a_{1n} & a_{2n} & \cdots & a_{nn}\end{vmatrix}.$$

2. 行列式的性质

性质 1 行列式 D 与其转置行列式 D^{T} 的值相等，即 $D=D^{\mathrm{T}}$.

如二阶行列式

$$D_1=\begin{vmatrix} a & b \\ c & d \end{vmatrix}=ad-bc, D_2=\begin{vmatrix} a & c \\ b & d \end{vmatrix}=ad-bc.$$

性质 1 表明，行列式的行与列具有相等的地位，因此，对行成立的性质，对列也成立. 下面我们重点讨论行列式的行具有的性质.

性质 2 互换行列式 D 的任意两行元素的位置，所得到的行列式与原行列式的值互为相反数，即

$$\begin{vmatrix} a_{11} & a_{12} & \cdots & a_{1n} \\ \vdots & \vdots & & \vdots \\ a_{s1} & a_{s2} & \cdots & a_{sn} \\ \vdots & \vdots & & \vdots \\ a_{t1} & a_{t2} & \cdots & a_{tn} \\ \vdots & \vdots & & \vdots \\ a_{n1} & a_{n2} & \cdots & a_{nn} \end{vmatrix}=-\begin{vmatrix} a_{11} & a_{12} & \cdots & a_{1n} \\ \vdots & \vdots & & \vdots \\ a_{t1} & a_{t2} & \cdots & a_{tn} \\ \vdots & \vdots & & \vdots \\ a_{s1} & a_{s2} & \cdots & a_{sn} \\ \vdots & \vdots & & \vdots \\ a_{n1} & a_{n2} & \cdots & a_{nn} \end{vmatrix}, \tag{6-3-9}$$

其中交换的是 D 的第 t，s 行.

例 7 比较行列式 $\begin{vmatrix} 1 & -5 & 1 \\ -3 & 7 & -1 \\ 5 & 9 & 2 \end{vmatrix}$ 与 $\begin{vmatrix} -3 & 7 & -1 \\ 1 & -5 & 1 \\ 5 & 9 & 2 \end{vmatrix}$.

解 因为 $\begin{vmatrix} 1 & -5 & 1 \\ -3 & 7 & -1 \\ 5 & 9 & 2 \end{vmatrix}$

$=1\times7\times2+(-3)\times9\times1+(-5)\times(-1)\times5-1\times(-1)\times9-(-5)\times(-3)\times2-5\times7\times1$

$=14-27+25+9-30-35$

$=-44$，

而 $\begin{vmatrix} -3 & 7 & -1 \\ 1 & -5 & 1 \\ 5 & 9 & 2 \end{vmatrix}$

$=(-3)\times(-5)\times2+1\times9\times(-1)+5\times7\times1-5\times(-5)\times(-1)-7\times1\times2-(-3)\times9\times1$

$=30-9+35-25-14+27$

$=44$，

所以 $\begin{vmatrix} 1 & -5 & 1 \\ -3 & 7 & -1 \\ 5 & 9 & 2 \end{vmatrix}$ 与 $\begin{vmatrix} -3 & 7 & -1 \\ 1 & -5 & 1 \\ 5 & 9 & 2 \end{vmatrix}$ 互为相反数.

由性质 2 分析得知

推论 1 若行列式中某两行的元素对应相同，则该行列式为零.

性质 3 若行列式的某一行元素有公因子 k，则 k 可以提到行列式之外. 即

$$\begin{vmatrix} a_{11} & a_{12} & \cdots & a_{1n} \\ \vdots & \vdots & & \vdots \\ ka_{s1} & ka_{s2} & \cdots & ka_{sn} \\ \vdots & \vdots & & \vdots \\ a_{t1} & a_{t2} & \cdots & a_{tn} \\ \vdots & \vdots & & \vdots \\ a_{n1} & a_{n2} & \cdots & a_{nn} \end{vmatrix} = k \begin{vmatrix} a_{11} & a_{12} & \cdots & a_{1n} \\ \vdots & \vdots & & \vdots \\ a_{s1} & a_{s2} & \cdots & a_{sn} \\ \vdots & \vdots & & \vdots \\ a_{t1} & a_{t2} & \cdots & a_{tn} \\ \vdots & \vdots & & \vdots \\ a_{n1} & a_{n2} & \cdots & a_{nn} \end{vmatrix}. \tag{6-3-10}$$

例 8 比较行列式 $D_1 = \begin{vmatrix} 2 & 6 \\ 5 & 2 \end{vmatrix}$ 和 $D_2 = \begin{vmatrix} 1 & 3 \\ 5 & 2 \end{vmatrix}$ 的值是否相等.

解 因为 $D_1 = \begin{vmatrix} 2 & 6 \\ 5 & 2 \end{vmatrix} = -26$，$D_2 = \begin{vmatrix} 1 & 3 \\ 5 & 2 \end{vmatrix} = -13$，所以 $D_1 = 2D_2$，即 $\begin{vmatrix} 2 & 6 \\ 5 & 2 \end{vmatrix} = 2\begin{vmatrix} 1 & 3 \\ 5 & 2 \end{vmatrix}$.

推论 2 若行列式 D 中的某一行元素全部为零，则行列式值为零.

推论 3 若行列式 D 中某两行的对应元素成比例，则该行列式值为零.

性质 4 若行列式 D 中某一行的元素为 $a_{ij} = b_{ij} + c_{ij}$，即

$$D = \begin{vmatrix} a_{11} & a_{12} & \cdots & a_{1n} \\ \vdots & \vdots & & \vdots \\ b_{i1} + c_{i1} & b_{i2} + c_{i2} & \cdots & b_{in} + c_{in} \\ \vdots & \vdots & & \vdots \\ a_{n1} & a_{n2} & \cdots & a_{nn} \end{vmatrix}, \tag{6-3-11}$$

则行列式 D 等于两个行列式 D_1，D_2 的和，即 $D = D_1 + D_2$，其中 D_1，D_2 分别为

$$D_1 = \begin{vmatrix} a_{11} & a_{12} & \cdots & a_{1n} \\ \vdots & \vdots & & \vdots \\ b_{i1} & b_{i2} & \cdots & b_{in} \\ \vdots & \vdots & & \vdots \\ a_{n1} & a_{n2} & \cdots & a_{nn} \end{vmatrix}, D_2 = \begin{vmatrix} a_{11} & a_{12} & \cdots & a_{1n} \\ \vdots & \vdots & & \vdots \\ c_{i1} & c_{i2} & \cdots & c_{in} \\ \vdots & \vdots & & \vdots \\ a_{n1} & a_{n2} & \cdots & a_{nn} \end{vmatrix}.$$

如二阶行列式

$$\begin{vmatrix} a_1 + a_2 & b_1 + b_2 \\ c_1 & c_2 \end{vmatrix} = (a_1 + a_2)c_2 - (b_1 + b_2)c_1$$

$$= (a_1 c_2 - b_1 c_1) + (a_2 c_2 - b_2 c_1),$$

又 $$\begin{vmatrix} a_1 & b_1 \\ c_1 & c_2 \end{vmatrix} + \begin{vmatrix} a_2 & b_2 \\ c_1 & c_2 \end{vmatrix} = (a_1 c_2 - b_1 c_1) + (a_2 c_2 - b_2 c_1),$$

显然 $$\begin{vmatrix} a_1 + a_2 & b_1 + b_2 \\ c_1 & c_2 \end{vmatrix} = \begin{vmatrix} a_1 & b_1 \\ c_1 & c_2 \end{vmatrix} + \begin{vmatrix} a_2 & b_2 \\ c_1 & c_2 \end{vmatrix}.$$

性质 5 将行列式 D 中某一行元素的 k 倍加到另外一行的对应元素上，行列式值不变.

性质 6 行列式 D 可以按其任意一行展开，等于该行的所有元素与它们各自的代数余子式乘积之和，即

$$D = \sum_{k=1}^{n} a_{ik} A_{ik}. \tag{6-3-12}$$

以上各性质对行列式的列均成立，我们可以利用行列式的性质简化行列式的计算.

6.3.4 行列式的计算

矩阵和行列式虽然在形式上有些类似，但有完全不同的意义. 一方面，行列式要求行数和列数相等，而矩阵没有这个限制；另一方面，行列式表示一个数值，而矩阵仅仅是这些元素按一定的排列所构成的一张数表.

对于一个 n 阶方阵 $\boldsymbol{A}=(a_{ij})_{n\times n}$，通常把 $\boldsymbol{A}$ 的元素按其在方阵中的位置排列所构成的 n 阶行列式，称为方阵 $\boldsymbol{A}$ 的行列式或矩阵 A 的行列式，记作 $|\boldsymbol{A}|$ 或 $\det\boldsymbol{A}$.

例如，设 $\boldsymbol{A}=\begin{pmatrix}2&1&3\\4&6&5\\1&2&-1\end{pmatrix}$，则 $\boldsymbol{A}$ 的行列式为 $|\boldsymbol{A}|=\begin{vmatrix}2&1&3\\4&6&5\\1&2&-1\end{vmatrix}$.

显然，只有方阵才有对应的行列式.

下面进行行列式的计算. 前面我们学习了行列式的性质，这对行列式的计算起着非常重要的作用. 在这些性质的基础上，我们可以把要计算的行列式化简为三角形行列式，利用其值等于主对角线上的元素乘积来计算，这种方法称为**化三角形法**.

例 9 利用行列式的性质计算矩阵 $\boldsymbol{A}$ 的行列式，其中 $\boldsymbol{A}=\begin{pmatrix}2&-5&1\\-4&7&-1\\8&7&2\end{pmatrix}$.

解

$$|\boldsymbol{A}|=\begin{vmatrix}2&-5&1\\-4&7&-1\\8&7&2\end{vmatrix}=\begin{vmatrix}2&-5&1\\0&-3&1\\0&27&-2\end{vmatrix}=\begin{vmatrix}2&-5&1\\0&-3&1\\0&0&7\end{vmatrix}=2\times(-3)\times7=-42.$$

例 10 计算矩阵 $\boldsymbol{A}$ 对应的行列式的值.

解

$$|\boldsymbol{A}|=\begin{vmatrix}0&-1&-1&3\\-1&2&-1&0\\2&1&1&0\\1&-1&0&3\end{vmatrix}\overset{(1)}{=}-\begin{vmatrix}1&-1&0&3\\-1&2&-1&0\\2&1&1&0\\0&-1&-1&3\end{vmatrix}$$

$$\overset{(2)}{=}-\begin{vmatrix}1&-1&0&3\\0&1&-1&3\\0&3&1&-6\\0&-1&-1&3\end{vmatrix}\overset{(3)}{=}-\begin{vmatrix}1&-1&0&3\\0&1&-1&3\\0&0&4&-15\\0&0&-2&6\end{vmatrix}$$

$$\overset{(4)}{=}-\begin{vmatrix}1&-1&0&3\\0&1&-1&3\\0&0&4&-15\\0&0&0&-\frac{3}{2}\end{vmatrix}=-1\times1\times4\times\left(-\frac{3}{2}\right)=6.$$

(Ⅰ) 利用性质 2 交换 D 的第一、第四行，得(1)；

(Ⅱ) 将(1) 中第一行的所有元素的 1 倍、-2 倍分别加到第二、三行对应位置的元素上,即利用性质 5 得(2);

(Ⅲ) 同理,将(2) 中第二行的所有元素的 -3 倍、1 倍分别加到第三、四行对应位置的元素上,得(3);

(Ⅳ) 将(3) 中第三行的所有元素的 $\frac{1}{2}$ 倍加到第四行对应位置的元素上,得(4);

(Ⅴ) 利用三角形行列式的计算法得结果.

例 11 计算例 6 的四阶行列式.

解
$$D=\begin{vmatrix}0&-1&-1&3\\-1&2&-1&0\\2&1&1&0\\1&-1&0&3\end{vmatrix}=-\begin{vmatrix}1&-1&0&3\\-1&2&-1&0\\2&1&1&0\\0&-1&-1&3\end{vmatrix}$$
$$=-\begin{vmatrix}1&-1&0&3\\0&1&-1&3\\0&3&1&-6\\0&-1&-1&3\end{vmatrix}$$
$$=-\begin{vmatrix}1&-1&3\\3&1&-6\\-1&-1&3\end{vmatrix}=-\begin{vmatrix}1&-1&3\\0&4&-15\\0&-2&6\end{vmatrix}$$
$$=-\begin{vmatrix}4&-15\\-2&6\end{vmatrix}=6.$$

通过例 11 可以看出,计算行列式的另一种方法就是利用行列式性质 6,选择零元素较多的行(或列),按这一行(或列) 展开;也可以先利用性质把某一行(或列) 化为仅有一个非零元素,然后按该行(或列) 展开,这种方法称为**降阶法**.

6.3.5 克莱姆法则

关于二元、三元线性方程组解的问题,在前面我们已经讨论了很多,那么 n 元线性方程组的解是否也是如此呢? 克莱姆法则回答了这个问题.

6-4 克莱姆法则

含 n 个方程的 n 元线性方程组的一般形式为

$$\begin{cases}a_{11}x_1+a_{12}x_2+\cdots+a_{1n}x_n=b_1,\\a_{21}x_1+a_{22}x_2+\cdots+a_{2n}x_n=b_2,\\\cdots\cdots\cdots\cdots\\a_{n1}x_1+a_{n2}x_2+\cdots+a_{nn}x_n=b_n,\end{cases}\tag{6-3-13}$$

它的系数 $a_{ij}(i,j=1,2,\cdots,n)$ 构成的行列式

$$D=\begin{vmatrix}a_{11}&a_{12}&\cdots&a_{1n}\\a_{21}&a_{22}&\cdots&a_{2n}\\\vdots&\vdots&&\vdots\\a_{n1}&a_{n2}&\cdots&a_{nn}\end{vmatrix}\tag{6-3-14}$$

称为方程组(6-3-13) 的系数行列式.

定理 2(克莱姆法则)　当线性方程组(6-3-13)的系数行列式中 $D \neq 0$ 时,方程组有唯一解

$$x_j = \frac{D_j}{D} \quad (j = 1, 2, \cdots, n), \tag{6-3-15}$$

其中,行列式 D_j 是把系数行列式 D 的第 j 列元素 $a_{1j}, a_{2j}, \cdots, a_{nj}$ 换成方程组(6-3-13)的常数项 $b_1, b_2, \cdots, b_n$ 得到的行列式.(证明略)

例 12　解线性方程组 $\begin{cases} 2x_1 - x_3 + 4x_4 = 4, \\ 3x_1 + 2x_2 + x_3 = -1, \\ -x_1 + 2x_2 - x_3 + 2x_4 = -4, \\ x_1 - x_2 + x_3 - 2x_4 = 2. \end{cases}$

解　因为线性方程组的系数行列式为

$$D = \begin{vmatrix} 2 & 0 & -1 & 4 \\ 3 & 2 & 1 & 0 \\ -1 & 2 & -1 & 2 \\ 1 & -1 & 1 & -2 \end{vmatrix} = 2 \neq 0,$$

又因为 $D_1 = \begin{vmatrix} 4 & 0 & -1 & 4 \\ -1 & 2 & 1 & 0 \\ -4 & 2 & -1 & 2 \\ 2 & -1 & 1 & -2 \end{vmatrix} = 2,$

$$D_2 = \begin{vmatrix} 2 & 4 & -1 & 4 \\ 3 & -1 & 1 & 0 \\ -1 & -4 & -1 & 2 \\ 1 & 2 & 1 & -2 \end{vmatrix} = -4, D_3 = \begin{vmatrix} 2 & 0 & 4 & 4 \\ 3 & 2 & -1 & 0 \\ -1 & 2 & -4 & 2 \\ 1 & -1 & 2 & -2 \end{vmatrix} = 0,$$

$$D_4 = \begin{vmatrix} 2 & 0 & -1 & 4 \\ 3 & 2 & 1 & -1 \\ -1 & 2 & -1 & -4 \\ 1 & -1 & 1 & 2 \end{vmatrix} = 1,$$

所以,由克莱姆法则可得方程组的解为

$$x_1 = \frac{D_1}{D} = \frac{2}{2} = 1,$$

$$x_2 = \frac{D_2}{D} = \frac{-4}{2} = -2,$$

$$x_3 = \frac{D_3}{D} = \frac{0}{2} = 0,$$

$$x_4 = \frac{D_4}{D} = \frac{1}{2}.$$

若线性方程组(6-3-13)的常数项均为零,即

$$\begin{cases} a_{11}x_1 + a_{12}x_2 + \cdots + a_{1n}x_n = 0, \\ a_{21}x_1 + a_{22}x_2 + \cdots + a_{2n}x_n = 0, \\ \cdots\cdots\cdots\cdots \\ a_{n1}x_1 + a_{n2}x_2 + \cdots + a_{nn}x_n = 0, \end{cases} \tag{6-3-16}$$

则称(6-3-16)为齐次线性方程组,方程组(6-3-13)则被称为非齐次线性方程组.

由于齐次线性方程组的常数项全部为零,所以行列式 $D_j = 0(j = 1, 2,$

…),因此有

定理 3 若齐次线性方程组(6-3-16)的系数行列式 $D \neq 0$,则方程组只有零解.

由该定理我们不难得出以下推论:

推论 4 若齐次线性方程组(6-3-16)有非零解,则其系数行列式必为零.

例 13 解齐次线性方程组

$$\begin{cases} 2x_1 \quad -x_3+4x_4=0, \\ 3x_1+2x_2+x_3 \quad =0, \\ -x_1+2x_2-x_3+2x_4=0, \\ x_1-x_2+x_3-2x_4=0. \end{cases}$$

解 因为 $D=\begin{vmatrix} 2 & 0 & -1 & 4 \\ 3 & 2 & 1 & 0 \\ -1 & 2 & -1 & 2 \\ 1 & -1 & 1 & -2 \end{vmatrix}=2 \neq 0$,

所以,由定理 3 可知该齐次线性方程组只有零解,即

$$x_1=x_2=x_3=x_4=0.$$

例 14 m 为何值时,齐次线性方程组

$$\begin{cases} x_1 \quad -mx_3 \quad =0, \\ (m-2)x_1 \quad +x_3 \quad +x_4=0, \\ x_1 \quad -mx_3 \quad +2x_4=0, \\ x_1-x_2 \quad +x_3-2mx_4=0 \end{cases}$$

有非零解?

解 因为 $D=\begin{vmatrix} 1 & 0 & -m & 0 \\ m-2 & 0 & 1 & 1 \\ 1 & 0 & -m & 2 \\ 1 & -1 & 1 & -2m \end{vmatrix}$

$$=(-1)\times(-1)^{4+2}\begin{vmatrix} 1 & -m & 0 \\ m-2 & 1 & 1 \\ 1 & -m & 2 \end{vmatrix}=2m^2-4m+2.$$

由推论 4 知,齐次线性方程组有非零解,就一定有 $2m^2-4m+2=0$,解得 $m=1$,即当 $m=1$ 时,该齐次线性方程组有非零解.

习题 6.3

1. 若行列式 $\begin{vmatrix} 1 & 2 & 5 \\ 1 & 3 & -2 \\ 2 & 5 & x \end{vmatrix}=0$,求 x 的值.

2. 设 $\boldsymbol{A}=\begin{pmatrix} 1 & 2 & 3 \\ 4 & 5 & 6 \\ 7 & 8 & 9 \end{pmatrix}$,求 M_{12},A_{23}.

3. 利用行列式的性质计算下列矩阵的行列式:

(1) $\begin{pmatrix}2&4\\-3&6\end{pmatrix}$； (2) $\begin{pmatrix}a&b&c\\-a&b&c\\0&0&c\end{pmatrix}$； (3) $\begin{pmatrix}1&2&-1&2\\3&0&1&5\\1&-2&0&3\\-2&-4&1&6\end{pmatrix}$.

4. 利用对角线法则计算下列三阶行列式：

(1) $\begin{vmatrix}2&0&1\\1&-4&-1\\-1&8&3\end{vmatrix}$； (2) $\begin{vmatrix}a&b&c\\b&c&a\\c&a&b\end{vmatrix}$.

5. 计算下列矩阵的行列式

(1) $\begin{pmatrix}1&2&3&4\\2&3&4&1\\3&4&1&2\\4&1&2&3\end{pmatrix}$； (2) $\begin{pmatrix}a&b&0&0\\0&a&b&0\\0&0&a&b\\b&0&0&a\end{pmatrix}$.

6. 用行列式按行(列)展开计算下列行列式的值：

$$D=\begin{vmatrix}3&1&-1&2\\-5&1&3&-4\\2&0&1&-1\\1&-5&3&-3\end{vmatrix}.$$

7. 设 $D=\begin{vmatrix}3&-5&2&1\\1&1&0&-5\\-1&3&1&3\\2&-4&-1&-3\end{vmatrix}$，$D$ 的(i,j)元的余子式和代数余子式依次记作 M_{ij} 和 A_{ij}，求 $A_{11}+A_{12}+A_{13}+A_{14}$ 和 $M_{11}+M_{12}+M_{13}+M_{14}$.

8. 设 $\boldsymbol{A}$ 和 $\boldsymbol{B}$ 为同阶方阵，下列结论是否正确？

(1) $|\boldsymbol{A}+\boldsymbol{B}|=|\boldsymbol{A}|+|\boldsymbol{B}|$；

(2) $|-\boldsymbol{A}|=-|\boldsymbol{A}|$；

(3) 若 $|\boldsymbol{A}|=0$，则 $\boldsymbol{A}=\boldsymbol{O}$.

9. 利用克莱姆法则解下列方程组：

(1) $\begin{cases}x_1+2x_2-3x_3=0,\\2x_1-x_2+4x_3=0,\\x_1+x_2+x_3=0;\end{cases}$ (2) $\begin{cases}2x_1+x_2-5x_3+x_4=8,\\x_1-3x_2-6x_4=9,\\2x_2-x_3+2x_4=-5,\\x_1+4x_2-7x_3+6x_4=0.\end{cases}$

10. 判断下列齐次线性方程组是否有非零解.

(1) $\begin{cases}-x_1+3x_2+x_3+2x_4=0,\\x_1+x_2+2x_3=0,\\-x_1+2x_2+3x_4=0,\\x_1+x_2+3x_3+5x_4=0;\end{cases}$

(2) $\begin{cases}2x_1-3x_2+4x_3-3x_4=0,\\3x_1-x_2+11x_3-13x_4=0,\\4x_1+5x_2-7x_3-2x_4=0,\\13x_1-25x_2+x_3+11x_4=0.\end{cases}$

§6.4 逆矩阵

6.4.1 逆矩阵的概念

大家知道，对于非零实数 a，存在唯一实数 $b=\frac{1}{a}$，使 $ab=ba=1$，b 通常记作 $b=\frac{1}{a}=a^{-1}$. 矩阵有没有类似的运算？逆矩阵的概念可以回答这个问题.

6-5 逆矩阵与伴随矩阵

定义 1 对于 n 阶矩阵 $\boldsymbol{A}$，若存在 n 阶矩阵 $\boldsymbol{B}$，满足

$$\boldsymbol{AB}=\boldsymbol{BA}=\boldsymbol{E}, \tag{6-4-1}$$

则称矩阵 $\boldsymbol{A}$ 为**可逆矩阵**，简称 $\boldsymbol{A}$ **可逆**，这时 $\boldsymbol{B}$ 称为 $\boldsymbol{A}$ 的**逆矩阵**，记作 $\boldsymbol{A}^{-1}$，即 $\boldsymbol{B}=\boldsymbol{A}^{-1}$.

例 1 设有方阵 $\boldsymbol{A}=\begin{pmatrix}1 & -4 & -3\\ 1 & -5 & -3\\ -1 & 6 & 4\end{pmatrix}$，$\boldsymbol{B}=\begin{pmatrix}2 & 2 & 3\\ 1 & -1 & 0\\ -1 & 2 & 1\end{pmatrix}$. 验证 $\boldsymbol{B}$ 是否为 $\boldsymbol{A}$ 的逆矩阵.

解 因为 $\boldsymbol{AB}=\begin{pmatrix}1 & 0 & 0\\ 0 & 1 & 0\\ 0 & 0 & 1\end{pmatrix}=\boldsymbol{E}$ 且 $\boldsymbol{BA}=\begin{pmatrix}1 & 0 & 0\\ 0 & 1 & 0\\ 0 & 0 & 1\end{pmatrix}=\boldsymbol{E}$，所以 $\boldsymbol{A}$ 是 $\boldsymbol{B}$ 的逆矩阵. 同样，$\boldsymbol{B}$ 是 $\boldsymbol{A}$ 的逆矩阵. $\boldsymbol{A}^{-1}=\begin{pmatrix}2 & 2 & 3\\ 1 & -1 & 0\\ -1 & 2 & 1\end{pmatrix}$，$\boldsymbol{B}^{-1}=\begin{pmatrix}1 & -4 & -3\\ 1 & -5 & -3\\ -1 & 6 & 4\end{pmatrix}$.

6.4.2 逆矩阵的性质

由定义不难看出，可逆矩阵具有下列性质：

(1) 若 $\boldsymbol{A}$ 可逆，则逆矩阵 $\boldsymbol{A}^{-1}$ 唯一，且 $\boldsymbol{AA}^{-1}=\boldsymbol{A}^{-1}\boldsymbol{A}=\boldsymbol{E}$；

(2) 若 $\boldsymbol{A}$ 可逆，则当 $k\neq 0$ 时，$k\boldsymbol{A}$ 也可逆，且 $(k\boldsymbol{A})^{-1}=k^{-1}\boldsymbol{A}^{-1}=\frac{1}{k}\boldsymbol{A}^{-1}$；

(3) 若 $\boldsymbol{A}$，$\boldsymbol{B}$ 都可逆，则乘积矩阵 $\boldsymbol{AB}$ 也可逆，且 $(\boldsymbol{AB})^{-1}=\boldsymbol{B}^{-1}\boldsymbol{A}^{-1}$；

(4) 若 $\boldsymbol{A}$ 可逆，则逆矩阵 $\boldsymbol{A}^{-1}$ 也可逆，且 $(\boldsymbol{A}^{-1})^{-1}=\boldsymbol{A}$；

(5) 若 $\boldsymbol{A}$ 可逆，则 $\boldsymbol{A}$ 的转置矩阵 $\boldsymbol{A}^{\mathrm{T}}$ 也可逆，且 $(\boldsymbol{A}^{\mathrm{T}})^{-1}=(\boldsymbol{A}^{-1})^{\mathrm{T}}$；

(6) 若 $\boldsymbol{A}$ 可逆，则 $\boldsymbol{A}^{-1}$ 的行列式 $|\boldsymbol{A}^{-1}|=\frac{1}{|\boldsymbol{A}|}$.

【注意】① 性质(3)可以推广到多个 n 阶矩阵相乘的情形，即当 n 阶矩阵 $\boldsymbol{A}_1,\boldsymbol{A}_2,\cdots,\boldsymbol{A}_m$ 都可逆时，乘积矩阵 $\boldsymbol{A}_1\boldsymbol{A}_2\cdots\boldsymbol{A}_m$ 也可逆，且 $(\boldsymbol{A}_1\boldsymbol{A}_2\cdots\boldsymbol{A}_m)^{-1}=\boldsymbol{A}_m^{-1}\cdots\boldsymbol{A}_2^{-1}\boldsymbol{A}_1^{-1}$.

② 即使矩阵 $\boldsymbol{A}$，$\boldsymbol{B}$ 都可逆，$\boldsymbol{A}+\boldsymbol{B}$ 也不一定可逆；即使 $\boldsymbol{A}+\boldsymbol{B}$ 可逆，也不一定满足 $(\boldsymbol{A}+\boldsymbol{B})^{-1}=\boldsymbol{A}^{-1}+\boldsymbol{B}^{-1}$.

6.4.3 逆矩阵的求法

定义 2 若 n 阶矩阵 $\boldsymbol{A}=(a_{ij})(i,j=1,2,\cdots,n)$ 的行列式 $\det\boldsymbol{A}\neq 0$（或 $|\boldsymbol{A}|\neq 0$），则 $\boldsymbol{A}$ 称为**非奇异矩阵**；否则，称 $\boldsymbol{A}$ 为**奇异矩阵**.

定理 1 n阶矩阵$\boldsymbol{A}$可逆的充分必要条件是$\boldsymbol{A}$为非奇异矩阵，即$\det\boldsymbol{A}\neq 0$或$|\boldsymbol{A}|\neq 0$；且

$$\boldsymbol{A}^{-1}=\frac{1}{|\boldsymbol{A}|}\begin{pmatrix}A_{11} & A_{21} & \cdots & A_{n1}\\ A_{12} & A_{22} & \cdots & A_{n2}\\ \vdots & \vdots & & \vdots\\ A_{1n} & A_{2n} & \cdots & A_{nn}\end{pmatrix}. \tag{6-4-2}$$

其中A_{ij}是$|\boldsymbol{A}|$中元素a_{ij}的代数余子式.

令
$$\boldsymbol{A}^{*}=\begin{pmatrix}A_{11} & A_{21} & \cdots & A_{n1}\\ A_{12} & A_{22} & \cdots & A_{n2}\\ \vdots & \vdots & & \vdots\\ A_{1n} & A_{2n} & \cdots & A_{nn}\end{pmatrix},$$

称$\boldsymbol{A}^{*}$为$\boldsymbol{A}$的**伴随矩阵**，则式(6-4-2)简化为

$$\boldsymbol{A}^{-1}=\frac{1}{|\boldsymbol{A}|}\boldsymbol{A}^{*}. \tag{6-4-3}$$

显然，该定理给出了一个矩阵是否可逆的判别方法，并且给出了求逆矩阵的一种方法——**伴随矩阵法**.

例 2 求矩阵$\boldsymbol{A}=\begin{pmatrix}0 & -1 & 1\\ 2 & 0 & 1\\ -4 & 3 & 5\end{pmatrix}$的逆矩阵.

解 因为$|\boldsymbol{A}|=\begin{vmatrix}0 & -1 & 1\\ 2 & 0 & 1\\ -4 & 3 & 5\end{vmatrix}=20\neq 0$，所以$\boldsymbol{A}$的逆矩阵存在，即$\boldsymbol{A}$可逆. 又因为

$$A_{11}=\begin{vmatrix}0 & 1\\ 3 & 5\end{vmatrix}=-3, A_{21}=-\begin{vmatrix}-1 & 1\\ 3 & 5\end{vmatrix}=8, A_{31}=\begin{vmatrix}-1 & 1\\ 0 & 1\end{vmatrix}=-1;$$

$$A_{12}=-\begin{vmatrix}2 & 1\\ -4 & 5\end{vmatrix}=-14, A_{22}=\begin{vmatrix}0 & 1\\ -4 & 5\end{vmatrix}=4, A_{32}=-\begin{vmatrix}0 & 1\\ 2 & 1\end{vmatrix}=2;$$

$$A_{13}=\begin{vmatrix}2 & 0\\ -4 & 3\end{vmatrix}=6, A_{23}=-\begin{vmatrix}0 & -1\\ -4 & 3\end{vmatrix}=4, A_{33}=\begin{vmatrix}0 & -1\\ 2 & 0\end{vmatrix}=2.$$

所以由定理 1 得

$$\boldsymbol{A}^{-1}=\frac{1}{|\boldsymbol{A}|}\boldsymbol{A}^{*}=\frac{1}{20}\begin{pmatrix}-3 & 8 & -1\\ -14 & 4 & 2\\ 6 & 4 & 2\end{pmatrix}=\begin{pmatrix}-\frac{3}{20} & \frac{2}{5} & -\frac{1}{20}\\ -\frac{7}{10} & \frac{1}{5} & \frac{1}{10}\\ \frac{3}{10} & \frac{1}{5} & \frac{1}{10}\end{pmatrix}.$$

6.4.4 逆矩阵的应用

例 3 利用逆矩阵解线性方程组

$$\begin{cases}-2x_1+x_2=5,\\ x_1-2x_2+x_3=-2,\\ x_2-2x_3=1.\end{cases}$$

分析：设方程组的系数矩阵为$\boldsymbol{A}=\begin{pmatrix}-2&1&0\\1&-2&1\\0&1&-2\end{pmatrix}$，未知元列矩阵为$\boldsymbol{X}=\begin{pmatrix}x_1\\x_2\\x_3\end{pmatrix}$，常数项列矩阵$\boldsymbol{B}=\begin{pmatrix}5\\-2\\1\end{pmatrix}$，则由矩阵乘法可以看出原线性方程组可等价表示为矩阵形式：$\boldsymbol{AX}=\boldsymbol{B}$，故若矩阵$\boldsymbol{A}$可逆，则原线性方程组的解可以表示为$\boldsymbol{X}=\boldsymbol{A}^{-1}\boldsymbol{B}$.

解　因为线性方程组的系数矩阵为$\boldsymbol{A}=\begin{pmatrix}-2&1&0\\1&-2&1\\0&1&-2\end{pmatrix}$，则其对应的系数行列式为$|\boldsymbol{A}|=\begin{vmatrix}-2&1&0\\1&-2&1\\0&1&-2\end{vmatrix}=-4\neq0$，且

$A_{11}=\begin{vmatrix}-2&1\\1&-2\end{vmatrix}=3, A_{21}=(-1)^3\begin{vmatrix}1&0\\1&-2\end{vmatrix}=2, A_{31}=\begin{vmatrix}1&0\\-2&1\end{vmatrix}=1;$

$A_{12}=(-1)^3\begin{vmatrix}1&1\\0&-2\end{vmatrix}=2, A_{22}=\begin{vmatrix}-2&0\\0&-2\end{vmatrix}=4,$

$A_{32}=(-1)^5\begin{vmatrix}-2&0\\1&1\end{vmatrix}=2; A_{13}=\begin{vmatrix}1&-2\\0&1\end{vmatrix}=1,$

$A_{23}=(-1)^5\begin{vmatrix}-2&1\\0&1\end{vmatrix}=2, A_{33}=\begin{vmatrix}-2&1\\1&-2\end{vmatrix}=3.$

所以由定理1得

$$\boldsymbol{A}^{-1}=\frac{1}{|\boldsymbol{A}|}\boldsymbol{A}^*=\frac{1}{-4}\begin{pmatrix}3&2&1\\2&4&2\\1&2&3\end{pmatrix},$$

又因为线性方程组的常数项矩阵为$\boldsymbol{B}=\begin{pmatrix}5\\-2\\1\end{pmatrix}$，所以线性方程组的解矩阵为

$$\begin{pmatrix}x_1\\x_2\\x_3\end{pmatrix}=\boldsymbol{X}=\boldsymbol{A}^{-1}\boldsymbol{B}=\frac{1}{-4}\begin{pmatrix}3&2&1\\2&4&2\\1&2&3\end{pmatrix}\begin{pmatrix}5\\-2\\1\end{pmatrix}=-\frac{1}{4}\begin{pmatrix}12\\4\\4\end{pmatrix}=\begin{pmatrix}-3\\-1\\-1\end{pmatrix},$$

即原方程组的解为

$$\begin{cases}x_1=-3,\\x_2=-1,\\x_3=-1.\end{cases}$$

例4　某单位要秘密发送矩阵$\boldsymbol{A}=\begin{pmatrix}-2&-1&6\\4&0&5\\-6&-1&1\end{pmatrix}$给其下属单位，加密方法是在发送前把矩阵$\boldsymbol{A}$左乘可逆矩阵$\boldsymbol{M}=\begin{pmatrix}1&-1&1\\0&1&2\\0&0&1\end{pmatrix}$.

试问，下属单位直接接收的信息矩阵是什么？下属单位如何得到真实矩阵 $\boldsymbol{A}$？

解 下属单位直接收到的信息矩阵是

$$\boldsymbol{B}=\begin{pmatrix}1&-1&1\\0&1&2\\0&0&1\end{pmatrix}\begin{pmatrix}-2&-1&6\\4&0&5\\-6&-1&1\end{pmatrix}=\begin{pmatrix}-12&-2&2\\-8&-2&7\\-6&-1&1\end{pmatrix},$$

下属单位需要求出矩阵 $\boldsymbol{M}$ 的逆矩阵 $\boldsymbol{M}^{-1}$ 后，再用 $\boldsymbol{M}^{-1}$ 左乘收到的信息矩阵 $\boldsymbol{B}$ 得到真实的矩阵 $\boldsymbol{A}$，即 $\boldsymbol{M}^{-1}\boldsymbol{B}=\boldsymbol{A}$. 解得 $\boldsymbol{M}^{-1}=\begin{pmatrix}1&1&-3\\0&1&2\\0&0&1\end{pmatrix}$,

所以 $\boldsymbol{A}=\boldsymbol{M}^{-1}\boldsymbol{B}=\begin{pmatrix}1&1&-3\\0&1&2\\0&0&1\end{pmatrix}\begin{pmatrix}-12&-2&2\\-8&-2&7\\-6&-1&1\end{pmatrix}=\begin{pmatrix}-2&-1&6\\4&0&5\\-6&-1&1\end{pmatrix}$.

习题 6.4

1. 已知 $\boldsymbol{A}=\begin{pmatrix}1&2\\-1&0\end{pmatrix}$，$\boldsymbol{B}=\begin{pmatrix}2&1\\0&1\end{pmatrix}$，求 $\boldsymbol{A}^{-1}$，$\boldsymbol{B}^{-1}$，$(\boldsymbol{AB})^{-1}$.

2. 验证下列 $\boldsymbol{A}$，$\boldsymbol{B}$ 是否为逆矩阵.

(1) $\boldsymbol{A}=\begin{pmatrix}1&-1\\1&1\end{pmatrix}$，$\boldsymbol{B}=\begin{pmatrix}\frac{1}{2}&\frac{1}{2}\\-\frac{1}{2}&\frac{1}{2}\end{pmatrix}$；

(2) $\boldsymbol{A}=\begin{pmatrix}1&1&2\\1&2&2\\1&2&3\end{pmatrix}$，$\boldsymbol{B}=\begin{pmatrix}2&-1&0\\1&1&-1\\-2&0&1\end{pmatrix}$；

(3) $\boldsymbol{A}=\begin{pmatrix}1&2&3\\2&1&3\\1&3&3\end{pmatrix}$，$\boldsymbol{B}=\begin{pmatrix}-\frac{3}{4}&\frac{3}{4}&\frac{1}{4}\\-1&0&1\\-2&0&1\end{pmatrix}$.

3. 若 $\boldsymbol{A}$ 可逆，证明 $2\boldsymbol{A}$ 也可逆，且 $(2\boldsymbol{A})^{-1}=\frac{1}{2}\boldsymbol{A}^{-1}$.

4. 判断下列矩阵是否为可逆矩阵，如果是，求出逆矩阵.

(1) $\begin{pmatrix}2&2&3\\1&-1&0\\-1&2&1\end{pmatrix}$； (2) $\begin{bmatrix}2&0&0&0\\1&2&0&0\\0&0&3&0\\0&0&1&3\end{bmatrix}$.

5. 利用逆矩阵解线性方程组 $\begin{cases}x_1+2x_2+3x_3=-1,\\2x_1+2x_2+x_3=2,\\3x_1-x_2-2x_3=1.\end{cases}$

6. 已知线性变换 $\begin{cases}y_1=-3z_1+z_2,\\y_2=2z_1+z_3,\\y_3=-z_2+3z_3,\end{cases}$ 求用 y_1，y_2，y_3 表示 z_1，z_2，z_3 的线性变换.

7. 求解矩阵方程$\begin{pmatrix}1 & 1 & -1\\0 & 2 & 2\\1 & -1 & 0\end{pmatrix}\boldsymbol{X}=\begin{pmatrix}\frac{4}{3} & -1 & -1\\\frac{1}{3} & 1 & 0\\2 & 1 & 1\end{pmatrix}$.

8. 某厂计划生产 A,B,C 三种产品，每种产品单位产量所需资源及现有资源如表 6-8 所示.

表 6-8　三种产品单位产量所需资源及现有资源

资源	产品			现有资源
	A	B	C	
钢材	1	2	0	240
燃料	2	1	3	510
电力	1	2	2	450

确定三种产品的产量，使之能充分利用现有资源.

9. 某军事单位收到上级单位发来的秘密信息矩阵为

$$\boldsymbol{A}=\begin{pmatrix}2 & 1 & 6\\4 & 0 & 5\\-6 & 0 & 1\end{pmatrix},$$

他们事先知道上级单位发送信息矩阵之前，用原始信息矩阵左乘加密矩阵

$$\boldsymbol{M}=\begin{pmatrix}1 & 2 & 2\\0 & 1 & 2\\1 & 2 & 3\end{pmatrix}$$

的方法加了密，求原始信息矩阵.

10. 已知 $\boldsymbol{A},\boldsymbol{B}$ 为 3 阶方阵，$\boldsymbol{A}^*$ 为 $\boldsymbol{A}$ 的伴随矩阵，$|\boldsymbol{A}|=\frac{1}{2}$，求 $|(3\boldsymbol{A})^{-1}-2\boldsymbol{A}^*|$ 的值.

§6.5　矩阵的初等变换及矩阵的秩

6.5.1　矩阵的初等变换

上一节我们学习了逆矩阵及其求法，发现在求逆矩阵的过程中，伴随矩阵 $\boldsymbol{A}^*$ 的计算会随着矩阵 $\boldsymbol{A}$ 阶数的增加而变得复杂，那么有没有一种比较简便的求逆矩阵的方法呢？先来介绍一个非常重要的概念：矩阵的初等变换.

6-6　矩阵的初等变换

1. 什么是矩阵的初等变换

定义 1　对矩阵 $\boldsymbol{A}=(a_{ij})_{m\times n}(i=1,2,\cdots,m;\ j=1,2,\cdots,n)$ 实施以下三种变换：

(1) 交换矩阵中的任意两行(或列)；

(2) 以一个非零常数 $k(k\neq 0)$ 乘以矩阵的某一行(或列)；

(3) 将矩阵的某一行(列) 的 l 倍加到另一行(或列) 上.

以上变换称为**矩阵的初等变换**.

矩阵的初等变换，既包括初等行变换，也包括初等列变换，这里着重讨论初等行变换.

2. 用初等行变换求逆矩阵的方法

在讨论初等行变换求逆矩阵之前，先介绍两个定理.

定理 1 若 n 阶矩阵 $\boldsymbol{A}$ 经过一系列初等行变换后得到 n 阶矩阵 $\boldsymbol{B}$，则当 $\det\boldsymbol{A} \neq 0$ 时，必有 $\det\boldsymbol{B} \neq 0$；反之，也成立.

定理 2 任何非奇异矩阵经过一系列初等行变换都可以化为单位矩阵.

由定理 2 不难得到用初等行变换求逆矩阵的方法为：

(1) 在 n 阶矩阵 $\boldsymbol{A}$ 的右边配以一个同阶的单位矩阵 $\boldsymbol{E}$，得到 $n \times 2n$ 矩阵 $(\boldsymbol{A} \vdots \boldsymbol{E})$；

(2) 对矩阵 $(\boldsymbol{A} \vdots \boldsymbol{E})$ 实施初等行变换，在将左边矩阵 $\boldsymbol{A}$ 变成单位矩阵 $\boldsymbol{E}$ 的同时，右边的单位矩阵 $\boldsymbol{E}$ 就变成 $\boldsymbol{A}$ 的逆矩阵 $\boldsymbol{A}^{-1}$，即

$$(\boldsymbol{A} \vdots \boldsymbol{E}) \xrightarrow{\text{初等行变换}} (\boldsymbol{E} \vdots \boldsymbol{A}^{-1}). \tag{6-5-1}$$

例 1 用初等变换求矩阵 $\boldsymbol{A} = \begin{pmatrix} 1 & 0 & 1 \\ 2 & 0 & 1 \\ -4 & 3 & -5 \end{pmatrix}$ 的逆矩阵 $\boldsymbol{A}^{-1}$.

解
$$(\boldsymbol{A} \vdots \boldsymbol{E}) = \begin{pmatrix} 1 & 0 & 1 & 1 & 0 & 0 \\ 2 & 0 & 1 & 0 & 1 & 0 \\ -4 & 3 & -5 & 0 & 0 & 1 \end{pmatrix} \xrightarrow{i_1 \times (-2) + i_2}$$

$$\begin{pmatrix} 1 & 0 & 1 & 1 & 0 & 0 \\ 0 & 0 & -1 & -2 & 1 & 0 \\ -4 & 3 & -5 & 0 & 0 & 1 \end{pmatrix} \xrightarrow{i_1 \times 4 + i_3}$$

$$\begin{pmatrix} 1 & 0 & 1 & 1 & 0 & 0 \\ 0 & 0 & -1 & -2 & 1 & 0 \\ 0 & 3 & -1 & 4 & 0 & 1 \end{pmatrix} \xrightarrow{i_2 + i_1}$$

$$\begin{pmatrix} 1 & 0 & 0 & -1 & 1 & 0 \\ 0 & 0 & -1 & -2 & 1 & 0 \\ 0 & 3 & -1 & 4 & 0 & 1 \end{pmatrix} \xrightarrow{i_3 \times (-1) + i_2}$$

$$\begin{pmatrix} 1 & 0 & 0 & -1 & 1 & 0 \\ 0 & -3 & 0 & -6 & 1 & -1 \\ 0 & 3 & -1 & 4 & 0 & 1 \end{pmatrix} \xrightarrow{i_2 + i_3}$$

$$\begin{pmatrix} 1 & 0 & 0 & -1 & 1 & 0 \\ 0 & -3 & 0 & -6 & 1 & -1 \\ 0 & 0 & -1 & -2 & 1 & 0 \end{pmatrix} \xrightarrow{-\frac{1}{3} \times i_2;(-1) \times i_3}$$

$$\begin{pmatrix} 1 & 0 & 0 & -1 & 1 & 0 \\ 0 & 1 & 0 & 2 & -\frac{1}{3} & \frac{1}{3} \\ 0 & 0 & 1 & 2 & -1 & 0 \end{pmatrix},$$

故得

$$\boldsymbol{A}^{-1} = \begin{pmatrix} -1 & 0 & 0 \\ 2 & -\frac{1}{3} & \frac{1}{3} \\ 2 & -1 & 0 \end{pmatrix}.$$

6.5.2　用初等行变换解线性方程组

例 2　利用矩阵的初等行变换解线性方程组 $\begin{cases} -2x_1+x_2=5, \\ x_1-2x_2+x_3=-2, \\ x_2-2x_3=1. \end{cases}$

解　因为线性方程组的系数矩阵 $\boldsymbol{A}=\begin{pmatrix} -2 & 1 & 0 \\ 1 & -2 & 1 \\ 0 & 1 & -2 \end{pmatrix}$，

常数项矩阵 $\boldsymbol{B}=\begin{pmatrix} 5 \\ -2 \\ 1 \end{pmatrix}$，

首先通过矩阵的初等行变换求出系数矩阵的逆矩阵 $\boldsymbol{A}^{-1}$：

$$(\boldsymbol{A} \vdots \boldsymbol{E})=\begin{pmatrix} -2 & 1 & 0 & 1 & 0 & 0 \\ 1 & -2 & 1 & 0 & 1 & 0 \\ 0 & 1 & -2 & 0 & 0 & 1 \end{pmatrix} \xrightarrow{i_1 \to i_2}$$

$$\begin{pmatrix} 1 & -2 & 1 & 0 & 1 & 0 \\ -2 & 1 & 0 & 1 & 0 & 0 \\ 0 & 1 & -2 & 0 & 0 & 1 \end{pmatrix} \xrightarrow{i_1 \times 2+i_2}$$

$$\begin{pmatrix} 1 & -2 & 1 & 0 & 1 & 0 \\ 0 & -3 & 2 & 1 & 2 & 0 \\ 0 & 1 & -2 & 0 & 0 & 1 \end{pmatrix} \xrightarrow{i_3 \to i_2}$$

$$\begin{pmatrix} 1 & -2 & 1 & 0 & 1 & 0 \\ 0 & 1 & -2 & 0 & 0 & 1 \\ 0 & -3 & 2 & 1 & 2 & 0 \end{pmatrix} \xrightarrow{i_2 \times 3+i_3}$$

$$\begin{pmatrix} 1 & -2 & 1 & 0 & 1 & 0 \\ 0 & 1 & -2 & 0 & 0 & 1 \\ 0 & 0 & -4 & 1 & 2 & 3 \end{pmatrix} \xrightarrow{i_3 \times \left(-\frac{1}{4}\right)}$$

$$\begin{pmatrix} 1 & -2 & 1 & 0 & 1 & 0 \\ 0 & 1 & -2 & 0 & 0 & 1 \\ 0 & 0 & 1 & -\frac{1}{4} & -\frac{2}{4} & -\frac{3}{4} \end{pmatrix} \xrightarrow{i_3 \times (-1)+i_1}$$

$$\begin{pmatrix} 1 & -2 & 0 & \frac{1}{4} & \frac{6}{4} & \frac{3}{4} \\ 0 & 1 & -2 & 0 & 0 & 1 \\ 0 & 0 & 1 & -\frac{1}{4} & -\frac{2}{4} & -\frac{3}{4} \end{pmatrix} \xrightarrow{i_3 \times 2+i_2}$$

$$\begin{pmatrix} 1 & -2 & 0 & \frac{1}{4} & \frac{6}{4} & \frac{3}{4} \\ 0 & 1 & 0 & -\frac{2}{4} & -1 & -\frac{2}{4} \\ 0 & 0 & 1 & -\frac{1}{4} & -\frac{2}{4} & -\frac{3}{4} \end{pmatrix} \xrightarrow{i_2 \times 2+i_1}$$

$$\left(\begin{array}{ccc|ccc}1 & 0 & 0 & -\frac{3}{4} & -\frac{2}{4} & -\frac{1}{4} \\ 0 & 1 & 0 & -\frac{2}{4} & -1 & -\frac{2}{4} \\ 0 & 0 & 1 & -\frac{1}{4} & -\frac{2}{4} & -\frac{3}{4}\end{array}\right).$$

可见，系数矩阵的逆矩阵为

$$A^{-1}=\begin{pmatrix}-\frac{3}{4} & -\frac{2}{4} & -\frac{1}{4} \\ -\frac{2}{4} & -1 & -\frac{2}{4} \\ -\frac{1}{4} & -\frac{2}{4} & -\frac{3}{4}\end{pmatrix}=-\frac{1}{4}\begin{pmatrix}3 & 2 & 1 \\ 2 & 4 & 2 \\ 1 & 2 & 3\end{pmatrix}.$$

再求 $X=A^{-1}B=-\frac{1}{4}\begin{pmatrix}3 & 2 & 1 \\ 2 & 4 & 2 \\ 1 & 2 & 3\end{pmatrix}\begin{pmatrix}5 \\ -2 \\ 1\end{pmatrix}=-\frac{1}{4}\begin{pmatrix}12 \\ 4 \\ 4\end{pmatrix}=\begin{pmatrix}-3 \\ -1 \\ -1\end{pmatrix}$，

故原方程组的解为 $\begin{cases}x_1=-3, \\ x_2=-1, \\ x_3=-1.\end{cases}$

定义 2 设 A 和 B 分别为线性方程组的系数矩阵和常数项矩阵，则矩阵 A，B 中所有元素按原结构位置不变组成的矩阵 $(A \vdots B)$ 称为线性方程组的**增广矩阵**.

在例 2 中，线性方程组的增广矩阵为 $(A \vdots B)=\begin{pmatrix}-2 & 1 & 0 & 5 \\ 1 & -2 & 1 & -2 \\ 0 & 1 & -2 & 1\end{pmatrix}$.

由逆矩阵和矩阵的初等行变换，我们可以得到以下重要结论：

若将增广矩阵 $(A \vdots B)$ 中的 A 经过初等行变换变为 E，则 B 也同时变为 X.

下面，通过例题理解该重要结论.

例 3 利用增广矩阵的初等行变换解例 2 中的线性方程组.

解 因为 $(A \vdots B)=\begin{pmatrix}-2 & 1 & 0 & 5 \\ 1 & -2 & 1 & -2 \\ 0 & 1 & -2 & 1\end{pmatrix}\xrightarrow{i_1 \leftrightarrow i_2}$

$$\begin{pmatrix}1 & -2 & 1 & -2 \\ -2 & 1 & 0 & 5 \\ 0 & 1 & -2 & 1\end{pmatrix}\xrightarrow{i_1\times 2+i_2}\begin{pmatrix}1 & -2 & 1 & -2 \\ 0 & -3 & 2 & 1 \\ 0 & 1 & -2 & 1\end{pmatrix}\xrightarrow{i_3 \leftrightarrow i_2}$$

$$\begin{pmatrix}1 & -2 & 1 & -2 \\ 0 & 1 & -2 & 1 \\ 0 & -3 & 2 & 1\end{pmatrix}\xrightarrow{i_2\times 3+i_3}\begin{pmatrix}1 & -2 & 1 & -2 \\ 0 & 1 & -2 & 1 \\ 0 & 0 & -4 & 4\end{pmatrix}\xrightarrow{i_3\times\left(-\frac{1}{4}\right)}$$

$$\begin{pmatrix}1 & -2 & 1 & -2 \\ 0 & 1 & -2 & 1 \\ 0 & 0 & 1 & -1\end{pmatrix}\xrightarrow{i_3\times(-1)+i_1}\begin{pmatrix}1 & -2 & 0 & -1 \\ 0 & 1 & -2 & 1 \\ 0 & 0 & 1 & -1\end{pmatrix}\xrightarrow{i_3\times 2+i_2}$$

$$\begin{pmatrix}1 & -2 & 0 & -1 \\ 0 & 1 & 0 & -1 \\ 0 & 0 & 1 & -1\end{pmatrix}\xrightarrow{i_2\times 2+i_1}\begin{pmatrix}1 & 0 & 0 & -3 \\ 0 & 1 & 0 & -1 \\ 0 & 0 & 1 & -1\end{pmatrix}.$$

所以原方程组的解为

$$\boldsymbol{X}=\begin{pmatrix}-3\\-1\\-1\end{pmatrix}.$$

定理 3 任意一个非零矩阵 $\boldsymbol{A}$，总可以经过有限次初等行变换化为阶梯形矩阵.

例 4 把矩阵 $\boldsymbol{A}=\begin{pmatrix}0&3&0&0&1\\3&0&6&-1&1\\2&-2&4&-2&0\\1&-1&2&1&0\end{pmatrix}$ 化为阶梯形矩阵：

解

$$\boldsymbol{A}=\begin{pmatrix}0&3&0&0&1\\3&0&6&-1&1\\2&-2&4&-2&0\\1&-1&2&1&0\end{pmatrix}\rightarrow\begin{pmatrix}1&-1&2&1&0\\3&0&6&-1&1\\2&-2&4&-2&0\\0&3&0&0&1\end{pmatrix}$$

$$\rightarrow\begin{pmatrix}1&-1&2&1&0\\0&3&0&-4&1\\0&0&0&-4&0\\0&3&0&0&1\end{pmatrix}\rightarrow\begin{pmatrix}1&-1&2&1&0\\0&3&0&-4&1\\0&0&0&-4&0\\0&0&0&0&0\end{pmatrix}.$$

6.5.3 矩阵的秩

1. 矩阵秩的概念

定义 3 矩阵 $\boldsymbol{A}$ 中非零子式的最高阶数叫作矩阵 $\boldsymbol{A}$ 的秩，记作 $r(\boldsymbol{A})$ 或秩 $\boldsymbol{A}$.

6-7 矩阵的秩

引例 1 矩阵

$$\boldsymbol{A}=\begin{pmatrix}1&2&1&0&6\\0&-1&4&7&23\\5&6&0&2&9\\2&3&3&1&2\end{pmatrix},$$

在 $\boldsymbol{A}$ 的一、二两行与一、二两列交叉位置上的四个元素按原来次序组成的二阶行列式 $\begin{vmatrix}1&2\\0&-1\end{vmatrix}$ 就是 $\boldsymbol{A}$ 的一个二阶子式.

显然，矩阵 $\boldsymbol{A}$ 中有着大量不同的子式.

矩阵的秩是矩阵的本质属性之一，它不仅与讨论可逆矩阵的问题有着密切的关系，还在讨论线性方程组的解中有重要应用. 但是，由定义可以看出，用定义求矩阵的秩，涉及大量的行列式计算问题，下面介绍一种简便方法.

可以证明：矩阵的初等行变换不改变它的秩. 因此，可以通过施行初等行变换的方法求矩阵的秩.

显而易见，设 $\boldsymbol{A}$ 为 $m\times n$ 矩阵，则 $r(\boldsymbol{A})=r(\boldsymbol{A}^{\mathrm{T}})$.

例 5 用矩阵的初等行变换求 $\boldsymbol{A}=\begin{pmatrix}1&0&1&2\\2&0&1&1\\-4&3&-5&-2\end{pmatrix}$ 的秩.

解

$$\boldsymbol{A}=\begin{pmatrix}1&0&1&2\\2&0&1&1\\-4&3&-5&-2\end{pmatrix}\xrightarrow{i_1\times(-2)+i_2}$$

$$\begin{pmatrix}1&0&1&2\\0&0&-1&-3\\-4&3&-5&-2\end{pmatrix}\xrightarrow{i_1\times4+i_3}\begin{pmatrix}1&0&1&2\\0&0&-1&-3\\0&3&-1&6\end{pmatrix}\xrightarrow{i_3-i_2}$$

$$\begin{pmatrix}1&0&1&2\\0&3&-1&6\\0&0&-1&-3\end{pmatrix}.$$

由最后一个矩阵可得三阶子式 $\begin{vmatrix}1&0&1\\0&3&-1\\0&0&-1\end{vmatrix}=-3\neq0$，故 $r(\boldsymbol{A})=3$.

上例中的最后一个矩阵显然是阶梯形矩阵，由其特点和矩阵秩的概念，不难得到如下定理.

定理 4 设 $\boldsymbol{A}$ 是一个 $m\times n$ 矩阵，则 $r(\boldsymbol{A})=k$ 的充分必要条件是通过初等行变换能把 $\boldsymbol{A}$ 化成具有 k 个非零行的阶梯形矩阵.

定义 4 对 n 阶矩阵 $\boldsymbol{A}$，若 $r(\boldsymbol{A})=n$，则称 $\boldsymbol{A}$ 为**满秩矩阵**，或**非奇异矩阵**.

例如，$\begin{pmatrix}1&2&2\\0&3&1\\0&0&5\end{pmatrix}$，$\begin{pmatrix}1&0&0&0\\1&1&0&0\\1&1&1&0\\1&1&1&1\end{pmatrix}$，$\begin{pmatrix}1&0&\cdots&0\\0&1&\cdots&0\\\vdots&\vdots&&\vdots\\0&0&\cdots&1\end{pmatrix}$ 都是满秩矩阵.

2. 矩阵可逆与矩阵的秩的关系

定理 5 n 阶矩阵 $\boldsymbol{A}=(a_{ij})(i,j=1,2,\cdots,n)$ 可逆的充分必要条件是 $\boldsymbol{A}$ 为满秩矩阵，即 $r(\boldsymbol{A})=n$.

例 6 判断以下 $\boldsymbol{A}$，$\boldsymbol{B}$ 矩阵是否可逆.

$$\boldsymbol{A}=\begin{pmatrix}1&1&-1\\2&-1&0\\1&0&1\end{pmatrix};\boldsymbol{B}=\begin{pmatrix}2&2&-1\\-3&4&1\\2&0&6\end{pmatrix}.$$

解 因为

$$\boldsymbol{A}=\begin{pmatrix}1&1&-1\\2&-1&0\\1&0&1\end{pmatrix}\longrightarrow\begin{pmatrix}1&1&-1\\0&-3&2\\0&-1&2\end{pmatrix}\longrightarrow$$

$$\begin{pmatrix}1&1&-1\\0&-1&2\\0&-3&2\end{pmatrix}\longrightarrow\begin{pmatrix}1&1&-1\\0&-1&2\\0&0&-4\end{pmatrix},$$

所以 $r(\boldsymbol{A})=3$，即 $\boldsymbol{A}$ 为满秩矩阵. 由定理 5 可知，$\boldsymbol{A}$ 为可逆矩阵.

同理，$\boldsymbol{B}=\begin{pmatrix}2&2&-1\\-3&4&1\\2&0&6\end{pmatrix}\longrightarrow\begin{pmatrix}2&2&-1\\0&1&\frac{5}{2}\\0&2&5\end{pmatrix}\longrightarrow\begin{pmatrix}2&2&-1\\0&1&\frac{5}{2}\\0&0&0\end{pmatrix}$，

$r(\boldsymbol{B})=2$，即 $\boldsymbol{B}$ 不是满秩矩阵，因此 $\boldsymbol{B}$ 不是可逆矩阵.

习题 6.5

1. 下列为阶梯形矩阵的是(　　)

A. $\begin{pmatrix}1&2&3&4\\0&0&0&0\\0&5&6&7\end{pmatrix}$　　B. $\begin{pmatrix}1&2&3&4\\0&0&6&7\\0&5&0&0\end{pmatrix}$

C. $\begin{pmatrix}1&2&3&4\\0&8&9&9\\0&5&6&7\end{pmatrix}$　　D. $\begin{pmatrix}1&2&3&4\\0&5&6&7\\0&0&8&0\end{pmatrix}$

2. 下列为行简化阶梯形矩阵的是(　　)

A. $\begin{pmatrix}1&3&4&2\\0&0&0&1\\0&0&0&0\end{pmatrix}$　　B. $\begin{pmatrix}1&3&4&0\\0&0&0&0\\0&0&0&1\end{pmatrix}$

C. $\begin{pmatrix}1&3&4&0\\0&0&3&1\\0&0&0&0\end{pmatrix}$　　D. $\begin{pmatrix}1&3&4&0\\0&0&0&1\\0&0&0&0\end{pmatrix}$

3. 利用初等行变换,将矩阵 $\boldsymbol{A}=\begin{pmatrix}2&3&1\\0&1&3\\1&2&5\end{pmatrix}$ 化为单位矩阵.

4. 利用矩阵的行初等变换求下列矩阵的逆矩阵.

(1) $\begin{pmatrix}1&2&3\\2&1&2\\1&3&4\end{pmatrix}$;　　(2) $\begin{pmatrix}1&2&3&4\\2&3&1&2\\1&1&1&-1\\1&0&-2&-6\end{pmatrix}$.

5. 求下列矩阵的秩.

(1) $\begin{pmatrix}0&1&2\\1&1&4\\2&-1&0\end{pmatrix}$;　　(2) $\begin{pmatrix}3&-3&0&7&0\\1&-1&0&2&1\\1&-1&2&3&2\\2&-2&2&5&3\end{pmatrix}$.

6. 利用初等变换解下列方程组:

$$\begin{cases}2x_1+3x_2-x_3-7x_4=0,\\3x_1+x_2+2x_3-7x_4=0,\\4x_1+x_2-3x_3+6x_4=0,\\x_1-2x_2+5x_3-5x_4=0.\end{cases}$$

7. 利用初等行变换解下列方程组:

(1) $\begin{cases}2x_1+2x_2-x_3=6,\\x_1-2x_2+4x_3=3,\\5x_1+7x_2+x_3=28;\end{cases}$　　(2) $\begin{cases}x_2+x_3=2,\\2x_1+3x_2+2x_3=5,\\3x_1+x_2-x_3=-1.\end{cases}$

8. 设 $\boldsymbol{A}=\begin{pmatrix}1&2&-1&1\\3&2&\lambda&-1\\5&6&3&\mu\end{pmatrix}$,已知 $r(\boldsymbol{A})=2$,求 λ,μ 的值.

9. 设有线性方程组

$$\begin{pmatrix}1 & \lambda-1 & -2\\0 & \lambda-2 & \lambda+1\\0 & 0 & 2\lambda+1\end{pmatrix}\begin{pmatrix}x_1\\x_2\\x_3\end{pmatrix}=\begin{pmatrix}1\\3\\5\end{pmatrix},$$

问：λ 为何值时，该方程组有唯一解？

§6.6 解线性方程组

本节讨论一般线性方程组的求解问题.

6.6.1 线性方程组解的存在定理

线性方程组是否有解以及有什么样的解，完全取决于方程组中未知量的系数和常数项，即方程组的系数矩阵和增广矩阵.

首先看一个线性方程组的例子.

引例 1 解线性方程组

$$\begin{cases}2x_1-x_2+3x_3=1,\\4x_1-2x_2+5x_3=4,\\2x_1-x_2+4x_3=0.\end{cases}$$

解 因为这个方程组的系数行列式等于零，所以不能利用可逆矩阵法则求解. 因此，我们先对方程组的增广矩阵 $\widetilde{\boldsymbol{A}}$ 作行初等变换，化为阶梯形矩阵.

$$\widetilde{\boldsymbol{A}}=\begin{pmatrix}2 & -1 & 3 & 1\\4 & -2 & 5 & 4\\2 & -1 & 4 & 0\end{pmatrix}\xrightarrow[i_1\times(-1)+i_3]{i_1\times(-2)+i_2}\begin{pmatrix}2 & -1 & 3 & 1\\0 & 0 & -1 & 2\\0 & 0 & 1 & -1\end{pmatrix}\xrightarrow{i_2+i_3}\begin{pmatrix}2 & -1 & 3 & 1\\0 & 0 & -1 & 2\\0 & 0 & 0 & 1\end{pmatrix}.$$

与最后阶梯形矩阵对应的线性方程组是

$$\begin{cases}2x_1-x_2+3x_3=1,\\0x_1+0x_2-x_3=2,\\0x_1+0x_2+0x_3=1.\end{cases}$$

显然无论 x_1,x_2,x_3 取什么值，都不能使方程组中的第三个方程成立，因而这个方程组无解. 而原方程组与这个方程组同解，故原方程组无解.

方程组无解也称为**方程组不相容**，否则称为**相容**. 方程组相容与否，表现在它的系数矩阵和增广矩阵是否有相同的秩. 如在下面例 1 中，$R(\boldsymbol{A})=2$，$R(\widetilde{\boldsymbol{A}})=3$，$R(\boldsymbol{A})\neq R(\widetilde{\boldsymbol{A}})$，它表明方程组中存在着彼此不相容的方程，因而方程组无解.

一般地，判断一个方程组是否相容，有下面的定理.

定理 1（解的存在定理） 线性方程组有解的充分必要条件是它的系数矩阵 $\boldsymbol{A}$ 的秩等于增广矩阵 $\widetilde{\boldsymbol{A}}$ 的秩，即 $R(\boldsymbol{A})=R(\widetilde{\boldsymbol{A}})$.

例 1 判断以下线性方程组是否有解：

(1) $\begin{cases}x_1-2x_2+3x_3-x_4=1,\\3x_1-x_2+5x_3-3x_4=6,\\2x_1+x_2+2x_3-2x_4=8;\end{cases}$

(2)$\begin{cases} x_1 - x_2 + 3x_3 = -8, \\ 2x_1 + 3x_2 + x_3 = 4, \\ x_1 + 2x_2 - 3x_3 = 13, \\ 3x_1 - x_2 + 2x_3 = -1; \end{cases}$

解　(1) 首先通过初等行变换,求出系数矩阵和增广矩阵的秩.

$$\widetilde{\mathbf{A}} = \begin{pmatrix} 1 & -2 & 3 & -1 & 1 \\ 3 & -1 & 5 & -3 & 6 \\ 2 & 1 & 2 & -2 & 8 \end{pmatrix} \xrightarrow[i_1 \times (-2) + i_3]{i_1 \times (-3) + i_2} \begin{pmatrix} 1 & -2 & 3 & -1 & 1 \\ 0 & 5 & -4 & 0 & 3 \\ 0 & 5 & -4 & 0 & 6 \end{pmatrix}$$

$$\xrightarrow{i_2 \times (-1) + i_3} \begin{pmatrix} 1 & -2 & 3 & -1 & 1 \\ 0 & 5 & -4 & 0 & 3 \\ 0 & 0 & 0 & 0 & 3 \end{pmatrix}.$$

因为 $R(\mathbf{A}) = 2, R(\widetilde{\mathbf{A}}) = 3, R(\mathbf{A}) \neq R(\widetilde{\mathbf{A}})$,所以方程组无解.

(2) 与(1) 同样的解法,即

$$\widetilde{\mathbf{A}} = \begin{pmatrix} 1 & -1 & 3 & -8 \\ 2 & 3 & 1 & 4 \\ 1 & 2 & -3 & 13 \\ 3 & -1 & 2 & -1 \end{pmatrix} \xrightarrow[\substack{i_1 \times (-1) + i_3 \\ i_1 \times (-3) + i_4}]{i_1 \times (-2) + i_2} \begin{pmatrix} 1 & -1 & 3 & -8 \\ 0 & 5 & -5 & 20 \\ 0 & 3 & -6 & 21 \\ 0 & 2 & -7 & 23 \end{pmatrix} \xrightarrow[i_3 \times \frac{1}{3}]{i_2 \times \frac{1}{5}}$$

$$\begin{pmatrix} 1 & -1 & 3 & -8 \\ 0 & 1 & -1 & 4 \\ 0 & 1 & -2 & 7 \\ 0 & 2 & -7 & 23 \end{pmatrix} \xrightarrow[\substack{i_2 \times (-1) + i_3 \\ i_2 \times (-2) + i_4}]{i_2 + i_1} \begin{pmatrix} 1 & 0 & 2 & -4 \\ 0 & 1 & -1 & 4 \\ 0 & 0 & -1 & 3 \\ 0 & 0 & -5 & 15 \end{pmatrix} \xrightarrow[i_3 \times 5 + i_4]{i_3 \times (-1)}$$

$$\begin{pmatrix} 1 & 0 & 0 & 2 \\ 0 & 1 & 0 & 1 \\ 0 & 0 & 1 & -3 \\ 0 & 0 & 0 & 0 \end{pmatrix}.$$

因为 $R(\mathbf{A}) = R(\widetilde{\mathbf{A}}) = 3$,所以方程组有解.

接下来我们讨论线性方程组有解的前提下,解的结果是否唯一.

下面分两类方程组进行讨论.

6.6.2　非齐次线性方程组的解

设有 n 个未知量,m 个方程的线性方程组

$$\begin{cases} a_{11}x_1 + a_{12}x_2 + \cdots + a_{1n}x_n = b_1, \\ a_{21}x_1 + a_{22}x_2 + \cdots + a_{2n}x_n = b_2, \\ \cdots\cdots\cdots\cdots \\ a_{m1}x_1 + a_{m2}x_2 + \cdots + a_{mn}x_n = b_m. \end{cases} \tag{6-6-1}$$

当 $b_i (i = 1, 2, \cdots, m)$ 不全为零时,称为**非齐次线性方程组**.

定理 2　设在线性方程组(6-6-1) 中,有 $R(\mathbf{A}) = R(\widetilde{\mathbf{A}}) = r$.

(1) 若 $r = n$,则方程组有唯一解;

(2) 若 $r < n$,则方程组有无穷多组解.

例 2　讨论例 1(2) 的方程组的解.

解　$R(\mathbf{A}) = R(\widetilde{\mathbf{A}}) = 3 = n$,所以方程组有唯一解.

由最后一个阶梯形矩阵$\begin{pmatrix}1&0&0&2\\0&1&0&1\\0&0&1&-3\\0&0&0&0\end{pmatrix}$，可以直接读出方程组的解为

$$\begin{cases}x_1=2,\\x_2=1,\\x_3=-3.\end{cases}$$

例 3 解线性方程组

$$\begin{cases}x_1-x_2+5x_3-x_4=-1,\\x_1+x_2-2x_3+3x_4=3,\\3x_1-x_2+8x_3+x_4=1,\\x_1+3x_2-9x_3+7x_4=7.\end{cases}$$

解 因为方程组的增广矩阵经过初等行变换为

$$\widetilde{A}=\begin{pmatrix}1&-1&5&-1&-1\\1&1&-2&3&3\\3&-1&8&1&1\\1&3&-9&7&7\end{pmatrix}\to\begin{pmatrix}1&-1&5&-1&-1\\0&2&-7&4&4\\0&2&-7&4&4\\0&4&-14&8&8\end{pmatrix}$$

$$\to\begin{pmatrix}1&0&\frac{3}{2}&1&1\\0&2&-7&4&4\\0&0&0&0&0\\0&0&0&0&0\end{pmatrix}\to\begin{pmatrix}1&0&\frac{3}{2}&1&1\\0&1&-\frac{7}{2}&2&2\\0&0&0&0&0\\0&0&0&0&0\end{pmatrix}.$$

所以方程组的一般解为$\begin{cases}x_1=1-\frac{3}{2}c_1-c_2,\\x_2=2+\frac{7}{2}c_1-2c_2,\\x_3=c_1,\\x_4=c_2,\end{cases}$其中 c_1,c_2 为自由未知量.

6.6.3 齐次线性方程组的解

常数项全为零的线性方程组叫作**齐次线性方程组**，其一般形式为：

$$\begin{cases}a_{11}x_1+a_{12}x_2+\cdots+a_{1n}x_n=0,\\a_{21}x_1+a_{22}x_2+\cdots+a_{2n}x_n=0,\\\cdots\cdots\cdots\cdots\\a_{m1}x_1+a_{m2}x_2+\cdots+a_{mn}x_n=0.\end{cases}\tag{6-6-2}$$

由于齐次线性方程组(6-6-2)的系数矩阵和增广矩阵的秩总相等，所以它恒有解. 显然，它至少有一组零解，即 $x_i=0(i=1,2,\cdots,m)$.

实际上，齐次线性方程组 $\boldsymbol{AX}=\boldsymbol{O}$ 可以看成是非齐次线性方程组 $\boldsymbol{AX}=\boldsymbol{B}$，当 $\boldsymbol{B}=\boldsymbol{O}$ 时的特殊情况，因此根据定理 2 有下面的定理：

定理 3 在齐次线性方程组(6-6-2)中

(1) 当 $R(\boldsymbol{A})=n$ 时，方程组只有零解；

(2) 当 $R(\boldsymbol{A})<n$ 时，方程组有无穷多组解.

由于方程组(6-6-2)的增广矩阵最后一列全为零，并且在行初等变换过程中始终全为零，故求解时该列可略去不写，只需对它的系数矩阵进行处理.

例 4 求齐次线性方程组$\begin{cases} x_1-x_2+5x_3-x_4=0, \\ x_1+x_2-2x_3+3x_4=0, \\ 3x_1-x_2+8x_3+x_4=0, \\ x_1+3x_2-9x_3+7x_4=0. \end{cases}$

解 将方程组的系数矩阵进行初等行变换，

$$A=\begin{pmatrix} 1 & -1 & 5 & -1 \\ 1 & 1 & -2 & 3 \\ 3 & -1 & 8 & 1 \\ 1 & 3 & -9 & 7 \end{pmatrix} \longrightarrow \begin{pmatrix} 1 & -1 & 5 & -1 \\ 0 & 2 & -7 & 4 \\ 0 & 2 & -7 & 4 \\ 0 & 4 & -14 & 8 \end{pmatrix}$$

$$\longrightarrow \begin{pmatrix} 1 & 0 & \frac{3}{2} & 1 \\ 0 & 2 & -7 & 4 \\ 0 & 0 & 0 & 0 \\ 0 & 0 & 0 & 0 \end{pmatrix} \longrightarrow \begin{pmatrix} 1 & 0 & \frac{3}{2} & 1 \\ 0 & 1 & -\frac{7}{2} & 2 \\ 0 & 0 & 0 & 0 \\ 0 & 0 & 0 & 0 \end{pmatrix},$$

所以方程组的解为

$$\begin{cases} x_1=-\frac{3}{2}c_1-c_2, \\ x_2=\frac{7}{2}c_1-2c_2, \\ x_3=c_1, \\ x_4=c_2, \end{cases} \text{其中 } c_1, c_2 \text{ 可以任意取值.}$$

习题 6.6

1. 线性方程组 $AX=B$ 的增广矩阵 $\widetilde{A}$ 化成阶梯形矩阵后为

$$\widetilde{A} \to \begin{pmatrix} 1 & 2 & 0 & 1 & 0 \\ 0 & 4 & 2 & -1 & 1 \\ 0 & 0 & 0 & 0 & d+1 \end{pmatrix},$$

则当 $d=$________时，方程组 $AX=B$ 有解，且有________解.

2. 当 $\lambda=$________时，齐次方程组$\begin{cases} x_1-x_2=0 \\ x_1+\lambda x_2=0 \end{cases}$有非零解.

3. 若线性方程组 $AX=B(B\neq O)$ 有唯一解，则 $AX=O$ 有________解.

4. 线性方程组$\begin{cases} x_1+x_2=1 \\ x_3+x_4=0 \end{cases}$解的情况是(　　)

A. 无解　　B. 只有零解

C. 有唯一非零解　　D. 有无穷多解

5. 线性方程组 $AX=O$ 只有零解，则 $AX=B(B\neq O)$ 有(　　)

A. 有唯一解　　B. 可能无解

C. 有无穷多解　　D. 无解

6. 写出线性方程组$\begin{cases}4x_1-5x_2-x_3=1\\-x_1+3x_2+x_3=2\\x_2+x_3=0\\5x_1-x_2+3x_3=4\end{cases}$的增广矩阵和矩阵形式.

7. 判断下列线性方程组解的个数.

(1)$\begin{cases}x_1+x_2-2x_3=2,\\2x_1-3x_2+5x_3=1,\\4x_1-x_2+x_3=5,\\5x_1-x_3=2;\end{cases}$　　(2)$\begin{cases}x_1+x_2-2x_3=2,\\2x_1-3x_2+5x_3=1,\\4x_1-x_2+x_3=5,\\5x_1-x_3=7;\end{cases}$

(3)$\begin{cases}x_1+x_2-2x_3=2,\\2x_1-3x_2+5x_3=1,\\4x_1-x_2+x_3=5,\\5x_1+x_3=7.\end{cases}$

8. 求下列齐次线性方程组的解.

(1)$\begin{cases}2x_1-x_2+x_3-x_4=0,\\2x_1-x_2-3x_4=0,\\x_2+3x_3-6x_4=0,\\2x_1-2x_2-2x_3+5x_4=0;\end{cases}$　　(2)$\begin{cases}2x_1+x_2-2x_3+3x_4=0,\\3x_1+2x_2-x_3+2x_4=0,\\x_1+x_2+x_3-x_4=0.\end{cases}$

9. 求下列线性方程组的解.

(1)$\begin{cases}x_1-x_2+3x_3=-8,\\2x_1+3x_2+x_3=4,\\x_1+2x_2-3x_3=13,\\3x_1-x_2+2x_3=-1;\end{cases}$

(2)$\begin{cases}x_1+x_2-2x_3-x_4=-1,\\x_1+5x_2-3x_3-2x_4=0,\\3x_1-x_2+x_3+4x_4=2,\\-2x_1+2x_2+x_3-x_4=1.\end{cases}$

10. 假设一个经济体系由煤炭、电力、钢铁行业组成，某个行业的产出在各个行业的分配比例如表 6-9 所示，每一列中的元素表示占该行业总产出的比例. 以表 6-9 的第 2 列为例，电力行业的总产出分配如下：40% 分配到煤炭行业，50% 分配到钢铁行业，余下的 10% 分配到电力行业（电力行业把这 10% 当作部门营运所需的收入）.

表 6-9　某个行业的产出在各个行业的分配比例

产出分配			购买者
煤炭	电力	钢铁	
0.0	0.4	0.6	煤炭
0.6	0.1	0.2	电力
0.4	0.5	0.2	钢铁

试求使每个行业的投入和产出相等的平衡价格.

§ 6.7　线性规划简介

在实际生产中，会经常遇到一类需要得到最优解的问题，比如在某一资源条件下，确定生产商品的品种、数量，使产值和利润最大，这一类问题称为规划问题. 线性规划(linear programming)是在实践中广泛应用的一个重要理论，它所探讨的问题是在有限资源形成的一系列约束条件下，如何把有限的资源进行合理分配，并制订最优的实施方案. 在求解线性规划问题中，最为关键的环节是建立数学模型，即把现实问题转化为抽象的数学表达式，进而寻求解决问题的途径和方法.

线性规划研究的问题主要有两类：第一类是对于一项确定的任务，如何统筹安排，才能用最少的人力物力资源去完成；第二类是对于已有的人力物力资源，如何安排，才能使完成的任务最多. 在实际生产中，这类问题很多，如运输问题、生产的组织与计划问题、合理下料问题、布局问题、时间和人力资源分配问题等. 尽管问题形式多样，但它们有着相近的数学模型.

下面我们来研究几个案例.

例 1(生产安排问题)　某工厂用 A，B 两种配件生产甲、乙两种产品，每生产一件甲产品使用 4 个 A 配件耗时 1h，每生产一件乙产品使用 4 个 B 配件耗时 2h，该厂每天最多可从配件厂获得 16 个 A 配件和 12 个 B 配件，按每天工作 8h 计算. 若生产一件甲产品获利 2 万元，生产一件乙产品获利 3 万元，该厂每天如何安排生产可使利润最大？

解　(1) 确定决策变量：设每天生产甲产品 x 件，每天生产乙产品 y 件.

(2) 变量取值限制：一般情况下，决策变量取非负值，即

$$x \geqslant 0, y \geqslant 0.$$

(3) 确定目标函数：设该厂获得利润为 z 万元，即

$$z = 2x + 3y,$$

(4) 确定约束条件：$4x \leqslant 16$(每天 A 配件限制)，

$$4x \leqslant 12\text{(每天 B 配件限制)},$$

$$x + 2y \leqslant 8\text{ (每天工作时间限制)}.$$

综上所述，该厂每天生产安排问题可用以下线性规划模型表示：

$$\max z = 2x + 3y,$$

$$s.t.\begin{cases} x + 2y \leqslant 8, \\ 4x \leqslant 16, \\ 4y \leqslant 12, \\ x \geqslant 0, y \geqslant 0. \end{cases}$$

其中，$s.t.$ 是 subject to 的缩写，表示满足或服从.

例 2(营养配餐问题)　假定一个成年人每天需要从食物中获取 3000cal(1cal=4.184J) 热量，55g 蛋白质和 800mg 钙. 如果市场上只有四种食品可供选择，它们每千克所含热量和营养成分以及市场价格如表 6-10 所示. 试建立满足营养需求的前提下使购买食品费用最小的数学模型.

表 6-10　食品的热量和营养成分以及市场价格

序号	食品名称	热量 /cal	蛋白质 /g	钙 /mg	价格 / 元
1	猪肉	1000	50	400	10
2	鸡蛋	800	60	200	6
3	大米	900	20	300	3
4	白菜	200	10	500	2

解　设 $x_j(j=1,2,3,4)$ 为第 j 种食品每天的购买量，则配餐问题的线性规划模型为

$$\min z=10x_1+6x_2+3x_3+2x_4,$$

$$s.t.\begin{cases}1000x_1+800x_2+900x_3+200x_4\geqslant 3000,\\ 50x_1+60x_2+20x_3+10x_4\geqslant 55,\\ 400x_1+200x_2+300x_3+500x_4\geqslant 800,\\ x_j\geqslant 0\quad(j=1,2,3,4),\end{cases}$$

化简得

$$\min z=10x_1+6x_2+3x_3+2x_4,$$

$$s.t.\begin{cases}10x_1+8x_2+9x_3+2x_4\geqslant 30,\\ 10x_1+12x_2+4x_3+2x_4\geqslant 11,\\ 4x_1+2x_2+3x_3+5x_4\geqslant 8,\\ x_j\geqslant 0\quad(j=1,2,3,4).\end{cases}$$

例 3(采购问题)　某炼油厂根据计划每个季度向合同单位供应汽油 15 万吨，煤油 12 万吨，重油 12 万吨. 该厂从甲、乙两地购进原油，已知两地的原油成分如表 6-11 所示.

表 6-11　甲、乙两地的原油成分

	甲地	乙地
汽油	15%	50%
煤油	20%	30%
重油	50%	15%
其他	15%	5%

已知从甲地采购的价格为每吨 200 元，从乙地采购的价格为每吨 310 元，求该炼油厂采购原油的最优数学模型.

解　设从甲地采购原油 x_1 吨，从乙地采购原油 x_2 吨，则采购原油的线性规划数学模型为

$$\min z=200x_1+300x_2,$$

$$s.t.\begin{cases}15\%x_1+50\%x_2\geqslant 15,\\ 20\%x_1+30\%x_2\geqslant 12,\\ 50\%x_1+15\%x_2\geqslant 12,\\ x_1\geqslant 0,x_2\geqslant 0.\end{cases}$$

例 4(运输问题)　有 A，B 两个煤厂，每年进煤分别为 60 吨和 100 吨，并承担着解决三个小区冬季取暖的任务，已知这三个小区每年冬季用煤分别为 45 吨、75 吨、40 吨，且 A 煤厂与这三个小区的距离分别为 10km、5km、6km，B 煤厂与这三个小区的距离分别为 4km、8km、15km. 试建立煤厂的总运输量

(吨·km) 最小的运输方案的数学模型.

解 由已知条件可知煤厂进煤量、小区煤炭需求量及煤厂与小区的距离如表 6-12 所示.

表 6-12 煤炭供需情况

	小区 1	小区 2	小区 3	进煤量
A 煤厂	10	5	6	60
B 煤厂	4	8	15	100
需求量	45	75	40	

设 x_{ij} 为第 i 个煤厂输送到第 j 个小区的煤炭量，则煤厂的总运输量为

$$\min z = 10x_{11} + 5x_{12} + 6x_{13} + 4x_{21} + 8x_{22} + 15x_{23},$$

$$s.t.\begin{cases} x_{11} + x_{12} + x_{13} = 60, \\ x_{21} + x_{22} + x_{23} = 100, \\ x_{11} + x_{21} = 45, \\ x_{12} + x_{22} = 75, \\ x_{13} + x_{23} = 40. \end{cases}$$

需要指出的是，在本案例中，煤厂的进煤量(即供应量) 正好等于小区的煤炭需求量，我们称这样的运输问题为供需平衡问题. 此类问题的特点是各约束条件均为等式.

如果供应量大于(或小于) 需求量，我们称这样的问题为供需不平衡问题. 在本例中，假设 A，B 两个煤厂的进煤量分别为 80 吨、120 吨，其他条件都不变，则运输方案的数学模型为

$$\min z = 10x_{11} + 5x_{12} + 6x_{13} + 4x_{21} + 8x_{22} + 15x_{23},$$

$$s.t.\begin{cases} x_{11} + x_{12} + x_{13} \leqslant 80, \\ x_{21} + x_{22} + x_{23} \leqslant 120, \\ x_{11} + x_{21} = 45, \\ x_{12} + x_{22} = 75, \\ x_{13} + x_{23} = 40, \\ x_j \geqslant 0 \quad (i = 1, 2;\ j = 1, 2, 3). \end{cases}$$

以上案例，归纳如下：

定义 1

(1) 每一个问题的解决方案都可以用一组变量 $x_1, x_2, \cdots, x_n$(称为**决策变量**) 来表示，且决策变量取非负值；

(2) 存在一组线性等式或不等式(称为**约束条件**)；

(3) 存在一个用决策变量组成的线性函数 $z = c_1x_1 + c_2x_2 + \cdots + c_nx_n$(称为**目标函数**)，按问题的不同，求目标函数的最大值(或最小值).

满足上面三个条件的数学模型称为**线性规划数学模型**，其表达式为

$$\max(\text{或} \min) z = c_1x_1 + c_2x_2 + \cdots + c_nx_n, \quad (6\text{-}7\text{-}1)$$

$$s.t.\begin{cases} a_{11}x_1+a_{12}x_2+\cdots+a_{1n}x_n\leqslant(=,\geqslant)b_1, \\ a_{21}x_1+a_{22}x_2+\cdots+a_{2n}x_n\leqslant(=,\geqslant)b_2, \\ \cdots\cdots\cdots\cdots \\ a_{m1}x_1+a_{m2}x_2+\cdots+a_{mn}x_n\leqslant(=,\geqslant)b_m, \\ x_1,x_2,\cdots,x_n\geqslant 0. \end{cases} \tag{6-7-2}$$

或缩写形式为

$$\max(\text{或 }\min)z=\sum_{j=1}^{n}c_jx_j, \tag{6-7-3}$$

$$s.t.\begin{cases} \sum\limits_{j=1}^{n}a_{ij}x_j\leqslant(=,\geqslant)b_i \quad (i=1,2,\cdots,m), \\ x_j\geqslant 0 \quad (j=1,2,\cdots,n). \end{cases} \tag{6-7-4}$$

或矩阵形式

$$\max(\text{或 }\min)z=\boldsymbol{CX}, \tag{6-7-5}$$

$$s.t.\begin{cases} \boldsymbol{AX}\leqslant(=,\geqslant)\boldsymbol{b}, \\ \boldsymbol{X}\geqslant 0. \end{cases} \tag{6-7-6}$$

其中，$\boldsymbol{X}=(x_1,x_2,\cdots,x_n)^{\mathrm{T}}$，称为**决策变量向量**；$\boldsymbol{C}=(c_1,c_2,\cdots,c_n)$，称为**价值系数向量**；$\boldsymbol{A}=(a_{ij})_{m\times n}$，称为**技术系数矩阵**；$\boldsymbol{b}=(b_1,b_2,\cdots,b_m)^{\mathrm{T}}$，称为**限定系数向量**.

我们把满足所有约束条件的决策变量的值称为线性规划问题的**可行解**，而使得目标函数达到最优值的可行解称为**最优解**.

值得注意的是，一个线性规划问题可能没有可行解，也可能有有限个或无穷多个可行解，同时可能没有最优解，或只有一个最优解，也可能有无穷多个最优解. 但对于实际问题来说，可行解就是问题的一个解决方案，最优解就是该问题的最佳解决方案. 而要实现这个解决方案，一般说来，对于含有两个变量线性规划的问题可以用图解法求解；但对于含有两个以上变量的线性规划问题的解法就比较复杂，借用 MATLAB 软件来求解就是其中的一种方法(本内容见下节 MATLAB 数学实验).

下面我们通过案例介绍图解法.

例 5 在线性规划案例 1 中，设每天生产甲产品 x 件、乙产品 y 件，工厂获得利润为 z 万元，则该厂每天生产安排问题可用以下线性规划模型表示：

$$\max z=2x+3y,$$

$$s.t.\begin{cases} x+2y\leqslant 8, \\ x\leqslant 4, \\ y\leqslant 3, \\ x\geqslant 0,y\geqslant 0. \end{cases}$$

解 将上述不等式组表示成如图 6-2 所示平面上的阴影区域(即可行域)，图中的阴影部分的整点(坐标为整数)就代表所有可能的每天生产安排方案(即可行解).

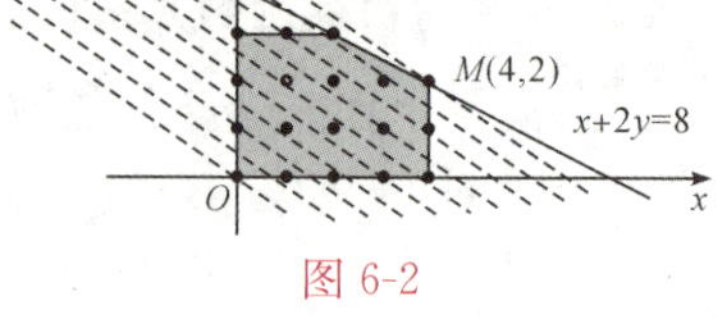

图 6-2

把 $z=2x+3y$ 变形为 $y=-\frac{2}{3}x+\frac{z}{3}$，它表示斜率为 $-\frac{2}{3}$ 的直线系，z 与这些直线的截距有关. 由图可见，当直线经过可行域上的点 $M(4,2)$ 时，截距最大，即 z 有最大值，$z_{\max}=2\times4+3\times2=14$(万元)，此时可行域上的点 $M(4,2)$ 就是每天最佳生产安排方案(即最优解).

因此，工厂每天生产安排为：生产甲产品4件，乙产品2件，可获得最大利润14万元.

习题6.7

1. 请你举出一些生活或工程技术中常用的具有约束条件的最优问题实例.

2. 若$\begin{cases} x+y\geqslant 2, \\ x\leqslant 2, \\ y\leqslant 2, \end{cases}$则目标函数$z=x+2y$的取值范围是(　　)

A. [2,6]　　B. [2.5]　　C. [3,6]　　D. [3,5]

3. 在$\triangle ABC$中，三顶点坐标为$A(2,4)$，$B(-1,2)$，$C(1,0)$，点$P(x,y)$在$\triangle ABC$内部及边界运动，则$z=x-y$的最大值和最小值分别是(　　)

A. 3,1　　B. −1,−3　　C. 1,−3　　D. 3,−1

4. 配制A，B两种药剂都需要甲、乙原料，用料要求如表6-13所示(单位：kg).

表6-13　用料要求

药剂＼原料	甲	乙
A	2	5
B	5	4

药剂A，B至少各配一剂，且药剂A，B每剂售价分别为100元、200元，现有原料甲20kg，原料乙33kg，那么可以获得的最大销售额为(　　)元.

A. 600　　B. 700　　C. 800　　D. 900

5. 某电视台每周播放甲、乙两部连续剧，播放连续剧甲一次需80分钟，有60万名观众收看，播放连续剧乙一次需40分钟，有20万名观众收看. 已知电视台每周至少播出电视剧6次，总时长不超过320分钟，则电视台最高收视率为每周有观众(　　)万人.

A. 300　　B. 200　　C. 210　　D. 220

6. 已知x，y满足约束条件$\begin{cases} x-y+5\geqslant 0, \\ x+y\geqslant 0, \\ x\leqslant 3. \end{cases}$求$z=4x-y$的最小值.

7. 用图解法解下列线性规划问题：

$$\max s=3x_1+4x_2,$$

$$s.t.\begin{cases} x_1+x_2\leqslant 6, \\ x_1+2x_2\leqslant 8, \\ x_1\geqslant 0, 0\leqslant x_2\leqslant 3. \end{cases}$$

8. 咖啡屋配制两种饮料，成分配比和单价如表6-14所示.

表6-14　成分配比和单价

饮料	奶粉/(g/杯)	咖啡/(g/杯)	糖/(g/杯)	价格/(元/杯)
甲种	9	4	3	7
乙种	4	5	10	12

每天使用限额为奶粉3600g，咖啡2000g，糖3000g，若每天在原料的使用

限额内饮料能全部售出. 问：配制两种饮料各多少杯获利最大？

9. 请建立下列数学模型：某合金厂用铜铅制作质量为60g的产品，其中铜不少于35g，铅不少于30g. 每克铜的成本为0.7元，每克铅的成本为0.12元. 工厂应该如何搭配铜铅两种原料，使得产品的成本最低.

§6.8 MATLAB线性代数数学实验

6.8.1 实验目的

(1) 掌握矩阵的输入方法，掌握对矩阵进行转置、加、减、数乘、相乘、乘方等运算；

(2) 掌握求矩阵的秩、求逆矩阵以及计算行列式的方法；

(3) 掌握求解简单的矩阵方程的方法.

6.8.2 MATLAB软件中矩阵的输入方法

矩阵输入有多种方法，既可以直接输入矩阵的每个元素，也可以由语句或函数生成.

1. 直接输入法

MATLAB软件中直接输入矩阵时不需要描述矩阵的类型和维数，可以直接由如下方法产生：将矩阵的元素用方括号括起来，按行的顺序输入各元素，同一行的元素之间用逗号或空格分开，不同行的元素用分号分开.

例如，矩阵$\boldsymbol{A}=\begin{pmatrix}1 & 2 & 1\\3 & 5 & 6\end{pmatrix}$，输入格式为

```
A=[1,2,1;3,5,6] ↵
```

("↵"表示回车，下同)

或

```
A=[1 2 1;3 5 6] ↵
```

屏幕上显示的输出结果为

```
A=
  1 2 1
  3 5 6
```

2. 利用M文件建立矩阵

对于较大且较复杂的矩阵，可以为它专门建立一个M文件. 利用M文件创建矩阵的步骤如下：

(1) 启动有关编辑程序或MATLAB文本编辑器，并输入待建矩阵；

(2) 把输入的内容以纯文本方式存盘；

(3) 在MATLAB命令窗口中输入M文件名，即运行该文件，就会自动建立一个矩阵.

3. 利用冒号表达式建立一个向量

冒号表达式可以产生一个行向量(或行矩阵)，一般格式为：

$$e1:e2:e3$$

其中，$e1$为初始值，$e2$为步长，$e3$为终止值.

4. 利用函数生成

MATLAB软件提供了一些函数来构建一些特殊的矩阵，如表6-15所示.

表 6-15　特殊函数

函数名	说明
[ ]	空矩阵
eye	单位矩阵
zeros	零矩阵
ones	元素全为 1 的矩阵
magic	幻方矩阵
rand	随机矩阵
linspace(a,b,n)	初值为 a,终值为 b,n 个元素的行矩阵

例 1　输入：E＝eye(3)

输出：

```
E＝
    1 0 0
    0 1 0
    0 0 1
```

6.8.3　矩阵的基本运算

矩阵的基本运算如表 6-16 所示.假设表中矩阵运算都符合运算规律，如果不符合运算要求，则会产生错误信息.

表 6-16　矩阵的基本运算

运算符	含　义
A＋B	矩阵加法
A－B	矩阵减法
A＊B	矩阵乘法
A\B	左除，即 $\boldsymbol{A}^{-1}\boldsymbol{B}$
A/B	右除，即 $\boldsymbol{A}\boldsymbol{B}^{-1}$
inv(A)	求 $\boldsymbol{A}$ 的逆矩阵
A′	$\boldsymbol{A}$ 的转置
rref(A)	将 $\boldsymbol{A}$ 化为行简化阶梯形矩阵
rank(A)	求矩阵 $\boldsymbol{A}$ 的秩
det(A)	方阵 $\boldsymbol{A}$ 的行列式

例 2　已知 $\boldsymbol{A}=\begin{pmatrix}3 & 4\\ 2 & 1\end{pmatrix}$，$\boldsymbol{B}=\begin{pmatrix}1 & 0 & -2\\ 3 & 1 & 0\end{pmatrix}$，求：(1) $|\boldsymbol{A}|$；(2) $\boldsymbol{B}$ 的秩；(3) $\boldsymbol{AB}-3\boldsymbol{B}$.

解　输入：

```
A＝[3,4;2,1];  (语句后加“;”,是为了避免输出中间结果)
B＝[1,0,－2;3,1,0];
det(A);
rank(B);
A＊B－3＊B↵
```

输出：

```
A＝
    3  4
    2  1
```

```
B =
      1   0  -2
      3   1   0
ans = -5
ans = 2
ans =
     12     4     0
     -4    -2    -4
```

例 3 解矩阵方程$\begin{pmatrix}1&1&1\\2&1&0\\1&1&0\end{pmatrix}\boldsymbol{X}=\begin{pmatrix}2\\-1\\1\end{pmatrix}$.

解 输入：

```
A=[1,1,1;2,1,0;1,1,0];B=[2;-1;1];
X=A\B↵
```

输出：

```
X =
  -2
   3
   1
```

例 4 解线性方程组$\begin{cases}x_1-x_2+3x_3=8,\\2x_1+x_2+x_3=7,\\x_1+2x_2-3x_3=-4,\\3x_1-2x_2+x_3=2.\end{cases}$

解 【方法一】

输入：

```
[x1 x2 x3]=solve('x1-x2+3*x3=8','2*x1+x2+x3=7',
'x1+2*x2-3*x3=-4','3*x1-2*x2+x3=2')↵
```

输出：

```
x1 =
    1
x2 =
    2
x3 =
    3
```

【方法二】

输入：

```
A=[1,-1,3;2,1,1;1,2,-3;3,-2,1];
B=[8,7,-4,2];
A\B↵
```

输出：

```
ans =
     1.000
     2.000
```

3.000

【方法三】

输入：

```
A=[1,-1,3,8;2,1,1,7;1,2,-3,-4;3,-2,1,2];
rref(A) ↵
```

输出：

```
ans=
     1    0    0    1
     0    1    0    2
     0    0    1    3
     0    0    0    0
```

方法三用命令 rref(A)，输出线性方程组增广矩阵的行简化阶梯形矩阵，由此可知，线性方程组的解为 $\boldsymbol{X}=(1,2,3)^{\mathrm{T}}$.

习题 6.8

1. 已知 $\boldsymbol{A}=\begin{pmatrix}1&3&0\\2&0&5\end{pmatrix}$，$\boldsymbol{B}=\begin{pmatrix}2&0&4\\1&1&3\end{pmatrix}$，试求：

(1)$2\boldsymbol{A}-3\boldsymbol{B}$；　(2)$\boldsymbol{B}^{\mathrm{T}}$；　(3)$\boldsymbol{A}\boldsymbol{B}^{\mathrm{T}}$；　(4)$|\boldsymbol{A}\boldsymbol{B}^{\mathrm{T}}|$.

2. 求矩阵 $\boldsymbol{A}=\begin{pmatrix}1&2&0&5\\2&2&3&1\\1&-1&1&6\\3&4&3&6\end{pmatrix}$ 的秩.

3. 求矩阵 $\boldsymbol{A}=\begin{pmatrix}1&0&1\\3&2&7\\5&6&3\end{pmatrix}$ 的逆矩阵.

4. 解线性方程组 $\boldsymbol{AX}=\boldsymbol{b}$，$\boldsymbol{A}=\begin{pmatrix}2&1&2\\2&1&4\\3&2&1\end{pmatrix}$，$\boldsymbol{b}=\begin{pmatrix}3\\1\\7\end{pmatrix}$.

5. 解线性方程组$\begin{cases}-x_1+x_2+x_3+2x_4=6,\\x_1+2x_2+5x_3-x_4=9,\\x_1+x_2+3x_3-2x_4=2.\end{cases}$

【思政园地】

袁亚湘：执"数"之手，攀登高峰

20 世纪七八十年代，我国优化领域科研实力还很弱. 1982 年 11 月，袁亚湘作为中国科学院挑选的 30 多位尖子生之一，被派往英国剑桥大学攻读博士，师从优化领域专家 M. J. D. Powell. 1988 年，袁亚湘回国，从事优化领域中"非线性规划"相关理论方法研究.

经过连续多年的深入研究，袁亚湘与学生、如今的中国科学院数学与系统科学研究院研究员戴彧虹合作提出了"戴—袁方法"，这被认为是非线性共轭梯度法 4 个主要方法之一，收录于优化百科全书. 该成果及相关工作获得了国家自然科学奖二等奖.

袁亚湘在信赖域方法领域取得的成就，被国内外专家称为基石性的成果，对最优化领域至关重要；首创性地提出了用信赖域方法和传统线搜索方法结合来构造新的计算方法；开创了利用非二次模型信息构造二次模型子问题的方法，提出了非拟牛顿方法；最早系统研究优化的子空间方法……

从非线性规划的方法和理论，到大规模优化算法构造和应用……袁亚湘与诸多数学家持之以恒地推动中国应用数学走向国际前列，这背后离不开国家自然科学基金的支持.

由于袁亚湘取得的杰出科研成绩，他被国际同行推选为国际工业与应用数学联合会主席，这是中国科学家首次在国际主要数学组织中担任正职. 他还获"美国工业与应用数学学会杰出贡献奖"，成为该奖项设立以来30多年首位获此殊荣的华人.

袁亚湘曾应邀在第四届国际工业与应用数学大会、国际数学家大会上作大会报告等，这不仅使他的科研成就被国际公认，更印证了中国应用数学在国际上的话语权日益强大. 一张纸、一支笔，独自一人伏案演算推理，早已不是今天数学家研究的全部状态，充分而广泛的学术交流对数学研究至关重要.

袁亚湘曾与美国科学家合作证明了一类拟牛顿方法的全局收敛性，成为非线性规划算法理论在20世纪80年代最重要的成果之一."上世纪80年代末90年代初，我们与国外的交流还比较少，不交流就难以了解国际研究动态和前沿，而我们的成果也不为国际所知. 从国外好的大学回来以后，能够继续保持国际交流，对于留住优秀留学归国的人才也非常重要."袁亚湘说.

在国内，在多项国家自然科学基金项目的支持下，袁亚湘集结全国优势力量开展优化的理论和算法研究，推动了我国优化算法领域的发展与人才培养.

近几年，数学家袁亚湘"出圈了"，他做了很多似乎与数学研究无关的事情：录电视节目、接受采访、参加非学术座谈. 他还用扑克变魔术、跟学生打桥牌、到各地爬山……更多时间，他"泡"在年轻人和小孩子的圈子中. 与年轻人在一起，袁亚湘不厌其烦地一遍遍传播科学知识，传播科学精神、方法，他希望改变人们对数学枯燥无味的"刻板印象". 在他看来，激发孩子们对数学的兴趣，进行数学科普，意义重大.

袁亚湘坦承，包括数学研究在内的科学研究肯定会有困难，他的科研人生也曾遇到过无数困难. 但是，要正确对待困难，一是不能放弃，二是找对策解决."做研究碰到困难是开心的事情，最怕没有困难，简单的问题十有八九价值不高."

红绿灯、漂亮的大楼、5G……其背后都是数学在"控制"，袁亚湘再次强调数学的重要意义."很多变革性工程技术、'卡脖子'问题看起来是技术难题，但根源还是数学基础."他说，数学是所有自然科学和工程的基础，也日益成为社会科学的基础，它也是许多新兴领域不可或缺的重要组成部分.

从传统的与数学关系密切的物理、天文学、大气科学等领域，到化学、材料科学、生命科学、医学等和数学关系不断加强的领域，数学在建模和求解中的应用日趋平常，在人工智能、计算机模拟、海量数据分析等新兴研究领域，数学起着基石性的作用.

"加强数学研究是国家发展基础科学战略的重要组成部分，对科学和工程的整体发展乃至整个国家的发展起着重要作用."袁亚湘说.

可喜的是,“数学的春天”已然来临.“十四五”期间,国家自然科学基金委加大“数学天元基金”投入,致力于数学科学人才培养、学科建设和环境的改善,支持国内数学在21世纪率先赶上世界先进水平……

“在当前国际竞争日益激烈的环境下,我们要向老一辈科学家学习,学习他们胸怀祖国、服务人民的爱国精神;学习他们勇攀高峰、敢为人先的创新精神;学习他们追求真理、严谨治学的求实精神;学习他们淡泊名利、潜心研究的奉献精神;学习他们甘为人梯、奖掖后学的育人精神. 让年轻一辈超越自己,才是成功.”袁亚湘说.

节选自:韩扬眉. 袁亚湘:执“数”之手 攀登高峰[N]. 中国科学报,2013-08-12(1).

本章小结

一、基本概念

矩阵,矩阵的初等行变换,矩阵的秩,逆矩阵,线性方程组,线性规划问题.

二、基本知识

(一) 矩阵的运算

1. 矩阵的加减:两个行、列分别相等的矩阵可以进行加减运算,其运算方法是每个对应元素相加减.

2. 矩阵的数乘:数乘矩阵的每一个元素.

3. 转置运算:矩阵的行、列互换.

4. 矩阵与矩阵相乘:左矩阵的列与右矩阵的行相等的两个矩阵才能进行乘法运算,其运算方法是左矩阵的第 i 行与右矩阵的第 j 列的对应元素乘积之和作为乘积矩阵的第 i 行第 j 列元素.

【注意】矩阵乘法不满足交换律.

(二) 矩阵的初等行变换

1. 矩阵的行与行之间的互换:记作 $r_i \leftrightarrow r_j$.

2. 数 k 乘矩阵的某一行(如第 j 行):记作 kr_j.

3. 数 k 乘矩阵的某一行(如第 j 行)加到另一行(如第 i 行)的对应元素上:记作 $kr_j + r_i$.

【注意】矩阵的初等行变换不改变矩阵的秩.

(三) 求逆矩阵的方法

$$(\boldsymbol{A} \vdots \boldsymbol{E}) \xrightarrow{\text{一系列初等行变换}} (\boldsymbol{E} \vdots \boldsymbol{A}^{-1})$$

(四) 线性方程组的解(表 6-17)

表 6-17　线性方程组解的判断

秩的条件 \ 方程组	非齐次线性方程组	齐次线性方程组
$R(\boldsymbol{A}) = R(\tilde{\boldsymbol{A}}) < n$	有无穷多组解	有无穷多组非零解
$R(\boldsymbol{A}) = R(\tilde{\boldsymbol{A}}) = n$	只有唯一一组解	只有零解
$R(\boldsymbol{A}) \neq R(\tilde{\boldsymbol{A}})$	无解	/

三、学习方法

在现实生活中，利用矩阵表示实际问题的数据比比皆是. 而处理数据及其一些基本运算是高等数学必须作出回答的. 本章的一条主线就是利用矩阵的初等行变换法解决矩阵的秩的问题，进而解决线性方程组解的问题.

复习题六

一、判断题(正确的打"√"，错误的打"×")

1. 设 $\boldsymbol{M},\boldsymbol{N},\boldsymbol{Q}$ 是同阶方阵，则有 $(\boldsymbol{MN})\boldsymbol{Q}=\boldsymbol{M}(\boldsymbol{NQ})$. (　　)
2. 设 $\boldsymbol{M},\boldsymbol{N}$ 是同阶方阵，则有 $\boldsymbol{MN}=\boldsymbol{NM}$. (　　)
3. 对于非零矩阵 $\boldsymbol{M},\boldsymbol{N},\boldsymbol{Q}$ 满足 $\boldsymbol{MN}=\boldsymbol{MQ}$，则有 $\boldsymbol{N}=\boldsymbol{Q}$. (　　)
4. 设 $\boldsymbol{M},\boldsymbol{N}$ 是同阶方阵，$\boldsymbol{E}$ 是单位矩阵，若 $\boldsymbol{MN}=\boldsymbol{E}$，则 $\boldsymbol{N}=\boldsymbol{M}^{-1}$. (　　)
5. 设 $\boldsymbol{M},\boldsymbol{N}$ 是同阶可逆方阵，则 $(\boldsymbol{MN})^{-1}=\boldsymbol{N}^{-1}\boldsymbol{M}^{-1}$. (　　)
6. 设 $\boldsymbol{M},\boldsymbol{N}$ 是同阶方阵，则有 $(\boldsymbol{M}+\boldsymbol{N})(\boldsymbol{M}-\boldsymbol{N})=\boldsymbol{M}^2-\boldsymbol{N}^2$. (　　)

二、选择题

7. 设 $\boldsymbol{M}$ 是一个 3 行 5 列矩阵，$\boldsymbol{N}$ 是一个 k 行 4 列矩阵，则 $\boldsymbol{MN}$ 的行数、列数及 k 的值分别为(　　)

A. 3,5,4　　　　B. 3,4,5

C. 5,3,4　　　　D. 以上答案都不对

8. 设 $\boldsymbol{A}=\begin{pmatrix}0 & 1\\ 2 & -3\end{pmatrix}$，则 $\boldsymbol{A}^2=$(　　)

A. $\begin{pmatrix}0 & 1\\ 4 & 9\end{pmatrix}$　　　　B. $\begin{pmatrix}0 & 2\\ 4 & -6\end{pmatrix}$

C. $\begin{pmatrix}2 & -3\\ -6 & 11\end{pmatrix}$　　　　D. $\begin{pmatrix}4 & -6\\ -6 & 10\end{pmatrix}$

9. 设 $\boldsymbol{M}=\begin{pmatrix}1 & 3\\ 2 & 5\end{pmatrix}$，则 $\boldsymbol{M}^{-1}=$(　　)

A. $\begin{pmatrix}-5 & 3\\ 2 & -1\end{pmatrix}$　　　　B. $\begin{pmatrix}1 & -2\\ -3 & 5\end{pmatrix}$

C. $\begin{pmatrix}-1 & 3\\ 2 & -5\end{pmatrix}$　　　　D. $\begin{pmatrix}5 & -3\\ -2 & 1\end{pmatrix}$

10. 设 $\boldsymbol{M},\boldsymbol{N}$ 是可逆方阵，且 $\boldsymbol{XM}=\boldsymbol{N}$，则 $\boldsymbol{X}=$(　　)

A. $\boldsymbol{M}^{-1}\boldsymbol{N}$　　　　B. $\boldsymbol{NM}^{-1}$

C. $\boldsymbol{MN}^{-1}$　　　　D. $\boldsymbol{N}^{-1}\boldsymbol{M}$

11. n 元非齐次线性方程组 $\boldsymbol{MX}=\boldsymbol{N}$ 有无穷多组解的充分必要条件是(　　)

A. $R(\boldsymbol{M})\neq R(\widetilde{\boldsymbol{M}})$　　　　B. $R(\boldsymbol{M})<R(\widetilde{\boldsymbol{M}})$

C. $R(\boldsymbol{M})=R(\widetilde{\boldsymbol{M}})=n$　　　　D. $R(\boldsymbol{M})=R(\widetilde{\boldsymbol{M}})<n$

三、填空题

12. 设 $\boldsymbol{M}=(m_{ij})_{m\times n}$，$\boldsymbol{N}=(n_{ij})_{s\times t}$，当且仅当________时，$\boldsymbol{MN}$ 有意义，且

MN 是________矩阵.

13. 矩阵 M 的秩是其阶梯矩阵中________行的行数.

14. 设 M,N 是 n 阶方阵,则 $(M+N)(M-N)=M^2-N^2$ 成立的条件是________.

15. 设 $M=\begin{pmatrix}1 & 0 & 2\\ 7 & -1 & 0\end{pmatrix}$,$N=\begin{pmatrix}-1 & 2 & 0\\ 1 & -1 & 4\end{pmatrix}$,若 $M-X=N+X$,则 X =__________.

16. 若 $M^{-1}=\begin{pmatrix}-1 & 0\\ 2 & 1\end{pmatrix}$,$N^{-1}=\begin{pmatrix}1 & 2\\ 0 & 1\end{pmatrix}$,则 $(MN)^{-1}=$________.

17. 如果齐次线性方程组 $\begin{cases}x_1+x_2+x_3=0\\ x_1+2x_2+3x_3=0\\ 2x_1+3x_2+kx_3=0\end{cases}$ 有非零解,则 $k=$________.

四、计算题

18. 设 $M=\begin{pmatrix}1 & 2\\ 3 & 4\end{pmatrix}$,$N=\begin{pmatrix}0 & 2\\ 5 & 1\end{pmatrix}$,求 $3M-N$,$2M+3N$.

19. $M=\begin{pmatrix}1 & -3\\ 2 & 1\\ -1 & 2\end{pmatrix}$,$N=\begin{pmatrix}2 & 1 & 3\\ 1 & 0 & -1\end{pmatrix}$,求 $3M+2N^{\mathrm{T}}$,$2M^{\mathrm{T}}-N$.

20. 计算

(1) $\begin{pmatrix}-4 & 3\\ -2 & 5\end{pmatrix}\begin{pmatrix}4 & 3\\ 2 & 5\end{pmatrix}$;　　(2) $\begin{pmatrix}1 & 2 & 3\end{pmatrix}\begin{pmatrix}3\\ 2\\ 1\end{pmatrix}$;

(3) $\begin{pmatrix}3 & 1 & 2\\ -1 & 2 & 2\end{pmatrix}\begin{pmatrix}2 & 1 & 0\\ 1 & 0 & 1\\ -1 & 3 & 0\end{pmatrix}$.

21. 将下列矩阵化为阶梯形矩阵:

(1) $\begin{pmatrix}2 & 2 & -1\\ 1 & -2 & 4\\ 5 & 8 & 2\end{pmatrix}$;　　(2) $\begin{pmatrix}1 & 0 & -2 & 5\\ 0 & 1 & 4 & -1\\ 0 & 1 & 2 & 3\end{pmatrix}$.

22. 求下列矩阵的逆:

(1) $\begin{pmatrix}2 & 2 & -1\\ 1 & -2 & 4\\ 5 & 8 & 2\end{pmatrix}$;　　(2) $\begin{pmatrix}1 & 3 & 3\\ 1 & 4 & 3\\ 1 & 3 & 4\end{pmatrix}$.

23. 求解下列矩阵方程:

(1) $\begin{pmatrix}1 & 1 & -1\\ -2 & 1 & 1\\ 1 & 1 & 1\end{pmatrix}X=\begin{pmatrix}2\\ 3\\ 6\end{pmatrix}$;　　(2) $X\begin{pmatrix}1 & 1 & -1\\ 2 & 1 & 0\\ 1 & -1 & 1\end{pmatrix}=\begin{pmatrix}1 & 1 & 3\\ 4 & 3 & 2\\ 1 & 2 & 5\end{pmatrix}$.

24. 解下列方程组:

(1) $\begin{cases}x_1+2x_2+3x_3=8,\\ 2x_1+5x_2+9x_3=16,\\ 3x_1-4x_2-5x_3=32;\end{cases}$　　(2) $\begin{cases}x_1+x_2+3x_3=4,\\ 3x_1+5x_2+7x_3=9,\\ 5x_1+8x_2+11x_3=14.\end{cases}$

25. 当 λ 取何值时，线性方程组 $\begin{cases} x_1+x_2+x_3=0, \\ x_1+x_2+x_3=0, \\ x_1+2x_2+\lambda x_3=0, \end{cases}$ 只有零解？有非零解？并求非零解.

26. 解下列线性规划问题：

$$\min s=-2x_1+x_2,$$
$$s.t.\begin{cases} x_1+x_2\leqslant 1, \\ x_1-3x_2\geqslant -3, \\ x_1\geqslant 0, x_2\geqslant 0. \end{cases}$$

五、应用题

27. 一家服装厂共有 3 个加工车间，第一车间用一匹布能生产 4 件衬衣、15 条长裤和 3 件外衣，第二车间用一匹布能生产 4 件衬衣、5 条长裤和 9 件外衣，第三车间用一匹布能生产 8 件衬衣、10 条长裤和 3 件外衣. 现该厂接到一张订单，要求供应 2000 件衬衣、3500 条长裤和 2400 件外衣. 问：该厂如何向 3 个车间安排加工任务，以完成订单？

28. 某企业生产甲、乙两种产品，要用 A,B,C 三种不同的原料，每天原料供应的能力及每生产一件产品甲与乙所需的原料与获得的利润如表 6-18 所示. 问：企业如何安排生产计划，使一天的总利润最大？

表 6-18　原料需求与利润

原料	产品		
	甲	乙	原料供应量
A	1	1	6
B	1	2	8
C	0	1	3
单位利润 / 千元	3	4	求最大值

附　录

附录 A

初等数学常用公式

一、常用不等式

1. 若 $a>b$，则
   $a\pm c>b\pm c$，
   $ac>bc(c>0)$，
   $ac<bc(c<0)$，
   $\sqrt[n]{a}>\sqrt[n]{b}(a>0,b>0,n\in\mathbf{N}^*)$.
2. $|x+y|\leqslant|x|+|y|$，
   $|x|-|y|\leqslant|x\pm y|\leqslant|x|+|y|$.
3. 若 $|x|\leqslant a(a>0)$，则 $-a\leqslant x\leqslant a$.
4. 若 $|x|\geqslant b(b>0)$，则 $x\geqslant b$ 或 $x\leqslant -b$.
5. $a+b\geqslant 2\sqrt{ab}(a>0,b>0)$
   $a^2+b^2\geqslant 2ab$

二、代数公式

1. $1+2+3+\cdots+n=\frac{1}{2}n(n+1)$.
2. $1^2+2^2+3^2+\cdots+n^2=\frac{1}{6}n(n+1)(2n+1)$.
3. $\frac{1}{1\times 2}+\frac{1}{2\times 3}+\frac{1}{3\times 4}+\cdots+\frac{1}{n(n+1)}=1-\frac{1}{n+1}$.
4. $a+(a+d)+(a+2d)+\cdots+[a+(n-1)d]=na+\frac{n(n-1)}{2}d$.
5. $a+aq+aq^2+\cdots+aq^{n-1}=\frac{a(1-q^n)}{1-q}(q\neq 1)$.
6. $a^2-b^2=(a+b)(a-b)$.
7. $(a+b)^2=a^2+2ab+b^2$，
   $(a-b)^2=a^2-2ab+b^2$.
8. $a^3+b^3=(a+b)(a^2-ab+b^2)$，
   $a^3-b^3=(a-b)(a^2+ab+b^2)$.
9. $(a+b)^3=a^3+3a^2b+3ab^2+b^3$，
   $(a-b)^3=a^3-3a^2b+3ab^2-b^3$.
10. $\sqrt{x^2}=|x|=\begin{cases} x, & x\geqslant 0, \\ -x, & x<0. \end{cases}$

三、一元二次方程求解

已知方程 $ax^2+bx+c=0$，判别式 $\Delta=b^2-4ac$（只就 $a>0$ 的情形讨论），则其解为

$$x_{1,2}=\frac{-b\pm\sqrt{\Delta}}{2a}.$$

(1) 当 $\Delta>0$ 时，方程有两个不等的实根 $x_1,x_2(x_1<x_2)$，

$$ax^2+bx+c>0\text{ 的解集为}\left\{x \mid x>x_2\text{ 或 }x<x_1\right\},$$

$$ax^2+bx+c<0\text{ 的解集为}\left\{x \mid x_1<x<x_2\right\};$$

(2) 当 $\Delta=0$ 时，方程有两个相等的实根 $x_1=x_2$，

$$ax^2+bx+c>0\text{ 的解集为}\{x \mid x\in\mathbf{R}\text{ 且 }x\neq x_1\};$$

(3) 当 $\Delta<0$ 时，方程无实根，$ax^2+bx+c>0$ 的解集为 $\mathbf{R}$.

根与系数的关系(韦达定理)：$x_1+x_2=-\frac{b}{a}$，$x_1x_2=\frac{c}{a}$.

四、指数公式($a>0$ 且 $a\neq1$)

1. $a^m\cdot a^n=a^{m+n}$，　　$\frac{a^m}{a^n}=a^{m-n}$.

2. $a^{-m}=\frac{1}{a^m}$，　　$a^0=1$.

3. $(a^m)^n=a^{mn}$.

4. $\sqrt[n]{a^m}=a^{\frac{m}{n}}$.

五、对数公式($a>0$ 且 $a\neq1$)

1. $\log_a(M\cdot N)=\log_aM+\log_aN(M>0,N>0)$.

2. $\log_a\frac{M}{N}=\log_aM-\log_aN(M>0,N>0)$.

3. $\log_aM^n=n\log_aM(M>0)$.

4. $\log_a\sqrt[n]{M}=\frac{1}{n}\log_aM(M>0,n\neq0)$.

5. $N=a^{\log_aN}$，$u^v=e^{v\ln u}(u>0)$.

六、三角公式

1. $\sin^2\alpha+\cos^2\alpha=1$.

2. $\sec\alpha=\frac{1}{\cos\alpha}$，　　$\csc\alpha=\frac{1}{\sin\alpha}$.

3. $1+\tan^2\alpha=\frac{1}{\cos^2\alpha}=\sec^2\alpha$.

4. $1+\cot^2\alpha=\frac{1}{\sin^2\alpha}=\csc^2\alpha$.

5. $\sin(\alpha+\beta)=\sin\alpha\cos\beta+\cos\alpha\sin\beta$，　　$\sin(\alpha-\beta)=\sin\alpha\cos\beta-\cos\alpha\sin\beta$.

6. $\cos(\alpha+\beta)=\cos\alpha\cos\beta-\sin\alpha\sin\beta$，　　$\cos(\alpha-\beta)=\cos\alpha\cos\beta+\sin\alpha\sin\beta$.

7. $\tan(\alpha+\beta)=\frac{\tan\alpha+\tan\beta}{1-\tan\alpha\tan\beta}$，　　$\tan(\alpha-\beta)=\frac{\tan\alpha-\tan\beta}{1+\tan\alpha\tan\beta}$

8. $\sin2\alpha=2\sin\alpha\cos\alpha$.

9. $\cos2\alpha=\cos^2\alpha-\sin^2\alpha=2\cos^2\alpha-1=1-2\sin^2\alpha$.

10. $\cos^2\alpha=\frac{1}{2}(1+\cos2\alpha)$，　　$\sin^2\alpha=\frac{1}{2}(1-\cos2\alpha)$.

11. $\sin\alpha\cos\beta=\frac{1}{2}\left[\sin(\alpha+\beta)+\sin(\alpha-\beta)\right]$.

12. $\cos\alpha\sin\beta=\frac{1}{2}\left[\sin(\alpha+\beta)-\sin(\alpha-\beta)\right]$.

13. $\cos\alpha\cos\beta=\frac{1}{2}\left[\cos(\alpha+\beta)+\cos(\alpha-\beta)\right]$.

14. $\sin\alpha\sin\beta=-\frac{1}{2}\left[\cos(\alpha+\beta)-\cos(\alpha-\beta)\right]$.

15. 诱导公式

角 θ / 函数	$\frac{\pi}{2}-\alpha$	$\frac{\pi}{2}+\alpha$	$\pi-\alpha$	$\pi+\alpha$	$\frac{3}{2}\pi-\alpha$	$\frac{3}{2}\pi+\alpha$	$2\pi-\alpha$
	$90°-\alpha$	$90°+\alpha$	$180°-\alpha$	$180°+\alpha$	$270°-\alpha$	$270°+\alpha$	$360°-\alpha$
$\sin\theta$	$\cos\alpha$	$\cos\alpha$	$\sin\alpha$	$-\sin\alpha$	$-\cos\alpha$	$-\cos\alpha$	$-\sin\alpha$
$\cos\theta$	$\sin\alpha$	$-\sin\alpha$	$-\cos\alpha$	$-\cos\alpha$	$-\sin\alpha$	$\sin\alpha$	$\cos\alpha$
$\tan\theta$	$\cot\alpha$	$-\cot\alpha$	$-\tan\alpha$	$\tan\alpha$	$\cot\alpha$	$-\cot\alpha$	$-\tan\alpha$
$\cot\theta$	$\tan\alpha$	$-\tan\alpha$	$-\cot\alpha$	$\cot\alpha$	$\tan\alpha$	$-\tan\alpha$	$-\cot\alpha$

【注意】奇变偶不变，符号看象限(因任一角度均可表示为$\frac{k\pi}{2}+\alpha$，$k\in\mathbf{Z}$，$|\alpha|<\frac{\pi}{4}$，故k为奇数时得角α的异名函数值，k为偶数时得角α的同名函数值，然后在前面加上一个把角α看作锐角时原来函数值的符号).

16. 特殊三角函数

三角函数	$0°$	$30°$	$45°$	$60°$	$90°$
	0	$\frac{\pi}{6}$	$\frac{\pi}{4}$	$\frac{\pi}{3}$	$\frac{\pi}{2}$
$\sin\alpha$	0	$\frac{1}{2}$	$\frac{\sqrt{2}}{2}$	$\frac{\sqrt{3}}{2}$	1
$\cos\alpha$	1	$\frac{\sqrt{3}}{2}$	$\frac{\sqrt{2}}{2}$	$\frac{1}{2}$	0
$\tan\alpha$	0	$\frac{\sqrt{3}}{3}$	1	$\sqrt{3}$	—
$\cot\alpha$	—	$\sqrt{3}$	1	$\frac{\sqrt{3}}{3}$	0

七、初等几何公式

1. 扇形弧长 $l=r\theta$ （θ 为圆心角，以弧度计).

2. 扇形面积 $S=\frac{1}{2}lr=\frac{1}{2}r^2\theta$.

3. 圆的面积 $S=\pi r^2$，圆的周长 $C=2\pi r$.

4. 圆锥体体积 $V=\frac{1}{3}\pi r^2 h$.

5. 球的体积 $V=\frac{4}{3}\pi r^3$，球的表面积 $S=4\pi r^2$.

6. 圆柱体体积 $V=\pi r^2 h$，圆柱体的侧面积 $S=2\pi rh$.

【注意】r 表示半径，h 表示高.

附录 B

浙江省普通高校专升本考试真题

注意事项：

1. 答题前，考生务必将自己的姓名、准考证号用黑色字迹的签字笔或钢笔填写在答题纸规定的位置上.
2. 每小题选出答案后，用 2B 铅笔把答题纸上对应题目的答案标号涂黑，如需改动，用橡皮擦干净后，再选涂其他答案标号，不能答在试题卷上.

一、选择题(每个小题给出的选项中，只有一项符合要求. 本题共有 5 个小题，每小题 4 分，共 20 分)

1. 已知函数 $f(x)=\begin{cases}1+\sin x, x\geqslant 0,\\ -\sin x, x<0,\end{cases}$ 则 $x=0$ 是它的(　　)

A. 连续点　　B. 跳跃间断点　　C. 可去间断点　　D. 无穷间断点

2. 若 $f(x)=\tan x-20$，则 $f'\left(\frac{\pi}{4}\right)=$(　　)

A. 2　　B. 0　　C. -18　　D. -20

3. 下列选项正确的是(　　)

A. 若函数 $f(x)$ 在 (a,b) 上连续，则函数 $f(x)$ 在 (a,b) 内可导

B. 若函数 $f(x)$ 在 (a,b) 上连续，则函数 $f(x)$ 在 (a,b) 内有最大值与最小值

C. 若函数 $f(x)$ 在 $[a,b]$ 上连续，则函数 $f(x)$ 在 $[a,b]$ 上必存在原函数

D. 若函数 $f(x)$，$g(x)$ 在 $[a,b]$ 上的导函数相等，则 $f(x)=g(x)$

4. 微分方程 $y''+2y'+10y=0$ 的通解是(　　)

A. $y=e^{3x}(c_1\cos x+c_2\sin x)$　　B. $y=e^{-3x}(c_1\cos x+c_2\sin x)$

C. $y=e^{x}(c_1\cos 3x+c_2\sin 3x)$　　D. $y=e^{-x}(c_1\cos 3x+c_2\sin 3x)$

5. 下列四个级数中发散的是(　　)

A. $\sum\limits_{n=1}^{\infty}\frac{1}{\sqrt{n}}$　　B. $\sum\limits_{n=1}^{\infty}\frac{(-1)^n}{\sqrt{n}}$　　C. $\sum\limits_{n=1}^{\infty}\frac{1}{\sqrt[n]{n}}$　　D. $\sum\limits_{n=1}^{\infty}\frac{(-1)^n}{\sqrt[n]{n}}$

二、填空题(本大题共 10 小题，每小题 4 分，共 40 分)

6. 若函数 $f(x)=\begin{cases}\frac{1}{6}, |x|\geqslant 1,\\ 0, |x|<1,\end{cases}$ 则 $f[f(x)]=$________.

7. $\lim\limits_{x\to\infty}\left(\frac{2x+4}{2x+3}\right)^{x+3}=$________.

8. 若 $x\to 0$ 时，$1-\cos ax\ (a>0)$ 与 x^2 是等价无穷小，则 $a=$________.

9. 设函数 $f(x)=\sqrt{4x+1}$，则 $f''(2)=$________.

10. $y=\sin(1+\ln x)$，则 $dy=$________.

11. 若函数 $f(x)$ 满足 $f'(2)=1$，则 $\lim\limits_{h\to 0}\frac{1}{h}\left[f\left(2+\frac{h}{2}\right)-f\left(2-\frac{h}{2}\right)\right]=$__________.

12. 曲线 $\begin{cases}x=e^t\sin t,\\ y=1+t+\arctan t,\end{cases}$ 在 $t=0$ 相应的切点处的切线方程是__________.

13. 设函数 $f(x)$ 在 $(-\infty,+\infty)$ 上连续，且 $\int_0^9 f(x)\mathrm{d}x=10$，则 $\int_0^3 xf(x^2)\mathrm{d}x=$__________.

14. 求极限 $\lim\limits_{x\to 3}\frac{x}{x-3}\int_3^x\frac{\sin t}{t}\mathrm{d}t=$__________.

15. 广义积分 $\int_0^{+\infty}\frac{2}{\sqrt{(x+1)^3}}\mathrm{d}x=$__________.

三、计算题（本题共有 8 小题，其中第 16 ～ 19 小题每小题 7 分，第 20 ～ 23 小题每小题 8 分，共 60 分. 计算题必须写出必要的计算过程，只写答案不给分）

16. 求极限 $\lim\limits_{x\to 0}\frac{e^{2x}+2e^{-x}-3}{x\cdot\ln(1+x)}$.

17. 求由方程 $\sin(x+y)+e^{xy}-3=0$ 所确定的隐函数的导数 $\frac{\mathrm{d}y}{\mathrm{d}x}$.

18. 求定积分 $\int_0^{\frac{\pi}{6}}\sqrt{\sin x-\sin^3 x}\,\mathrm{d}x$.

19. 求由曲线 $y=\sin x$ 与直线 $y=2x$ 及 $x=\pi$ 所围成的图形的面积.

20. 求不定积分 $\int\frac{1+\ln x}{x^2}\mathrm{d}x$.

21. 求过点 $P(1,-1,-1)$，且与直线 $\begin{cases}x-2y+4z-7=0\\ 3x-5y+3z+2=0\end{cases}$ 平行的直线方程，并求点 P 到平面 $3x-2y+2z+3=0$ 的距离.

22. 求微分方程 $y'+\frac{2}{x+2}y=e^x$ 的通解.

23. 设函数 $y=\frac{2x^2}{3x+1}$，试确定函数的单调区间，并求曲线 $y=\frac{2x^2}{3x+1}$ 的渐近线.

四、综合题（本题共30分，每题10分）

24. 设曲线 $y=\sqrt{x-1}$ 与直线 $y=a(0<a<2)$ 及 $x=0, y=0$ 所围成的图形的面积为 S_1，由曲线 $y=\sqrt{x-1}$ 与直线 $y=a$ 及 $x=5$ 所围成的图形的面积为 S_2.

(1) 求 S_1, S_2 分别绕 x 轴旋转一周而成的旋转体体积 V_1, V_2（用 a 表示）.

(2) 当 a 为何值时，V_1+V_2 取得最小值？并求此最小值.

25. (1) 将函数 $\ln(1+x)$ 展开为 x 的幂级数.

(2) 求幂级数 $\sum\limits_{n=1}^{\infty}\dfrac{(-1)^n}{n(n+1)}x^n$ 的收敛区间.

(3) 求 $\sum\limits_{n=1}^{\infty}\dfrac{(-1)^n}{n(n+1)}\left(\dfrac{1}{4}\right)^n$ 的值.

26. 设函数 $f(x)$ 在区间 $(0,2)$ 具有二阶导数，且 $f(1)=0, f''(x)>0$.

(1) 在区间 $(0,2)$ 写出 $f(x)$ 在 x_0 处带有拉格朗日余项的一阶泰勒公式，并证明：$f(x)\leqslant f'(x)(x-1)$.

(2) 证明：当 $x\in\left(0,\dfrac{1}{2}\right)$ 时，有 $(1-x)f\left(x+\dfrac{1}{2}\right)\leqslant\left(\dfrac{1}{2}-x\right)f(x)$.

附录 C

参考答案与提示

第一章　函数、极限和连续

习题 1.1

1. B　**2.** $[-1,0]$　$[-1,1]$

3. (1) $(-\infty,-2]\cup(2,+\infty)$　(2) $x\neq\frac{k\pi}{2},k\in\mathbf{Z}$　(3) $[-1,2)$

(4) $\left(\frac{3}{2},4\right)$　(5) $(1,2)\cup(2,+\infty)$　(6) $\left[\frac{2}{3},2\right)$

4. (1) 非奇非偶　(2) 偶　(3) 奇　(4) 偶

5. $f(-1)=2$，$f(0)=5$，$f(3)=0$

6. (1) $y=\frac{x}{3-x}$　(2) $y=-\sqrt{1-x^2},x\in[0,1]$

7. 当 $x\neq0$ 时，$f\left(x+\frac{1}{x}\right)=\frac{1}{x^2+\frac{1}{x^2}}=\frac{1}{\left(x+\frac{1}{x}\right)^2-2}$，令 $t=x+\frac{1}{x}$，则

$f(t)=\frac{1}{t^2-2}$，所以 $f(x)=\frac{1}{x^2-2}$

8. $y=\begin{cases}6, & 0<t\leqslant1,\\ 3+3t, & 1<t\leqslant9,\\ 30, & t>9.\end{cases}$

习题 1.2

1. D　**2.** C　**3.** B　**4.** $\frac{\pi}{6}$　$-\frac{\pi}{4}$　**5.** 略

6. 设底半径为 r，则 $V=\pi r^2h$，得 $h=\frac{V}{\pi r^2}$，表面积 $S=2\pi rh+2\pi r^2=\frac{2V}{r}+2\pi r^2,r\in(0,+\infty)$

7. 设等腰梯形的高为 h，从短底边的顶点向长底边（直径）作垂线，垂足与长底边的顶点之间的距离为 x，得 $x=R-\sqrt{R^2-h^2}$，所以 $S=(2R+2R-2x)\cdot\frac{h}{2}=(R+\sqrt{R^2-h^2})\cdot h$，其中 $0<h<R$

8. $d=\sqrt{(20t)^2+(80-15t)^2}$

习题 1.3

1. D　**2.** C　**3.** -3

4. (1) 0　(2) 发散　(3) 发散　(4) 1　(5) 1　(6) 0

5. (1)0　(2) 不存在　(3)0　(4)0　(5) -4　(6)1

6. 略　**7.** (1)3　(2)1　(3) 不存在　**8.** $a=1$　**9.** 等于 1

习题 1.4

1. D　**2.** C　**3.** A　**4.** ∞　0　**5.** (1) $\frac{6}{5}$　(2)0　(3)0　(4)1　(5) $\frac{1}{4}$

(6) $\frac{1}{4}$　(7)0　(8)4　**6.** (1) $\frac{3}{7}$　(2)∞　(3)0　(4)8

7. (1)$a=-2,b=-3$　(2) $a=7,b=-8$

习题 1.5

1. B　**2.** A　**3.** A　**4.** 0　$\frac{1}{2}$　**5.** e^{-1}　e^{6}　**6.** (1) $\frac{4}{7}$　(2) $\frac{5}{4}$　(3)e^{-6}

(4)e^{-6}　(5)e^{-1}　(6)e^{2}　**7.** (1)2　(2) $-\frac{1}{2}$　(3)0　(4) $\frac{1}{3}$

习题 1.6

1. ×　√　√　×　**2.** 第一类　可去　**3.** B

4. $(-\infty,-3)\cup(-3,2)\cup(2,+\infty)$　0　$-\frac{9}{5}$

5. $a=1$　**6.** (1)1　(2)2

7. (1) $x=1$,第二类间断点　(2) $x=0$,第一类，可去间断点；$x=\frac{k\pi}{3}+\frac{\pi}{6}$,第二类间断点

(3) $x=0$,第一类，可去间断点

8. 略

习题 1.7

1. (1) 91.4833　(2) -0.1873　**2.** 1.7820　**3.** -2.9547

4. (1)[x + 1, x - 2, x - 2]　(2)[x - 2 * y + 3, x + 3 * y - 2]

5. (1)(x - 1)^2 * (x + 2) * (x - 3)　(2)2/cos(t)

6. (1)

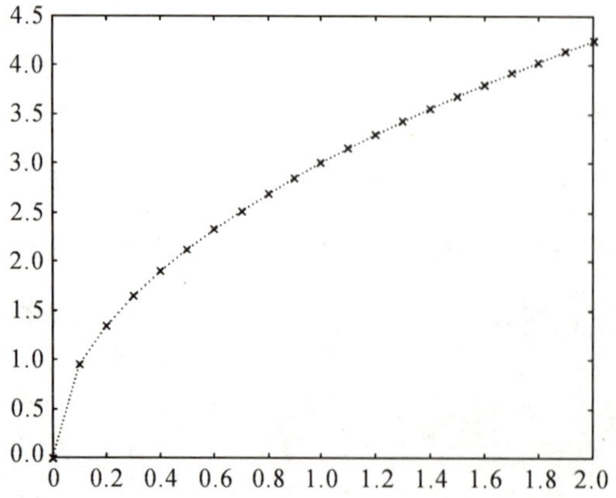

(2)
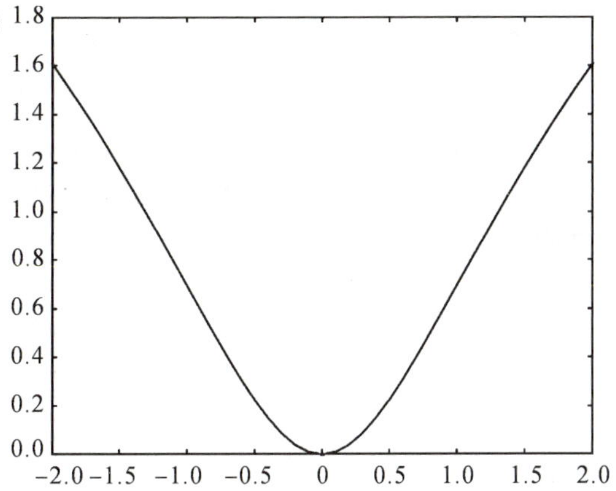

(3)
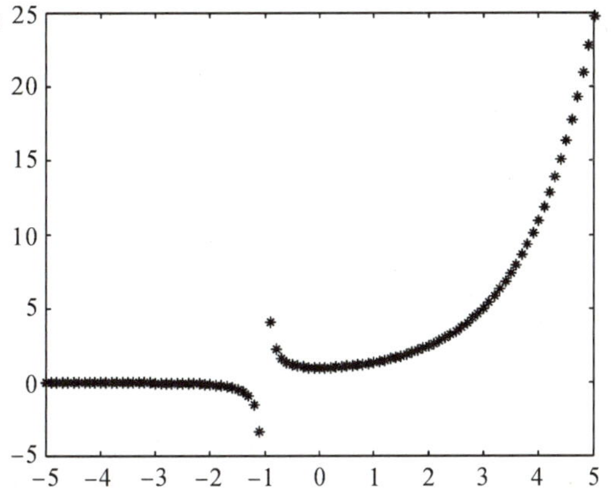

7. (1) 0　(2) 0　(3) -1　(4) 1

复习题一

1. ×　**2.** √　**3.** √　**4.** ×　**5.** √　**6.** 0　-3　-2　**7.** 2　**8.** $[0,+\infty)$

9. $-\frac{1}{2}$　e　**10.** 3　0　**11.** -3　**12.** B　**13.** C　**14.** C　**15.** D　**16.** D

17. $(1,2)\cup(2,3]$　**18.** (1) 偶函数　(2) 非奇非偶函数　**19.** (1) $\frac{1}{2}$　(2) 4　(3) $\frac{1}{5}$

20. (1) 1　(2) 1　(3) $\frac{1}{2}$　**21.** 略　**22.** $a=3$　**23.** $a=2,b=-3$　**24.** $a=1,b=-2$

25. $f(x)=\frac{(x+3)(x^2-1)}{(x+3)(x-2)}$，连续区间为$(-\infty,-3)\cup(-3,2)\cup(2,+\infty)$. $x=-3$是第一类间断点，且是可去间断点；$x=2$是第二类间断点

26. 设侧面积为S，长、宽分别为x，y，由题意得$y=12-x$，所以$S=2\pi xy=24\pi x-2\pi x^2$，$0<x<12$

27. 设底面积为S，总造价为y，周围单位造价为a，则$y=2aS+4a\cdot\sqrt{S}\cdot\frac{8}{S}=\frac{2S^2+32\sqrt{S}}{S}a$，$0<S<8$

第二章　导数与微分

习题 2.1

1. $-\frac{1}{x^2}$　**2.** $\frac{2}{5}x^{-\frac{3}{5}}$　**3.** $-\frac{1}{2}x^{-\frac{3}{2}}$　**4.** D　**5.** B　**6.** B

7. 切线方程：$12x-y-16=0$，法线方程：$x+12y-98=0$

8. 切线方程：$x-\mathrm{e}y=0$

9. $v(2)=12\mathrm{m/s}$

10. 不连续，必不可导

习题 2.2

1. $y'=\mathrm{e}^x(\cos x-\sin x)$　2. $y''=-4\sin 2x$　3. $y^{(n)}=2^n\mathrm{e}^{2x}$

4. C　5. C　6. B　7. $y'=\frac{1}{\sqrt{x}}-\frac{1}{x^2}$　8. $y'=2x\arctan x+1$

9. $y'=\frac{-4x}{(1+x^2)^2}$　10. $y'=-\frac{2}{x(1+\ln x)^2}$

习题 2.3

1. $y''=12x(x^3+1)+18x^4$　2. $\frac{\mathrm{d}y}{\mathrm{d}x}=-\frac{2x}{4y^3}$　3. $\frac{\mathrm{d}y}{\mathrm{d}x}=-\frac{y\mathrm{e}^x}{\mathrm{e}^x+\frac{1}{y}}$　4. C　5. C

6. $y'=\frac{1}{\sqrt{x^2+a^2}}$

7. $y''=-\mathrm{e}^{-2x}[5\sin 3x+12\cos 3x]$

8. 切线方程：$3x-y-4=0$

9. $y'=\frac{1}{2}\sqrt{\frac{(x-1)(x-2)}{(x-3)(x-4)}}\left[\frac{1}{x-1}+\frac{1}{x-2}-\frac{1}{x-3}-\frac{1}{x-4}\right]$

10. $\frac{\mathrm{d}y}{\mathrm{d}x}=-\frac{b}{a}\cot t$，$\frac{\mathrm{d}^2y}{\mathrm{d}x^2}=-\frac{b}{a^2\sin^3 t}$

习题 2.4

1. x^2　2. $2\sqrt{x}$　3. $-\mathrm{e}^{-x}$　4. D　5. D　6. B

7. $\mathrm{d}y=2\cos(2x+1)\mathrm{d}x$

8. $\mathrm{d}y=\frac{1}{\sqrt{1-x^2}}\mathrm{d}x$

9. 1.025　10. 1.01e

复习题二

1. 1　2. $-\frac{9}{(2-3x)^2}$　3. 5　4. $-\frac{1}{x^2}$　5. $x=\pm 1$　6. $-\tan x\,\mathrm{d}x$

7. $-\frac{1}{2}\tan x\,\mathrm{d}x$　8. e^x　9. $\mathrm{e}^x(x+n)$　10. $(-1)^{n-1}(n-1)!\,(1+x)^{-n}$

11. D　12. B　13. B　14. D　15. B　16. D　17. D　18. A

19. $y'=\frac{2}{\sqrt[3]{x}}+\frac{3}{x^4}$

20. $y'=1+\ln x+\frac{1-\ln x}{x^2}$

21. $y'=\frac{1}{1+\cos x}$

22. $y' = e^{\arctan\sqrt{x}} \cdot \dfrac{1}{2(1+x^2)\sqrt{x}}$

23. $dy = \dfrac{1}{2}\cot\dfrac{x}{2}dx$

24. $y' = \dfrac{(2x+3)\sqrt[4]{x-6}}{\sqrt[3]{x+1}}\left[\dfrac{2}{2x+3} + \dfrac{1}{4(x-6)} - \dfrac{1}{3(x+1)}\right]$

25. (1) $\dfrac{dy}{dx} = \dfrac{\frac{dy}{dt}}{\frac{dx}{dt}} = \dfrac{a\sin t}{a(1-\cos t)} = \cot\dfrac{t}{2}$

(2) 切线方程：$y = x + a\left(2 - \dfrac{\pi}{2}\right)$

26. 切线方程 $x + 2y - 8 = 0$，法线方程 $2x - y - 1 = 0$

27. $10\text{cm}^2/\text{s}$

第三章　导数的应用

习题 3.1

1. C　　2. 1　　3. $\dfrac{2\sqrt{3}}{3}$　　4. 不满足　　5. 不满足

6. 在两端点连线水平的连续曲线弧$\overset{\frown}{AB}$上，除端点外的每一点处都有不垂直于 x 轴的切线，则在曲线弧上至少存在一点 C，使得该点处有水平切线

7. 有三个根，其中 $x_1 \in (1,2)$，$x_2 \in (2,3)$，$x_3 \in (3,4)$

习题 3.2

1. B

2. (1)2　　(2)1　　(3)∞　　(4)0　　(5)2

3. (1) $\dfrac{1}{3}$　　(2) $\dfrac{1}{4}$　　(3) $\dfrac{1}{6}$　　(4) $\dfrac{3}{2}$　　(5)0　　(6) $-\dfrac{1}{2}$　　(7)0　　(8)1

4. (1) $\lim\limits_{x\to+\infty}\dfrac{\sqrt{x^2+1}}{x} = \lim\limits_{x\to+\infty}\sqrt{\dfrac{x^2+1}{x^2}} = \lim\limits_{x\to+\infty}\sqrt{1+\dfrac{1}{x^2}} = 1$

(2) $\lim\limits_{x\to0}\dfrac{x^2\sin\frac{1}{x}}{\sin x} = \lim\limits_{x\to0}\dfrac{x\sin\frac{1}{x}}{\frac{\sin x}{x}} = \dfrac{\lim\limits_{x\to0}x\sin\frac{1}{x}}{\lim\limits_{x\to0}\frac{\sin x}{x}} = \dfrac{0}{1} = 0$

习题 3.3

1. C

2. $(1,+\infty)$　$(0,1)$

3. (1) $f(x)$ 在 $(-\infty,-3)$，$(1,+\infty)$ 单调增加；$f(x)$ 在 $(-3,1)$ 单调减少.

(2) $f(x)$ 在 $(-\infty,-3)$，$(3,+\infty)$ 单调增加；$f(x)$ 在 $(-3,0)$，$(0,3)$ 单调减少

4. (1) $f_{极大} = f(0) = 7$，$f_{极小} = f(2) = 3$　　(2) $f_{极大} = f(0) = 1$，无极小值

5. (1) $f_{\max} = f(6) = 59$，$f_{\min} = f(3) = -22$　　(2) $f_{\max} = f(4) = 6$，$f_{\min} = f(0) = 0$

6. $a=-1$

习题 3.4

1. 2100　21　2

2. 小屋长 10m，宽 5m 时面积最大

3. 截去小正方形边长为 5cm 时，容器容积最大

4. 池底半径为$\sqrt[3]{\dfrac{150}{\pi}}$，池高为 $2\sqrt[3]{\dfrac{150}{\pi}}$ 时，总造价最低

5. 产量 $q=500$ 件时，L 最大，$L_{\max}=2300$ 元

6. 每件售价定为 35 元时，收益最大，$R_{\max}=61250$ 元

习题 3.5

1. D　**2.** 2　$\dfrac{1}{2}$　$x^2+(y-\dfrac{1}{2})^2=\dfrac{1}{4}$　**3.** $\dfrac{\sqrt{2}}{4}$；$2\sqrt{2}$　**4.** $\dfrac{\sqrt{2}}{2}$；$\sqrt{2}$　**5.** $\dfrac{1}{25}$

6. $\dfrac{2\sqrt{5}}{25}$；$\dfrac{3\sqrt{10}}{50}$　**7.** $\left(\dfrac{\sqrt{2}}{2},-\dfrac{\ln 2}{2}\right)$；$\dfrac{3\sqrt{3}}{2}$

习题 3.6

1. C

2. $(0,+\infty)$　$(-\infty,0)$　$(0,0)$

3. (1) 凹区间$(1,+\infty)$；凸区间$(-\infty,1)$；拐点$(1,2)$

(2) 凹区间$(0,+\infty)$；凸区间$(-\infty,0)$；拐点$(0,0)$

(3) 凹区间$(0,1)$；凸区间$(1,+\infty)$；拐点$\left(1,-\dfrac{1}{2}\right)$

(4) 凹区间$(2,+\infty)$；凸区间$(-\infty,2)$；拐点$\left(2,\dfrac{2}{e^2}\right)$

4. (1) 水平渐近线 $y=0$；垂直渐近线 $x=2$

(2) 水平渐近线 $y=1$；垂直渐近线 $x=-1$

(3) 垂直渐近线 $x=2$；斜渐近线 $y=x+2$

(4) 斜渐近线 $y=x$

5. (1)

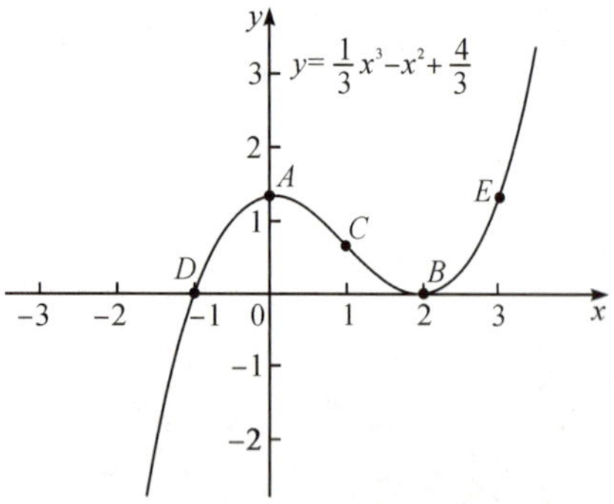

(2)

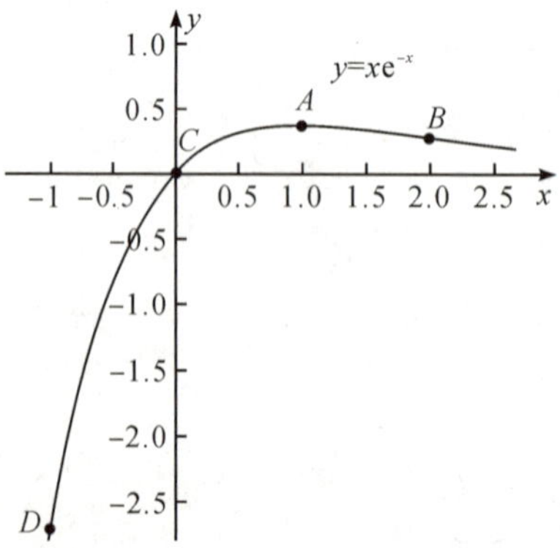

6.

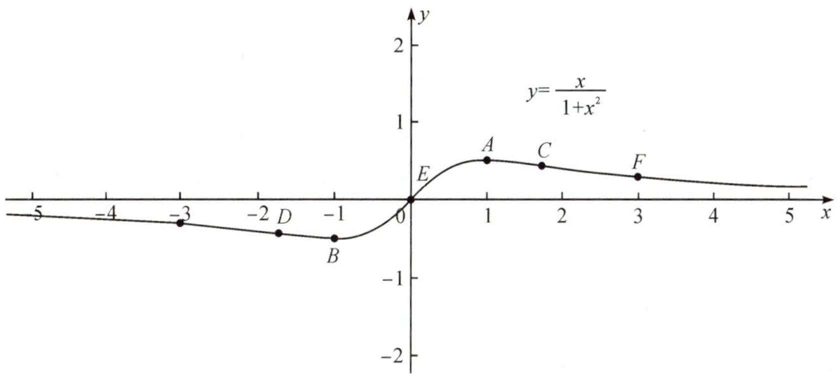

习题 3.7

1. (1)
```
>> syms x
>> diff(sin(x * sqrt(x)))
ans =
    (3 * x^(1/2) * cos(x^(3/2)))/2
```
(2)
```
>> syms x
>> diff(asin(x) * sqrt(1 + 2 * x^2))
ans =
    (2 * x^2 + 1)^(1/2)/(1 - x^2)^(1/2) + (2 * x * asin(x))/(2 * x^2 + 1)^(1/2)
```
(3)
```
>> syms x
>> diff(log(cos(x))/(1 - sqrt(x)))
ans =
    log(cos(x))/(2 * x^(1/2) * (x^(1/2) - 1)^2) + sin(x)/(cos(x) * (x^(1/2) -
1))
```

2.
```
>> syms x
>> y=cos(x);
>> t=diff(y,7);
>> z=subs(t,pi/4)
z=
  2^(1/2)/2
```

3.
```
>> f='3 * x^4 - 2 * x^3 - 9 * x^2 + 3';
>> fplot(f,[-2,2])
>> [x, fv]=fminbnd(f, -2,0)
x =
     -1.0000
fv =
     -1.0000
>> [x, fv]=fminbnd(f,0,2)
x =
     1.5000
fv =
     -8.8125
```
如图所示.

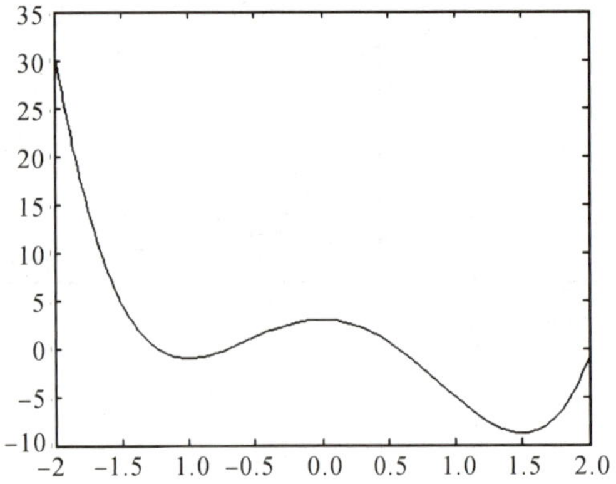

第 3 题图

4. 建立目标函数：$V=x(30-2x)^2, 0<x<15$

```
>> fplot('x * (30 - 2 * x)^2',[0,15])
>> [x, fv] = fminbnd('- x * (30 - 2 * x)^2',0,15)
x =
    5.0000
fv =
    -2.0000e+03
```

因此当截去的小正方形边长 $x=5$cm 时，容器的容积最大，最大容积为 2×10^3 cm^3.
如图所示.

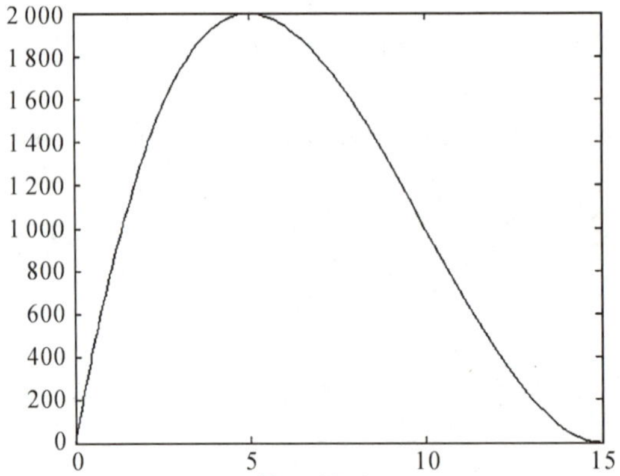

第 4 题图

复习题三

1. D　**2.** D　**3.** C　**4.** C　**5.** C

6. $\frac{\sqrt{3}}{3}$　**7.** $g(x)+C$　**8.** 驻点　**9.** $f'(x_0)=0$　**10.** 2(元)　**11.** 1　1

12. $x=-1, x=1$　$f(1)=2$　$f(-1)=-2$　$(-\infty,0)$　$(0,+\infty)$　$(0,0)$

13. $y=1$　$x=-3$

14. (1) $\frac{m}{n}$　(2) $\cos a$　(3) ∞　(4) 2　(5) 0　(6) $+\infty$　(7) 1　(8) $\frac{1}{2}$

(9) 1　(10) 1　(11) e^{-1}　(12) $\frac{1}{2}$

15. (1) 递增区间 $(-\infty,-1),(0,+\infty)$；递减区间 $(-1,0)$；极大值 $f(-1)=0$；极小值 $f(0)=-1$

(2) 递增区间$(0,+\infty)$;递减区间$(-\infty,0)$;极小值 $f(0)=1$

(3) 递增区间$(-\infty,0)$,$(1,+\infty)$;递减区间$(0,1)$;极大值 $f(0)=2$;极小值 $f(1)=0$

(4) 递增区间$\left(-\infty,\frac{3}{4}\right)$;递减区间$\left(\frac{3}{4},1\right)$;极大值 $f\left(\frac{3}{4}\right)=\frac{5}{4}$

16. (1)$y_{max}=11$;$y_{min}=-14$　　(2)$y_{max}=1$;$y_{min}=-1$

17. (1) 凹区间$(1,+\infty)$;凸区间$(-\infty,1)$;拐点$(1,2)$

(2) 凹区间$(-1,1)$;凸区间$(-\infty,-1)$,$(1,+\infty)$;拐点$(-1,\ln2)$,$(1,\ln2)$

18. $a=-2,b=-\frac{1}{2}$

19. $r=1\text{m},h=2\text{m}$

20. D 点选在 AB 之间距 A 点 15km 处

21. 底宽为$\sqrt{\frac{40}{4+\pi}}=2.366(\text{m})$

22. $b=\frac{\sqrt{3}}{3}d,h=\frac{\sqrt{6}}{3}d,W_{max}=\frac{\sqrt{3}}{27}d^3$

23. $a=1,b=-3,c=-24,d=16$

24. $R=1.25$，即砂轮直径不得超过 2.5 个单位长度

25.

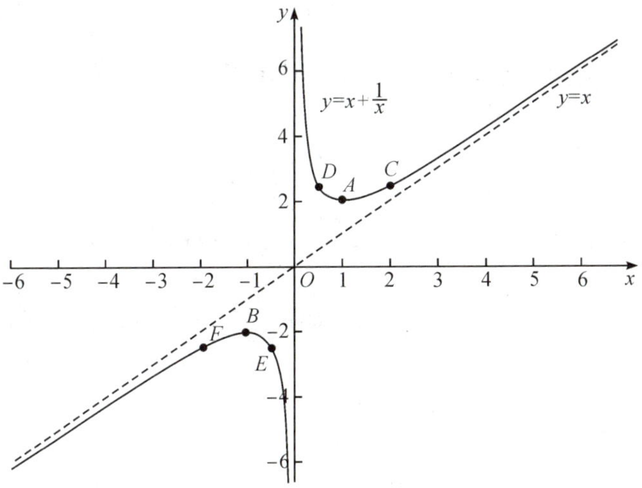

第四章　不定积分及其应用

习题 4.1

1. (1)$3x^2$　$6x$　$3x^2+C$　x^3+C　　(2)$-\cos x-\sin x+C$　$\sin x-\cos x+C$

(3)$\frac{\sin x}{x}$　$\frac{\sin x}{x}\mathrm{d}x$　$\frac{\sin x}{x}+C$　$\frac{\sin x}{x}+C$　　(4)$2^x\cdot\ln2+\sec^2x$　　(5)$ax+C$

2. (1)$x+x^3-\frac{3^x}{\ln3}+C$　　(2)$\frac{1}{2}(x+\sin x)+C$　　(3)$\frac{x^3}{3}-x+\arctan x+C$

(4)$\arcsin x+\ln|x|+C$　　(5)$2\ln|x|+\arctan x+C$　　(6)$-\cot x-x+C$

(7)$\tan x-\cot x+C$　　(8)$-\cot x-\tan x+C$

3. $\frac{x^2}{2}+\frac{1}{2}$

4. (1)8m　　(2)$5\sqrt[3]{4}$s

习题 4.2

1. (1) $\frac{1}{2}$　$\frac{1}{3}$　$-\frac{1}{3}$　(2) $\frac{1}{2}$　(3) $\ln x$

(4) $-\frac{1}{x}$　(5) $2\sqrt{x}$　(6) $\frac{1}{2}F(2x+3)+C$

2. (1) $-e^{-x}+C$　(2) $\frac{1}{3}e^{3x}+C$　(3) $-2\cos\frac{x}{2}+C$

(4) $2\sin\sqrt{x}+C$　(5) $-\frac{1}{9}(1-2x)^4+C$　(6) $\frac{1}{4}\ln|1+4x|+C$

(7) $\ln|\ln x|+C$　(8) $\frac{1}{2}(\arctan x)^2+C$　(9) $-\frac{1}{\arcsin x}+C$

(10) $\frac{1}{2}\ln(4+x^2)+C$　(11) $-\sqrt{9-x^2}+C$　(12) $\arcsin\frac{x}{3}+C$

(13) $\frac{1}{2}\arctan\frac{x}{2}+C$　(14) $\frac{1}{4}\ln\left|\frac{2+x}{2-x}\right|+C$　(15) $\ln\left|\frac{x-2}{x-1}\right|+C$

(16) $-\frac{1}{7}\cos^7 x+C$　(17) $\frac{x}{2}-\frac{1}{4}\sin 2x+C$　(18) $\frac{1}{3}\sin^3 x-\frac{1}{5}\sin^5 x+C$

(19) $\ln|\sin x|+C$

(20) $\ln|\csc x-\cot x|+C$（或 $-\ln|\csc x+\cot x|+C$，或 $\ln\left|\tan\frac{x}{2}\right|+C$）

3. (1) $x-2\sqrt{x}+2\ln(1+\sqrt{x})+C$　(2) $\frac{2\sqrt{x+1}}{15}(3x^2+x-2)+C$

(3) $3\left[\frac{\sqrt[3]{(x+1)^2}}{2}-\sqrt[3]{x+1}+\ln\left|1+\sqrt[3]{x+1}\right|\right]+C$　(4) $\frac{1}{2}(\arcsin x-x\sqrt{1-x^2})+C$

(5) $\ln\left|\sqrt{x^2+4}+x\right|+C$　(6) $\sqrt{x^2-1}-\arccos\frac{1}{x}+C$

习题 4.3

1. (1) $(x^2-x+1)e^x+C$　(2) $\cos x-\frac{2\sin x}{x}+C$　(3) $xf'(x)-f(x)+C$

2. (1) $-(x+1)e^{-x}+C$　(2) $\frac{e^{2x}}{4}(2x-1)+C$　(3) $\sin x-x\cos x+C$

(4) $\frac{1}{3}(x\sin 3x+\frac{1}{3}\cos 3x)+C$　(5) $-x^2\cos x+2(x\sin x+\cos x)+C$

(6) $\frac{x^4}{16}(4\ln x-1)+C$　(7) $x\arcsin x+\sqrt{1-x^2}+C$

(8) $\frac{1}{3}\left[x^3\arctan x-\frac{x^2}{2}+\frac{1}{2}\ln(1+x^2)\right]+C$　(9) $x\arctan\sqrt{x}-\sqrt{x}+\arctan\sqrt{x}+C$

(10) $2(\sin\sqrt{x}-\sqrt{x}\cos\sqrt{x})+C$　(11) $3(\sqrt[3]{x^2}-2\sqrt[3]{x}+2)e^{\sqrt[3]{x}}+C$

(12) $\frac{e^x}{2}(\sin x+\cos x)+C$

习题 4.4

1. 略　**2.** (1) $y=(C+x^3)^{\frac{1}{3}}$　(2) $y=\ln(e^x+C)$　(3) $y=Ce^{x^2+x^3}$

3. (1) $y=\frac{1}{3}e^{2x}+Ce^{-x}$　(2) $y=\frac{b}{1+a^2}\sin x-\frac{ab}{1+a^2}\cos x+Ce^{ax}$

4. (1) $y=\frac{3}{2}x^2+C$　(2) $y=\frac{3}{2}x^2-1$　(3) $y=\frac{3}{2}x^2-\frac{1}{3}$

5. (1) $y=\frac{1}{5}x^3+\frac{1}{2}x^2+C$　(2) $y=Cx$　(3) $e^x+e^{-y}=C$

(4) $\arctan y=\ln(1+x^2)+C$

6. (1) $y=2e^x$　(2) $e^y=\frac{1}{2}(1+e^{2x})$

7. (1) $y=(x+C)e^{-x}$　(2) $y=\frac{1}{3}x^2+\frac{C}{x}$　(3) $y=1+Ce^{-x^2}$

8. (1) $y=-x-1+e^x$　(2) $y=2e^{2x}-e^x$

习题 4.5

1. $y=\ln x+1$　2. $mg-kv=m\frac{dv}{dt}$　3. $y=\frac{x^3}{3}+1$　4. $y=2(e^x-x-1)$

5. $v\approx 296.3\text{cm/s}$　6. $T(t)=20+30e^{-kt}$

复习题四

1. B　2. C　3. B　4. A　5. D　6. A

7. x^2-15　8. $\frac{\cos x}{x}$　9. $4x^3-x+C$

10. $\frac{1}{x}+C$　11. $\tan t$　12. x^2+x+1

13. $y=Ce^{-2x}$　14. $y=e^x$

15. (1) $-\frac{2}{3}x^{-\frac{3}{2}}+C$　(2) $\frac{1}{2}[x^2-\ln(1+x^2)]+C$

(3) $e^{x+1}+C$　(4) $-\frac{1}{4(2x-1)^2}+C$

(5) $\frac{(x^2-1)^6}{12}+C$　(6) $-2\cos\sqrt{x}+C$

(7) $13\arcsin\frac{x}{2}-\sqrt{4-x^2}+C$　(8) $\ln(1+e^x)+C$

(9) $6\left(\frac{x\sqrt[6]{x}}{7}+\frac{\sqrt[3]{x^2}}{4}\right)+C$　(10) $2\ln\frac{\sqrt{e^x}}{1+\sqrt{e^x}}+C$

(11) $-\frac{\sqrt{1-x^2}}{x}-\arcsin x+C$　(12) $\ln\left|x+\sqrt{x^2-1}\right|-\frac{\sqrt{x^2-1}}{x}+C$

(13) $\frac{1}{4}(2x-1)e^{2x}+C$　(14) $x\ln(x^2+1)-2(x-\arctan x)+C$

16. (1) $y=e^{Cx}$　(2) $\ln y=\arctan x+C$ 或 $y=Ce^{\arctan x}$

(3) $y=Ce^{2x}-e^x$　(4) $y=\frac{1}{2}(1+x)^4+C(1+x)^2$

第五章　定积分及其应用

习题 5.1

1. (1) 被积函数 $f(x)$ 和积分上下限　(2)0　(3) $\frac{1}{3}$　(4)0

2. (1) C　(2)B

3. (1) $<$　(2) $>$

4. (1)0　(2)π　(3)0　(4)1

5. 由积分估值定理易证.

习题 5.2

1. (1) $\frac{7}{3}$　(2)$\arctan x$　(3)$-e^{x^2}$

2. (1)A　(2)D

3. $0, \frac{\sqrt{2}}{2}$

4. $-\frac{1}{\pi}$

5. (1) $\frac{1}{100}$　(2) $\frac{14}{3}$　(3)$e-1$　(4) $\frac{4}{\ln 5}$　(5)3　(6)$1-\frac{\pi}{4}$

习题 5.3

1. (1) $\frac{3}{4}$　(2) $\frac{1}{6}$　(3) $\frac{\arctan\frac{1}{6}}{6}$　(4) $\frac{1}{2}$　(5) $\frac{65}{4}$　(6) $-\frac{1}{3}$

2. (1)8π　(2)$\ln(\sqrt{2}-1)$

3. (1)0　(2)1　(3)0　(4) $\frac{21}{4}$　(5) $\frac{4}{3}$　(6)1　(7) $\frac{7}{3}$

(8)$4-\ln 3$　(9)1　(10) $\frac{\pi}{6}-\sqrt{3}+2$

习题 5.4

1. (1)$1-2e^{-1}$　(2) $\frac{e^2+1}{4}$　(3)1　(4)2　(5) $\frac{\pi^2}{4}-2$

(6) $\frac{1}{2}+\frac{3}{4}e^4-\frac{3}{4e^2}$　(7) $\frac{e^{\frac{\pi}{2}}}{2}+\frac{1}{2}$　(8)$e-2$

习题 5.5

1. (1) $\frac{1}{3}$　(2) 发散　(3)0　(4) $\frac{1}{\ln 2}$　(5)$1-\frac{\pi}{4}$　(6) 发散

(7) $\frac{\pi}{2}$　(8)$+\infty$　(9)2　(10) $\frac{\pi}{2}$　(11) 发散　(12) $\frac{\pi}{2}$

习题 5.6

1. $\frac{1}{4}$ **2.** $\frac{1}{6}$ **3.** $\ln 2$ **4.** (1) $\frac{\pi}{3}$ (2) $\frac{\pi}{2}$ **5.** $\frac{4}{3}\sqrt{3}$ **6.** $\frac{13\sqrt{13}-8}{27}$

习题 5.7

1. $\frac{9}{5}k$，k 为比例系数 **2.** $0.0032k$，k 为比例系数 **3.** $\frac{81}{4}\pi\rho g$ **4.** $\frac{1300}{3}$ **5.** 63π

6. $\frac{1}{3}k\pi r^2 h^4$

习题 5.8

1. (1) $\frac{1}{14}$ (2) $2-\frac{\pi}{2}$ (3) 3.85 (4) 1.44 (5) $2\sqrt{2}-2$ (6) $1-\ln 2$

(7) 1 (8) $3\sqrt[3]{3}+3\sqrt[3]{2}$

2. (1) $t=2$ (2) 3838

3. 77100

复习题五

1. $\arctan x$ **2.** 0 **3.** 0 **4.** 0 或 1 **5.** $\frac{\pi}{4}a^2$ **6.** 0.5 **7.** B **8.** D **9.** A

10. (1) $\frac{1}{1+x^2}$ (2) π^2 **11.** (1) $\frac{1}{3}$ (2) 0 **12.** (1) -0.5 (2) $\frac{2}{\ln 3}+\frac{1}{3}$

(3) 0 (4) $\frac{1}{3}(e^2-e^{-1})$ (5) 5 (6) 2 (7) $\frac{a^2}{6}$ (8) $1-\frac{\pi}{4}$ (9) $4-2\ln 3$

(10) $\frac{\pi a^4}{16}$ (11) $2-\frac{\pi}{2}$ (12) $\sqrt{3}-\frac{\pi}{3}$ (13) $\frac{1}{2}(e^3-e^{-1})$ (14) 0

(15) $\frac{\pi}{2}$ (16) 6 (17) $\frac{e-1}{2}$ (18) $\frac{2}{9}$

13. 最大值 0，最小值 $-\frac{32}{3}$ **14.** 0，2 **15.** $2e^2-2e$ **16.** 1 **17.** $\frac{32}{3}$ **18.** $4-\ln 3$

19. $\frac{1}{3}$ **20.** 83.2 **21.** $V_x=\frac{\pi}{2}$，$V_y=\frac{2\pi}{3}$ **22.** $\frac{4\pi R^3}{3}$ **23.** $\frac{52}{3}$

第六章 线性代数初步

习题 6.1

1. $\begin{pmatrix} 5 & 4 & 9 & 8 \\ 3 & 1 & 6 & 2 \\ 4 & 7 & 7 & 6 \end{pmatrix}$

2. 12 9 21

3. $\begin{pmatrix} 0 & 0 & 0 \\ 0 & 0 & 0 \\ 0 & 0 & 0 \\ 0 & 0 & 0 \end{pmatrix}$

4. $-\boldsymbol{A}=\begin{pmatrix}-1 & -2\\ 0 & 17\\ 3 & -4\end{pmatrix}$

5. $x=3, y=1, z=1, w=2$

习题 6.2

1. (1)$\begin{pmatrix}0 & 0\\ 0 & 5\end{pmatrix}$ (2)$\begin{pmatrix}-2 & 0\\ -1 & 0\\ 2 & 4\end{pmatrix}$ (3)$x_1=6, x_2=2, y_1=2, y_2=-1$

2. $\begin{pmatrix}4 & \frac{3}{2} & -1\\ -1 & \frac{5}{2} & 1\\ \frac{7}{2} & \frac{11}{2} & \frac{5}{2}\end{pmatrix}$

3. $\boldsymbol{A}+\boldsymbol{B}^{\mathrm{T}}=\begin{pmatrix}3 & 0 & 0\\ 5 & 4 & 0\\ 0 & -3 & 5\end{pmatrix}$, $\boldsymbol{A}^{\mathrm{T}}-\boldsymbol{B}=\begin{pmatrix}1 & 1 & 2\\ 0 & -2 & 1\\ 2 & -4 & -1\end{pmatrix}$

4. $\boldsymbol{A}^{\mathrm{T}}\boldsymbol{B}=\begin{pmatrix}1 & 4 & 4\\ 0 & -2 & -2\\ 1 & 4 & 5\end{pmatrix}$, $\boldsymbol{B}^{\mathrm{T}}\boldsymbol{A}=(\boldsymbol{A}^{\mathrm{T}}\boldsymbol{B})^{\mathrm{T}}=\begin{pmatrix}1 & 0 & 1\\ 4 & -2 & 4\\ 4 & -2 & 5\end{pmatrix}$, $\boldsymbol{A}^{\mathrm{T}}\boldsymbol{B}^{\mathrm{T}}=\begin{pmatrix}4 & -5 & 1\\ 0 & 1 & 1\\ 1 & -2 & -1\end{pmatrix}$,

$(\boldsymbol{A}\boldsymbol{B})^{\mathrm{T}}=\boldsymbol{B}^{\mathrm{T}}\boldsymbol{A}^{\mathrm{T}}=\begin{pmatrix}0 & -1 & 2\\ 0 & -4 & 6\\ -1 & -5 & 8\end{pmatrix}$

5. (1) $\begin{pmatrix}0 & 0\\ 0 & 0\end{pmatrix}$ (2) $\begin{pmatrix}1 & 0 & 0\\ 0 & 1 & 0\\ 0 & 0 & 1\end{pmatrix}$ (3)$\begin{pmatrix}9 & -2 & -1\\ 9 & 9 & 11\end{pmatrix}$ (4)$\begin{pmatrix}2 & 4 & 6 & 8\\ 0 & 0 & 0 & 0\\ -1 & -2 & -3 & -4\\ 1 & 2 & 3 & 4\end{pmatrix}$

6. (1)$\boldsymbol{AB}\neq\boldsymbol{BA}$，因为 $\boldsymbol{AB}=\begin{pmatrix}3 & 4\\ 4 & 6\end{pmatrix}$, $\boldsymbol{BA}=\begin{pmatrix}1 & 2\\ 3 & 8\end{pmatrix}$ (2)$(\boldsymbol{A}+\boldsymbol{B})^2=\boldsymbol{A}^2+\boldsymbol{B}^2+2\boldsymbol{AB}$

(3)$(\boldsymbol{A}+\boldsymbol{B})(\boldsymbol{A}-\boldsymbol{B})\neq\boldsymbol{A}^2-\boldsymbol{B}^2$

7. (1) 举反例 $\boldsymbol{A}=\begin{pmatrix}0 & 1\\ 0 & 0\end{pmatrix}$，则 $\boldsymbol{A}^2=\boldsymbol{O}$，但 $\boldsymbol{A}\neq\boldsymbol{O}$

(2) 举反例 $\boldsymbol{A}=\begin{pmatrix}1 & 1\\ 0 & 0\end{pmatrix}$，则 $\boldsymbol{A}^2=\boldsymbol{A}$，但 $\boldsymbol{A}\neq\boldsymbol{O}$ 且 $\boldsymbol{A}\neq\boldsymbol{E}$

(3) 取 $\boldsymbol{A}=\begin{pmatrix}1 & 0\\ 0 & 0\end{pmatrix}$, $\boldsymbol{X}=\begin{pmatrix}1 & 1\\ -1 & 1\end{pmatrix}$, $\boldsymbol{Y}=\begin{pmatrix}1 & 1\\ 0 & 1\end{pmatrix}$，则 $\boldsymbol{AX}=\boldsymbol{AY}$，且 $\boldsymbol{A}\neq 0$，但 $\boldsymbol{X}\neq\boldsymbol{Y}$

8. (1)$\boldsymbol{A}^2=\begin{pmatrix}1 & 0\\ 2\lambda & 1\end{pmatrix}$, $\boldsymbol{A}^3=\begin{pmatrix}1 & 0\\ 3\lambda & 1\end{pmatrix}$, ……, $\boldsymbol{A}^k=\begin{pmatrix}1 & 0\\ k\lambda & 1\end{pmatrix}$

(2)$\boldsymbol{A}^2=\begin{pmatrix}\lambda^2 & 2\lambda & 1\\ 0 & \lambda^2 & 2\lambda\\ 0 & 0 & \lambda^2\end{pmatrix}$, $\boldsymbol{A}^3=\begin{pmatrix}\lambda^3 & 3\lambda^2 & 3\lambda\\ 0 & \lambda^3 & 3\lambda^2\\ 0 & 0 & \lambda^3\end{pmatrix}$, $\boldsymbol{A}^4=\begin{pmatrix}\lambda^4 & 4\lambda^3 & 6\lambda^2\\ 0 & \lambda^4 & 4\lambda^3\\ 0 & 0 & \lambda^4\end{pmatrix}$

$$,\cdots\cdots,\boldsymbol{A}^k=\begin{pmatrix}\lambda^k & k\lambda^{k-1} & \frac{k(k-1)}{2}\lambda^{k-2}\\ 0 & \lambda^k & k\lambda^{k-1}\\ 0 & 0 & \lambda^k\end{pmatrix}$$

9. $\begin{pmatrix}30 & 10\\ 10 & -30\end{pmatrix},\begin{pmatrix}300 & 100\\ 100 & -300\end{pmatrix}$

10. $\boldsymbol{A}=\begin{pmatrix}100 & 69 & 35 & 34 & 85 & 75 & 14\\ \text{日} & \text{六} & \text{一} & \text{二} & \text{三} & \text{四} & \text{五}\end{pmatrix}$

习题 6.3

1. 3

2. $M_{12}=-7,A_{23}=6$

3. (1) 24　(2) $2abc$　(3) 90

4. (1) -4　(2) $3abc-a^3-b^3-c^3$

5. (1) 160　(2) a^4-b^4

6. 40

7. $A_{11}+A_{12}+A_{13}+A_{14}=4,M_{11}+M_{12}+M_{13}+M_{14}=0$

8. (1) 否　(2) 否　(3) 否

9. (1) $x_1=x_2=x_3=0$　(2) $x_1=3,x_2=-4,x_3=-1,x_4=1$

10. (1) 仅有零解　(2) 有非零解

习题 6.4

1. $\boldsymbol{A}^{-1}=\begin{pmatrix}0 & -1\\ \frac{1}{2} & \frac{1}{2}\end{pmatrix},\boldsymbol{B}^{-1}=\begin{pmatrix}\frac{1}{2} & -\frac{1}{2}\\ 0 & 1\end{pmatrix},(\boldsymbol{AB})^{-1}=\begin{pmatrix}-\frac{1}{4} & -\frac{3}{4}\\ \frac{1}{2} & \frac{1}{2}\end{pmatrix}$

2. (1) 是　(2) 不是　(3) 是

3. 证明略.

4. (1) $\boldsymbol{A}^{-1}=\begin{pmatrix}1 & -4 & -3\\ 1 & -5 & -3\\ -1 & 6 & 4\end{pmatrix}$　(2) $\boldsymbol{A}^{-1}=\begin{pmatrix}\frac{1}{2} & 0 & 0 & 0\\ -\frac{1}{4} & \frac{1}{2} & 0 & 0\\ 0 & 0 & \frac{1}{3} & 0\\ 0 & 0 & -\frac{1}{9} & \frac{1}{3}\end{pmatrix}$

5. $x_1=3,x_2=-2,x_3=0$

6. $\begin{cases}z_1=-\frac{1}{9}y_1+\frac{1}{3}y_2-\frac{1}{9}y_3,\\ z_2=\frac{1}{3}y_1+y_2-\frac{1}{3}y_3,\\ z_3=\frac{2}{9}y_1+\frac{1}{3}y_2+\frac{2}{9}y_3.\end{cases}$

7. $\begin{pmatrix}1 & 1 & -1\\0 & 2 & 2\\1 & -1 & 0\end{pmatrix}^{-1}=\frac{1}{6}\begin{pmatrix}2 & 1 & 4\\2 & 1 & -2\\-2 & 2 & 2\end{pmatrix}$. $\boldsymbol{X}=\frac{1}{18}\begin{pmatrix}33 & 9 & 18\\-3 & -9 & 0\\6 & 18 & 0\end{pmatrix}=\begin{pmatrix}\frac{33}{18} & \frac{1}{2} & 1\\-\frac{1}{6} & -\frac{1}{2} & 0\\\frac{1}{3} & 1 & 0\end{pmatrix}$

8. $\begin{pmatrix}x_1\\x_2\\x_3\end{pmatrix}=\begin{pmatrix}40\\85\\65\end{pmatrix}$

9. $\begin{pmatrix}-22 & -1 & -14\\20 & 2 & 15\\-8 & -1 & -5\end{pmatrix}$

10. $-\frac{16}{27}$

习题 6.5

1. D　　2. D　　3. 略

4. (1) $\begin{pmatrix}-2 & 1 & 1\\-6 & 1 & 4\\5 & -1 & -3\end{pmatrix}$　　(2) $\begin{pmatrix}22 & -6 & -26 & 17\\-17 & 5 & 20 & -13\\-1 & 0 & 2 & -1\\4 & -1 & -5 & 3\end{pmatrix}$

5. (1) $r(\boldsymbol{A})=3$　　(2) $r(\boldsymbol{A})=3$

6. $x_1=0, x_2=0, x_3=0, x_4=0$

7. (1) $x_1=1, x_2=3, x_3=2$　　(2) $x_1=1, x_2=-1, x_3=3$

8. $\begin{cases}\lambda=5\\\mu=1\end{cases}$

9. $\lambda\neq 2, \lambda\neq -\frac{1}{2}$

习题 6.6

1. -1　无穷多　　2. -1　　3. 唯一零　　4. D　　5. A

6. 增广矩阵是 $[\boldsymbol{A}\,\vdots\,\boldsymbol{B}]=\begin{pmatrix}4 & -5 & -1 & 1\\-1 & 3 & 1 & 2\\0 & 1 & 1 & 0\\5 & -1 & 3 & 4\end{pmatrix}$,

方程组的矩阵形式是 $\begin{pmatrix}4 & -5 & -1\\-1 & 3 & 1\\0 & 1 & 1\\5 & -1 & 3\end{pmatrix}\begin{pmatrix}x_1\\x_2\\x_3\end{pmatrix}=\begin{pmatrix}1\\2\\0\\4\end{pmatrix}$

7. (1) 无解　　(2) 无穷多组解　　(3) 唯一解

8. (1) 原方程组的解为 $\begin{cases}x_1=\frac{15}{2}c_1,\\x_2=12c_1,\\x_3=-2c_1,\\x_4=c_1,\end{cases}$ 其中 c_1 可以任意取值

(2) 原方程组的解为$\begin{cases} x_1=3c_1-4c_2, \\ x_2=-4c_1+5c_2, \\ x_3=c_1, \\ x_4=c_2, \end{cases}$ 其中 c_1, c_2 可以任意取值

9. (1)$x_1=2, x_2=1, x_3=-3$

(2) 原方程组的解为$\begin{cases} x_1=-c_1+\dfrac{1}{2}, \\ x_2=\dfrac{1}{2}, \\ x_3=-c_1+1, \\ x_4=c_1, \end{cases}$ 其中 c_1 可以任意取值

10. 设煤炭、电力、钢铁行业每年产出的总价值分别用 x_1, x_2, x_3 表示，可列方程组
$\begin{cases} x_1-0.4x_2-0.6x_3=0, \\ -0.6x_1+0.9x_2-0.2x_3=0, \\ -0.4x_1-0.5x_2+0.8x_3=0, \end{cases}$ 该方程组的解为$\begin{cases} x_1=0.94x_3 \\ x_2=0.85x_3 \end{cases}$ （x_3 是自由未知量）
若取 $x_3=100, x_1=94, x_2=85$，那么每个行业的收入和支出相等.

习题 6.7

1. 略　**2.** A　**3.** C　**4.** D　**5.** B　**6.** 4　**7.** 图略，$s=20$

8. 每天配甲 200 杯，乙 240 杯可获得最大利益

9. $\min z=0.8x_1+0.12x_2$,

$\begin{cases} x_1\leqslant 35, \\ x_2\leqslant 30, \\ x_1+x_2=50, \\ x_1\geqslant 0, x_2\geqslant 0. \end{cases}$

习题 6.8

略

复习题六

1. ×　**2.** ×　**3.** ×　**4.** √　**5.** √　**6.** ×

7. B　**8.** C　**9.** A　**10.** B　**11.** D

12. $n=s$　$m\times t$　**13.** 非零　**14.** $\boldsymbol{MN}=\boldsymbol{NM}$

15. $\begin{pmatrix} 1 & -1 & 1 \\ 3 & 0 & -2 \end{pmatrix}$　**16.** $\begin{pmatrix} 3 & 2 \\ 2 & 1 \end{pmatrix}$　**17.** 4

18. $3\boldsymbol{M}-\boldsymbol{N}=\begin{pmatrix} 3 & 4 \\ 4 & 11 \end{pmatrix}, 2\boldsymbol{M}+3\boldsymbol{N}=\begin{pmatrix} 2 & 10 \\ 21 & 11 \end{pmatrix}$

19. $3\boldsymbol{M}+2\boldsymbol{N}^{\mathrm{T}}=\begin{pmatrix} 7 & -7 \\ 8 & 2 \\ 3 & 4 \end{pmatrix}, 2\boldsymbol{M}^{\mathrm{T}}-\boldsymbol{N}=\begin{pmatrix} 0 & 3 \\ -7 & 2 \end{pmatrix}$

20. (1)$\begin{pmatrix} -10 & 3 \\ 2 & 19 \end{pmatrix}$　(2)10　(3)$\begin{pmatrix} 5 & 9 & 1 \\ 2 & -7 & 2 \end{pmatrix}$

21. (1)$\begin{pmatrix}1&0&0\\0&1&0\\0&0&1\end{pmatrix}$　　(2)$\begin{pmatrix}1&0&0&1\\0&1&0&7\\0&0&1&-2\end{pmatrix}$

22. (1)$\begin{pmatrix}\frac{2}{3}&\frac{2}{9}&-\frac{1}{9}\\-\frac{1}{3}&-\frac{1}{6}&\frac{1}{6}\\-\frac{1}{3}&\frac{1}{9}&\frac{1}{9}\end{pmatrix}$　　(2)$\begin{pmatrix}7&-3&-3\\-1&1&0\\-1&0&1\end{pmatrix}$

23. (1)$\begin{pmatrix}1\\3\\2\end{pmatrix}$　　(2)$\begin{pmatrix}-5&4&-2\\-4&5&-2\\-9&7&-4\end{pmatrix}$

24. (1)$\begin{cases}x_1=\dfrac{19}{2},\\x_2=-\dfrac{3}{2},\\x_3=\dfrac{1}{2};\end{cases}$　　(2)$\begin{cases}x_1=-2+k,\\x_2=3-2k,\\x_3=k,\end{cases}$（$k$ 为任意数）

25. 当 $\lambda\neq 2$ 时,只有零解;当 $\lambda=2$ 时,有非零解,且一般解是$\begin{cases}x_1=0,\\x_2=-k,\\x_3=k,\end{cases}$($k$ 为任意数)

26. $x_1=1,x_2=0$,最优值 $s=-2$

27. 该厂应向第一车间安排加工 100 匹布，向第二车间安排加工 200 匹布，向第三车间安排加工 100 匹布，以完成该订单

28. 当甲产量为 4kg、乙产量为 2kg 时，工厂的利润达到最大,为 2 万元.(计算过程略)

浙江省普通高校专升本考试真题参考答案

1. B　**【解析】**　$\lim\limits_{x\to0^+}f(x)=\lim\limits_{x\to0^+}(1+\sin x)=1,\lim\limits_{x\to0^-}f(x)=\lim\limits_{x\to0^-}(-\sin x)=0$,

又因为 $f(0)=1$,故为跳跃间断点.

2. A　**【解析】**　$f'(x)=\sec^2x,f'(x)=\sec^2\dfrac{\pi}{4}=\dfrac{1}{\cos^2\dfrac{\pi}{4}}=2.$

3. C　**【解析】**　A 函数可导一定连续,连续不一定可导;B 为最值定理,闭区间;D 中 $f(x)-g(x)=c$. C 中连续一定可积,故正确.

4. D　**【解析】**　方程的特征方程为 $r^2+2r+10=0$,其特征根为 $r=-1\pm3\mathrm{i}$,

故通解为 $y=\mathrm{e}^{-x}(c_1\cos3x+c_2\sin3x)$.

5. B　**【解析】**　$\sum\limits_{n=1}^{\infty}\dfrac{(-1)^n}{\sqrt{n}}$ 为交错级数,$\lim\limits_{n\to\infty}\dfrac{1}{\sqrt{n}}=0,u_n=\dfrac{1}{\sqrt{n}}>u_{n+1}=\dfrac{1}{\sqrt{n+1}}$,由莱布尼茨判别法得收敛.

6. 0　**【解析】**　(1) 当 $|x|\geqslant1$ 时,$f(x)=\dfrac{1}{6},f[f(x)]=f\left(\dfrac{1}{6}\right)=0$;

(2) 当 $|x|<1$ 时,$f(x)=0,f[f(x)]=f(0)=0$;综合(1)(2) 知,$f[f(x)]=0$.

7. $\mathrm{e}^{\frac{1}{2}}$　**【解析】**　$\lim\limits_{x\to\infty}\left(\dfrac{2x+4}{2x+3}\right)^{x+3}=\lim\limits_{x\to\infty}\left(1+\dfrac{1}{2x+3}\right)^{x+3}=\lim\limits_{x\to\infty}\left(1+\dfrac{1}{2x+3}\right)^{(2x+3)\frac{1}{2}-\frac{3}{2}}=\mathrm{e}^{\frac{1}{2}}.$

8. $\sqrt{2}$ 【解析】 $\lim\limits_{x\to 0}\dfrac{1-\cos ax}{x^2}=\lim\limits_{x\to 0}\dfrac{\frac{1}{2}(ax)^2}{x^2}=\dfrac{1}{2}a^2$，故$\dfrac{1}{2}a^2=1\Rightarrow a=\sqrt{2}$.

9. $-\dfrac{4}{27}$

【解析】 $f'(x)=2(4x+1)^{-\frac{1}{2}}$，$f''(x)=-4(4x+1)^{-\frac{3}{2}}$，$f''(2)=-\dfrac{4}{27}$.

10. $\dfrac{1}{x}\cos(1+\ln x)\mathrm{d}x$.

【解析】 $y'=\cos(1+\ln x)(1+\ln x)'=\dfrac{1}{x}\cos(1+\ln x)$，则 $\mathrm{d}y=\dfrac{1}{x}\cos(1+\ln x)\mathrm{d}x$.

11. 1 【解析】 $\lim\limits_{h\to 0}\dfrac{1}{h}\left[f\left(2+\dfrac{h}{2}\right)-f\left(2-\dfrac{h}{2}\right)\right]$

$$=\lim_{h\to 0}\frac{f\left(2+\frac{h}{2}\right)-\frac{h}{2}}{h}-\lim_{h\to 0}\frac{f\left(2-\frac{h}{2}\right)-\frac{h}{2}}{h}$$

$$=\frac{1}{2}\lim_{h\to 0}\frac{f\left(2+\frac{h}{2}\right)-\frac{h}{2}}{\frac{h}{2}}+\frac{1}{2}\lim_{h\to 0}\frac{f\left(2-\frac{h}{2}\right)-\frac{h}{2}}{-\frac{h}{2}}$$

$$=\frac{1}{2}f'(2)+\frac{1}{2}f'(2)$$

$$=f'(2)$$

$$=1.$$

12. $y=2x+1$.

【解析】 $\dfrac{\mathrm{d}y}{\mathrm{d}x}=\dfrac{(1+t+\arctan t)'}{(\mathrm{e}^t\sin t)'}=\dfrac{1+\frac{1}{1+t^2}}{\mathrm{e}^t(\sin t+\cos t)}\ \dfrac{\mathrm{d}y}{\mathrm{d}x}\Big|_{t=0}=2$，当 $t=0$ 时，$\begin{cases}x=0,\\y=1,\end{cases}$ 故切线方程为 $y-1=2(x-0)$，即 $y=2x+1$.

13. 5 【解析】 $\displaystyle\int_0^3 xf(x^2)\mathrm{d}x=\frac{1}{2}\int_0^3 f(x^2)\mathrm{d}(x^2)=\frac{1}{2}\int_0^9 f(u)\mathrm{d}(u)=\frac{1}{2}\cdot 10=5$.

14. $\sin 3$ 【解析】 $\displaystyle\lim_{x\to 3}\frac{x}{x-3}\int_3^x\frac{\sin t}{t}\mathrm{d}t=\lim_{x\to 3}\frac{x\cdot\int_3^x\frac{\sin t}{t}\mathrm{d}t}{x-3}$

$$=\lim_{x\to 3}\frac{\int_3^x\frac{\sin t}{t}\mathrm{d}t+x\cdot\frac{\sin x}{x}}{1}$$

$$=\lim_{x\to 3}\sin x$$

$$=\sin 3.$$

15. 4 【解析】 $\displaystyle\int_0^{+\infty}\frac{2}{\sqrt{(x+1)^3}}\mathrm{d}x=2\int_0^{+\infty}\frac{1}{\sqrt{(x+1)^3}}\mathrm{d}(x+1)$

$$=-4(x+1)^{-\frac{1}{2}}\Big|_0^{+\infty}$$

$$=-\left(\lim_{x\to+\infty}\frac{4}{\sqrt{x+1}}-4\right)$$

$$=4.$$

16. $\lim\limits_{x\to0}\dfrac{e^{2x}+2e^{-x}-3}{x\cdot\ln(1+x)}=\lim\limits_{x\to0}\dfrac{e^{2x}+2e^{-x}-3}{x\cdot x}=\lim\limits_{x\to0}\dfrac{2e^{2x}-2e^{-x}}{2x}=\lim\limits_{x\to0}\dfrac{4e^{2x}+2e^{-x}}{2}=\dfrac{4+2}{2}=3.$

17. 等式两边同时对 x 求导：$\cos(x+y)(1+y')+e^{xy}(y+xy')=0$

$$\cos(x+y)+\cos(x+y)\cdot y'+e^{xy}\cdot y+xe^{xy}\cdot y'=0$$

$$y'=-\frac{\cos(x+y)+ye^{xy}}{\cos(x+y)+xe^{xy}}.$$

18. $$\int_0^{\frac{\pi}{6}}\sqrt{\sin x-\sin^3x}\,dx=\int_0^{\frac{\pi}{6}}\sqrt{\sin x(1-\sin^2x)}\,dx$$
$$=\int_0^{\frac{\pi}{6}}\sqrt{\sin x\cdot\cos^2x}\,dx$$
$$=\int_0^{\frac{\pi}{6}}\cos x\sqrt{\sin x}\,dx$$
$$=\int_0^{\frac{\pi}{6}}\sqrt{\sin x}\,d(\sin x)$$
$$=\frac{2}{3}(\sin x)^{\frac{3}{2}}\Big|_0^{\frac{\pi}{6}}$$
$$=\frac{\sqrt{2}}{6}.$$

19. $$s=\int_0^{\pi}(2x-\sin x)dx$$
$$=(x^2+\cos x)\Big|_0^{\pi}$$
$$=\pi^2-2.$$

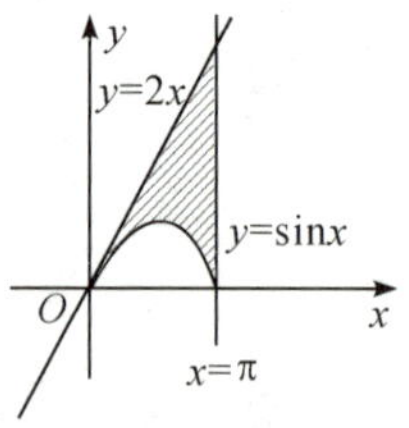

第 19 题图

20. $$\int\frac{1+\ln^2x}{x^2}dx=\int\frac{1}{x^2}dx+\int\frac{1}{x^2}\ln^2x\,dx$$
$$=-\frac{1}{x}+\int\ln^2x\,d\left(\frac{1}{x}\right)$$
$$=-\frac{1}{x}-\left[\frac{1}{x}\ln^2x-\int\frac{1}{x}d(\ln^2x)\right]$$
$$=-\frac{1}{x}-\frac{1}{x}\ln^2x+\int\frac{1}{x^2}\cdot2\ln x\,dx$$
$$=-\frac{1}{x}-\frac{1}{x}\ln^2x-2\int\ln x\,d\left(\frac{1}{x}\right)$$
$$=-\frac{1}{x}-\frac{1}{x}\ln^2x-2\left[\frac{1}{x}\ln x-\int\frac{1}{x}d(\ln x)\right]$$
$$=-\frac{1}{x}-\frac{1}{x}\ln^2x-2\frac{1}{x}\ln x+2\int\frac{1}{x^2}dx$$
$$=-\frac{1}{x}-\frac{1}{x}\ln^2x-2\frac{1}{x}\ln x-\frac{2}{x}+c$$
$$=-\frac{3+2\ln x+\ln^2x}{x}+c.$$

21. 由题意可知，两条直线平行，方向向量相同，$\vec{s}=\begin{vmatrix}i&j&k\\1&-2&4\\3&-5&3\end{vmatrix}=(14,9,1)$，

故所求直线方程为$\dfrac{x-1}{14}=\dfrac{y+1}{9}=\dfrac{z+1}{1}$，

由点到直线公式得，所求距离 $d=\dfrac{|3+2-2+3|}{\sqrt{9+4+4}}=\dfrac{6\sqrt{17}}{17}$.

22. $p(x)=\dfrac{2}{x+1}$，$Q(x)=e^x$.

$$
\begin{aligned}
y&=e^{-\int P(x)dx}\left[\int Q(x)e^{\int P(x)dx}dx+C\right]\\
&=e^{-\int\frac{2}{x+1}dx}\left[\int e^x e^{\int\frac{2}{x+1}dx}dx+C\right]\\
&=\frac{1}{(x+1)^2}\left[\int e^x\cdot(x+1)^2dx+C\right]\\
&=\frac{1}{(x+2)^2}\left[e^x(x+1)^2-\int e^x d[(x+1)^2]+C\right]\\
&=\frac{1}{(x+1)^2}\left[e^x(x+1)^2-2\int(x+1)\cdot d(e^x)+C\right]\\
&=\frac{1}{(x+1)^2}\left\{e^x(x+1)^2-2\left[e^x(x+1)-\int e^x d(x+1)\right]+c\right\}\\
&=\frac{1}{(x+1)^2}\{e^x(x+1)^2-2[e^x(x+1)-e^x]+c\}\\
&=e^x-\frac{2e^x}{x+1}+\frac{2e^x}{(x+1)^2}+\frac{c}{(x+1)^2}.
\end{aligned}
$$

23. 函数的定义域为 $x\neq-\dfrac{1}{3}$，

$f'(x)=\dfrac{4x(3x+1)-2x^2\cdot 3}{(3x+1)^2}=\dfrac{2x(3x+2)}{(3x+1)^2}$，得驻点 $x=-\dfrac{2}{3}$，0，尖点 $x=-\dfrac{1}{3}$，

故函数的增区间为 $\left(-\infty,-\dfrac{2}{3}\right)\cup(0,+\infty)$；函数的减区间为 $\left(-\dfrac{2}{3},-\dfrac{1}{3}\right)\cup\left(-\dfrac{1}{3},0\right)$.

$\lim\limits_{x\to\infty}\dfrac{2x^2}{3x+1}=\infty$，故无水平渐近线.

$\lim\limits_{x\to-\frac{1}{3}}\dfrac{2x^2}{3x+1}=\infty$，故垂直渐近线为 $x=-\dfrac{1}{3}$.

$\lim\limits_{x\to\infty}\dfrac{f(x)}{x}=\lim\limits_{x\to\infty}\dfrac{2x}{3x+1}=\dfrac{2}{3}$，$\lim\limits_{x\to\infty}\left(\dfrac{2x^2}{3x+1}-\dfrac{2}{3}x\right)=\lim\limits_{x\to\infty}\dfrac{-2x}{9x+3}=-\dfrac{2}{9}$，

故斜渐近线为 $y=\dfrac{2}{3}x-\dfrac{2}{9}$.

24. (1) $V_1=\pi a^2(1+a^2)-\pi\int_1^{1+a^2}(x-1)dx=\dfrac{a^4+a^2}{2}\pi$，

$V_2=\pi\int_{1+a^2}^{5}(x-1)dx-\pi a^2(4-a^2)=\dfrac{a^4-8a^2+16}{2}\pi$.

(2) $V(a)=V_1+V_2=(a^4-3a^2+8)\pi$，

$V'(a)=(4a^3-6a)\pi=4\pi a\left(a+\dfrac{\sqrt{6}}{2}\right)\left(a-\dfrac{\sqrt{6}}{2}\right)$，

显然函数在 $\left(0,\dfrac{\sqrt{6}}{2}\right)$ 为减函数，在 $\left(\dfrac{\sqrt{6}}{2},2\right)$ 为增函数，即在 $a=\dfrac{\sqrt{6}}{2}$ 处取得最小值，最小值为

$V\left(\dfrac{\sqrt{6}}{2}\right)=\dfrac{23}{4}\pi$.

25. (1) $\ln(1+x)=\sum_{n=1}^{\infty}\frac{(-1)^n}{n}x^n, x\in(-1,1)$.

(2) $a_n=\frac{(-1)^n}{n(n+1)}, a_{n+1}=\frac{(-1)^{n+1}}{(n+1)(n+2)}$.

$\lim_{n\to\infty}\left|\frac{a_n}{a_{n+1}}\right|=\lim_{n\to\infty}\frac{(n+1)(n+2)}{n(n+1)}=1$,不缺项,故收敛半径 $R=1$,则收敛区间为 $(-1,1)$.

$$
\begin{aligned}
(3)S(x)&=\sum_{n=1}^{\infty}\frac{(-1)^n}{n(n+1)}x^n\\
&=\sum_{n=1}^{\infty}\left(\frac{1}{n}-\frac{1}{n+1}\right)(-x)^n\\
&=\sum_{n=1}^{\infty}\frac{1}{n}(-x)^n-\sum_{n=1}^{\infty}\frac{1}{n+1}(-x)^n, \sum_{n=1}^{\infty}\frac{1}{n}x^n=\int_0^x\sum_{n=1}^{\infty}x^{n-1}\mathrm{d}x=\int_0^x\frac{1}{1-x}\mathrm{d}x\\
&=-\ln|1-x|\\
&=-\ln|1+x|+\frac{1}{x}\sum_{n=1}^{\infty}\frac{1}{n+1}(-x)^{n+1}\\
&=-\ln|1+x|+\frac{1}{x}(-\ln|1+x|+x),
\end{aligned}
$$

故 $S\left(\frac{1}{4}\right)=1-5\ln\frac{5}{4}$.

26. (1) $f(x)=f(x_0)+f'(x_0)(x-x_0)+\frac{f''(\xi)}{2}(x-x_0)^2$;$\xi$ 介于 x 与 x_0 之间.

设 $F(x)=f(x)-f'(x)(x-1), x\in(0,2)$,

$F'(x)=f'(x)-[f''(x)(x-1)+f'(x)]=f''(x)(1-x)$.

因为 $f''(x)>0$,$F(x)$ 在 $(0,1)$ 为增函数,在 $(1,2)$ 为减函数,即在 $x=1$ 处取最大值,

即对 $x\in(0,2)$,$F(x)\leqslant F(1)=f(1)-0=0$,即 $f(x)\leqslant f'(x)(x-1)$.

(2) $x\in\left(0,\frac{1}{2}\right), x+\frac{1}{2}\in\left(\frac{1}{2},1\right)\subset(0,2)$,满足(1)结论,故:

$$f\left(x+\frac{1}{2}\right)\leqslant f'\left(x+\frac{1}{2}\right)\left(x-\frac{1}{2}\right)$$

$$\frac{f\left(x+\frac{1}{2}\right)}{x-\frac{1}{2}}\geqslant f'\left(x+\frac{1}{2}\right).$$

又因为 $f''(x)>0$,即 $f'(x)$ 在 $x\in(0,2)$ 为增函数,即 $f'\left(x+\frac{1}{2}\right)\geqslant f'(x)$,

$$\frac{f\left(x+\frac{1}{2}\right)}{x-\frac{1}{2}}\geqslant f'(x),$$

$$\frac{f\left(x+\frac{1}{2}\right)}{x-\frac{1}{2}}(1-x)\geqslant f'(x)(1-x)\geqslant f(x),$$

故 $\frac{f\left(x+\frac{1}{2}\right)}{x-\frac{1}{2}}(1-x)\geqslant f(x)$,即 $(1-x)f\left(x+\frac{1}{2}\right)\leqslant\left(\frac{1}{2}-x\right)f(x)$. 得证.